Kellerwirtschaft

Aktuelle Daten und weiterführende, fachspezifische Beiträge zu diesem Buch finden Sie auf der Website http://fachbuch.cadmos.de/kellerwirtschaft

Abbildungsnachweis

Kellerwirtschaft, 6. Auflage: Abb. 8, 18, 19, 20, 24, 25, 26, 28, 29, 30, 36, 40, 41, 51, 52, 58, 59, 60, 64, 68, 71, 72, 73, 74, 75, 76, 90, 94, 96, 100, 101, 106, 116, 117, 118, 119, 120, 121, 126, 127, 134, 136
Troost: Technologie des Weines, 6. Auflage, 1988: Abb. 2, 15, 77, 138
Meidinger: Der Winzer 2 / Kellerwirtschaft: Abb. 6, 17, 57
H.G. Kessler, Lebensmittel- und Bioverfahrenstechnik, 1996: Abb. 69/6-7
Österreichische Weinmarketingservice Ges. m. b. H.: Abb. 80a und 80b

FIRMENPROSPEKTE: Westfalia: Abb. 91, 92, 93, 97, 99; Fa. Willmes: Abb. 14; RWA: Abb. 107; Sartorius: Abb. 109; Schenk: Abb. 112, Vetropack: Abb. 114, 115; Kraft: Abb. 122, 133; Rapf: Abb. 124, 125

Alle anderen Bilder: Autoren

Haftungsausschluss

Autor und Verlag haben den Inhalt dieses Buches mit großer Sorgfalt und nach besten Wissen und Gewissen zusammengestellt. Für eventuelle Schäden, die als Folge von Handlungen und/oder gefassten Beschlüssen aufgrund der gegebenen Informationen entstehen, kann dennoch keine Haftung übernommen werden.

Impressum

avBUCH im CADMOS Verlag

12. Auflage 2019, unveränderter Nachdruck 2024

Gestaltung & Satz: Hantsch PrePress Services OG

Lektorat: Ing. Barbara P. Meister MA, FachLektor.at

Coverfoto: Prof. Dipl.-Ing. Robert Steidl

Druck: www.graspo.com

Deutsche Nationalbibliothek – CIP-Einheitsaufnahme
Die Deutsche Nationalbibliothek verzeichnet diese Publikation in der Deutschen Nationalbibliografie; detaillierte bibliografische Daten sind im Internet über http://dnb.ddb.de abrufbar.

Printed in EU

ISBN: 978-3-8404-8307-3

Schulbuch SB Nr. 1.132
digi4school-Ausgabe SB Nr. 186.036, digi4school-ISBN 9783840483127

Robert Steidl

Kellerwirtschaft

Unter Mitarbeit von
Herbert Schödl

Manfred Gössinger
Martin Prinz
Harald Scheiblhofer

avBUCH

Vorwort

Die heutigen Anforderungen an den Winzer sind sehr hoch. Mit dem Ziel, aus hochwertigen Trauben ebensolchen Wein zu produzieren, muss er die alten Erfahrungen der traditionellen Kellerwirtschaft mit den heutigen modernen Möglichkeiten kombinieren, um auch rationell zu arbeiten. Gutes Hintergrundwissen ist notwendig, um entscheiden zu können, welche Maßnahme gesetzt – oder eben auch nicht durchgeführt wird. Weniger ist oft mehr! Neben den technologischen Grundsätzen ist die Kenntnis zahlreicher gesetzlicher Bestimmungen notwendig, wie auch die Berücksichtigung der marktwirtschaftlichen Gegebenheiten die Voraussetzung für gute Vermarktung und den wirtschaftlichen Erfolg darstellt."
An dieser Erkenntnis hat sich auch 2017 nichts geändert.

In der vorliegenden 10. Auflage wurde die Gestaltung des Buches weitgehend beibehalten, sie hat sich bewährt. Aktuelle Entwicklungen und Regelungen wurden sowohl bei den önologischen als auch den rechtlichen Themen als auch bei den heutigen Bildungserfordernissen berücksichtigt, wiewohl es eine Herausforderung darstellte, den Umfang weitgehend beizubehalten. Ebenso sind nun alle Preisangaben auf dem Stand von 2017.

Das Buch soll nicht nur den Schülern der landwirtschaftlichen Fachschulen und HBLAs als Lehrbuch dienen, auch für Praktiker und Weininteressierte bietet es als Fachbuch Information zur Ergänzung und Aktualisierung des Wissens.
In beiden Fällen ist das Ziel dasselbe: Sehr guten Wein zu machen und damit die Nase vorn zu haben im Vergleich mit den Kollegen. Egal ob der „Mitbewerb" jetzt stattfindet, im eigenen Weinbaugebiet, in der EU oder auf anderen Kontinenten.

Ich danke den Lesern für die – erfreulicherweise wenigen – Hinweise auf Fehler und den – ebenso wenigen – didaktischen Wünschen meiner Lehrerkollegen.
Neue Fragen sind immer ein Antrieb – und das ist das Schöne und Spannende beim Wein: Trotz allem vorhandenem Wissen wurde noch nicht jede Frage gestellt!

Wien, im Juli 2017 **Robert Steidl**

Inhalt

1 Lese

- Wie ist die Weintraube aufgebaut und wie wird die Reife beurteilt?
- Welche Lesevorbereitungen sind im Keller nötig?
- Welche Faktoren sind für die Festlegung des Lesezeitpunkts wichtig?
- Auf welche Weise kann gelesen werden?

Der Winzer hat heute viele Möglichkeiten, um Weine mit unterschiedlichen Charakteren und Ausbaustilen zu produzieren. Dennoch darf er den wichtigsten Grundsatz nicht vergessen:

Qualität kommt aus dem Weingarten!

Im Keller wünscht man sich vollreife Trauben ohne Krankheiten und Rückstände von Behandlungsmitteln. Die Aufgabe des Kellerwirtes ist es, die angelieferte Qualität möglichst verlustfrei zu erhalten, Eigenheiten der Sorte zu fördern und seinen persönlichen Stil dem Wein mitzugeben. Doch „aus nichts wird nichts“, trotz aller heutigen technologischen Möglichkeiten. Ein mangelhaftes Lesegut wird immer einen unbefriedigenden Wein ergeben.

1.1 Der Aufbau der Traube

Um qualitativ hochwertigen Wein zu produzieren, muss bei der Verarbeitung berücksichtigt werden, wie die einzelnen Inhaltsstoffe in der Traube verteilt sind.

(Abb. 1)

		Mengen-Anteil	Gerbstoff-Anteil
Beere	– Wachsschicht		
	– Beerenhaut (mit Gerb- und Farbstoffen)	15–25 %	6 %
	– Fruchtfleisch (Saftgewebe)	70–80 %	2 %
	– Kerne oder Samen	2–6 %	52 %
Stielgerüst (Kämme, Rappen)			
	– Hauptstiel mit Stielchen	3–5 %	40 %

Wachsschicht Die dünne Wachsschicht (Cuticula) überzieht die gesamte Beere und schützt vor mechanischer Verletzung und übermäßiger Verdunstung. Diese Schicht beeinflusst das Anhaften von Spritzmitteln genauso wie die Adsorption von Gerüchen aus der Umgebung (z. B. Asphalt, Dieselöl, Gülle).

Beerenhaut Die Beerenhaut (Epidermis und Hypodermis) besteht aus 10–12 Lagen relativ kleiner Zellen (ca. 7–15 µm dick), die für die mechanische Festigkeit und den Schutz verantwortlich sind. Die Wanddicke ist mit 1–6 µm darum auch verhältnismäßig hoch. Jede Zelle grenzt an 14 Nachbarzellen und besteht aus Cellulose-Mikrofibrillen für die Reißfestigkeit und einer Grundsubstanz aus Hemicellulosen, Proteinen und Pektinstoffen für die Elastizität. Sie beinhalten die Hauptmenge an phenolischen Verbindungen (Gerbstoffe, Farbstoffe), Mineralstoffen (Calcium, Kalium), Pektinen, Proteinen und traubeneigenen Enzymen.

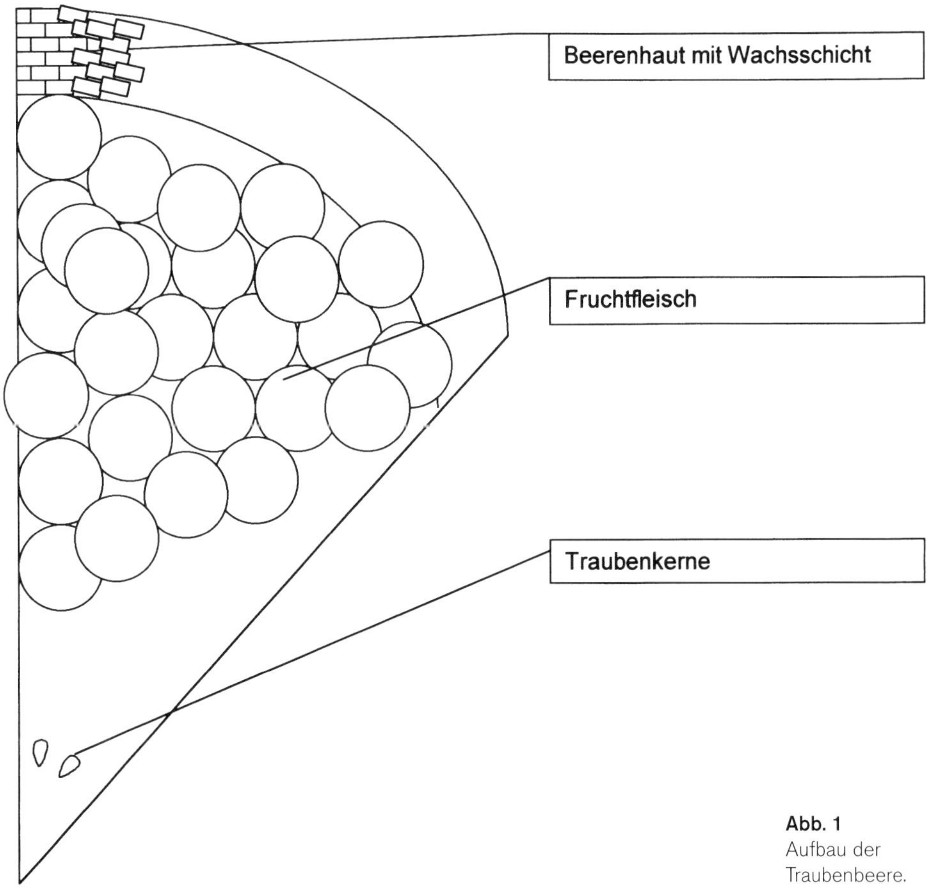

Abb. 1
Aufbau der Traubenbeere.

Fruchtfleisch

Das Fruchtfleisch (Mesocarp) verfügt über sehr große Zellen (bis 180 µm) mit nur sehr dünnen, wenig stabilen Wänden. Hier befindet sich die Hauptmenge des Saftes, der leicht gewonnen werden kann. Darin sind als Hauptbestandteile die Zucker Glucose und Fructose gelöst, ebenso wie Wein- und Äpfelsäure.

Kerne und Kämme

Die Traubenkerne und Kämme sind sehr gerbstoffreich und können dem Wein einen unangenehmen bitteren und kratzigen Geschmack verleihen. Deren Beschädigung und Auslaugung soll daher unbedingt vermieden werden.

Die unterschiedlichen Segmente der Beere haben zur Folge, dass bei der Saftgewinnung für Weißwein eine übermäßige Zerstörung der Beerenhaut unterbleiben soll, damit nur wenige negative Inhaltsstoffe – Phenole und Feintrub – in den Most gelangen können. Dies gelingt durch eine schonende Traubenverarbeitung.

Auch bei der Rotweinbereitung, wo die Auslaugung der Beerenhaut sehr wichtig ist, um Farb- und Gerbstoffe freizusetzen, sollte man bestrebt sein, übermäßigen mechanischen und truberzeugenden Einfluss zu vermeiden.

1.2 Die Traubenreife

In Laufe der Reife kommt es zu einem Anstieg des Zuckers im Saft der Beeren und das Mostgewicht nimmt zu. Gleichzeitig nimmt der Gesamtsäuregehalt ab, da vorhandene Äpfelsäure zu Zucker veratmet wird. Äußerlich verfärben sich die Beeren und werden weich, die Kämme beginnen zu verholzen.

An **Reifestadien** kann man unterscheiden:

- Bukettreife (Aromareife): Volles Traubenaroma, noch nicht maximaler Zuckergehalt.
- Vollreife (physiologische Reife): Die maximale Zuckerbildung durch Assimilation ist erreicht, alle Nähr-, Farb- und Aromastoffe sind eingelagert, die Kerne sind ausgereift, die Beeren sind weich.
- Überreife: Die Beerenhaut wird durchlässiger, Wasser kann verdunsten, die Inhaltsstoffe werden konzentriert, teilweise auch abgebaut. Durch Botrytisbefall (Edelfäule) wird die Verdunstung noch gefördert.
- Notreife: Kann durch Trockenheit und Überbehang verursacht werden.

Das Weichwerden der Beeren beruht auf der Wirkung der traubeneigenen Enzyme, die die zellstabilisierenden Pektinstoffe auflösen (Pektinasen). So wird die Haut immer durchlässiger und auch anfälliger für Pilzbefall. Niederschläge und hohe Temperaturen fördern dabei Fäulnis.

Abb. 2
Verlauf von Wachstum und Reife der Beeren.

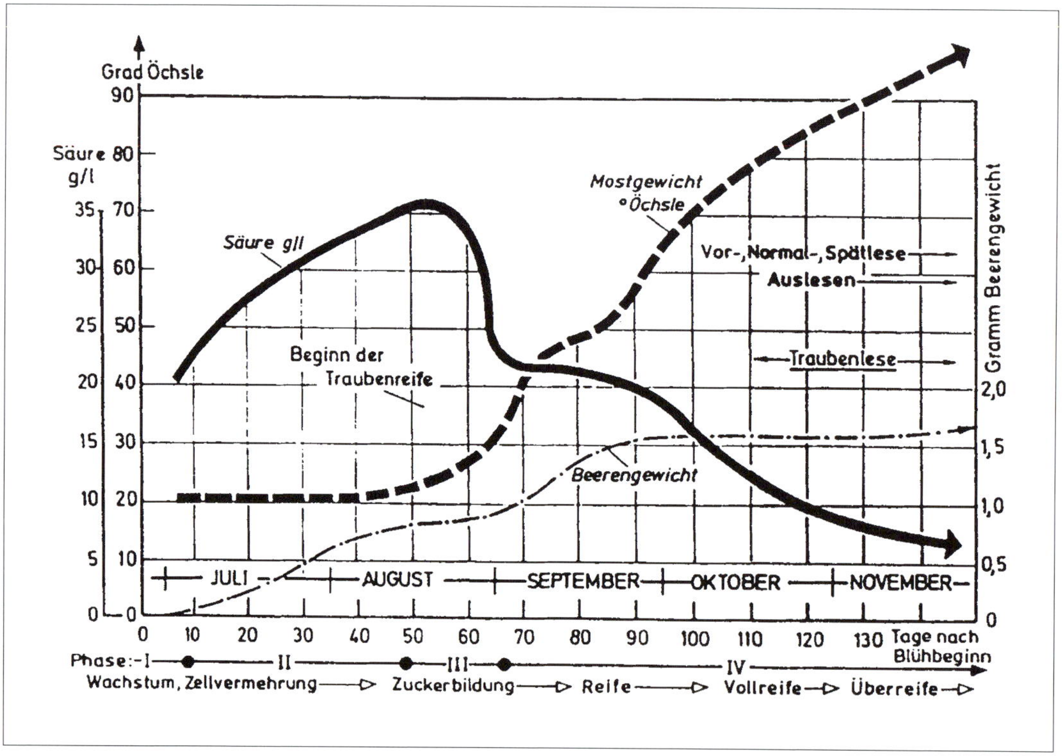

Mögliche Arten der Fäulnis

Bei unreifen Beeren:

- Sauerfäule: Befall mit Botrytis cinerea
- Grünfäule: Befall nach Verletzung (Penicillium glaucum)

Bei reifen Beeren:

- Graufäule: Botrytisbefall bei nasser Witterung: Der enzymatische Zellabbau wird erhöht, es kommt zu einer Braunfärbung der befallenen Stellen und negativen Folgen, die neben einem möglichen Essigstich bei Weißwein zu Hochfärbigkeit, bei Rotwein zu Farbverlusten führen.
- Edelfäule: Botrytisbefall bei warmer Witterung: Die Pilzhyphen durchdringen die Haut, die erhöhte Durchlässigkeit steigert die Wasserverdunstung. Der Zucker wird dadurch konzentriert, es kann auch zu einem Säureabbau kommen. Es entsteht das Edelfäulebukett (Botrytiston), der Sortencharakter nimmt ab.

1.3 Lesevorbereitungen

Sie können nicht früh genug gemacht werden, die Lese kommt oft früher als erwartet!

- Lackierung bei Stahlbehältern und Geschirr frühzeitig ausbessern – 2-Komponenten-Lack braucht längere Zeit zum Aushärten.
- Probelauf der Maschinen, Reparaturen und Wartungsarbeiten rechtzeitig durchführen.
- Schläuche kontrollieren und gründlich reinigen (Einweichen über Nacht).
- Weinstein aus den Behältern entfernen. Darin sind auch Trubteile, abgestorbene Hefezellen und Bakterien eingeschlossen, die geschmacklich nachteilig wirken.
- Leergestandene Holzfässer gründlich auswässern, sonst entsteht Schwefelsäurefirn im Wein.
- Neue Holzfässer „weingrün“ machen.
- Alte Messingarmaturen können Kupfer etc. an den Most und Wein abgeben. Ein Austausch auf Niroarmaturen ist empfehlenswert.
- Presshaus aufräumen. Alle übers Jahr abgestellten nicht notwendigen Dinge gehören jetzt aus den Räumlichkeiten entfernt. Es wird ein Lebensmittel verarbeitet!
- Rechtzeitige Anschaffung aller Mittel zur Most- und Weinbehandlung wie Hefe, Zucker, SO_2, Kalk etc.

Nur eine zeitgerechte und gründliche Lesevorbereitung gewährleistet einen reibungslosen Ablauf der Weinlese.

1.4 Die Beurteilung des Lesegutes

Die Reife ist im Weingarten sehr unterschiedlich, schon an einer einzigen Traube kann man Unterschiede bis über 1° KMW feststellen. Wichtig ist daher eine Durchschnittsprobe von mind. 100 Beeren, die man am besten von immer den gleichen (markierten) und abgetrockneten Stöcken und gleichmäßig von innen und außen und der Sonnen- und Schattenseite nimmt. Der mit z. B. einer Küchenpresse gewonnene Most wird dann mit dem Refraktometer auf den Zuckergehalt untersucht, der in Graden Klosterneuburger Mostwaage (° KMW) oder Öchsle angegeben wird. Eine zusätzliche Säurebestimmung ist von Vorteil. Das Ergebnis der Voruntersuchungen ist aber aufgrund der großen Streuung im Weingarten immer mit Vorsicht zu betrachten.

Mindestmostgewichte der einzelnen Qualitätsstufen

10,6° KMW	Wein, Traubenmost und Sturm
14° KMW	Landwein
15° KMW	Qualitätswein
17° KMW	Kabinett, ab dieser Qualitätsstufe ist keine Anreicherung erlaubt
19° KMW	Spätlese
21° KMW	Auslese
25° KMW	Beerenauslese, Eiswein, Strohwein
30° KMW	Trockenbeerenauslese
27° KMW	Ruster Ausbruch

1.5 Der Lesezeitpunkt

Die Entscheidung, wann gelesen wird, hängt von mehreren Faktoren ab:
- Reifezustand der Trauben (Zucker, Säure, Aroma, Farbstoff, Gerbstoff)
- Traubengesundheit
- Gewünschter Weintyp (Viel Primäraroma? Hohe Gradation?)

Nicht nur der Zuckergehalt ist also entscheidend, bei säurearmen Sorten, wie z. B. Müller-Thurgau, Traminer, Ruländer oder der Sektgrundweinproduktion, ist die Beobachtung des Säuregehaltes genauso wichtig, um den richtigen Lesetermin festzulegen.

- Grundsätzlich sind voll ausgereifte Trauben anzustreben.
- Sonniges Wetter und ausreichende Niederschläge bringen frühe Vollreife. Ein schöner Herbsttag bringt bis zu 1/3° KMW Zunahme.
- Trockenes und kühles Wetter verursacht eine Reifeverzögerung.
- Reifekontrollen mit dem Handrefraktometer sind empfehlenswert.
- Eine laufende Überprüfung des Gesundheitszustandes der Trauben ist notwendig.
- Lieber eine niedrigere Gradation dafür aber gesunde Trauben!

Der Zeitpunkt der Ernte hat – neben weinbaulichen Maßnahmen wie z. B. Rebschnitt, Ausdünnen, Entblättern – nicht nur Einfluss auf Gradation und Säuregehalt, auch die Versorgung des Mostes mit notwendigen Nährstoffen für die Hefe (Aminosäuren, Mineralstoffe) wird dadurch mitgesteuert. Da ein Drittel der Aminosäuren erst in den letzten Tagen der Reife in die Beere eingelagert wird, kann ein zu früher Lesetermin im Zusammenwirken mit weiteren ungünstigen Faktoren im Weingarten (Mangelböden) und Keller zu Gärproblemen führen. Des Weiteren ist die Ausbildung von Fehltönen im Wein möglich wie z. B. die Untypische Alterungsnote (UTA-Ton). Ungleiche Reifeentwicklung oder unterschiedliche Fäulnis zwingen mitunter zu einer differenzierten bzw. mehrfachen Lese:

Vorlese: Dabei werden die angefaulten Trauben geerntet, bei denen keine Qualitätszunahme mehr zu erwarten ist. Auch Frühfröste oder Stiellähme können eine solche Maßnahme erzwingen.

Hauptlese: Üblicherweise wird der gesamte Weingartenbestand auf einmal geerntet.

Gestaffelte Lese: In mehreren Durchgängen werden die Trauben mit dem jewei ligen gewünschten Reifegrad (z. B. bei Botrytisbefall) gelesen.

Die zusätzliche Mühe einer Vorlese – wenn der Traubenzustand nicht optimal ist – kommt der Weinqualität doppelt zugute. Einerseits geht die Hauptlese dann rascher vonstatten, andererseits sind zusätzliche Behandlungsmaßnahmen, die belastend auf Most und Wein wirken können, nur bei der geringeren vorgelesenen Menge notwendig.

Weinlese bei trockenem Wetter durchführen! Auch eine Benetzung der Trauben durch Tau oder Nebel bringt eine Verwässerung bis 6 %.

1.6 Die Durchführung der Lese

1.6.1 Handlese

Bei Vorlese und gestaffelter Lese ist nur Handlese möglich. Pro Hektar Rebfläche muss mit 250 bis 300 Arbeitsstunden gerechnet werden. Ausreichend viele Lesehelfer, die auch mit Sachverstand arbeiten, sind notwendig, um die Ernte auch termingerecht einzubringen. Gelesen wird in Kisten, Kübel, Butten, Scheibtruhen.

1.6.2 Maschinenlese

Sowohl ansteigende Personalkosten als auch die Weiterentwicklung und damit die ansteigende Qualität der Geräte lassen immer mehr Betriebe auf Vollernterlese umsteigen, ob mit eigener Maschine oder als Lohnarbeit. Die Lesezeit sinkt auf drei bis vier Stunden pro Hektar, bei gleichzeitigem Wegfall des Personalproblems, auch sind die Lesekosten geringer. Das Abtrennen erfolgt nach dem Schwing-Schüttel-Verfahren. Die Schüttelstäbe führen horizontale Bewegungen aus, die aufgrund der Stockschwingung (und nicht der Schlagwirkung) die Trauben bzw. Beeren abtrennen. Blätter und Stiele werden mittels Gebläse entfernt. Vermehrt sind auch Sortiereinrichtungen integriert, die für ein sehr sauberes Traubenmaterial mit wenig Fremdteilen sorgen. Werden Schwingungszahl und Fahrgeschwindigkeit der jeweiligen Situation richtig angepasst, so erhält man ein qualitativ mit der Handlese durchaus vergleichbares Lesegut, das aber leicht angemaischt sein kann. Auch der Weingarten muss auf Maschinenernte ausgerichtet sein (Unterstützungen, Schnitt). Angeboten werden gezogene und selbstfahrende Maschinen. Die Selbstfahrer können als Geräteträger auch für andere Arbeiten (Spritzen, Laubschnitt etc.) eingesetzt werden.

Nicht vergessen darf man, dass bei einer Ernteleistung von drei bis vier Hektar pro Tag auch die entsprechende Übernahme- und Verarbeitungskapazität im Keller vorhanden sein muss. Dem möglichen deutlichen Saftanteil bei der Anlieferung kann baulich mit eigenen Seihblechen Rechnung getragen werden.

Die neueste Entwicklung stellt die Erntemaschine mit integriertem Dekanter dar, sodass die Entsaftung gleich im Weingarten stattfindet. Die erzielte Mostqualität ist zufriedenstellend, das Gerät befindet sich aber erst in der Optimierungsphase und wird eher für große zusammenhängende Rebflächen von Interesse sein.

2 Traubentransport und -übernahme

- In welchen Gebinden kann das Lesegut transportiert werden?
- Welchen Einfluss hat die Schütthöhe auf das Traubengut?
- Worauf kommt es bei der Traubenübernahme an, um gute Qualität zu erhalten?

Die Trauben sollen möglichst unverletzt vom Weingarten ins Presshaus gelangen. Die Gründe sind die möglichen unkontrollierten Oxidations- und Auslaugevorgänge sowie mikrobiologische nachteilige Entwicklungen (Essigstich), wenn Saft bereits in größeren Mengen ausgetreten ist. Neben der Höhe der Traubenaufschüttung hat auch die Länge des Anfahrtsweges (Erschütterungen) Einfluss auf eine vorzeitige Maischung des Leseguts. Letztendlich sollte auch alles vermieden werden, was zu einer unnötigen Truberzeugung führt.

Für die Wahl der Transportweise müssen zwei Faktoren überlegt werden:

– Ist ein Umladen der Trauben aus dem Lesebehälter vom Weingarten notwendig?
– Muss im Presshaus ein Höhenunterschied überwunden werden?

Die Beantwortung dieser Fragen wird die Wahl des Transportmittels, zusammen mit den vorhandenen personellen Möglichkeiten, bestimmen.

2.1 Transportmöglichkeiten

Kisten: Von Hand wird in Kisten mit ca. 30–40 kg Fassungsvermögen gelesen und diese werden dann zur Übernahme transportiert.
Vorteil: Geringe Schütthöhe, wenig mechanischer Einfluss. Direkte Entleerung in Rebler oder Presse ist ohne Umladen möglich, es ist kein Pumpen nötig, somit wenig Truberzeugung.
Nachteil: Größeres Volumen bedingt höhere Transportkapazität. Großer Reinigungs- und Arbeitsaufwand.

Butten: Für diese gelten die gleichen Vorteile und Nachteile wie für Kisten, mit dem Unterschied der größeren Schütthöhe und damit stärkeren mechanischen Belastung.

Großkisten: Stapelbare Normbehälter mit 400–900 kg stellen einen Kompromiss
(Abb. 3a + 3b) zwischen möglichster Schonung und akzeptablem Transportvolumen dar. Spezielle Halterungen für Datenchips ermöglichen eine genaue Datenerfassung und -verfolgung für Verarbeitung und Abrechnung bei Großbetrieben.
Vorteil: Direkt entleerbar mit Stapler mit Drehkranz, bessere Ausnützung des Transportvolumens. Traubenpartien lassen sich selektionieren, kurzfristig stapeln und dann gemeinsam verarbeiten.
Nachteil: Größere Schütthöhe kann sich bei langen Transportwegen (Erschütterung) nachteilig auswirken. Die Anschaffungskosten sind zum Teil hoch.

Abb. 3a
Kremser Großkiste.

Abb. 3b
Großkisten gestapelt.

Anhänger (mit Planen ausgekleidet)
Für eine zügige Entladung muss der Hänger als Kipper ausgeführt sein oder es steht im Betrieb eine Kippbühne zur Verfügung. Wird ohne Kippvorrichtung händisch entladen, so kann man bei 2 Mann mit einer Leistung von 100 kg/Minute rechnen.
Vorteil: Gute Raumausnützung, vorhandene Fahrzeuge können genutzt werden
Nachteil: Bei zu großer Schütthöhe verstärkte Traubenverletzung und Saftaustritt.

Lesewagen
Vorteil: Arbeitssparende Entladung mit Räumschnecke, je nach Ausführung kann auch ein Höhenunterschied überwunden werden. Dazu gibt es auch Konstruktionen, wo durch eine Hubmechanik die ganze Wanne zur Direktentleerung in Rebler oder Presse angehoben wird.
Nachteil: Bei schlechter Dimensionierung der Förderschnecke und Pumpe (hohe Drehzahl, geringer Rohrdurchmesser) kommt es zu starkem mechanischen Abrieb und daher Truberzeugung.
Neue Entwicklungen setzen statt der Schnecke zur Entleerung ein Förderband ein. Dies bedeutet schonendere Förderung, das Band ist aber auch reinigungs- und pflegeintensiver.

Maischewagen
Durch den angebauten Rebler (vertikal oder horizontal) ist ein Arbeitsschritt bereits im Weingarten erledigt, wichtig ist aber eine rasche Befüllung.
Vorteil: Die Maische hat geringeres Transportvolumen, die Kämme müssen nicht vom Presshaus wieder abtransportiert werden.
Nachteil: Meist wenig schonend arbeitender vertikaler Rebler. Bei langsamem Leseablauf lange – unkontrollierbare – Maischestandzeit, bei warmem Lesegut Essigstichgefahr! Höhere Trubgehalte. Aus diesen qualitativen Gründen ist der Maischewagen im Verschwinden.

Feldpresse
Nach dem Auspressen der Trauben im Weingarten mittels mobiler Schneckenpresse braucht nur noch der Most transportiert werden. Hat für die Bereitung qualitativ hochwertiger Weine keine Bedeutung.

2.2 Traubenübernahme

Auch hier ist eine größtmögliche Schonung durch Vermeidung von mechanischem Einfluss wichtig. Als optimal ist ein reiner Gefälletransport anzusehen, bei dem die Trauben nur durch Schwerkraft die jeweiligen Stationen durchlaufen. Dies wird nicht immer möglich sein, dennoch sollte man sich bemühen, möglichst wenig Abrieb zu erzeugen. Jeder auch noch so schonende Pumpvorgang erhöht den Trubanteil um 0,5-1 %. Im Wesentlichen hat man durch die Wahl der Lese- und Transportweise (siehe Kap. 2.1 Transportmöglichkeiten) bereits die Entscheidung für den Übernahmeablauf getroffen.

Übernommen werden können:
- ganze Trauben
  - in kleinen Partien (Kisten, Butten)
  - in Großmengen (Großkisten, lose Schüttung)
- angemaischte Trauben bzw. Maische (Lese-/Maischewagen, Maschinenlese)
- Most (Feldpresse, Dekanter)

Bei Kistenanlieferung besteht die Möglichkeit, für Ganztraubenpressung die Trauben direkt in die Presse zu geben, bei entsprechenden Vorrichtungen kann dabei auch automatisch entleert werden. Für den schonenden horizontalen Weitertransport kann ein Förderband eingesetzt werden, an dem auch noch eine Sortierung vorgenommen werden kann. Dazu ist allerdings wieder Personal nötig. Besser ist eine genaue Lese und bereits Vorsortierung im Weingarten. Wichtig ist eine regelmäßige Reinigung sowohl der Kisten als auch des Förderbandes. Aus diesen Gründen beginnen sich in der letzten Zeit Vibrationsrinnen durchzusetzen. Diese ermöglichen einerseits die Vereinzelung der aus der Kiste aufgeschütteten Traubenhaufen, andererseits sind sie leichter zu reinigen als Förderbänder. Die Vibrationsbewegung wirkt auf die Augen aber stärker ermüdend. Bei allen anderen Anlieferungsarten ist eine Sortierung aufgrund der Menge üblicherweise nicht mehr händisch möglich. Automatisch erfolgt sie entweder mittels Gebläse, durch welches verletzte Trauben aufgrund des höheren Windwiderstandes weggeblasen werden, oder durch Rollensortierer, bei dem die Beeren durch die Zwischenräume nach unten fallen, während Kammbruchstücke durch die Rollen nach außen transportiert werden. Zuvor wurden durch Gitterroste bereits Kleinteile und oxidierter Most abgetrennt. Die neueste Entwicklung setzt computergesteuerte Kameras ein, die die Beeren unter UV-Licht nach Form und auch Farbe beurteilen. Was nicht entspricht, wird durch einen gezielten Luftstrahl entfernt.
Bei allen anderen Anlieferungsarten ist eine Sortierung aufgrund der Menge üblicherweise nicht mehr möglich bzw. sind eigene Pufferbehälter vorgesehen, die eine kontinuierliche Dosierung zur Verarbeitung erlauben.

Sortierung automatisch oder manuell

(Abb. 4 + 5)

Abb. 4
Traubenübernahme mit Gefälletransport:
1 Hubstapler mit Drehkranz
2 Vibrationstisch zur Traubenvereinzelung und Saftabtrennung
3 Traubensortierband
4 Abbeermaschine
5 Vibrationstisch zur Forderung und Abtrennung von Saft und Kleinteilen
6 Sortierband für Beeren
7 Quetschwalzen
8 Mohnopumpe
9 Bodenabwurflöcher, darunter Presse bzw. Maischetanks

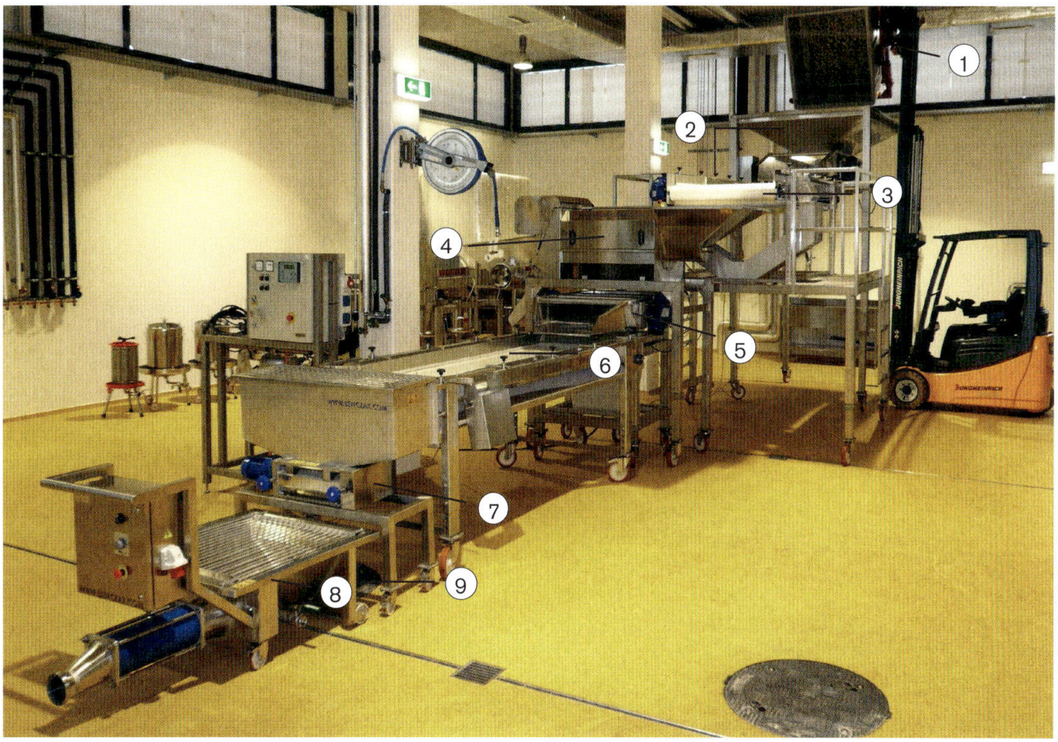

Abb. 5
Bandförderer in die Presse.

Komponenten zum Erreichen einer schonenden Übernahme und Förderung sind:

- **Kurze Transportwege**
- **Verarbeitungsablauf von oben nach unten (Schwerkraft)**
- **Bandförderung**
- **Verdrängerpumpen und Schlauchpumpen**
- **Große Schlauch- bzw. Rohrquerschnitte**

Bei Übernahme von Lesegut aus Maischewagen bzw. Lesemaschinen muss berücksichtigt werden, dass ein hoher Mostanteil vorhanden sein kann, der zuerst aus dem Transportbehälter herausfließt, und erst dann die (trockeneren) Feststoffe nachfolgen. Spezielle Übernahmeeinrichtungen mit Seihblechen berücksichtigen diese Besonderheit.

Absauganlagen: Bei dieser Methode wird durch Gebläse ein Sog erzeugt, der die Trauben vom Hänger in den Übernahmebehälter befördert. Diese Art der Übernahme wurde von Großkellereien (Genossenschaften) gern genutzt. Aufgrund des hohen Energiebedarfs und des notwendigen kostenintensiven Personaleinsatzes ist diese Methode in Europa nicht mehr üblich.

3 Traubenverarbeitung

- Welche Vor- und Nachteile birgt der Rebelvorgang?
- Wie kann Oxidation verhindert werden?
- Wodurch kann die Aromaausbeute gesteigert werden?
- Welche thermischen Behandlungen können vorgenommen werden?

Von der Lese der Trauben bis zum Beginn der alkoholischen Gärung vergehen im Schnitt zwei Tage. In diesem kurzen Zeitraum müssen viele Maßnahmen durchgeführt werden, die den fertigen Wein auf Jahre oder Jahrzehnte beeinflussen. Die Art der Traubenverarbeitung und der Mostgewinnung hat einen Einfluss von 80 % auf die Qualität des Endprodukts. Es ist somit Verantwortung, Können, aber auch Gefühl notwendig, um für die Trauben die jeweils richtigen Entscheidungen zu treffen und den bestmöglichen Wein daraus zu keltern.

Die in den vergangenen Jahrzehnten begonnene, weitreichende Mechanisierung der Traubenverarbeitung ist keineswegs abgeschlossen. Früher freute man sich über die neuen technischen Möglichkeiten, die eine Abkehr von der mühevollen Handarbeit und eine Erhöhung der Kapazität erlaubten. Dabei wurde jedoch manchmal übersehen, dass durch die starke mechanische Beanspruchung des Lesegutes ein hoher (Fein-)Trubanteil, und damit auch negative Veränderungen wie bitterer Geschmack und raschere Alterung, die Folge waren.
Da heute die Betriebe weniger, aber größer werden, wird weiter an Innovationen gearbeitet, um eine höhere Verarbeitungskapazität zu ermöglichen und weiterhin die immer geforderte schonende und schnelle Verarbeitung für Most mit möglichst wenig Trub und belastenden Rückständen zu gewährleisten. Damit ist der Grundstein gelegt, um sowohl einen reintönigen Wein als auch günstige Bedingungen für die weitere Kellerarbeit zu schaffen. Als oberste Regel für den ganzen Verarbeitungsablauf gilt daher:

Rasche und schonende Verarbeitung ist wichtig!

Möglichkeiten der Trauben- bzw. Maischebehandlung sind:

3.1 Rebeln
3.2 Maischen
3.3 Schwefeln
3.4 Oxidationsschutz durch CO_2
3.5 Maischestandzeit
3.6 Zusatz von pektolytischen Enzymen
3.7 Hitzebehandlung
3.8 Maischekühlung, Kaltmazeration
3.9 Vorentsaftung
3.10 Maischegärung

3.1 Rebeln

Unter Rebeln (Abbeeren, Entrappen) verstehen wir das Abtrennen der Beeren von den Kämmen. Dieser Vorgang wird heute kontrovers diskutiert. So geben einerseits gerade die grünen Stiele unangenehm grasige Geschmacksstoffe ab und sollten vorteilhafterweise entfernt werden. Andererseits haben die Stiele auch eine gute Dränagewirkung beim Pressen und begünstigen den Saftablauf, des Weiteren kann die mechanische Belastung der Kämme während des Rebelvorgangs zu mehr Trubgehalt führen. Nicht übersehen sollte auch werden, dass die Menge der Kämme zwar immer mit 3–5 % angegeben wird, sorten- und jahrgangsabhängig aber auch über 8 % erreichen kann.

Gerebelt soll daher werden bei:
- Maischestandzeit
- Maischegärung bei Rotweinbereitung
- unreifem Traubenmaterial (Abb. 6)
- Presssystemen mit starkem Abrieb (Abb. 7)

Nicht notwendig bzw. nicht möglich ist das Rebeln bei:
- verholzten Stielen (die aber Most aufnehmen können)
- sehr mürben Stielen (bei Prädikatsweinen)
- stielkrankem, faulem Lesegut
- Maischewagen und Vollernteranlieferung

Bei den Horizontalreblern kann heute meist sowohl die Drehzahl als auch die Drehrichtung verstellbar sein, so kann auf die Traubenqualität besser eingegangen werden.

Neben diesen traditionellen, weitverbreiteten Reblerbauarten sind neuere Entwicklungen auf den Markt gekommen, die teilweise zugleich eine Sortierung mittels Walzenstuhl erlauben. Neben Förderbandreblern, bei denen die Beeren durch das Fördergitter durchfallen, gibt es auch Ausführungen mit Rüttelstäben analog der

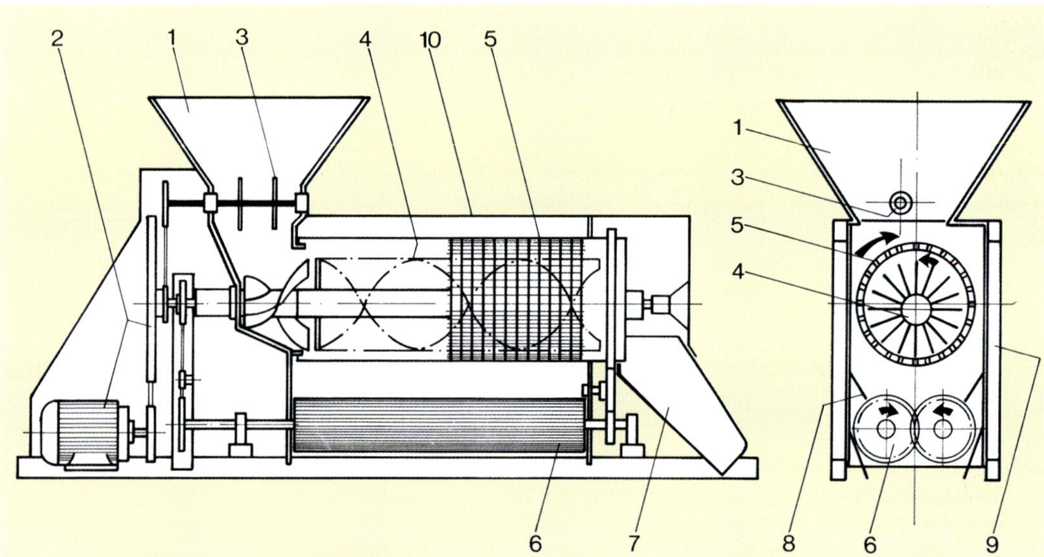

Abb. 6 Abbeermaschine mit Quetschwalze.

1 Einfülltrichter
2 Motor mit Keilriemen- oder Kettenantrieb
3 Zerteiler
4 Stachelwalze
5 Siebtrommel
6 Quetschwalze
7 Kammauswurf
8 Seitenleitblech
9 Seitenabdeckblech
10 Abdeckblech

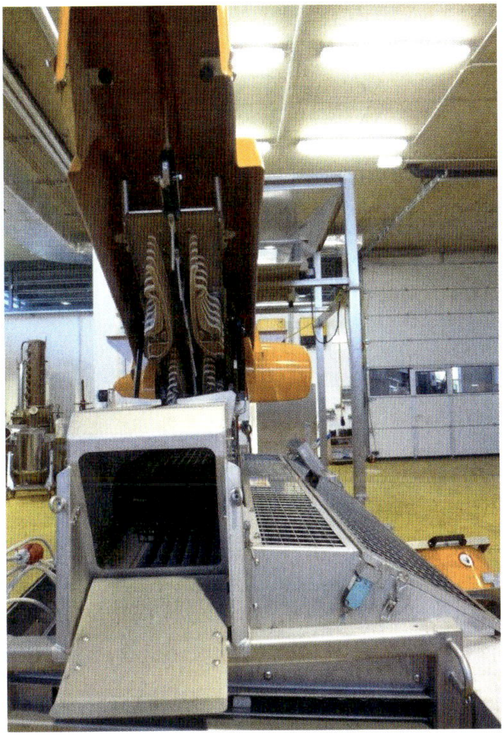

Abb. 7a
Förderbandrebler. Im aufgeklappten Teil sind die Schüttelstäbe zu sehen.

Abb. 7b
Rebler Seitenansicht – unter dem Gitter befindet sich die Rollensortieranlage.

Erntemaschine. Die neueste Entwicklung ist der Schwingpendelrebler, bei dem die Trauben durch ein schräg stehendes gelochtes Rohr aufgrund der Schwerkraft nach unten wandern. Durch die rasche Pendelbewegung werden die Beeren von den Kämmen getrennt.

3.2 Maischen

Bei diesem Vorgang werden die Beeren mit Quetschwalzen geöffnet, damit der Saft leichter austreten kann. Eine nicht zu knappe Einstellung der Walzen ist vonnöten, um eine Beschädigung der Kerne zu vermeiden. Das Quetschen sollte erst nach dem Rebeln stattfinden, weil das den Trubanfall vermindert. Je nach Maschinentyp kann der Walzenstuhl weggeklappt werden, sodass wahlweise nur gerebelt und nicht gequetscht wird.

Die Maischebehandlung ist abhängig vom Gesundheitszustand und der Reife der Trauben und bestimmt den Charakter des Endproduktes wesentlich mit.

3.3 Schwefeln

Der Zusatz von SO_2 hat drei Wirkungen:
- Hemmung der (sehr aktiven) Oxidationsenzyme
- Hemmung von wilden Hefen und Bakterien
- Abbinden von Luftsauerstoff

Je früher die Zugabe erfolgt, desto besser kann die Maische vor Lufteinwirkung geschützt, eine Bräunung verhindert und die Bukettentwicklung und Reintönigkeit begünstigt werden.
Die Schwefelung erfolgt zumeist mittels pulverförmigem Kaliumpyrosulfit (KPS), am einfachsten direkt auf die Trauben, sodass bereits beim Rebeln und Maischen eine Durchmischung erfolgt. Oder man verwendet Flüssig-SO_2 (Giftbezugsbewilligung nötig!), das man in Most löst. Die Zugabe von 1 l einer solchen vorher bereiteten 1%igen Lösung auf 1 hl entspricht dann 100 mg SO_2 pro l Maische.

Einsatzmengen	SO_2 mg/l	Flüssig-SO_2 g/hl	KPS g/hl
Gesunde Trauben	0–50	0–5	0–10
Gefaulte Trauben	50–75	5–7,5	10–15
Botrytistrauben	75–100	7,5–10,0	15–20

Niedrige Dosierungen sind möglich bei:
- gesunden, gut ausgereiften Trauben mit ausreichender Gesamtsäure und unverletzter Anlieferung ins Presshaus
- kühlem Lesewetter (und damit niedrigen Traubentemperaturen)
- rascher Traubenverarbeitung
- keiner Maischestandzeit

3.3.1 Verbindungen des Schwefels

Schwefeldioxid SO_2
Dieses Gas entsteht bei der Verbrennung von elementarem Schwefel.

$$S + 2\,O \rightarrow SO_2$$

Es ist farblos, stechend riechend, giftig und hemmt Mikroorganismen wie Schimmelpilze, Hefen und Bakterien. Das Gas ist ab 3 mg/m^3 merkbar, schleimhautreizend und ab 50 mg/m^3 lebensgefährlich. Die maximale Arbeitsplatzkonzentration (MAK) beträgt 5 mg/m^3.
Das Gas ist in Wasser und Wein leicht löslich, lässt sich unter Druck leicht verflüssigen und kommt als 100%iges SO_2 in Druckflaschen in den Handel. Der Erwerb bedarf einer Giftbezugsbewilligung.

Schweflige Säure H_2SO_3
Sie entsteht beim Einleiten von SO_2 in Wasser.

$$SO_2 + H_2O \rightarrow H_2SO_3$$

Als farblose, stechend riechende Flüssigkeit ist sie beständig. Beim Erwärmen und offenen Stehenlassen an der Luft zerfällt sie, SO_2-Gas entweicht und die Konzentration wird geringer. In den Handel kommt die schweflige Säure als 5–6%ige Lösung.

Kaliumpyrosulfit (Kaliummetabisulfit) $K_2S_2O_5$
Dieses Pulver ist das Salz der pyroschwefligen Säure und enthält nur ca. die halbe Menge (57 %) Wirkstoff. Ein Auflösen in reinem Wasser bringt keine Wirkung, der Zerfall zu SO_2 erfolgt nur in saurer Lösung.

$K_2S_2O_5 \rightarrow 2\ SO_2 + K_2O$ Molekulargewichte $222 \rightarrow 128 + 94$
Das so gebildete SO_2 reagiert mit Wasser bzw. Wein zu schwefliger Säure.

$SO_2 + H_2O \rightarrow H_2SO_3$

Das mit KPS eingebrachte Kalium begünstigt Weinsteinausfall.

Schwefelsäure H_2SO_4
Diese Säure ist eine farblose, ölige Flüssigkeit und zerstört organische Stoffe.
Sie entsteht aus der schwefligen Säure durch Oxidation.
Wird bei Holzfässern regelmäßig ein Schwefeleinschlag gegeben, so entstehen mit der Zeit Schwefelsäuremengen, die, wenn vor der Wiederbefüllung nicht gründlich ausgewässert wurde, bei Weinen den Schwefelsäurefirn hervorrufen.

3.4 Oxidationsschutz durch CO_2

Durch Verdrängen des Sauerstoffs aus der Maische mit mind. 2 g/l CO_2 kann einerseits die Oxidation verringert und so die Schwefelung erniedrigt werden, wenn dies z. B. aus Gründen eines geplanten biologischen Säureabbaus gewünscht, und eine entsprechende Imprägniervorrichtung vorhanden ist. Andererseits kann durch Einsatz von Kohlensäureschnee eine Abkühlung der Maische erzielt werden (siehe auch Kap. 3.8). Aus Gründen der mikrobiologischen Sicherheit sollte eine Schwefelung jedoch nicht komplett entfallen.

3.5 Maischestandzeit

Das Stehenlassen der Maische ermöglicht:
- Auslaugung von Inhaltsstoffen. Dadurch wird der Gehalt an Extrakt-, Bukett- und Farbstoffen erhöht, es gelangen auch mehr Nährstoffe für die Hefe (z. B. Fettsäuren) in den Most.
- Abbau des Pektins durch traubeneigene Enzyme (Fermentieren). Die Maische wird so leichter pressbar (siehe Kap. 3.6 Zusatz von pektolytischen Enzymen).

Die Maische muss gesund und geschwefelt sein.
Keine Standzeit bei faulem oder frostgeschädigtem Lesegut!
Lange Standzeiten führen bei Trauben mit rötlicher Schale zu Hochfärbigkeit, des Weiteren wird das Weinaroma intensiver, komplexer, breiter.
Bei warmem Lesewetter und damit höheren Maischetemperaturen keine oder kürzere Standzeit einhalten, um ein Angären zu vermeiden.

3.6 Zusatz von pektolytischen Enzymen (Enzymieren, Fermentieren)

Pektin ist die Gerüstsubstanz der Traubenbeere, der Gehalt kann in Trockenjahren sehr hoch sein. Die Aufspaltung des Pektins erfolgt durch entsprechende Enzyme (Pektinasen), die von Natur aus in der Beere enthalten sind. Durch die zusätzliche Zugabe von pektolytischen Enzymen kann die Abbaugeschwindigkeit erhöht werden. Wichtig ist eine Temperatur über 10° C, sonst herrscht nur geringe Aktivität. Durch den stärkeren Pektinabbau kann die Pressung schonender mit weniger Druck erfolgen, der Auspressgrad verbessert bzw. die Maischestandzeit verkürzt werden; bei Rotweinmaischegärung wird die Farbauslaugung erleichtert.

3.7 Hitzebehandlung

Die thermische Behandlung kommt üblicherweise bei Rotmaischen zum Einsatz, aus zweierlei Gründen:

- Erwärmen der Maische auf Gärtemperatur (siehe Kap. 7 Gärung)
- Maischeerhitzung zur Farbauslaugung, nachfolgendem sofortigen Abpressen, Rückkühlen und Saftgärung. Dies wird bei schadhaftem Material gemacht, um längeren Maischekontakt zu vermeiden oder wenn nicht genügend Verarbeitungskapazität für eine Maischegärung zur Verfügung steht.

3.8 Maischekühlung, Kaltmazeration

Durch Abkühlen der Maische auf ca. 5 °C und längeres Stehenlassen (mehrere Tage bei Rotmaische) soll mehr Fruchtigkeit im Wein erzielt werden. Die Schwierigkeit liegt in der schlechten Mischbarkeit der Maische und dem Wunsch, diese auch möglichst wenig zu beanspruchen. Die Zugabe von CO_2 in fester Form als Trockeneis bereits in den Rebler und eine nachfolgende weitere Abkühlung mit Flüssig-CO_2 im Tank ist eine Anwendungsmethode mit geringer mechanischer Maischebelastung (Entfall des Rührens). Nach der Standzeit muss die Maische zur Gärung wieder angewärmt werden, was insgesamt großen Energie- und damit Kostenaufwand bedeutet.

3.9 Vorentsaftung

Durch den freien Ablauf eines Saftanteils bis 50 % aus dem Maischebottich wird die Pressenkapazität besser ausgenützt, Großbetriebe haben eigene Vorentsaftereinrichtungen. Auch muss der Most nicht über die Presse laufen und ist weniger Oxidation ausgesetzt. Die Vorentsaftung sollte erst kurz vor dem Pressen erfolgen, da es sonst in den Hohlräumen der Maische zum Wachstum von Mikroorganismen kommen kann.

(Abb. 8)

3.10 Maischegärung

Die Vergärung der Maische findet bei der Rotweinbereitung statt (siehe Kap. 10). Weiße Maische wurde üblicherweise nur für die Herstellung eines Traubenbrandes vergoren. Bei den heute in Mode gekommen "Orange Wine" führt ein An- oder auch völliges Durchgären auf der Maische zu extraktreicheren, aber hochfärbigen, breiteren Weinen mit einem deutlich anderen Geschmacksbild.

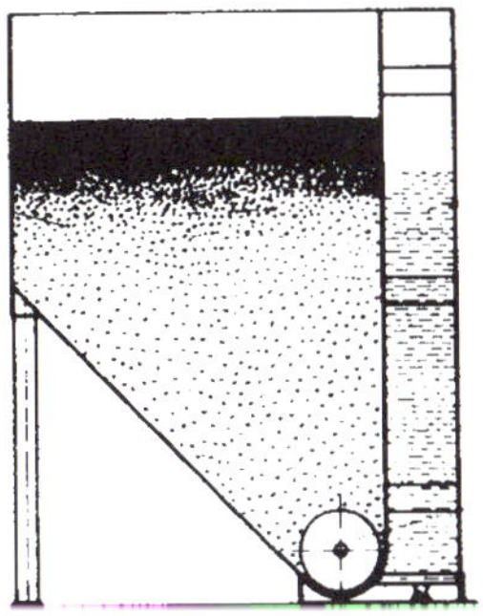

Entsaftungskammer
mit Maischeaustrag-
schnecke

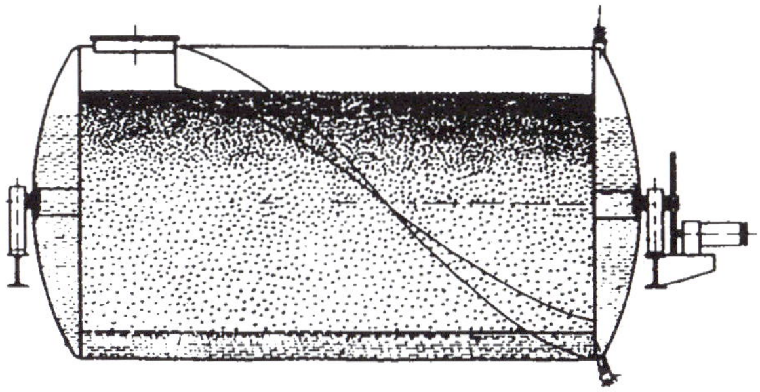

Roto-Entsafter, auch zur Rotweinbereitung geeignet

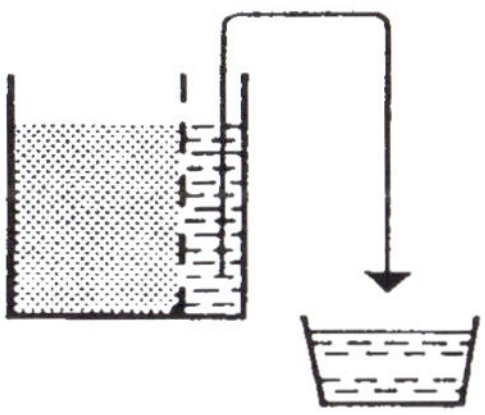

Seih- und Setzkorb
(für Kleinbetriebe)

Pneumatischer Vorentsafter

Abb. 8
Vorentsaftungs-
möglichkeiten.

4 Die Mostgewinnung

- Mit welchen Geräten kann entsaftet werden?
- Wie soll der Pressvorgang ablaufen?
- Mit welchen Mostausbeuten kann gerechnet werden?

Die Mostgewinnung erfolgt durch Druckanwendung. Nur in Ausnahmefällen (Rotweinmaische, Trockenbeeren – Essenz) kann darauf verzichtet werden.

4.1 Bauarten von Weinpressen

Arbeitsweise

diskontinuierlich		**kontinuierlich**
Presskorb		
stehend (Vertikalpressen)	liegend (Horizontalpressen)	– Schneckenpresse – Bandpresse – Fliehkraft (Dekanter)
Druckerzeugung		
mechanisch hydraulisch Schwerkraft	mechanisch hydraulisch pneumatisch (Über-/Unterdruck)	**halbkontinuierlich** – pneumatische Presse

Horizontalpressen stellen heute den Standard dar und sind allgemein verbreitet. Der drehbare Korb aus Kunststoff, nicht rostendem oder beschichtetem Stahl besitzt Einrichtungen zum automatischen Scheitern (Krümeln) des Presskuchens. Durch entsprechende Steuereinrichtungen kann der Pressvorgang weitgehend automatisch ablaufen.
Vertikale Presskörbe sind heute dort zu finden, wo zumeist aus Traditionsgründen mit alten Baumpressen gearbeitet wird. Moderne Ausführungen in Edelstahl werden gern bei Prädikatsweinen eingesetzt, ansonsten werden oft kleine (Hydro-)Pressen zur Trubaufarbeitung verwendet.

Mechanische Horizontalpressen (Spindelpressen)
Sie sind preisgünstig und waren daher weitverbreitet. Es gibt viele Varianten mit Außen- oder Innenspindel, einem oder zwei Presstellern. Die hohe mechanische Beanspruchung der Maische (besonders bei Teilbefüllung) bringt höheren Trub- und Gerbstoffanteil – selbst bei sorgfältigster Pressweise. Aus qualitativen Gründen ist heute deren Zeit vorbei.

Hydraulische Horizontalpressen
Sie sind zwar etwas leistungsfähiger als Spindelpressen, aufgrund des höheren Preises ist diese Bauart heute nicht mehr gefragt.

Pneumatische Horizontalpressen
Verschiedene Modelle werden angeboten, die sich in der Konzeption bei einigen Merkmalen unterscheiden:

Membrananordnung
- in der Mitte des Presskorbes (Schlauchpresse)
- an der Wand

Pressdruckerzeugung
- Überdruck auf der Pressmembranseite durch Kompressor
- Unterdruck auf der Mostablaufseite durch Vakuumpumpe

Saftablauf
Presskorb geschlitzt, halboffen
- der Most läuft über die Außenseite des Korbes (Abb. 10–15)

Presskorb geschlossen, weniger Oxidationsneigung
- Ablauf über Kanäle an der Innenseite der Wand (Tankpresse)
- Ablauf über Stege in der Korbmitte (Willmespresse)

Größere Pressen werden zumeist in der geschlossenen Ausführung gebaut, sie verringern die Oxidationsmöglichkeit des Mostes. Außerdem kann eine Maischestandzeit in der Presse durchgeführt werden. Mögliche Zusatzausstattungen sind einerseits eine Inertgasüberschichtung, um den Sauerstoffeinfluss möglichst zu minimieren, andererseits gibt es auch die Möglichkeit eines Kühlmantels, was ein Kühlhalten erlaubt bzw. einen Temperaturanstieg während einer Maischestandzeit in der Presse vermeidet.

Abb. 9
Einfluss des Presssystems auf die Trubgehalte.

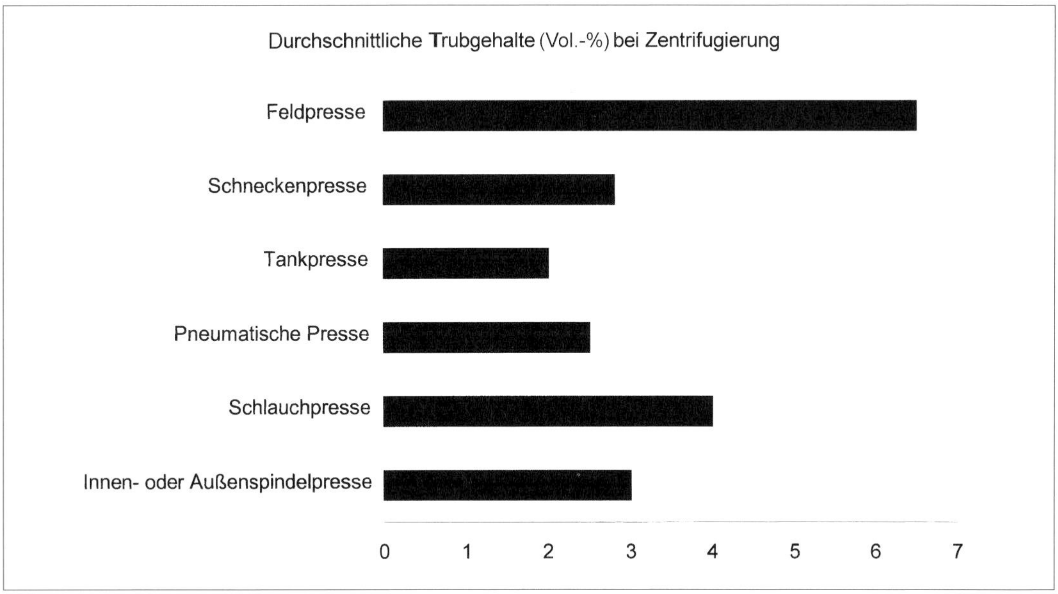

Während des eigentlichen Druckvorganges steht der Presskorb still und es wird die Filterwirkung des Maischekuchens ausgenützt. Zusammen mit den niedrigeren Drücken (bis ca. 1,9 bar) ergibt sich eine sehr schonende Verarbeitung, die Moste sind trub- und gerbstoffarm. Bauartbedingt ist der Preis höher als bei Spindelpressen.

Abb. 10
Tankpressen mit Kühlmantel. Darüber verschiebbarer Einfülltrichter mit Quetscheinrichtung. Die kleine Presse ist für Kleinmengen und Prädikatsweine vorgesehen.

Abb. 11
Universalpresse Willmes.

Abb. 12
Zentralbefüllung bei pneumatischer, halb offener Presse.

Abb. 13
Innen liegende Ablaufkanäle bei einer Tankpresse.

4.2 Presstechnik

Die Presstechnik besteht darin, langsam und vorerst mit niedriger Druckstufe zu arbeiten, um dem Most genügend Zeit zu geben, aus dem Maischekuchen herauszulaufen. Erst zum Schluss wird der Druck gesteigert.

Wer langsam presst, presst schneller!

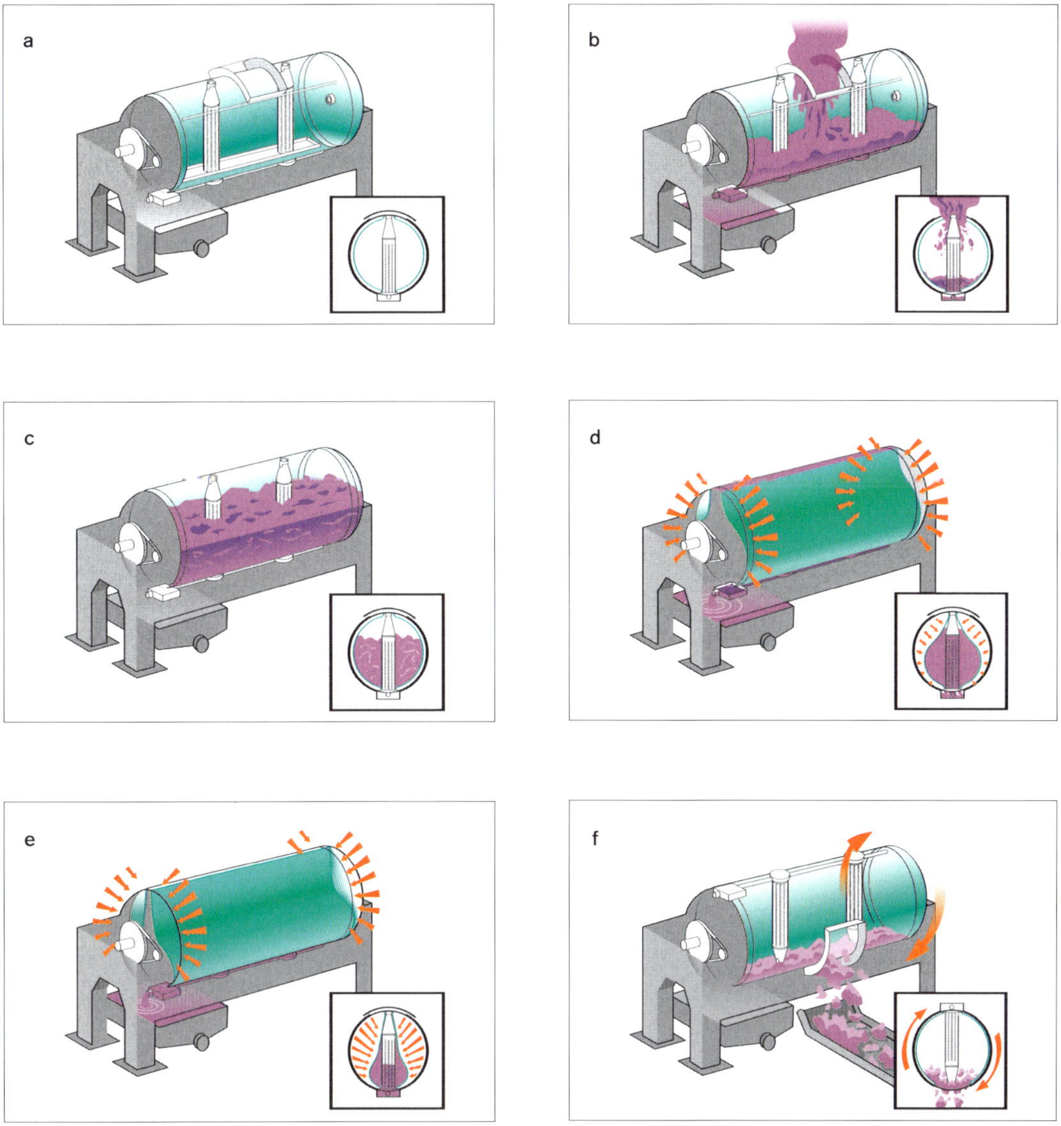

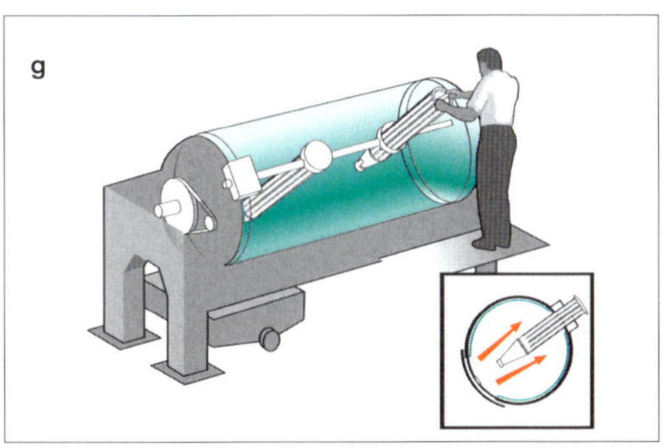

a Presskörper
b Füllen
c Maischestandzeit
d Pressen Phase 1
e Pressen Phase 2
f Reinigen/Kanalentnahme
g Entleeren

Maische
Membrane
Luft
Drehung
Trester/Dreck

Abb. 14
Pressablauf bei innen liegenden Saftkanälen.

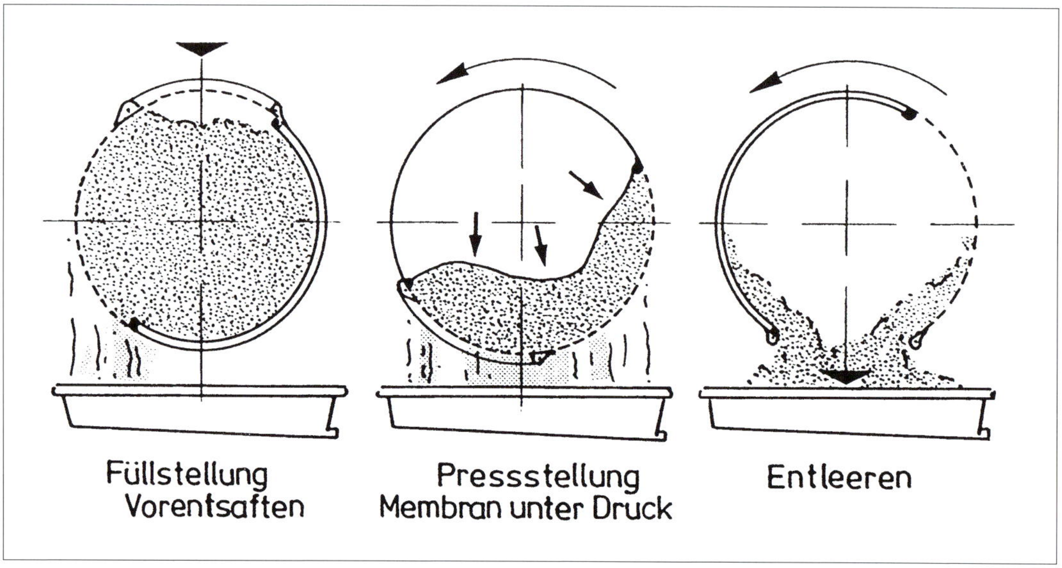

Abb. 15 Pressvorgang bei pneumatischer, halboffener Presse.

4.2.1 Ganztraubenpressung

Bei dieser Methode wird die Presse direkt mit den ungerebelten und nicht gequetschten Trauben befüllt. Die Aufnahmekapazität wird aber erniedrigt (nur 50–70 %). Es fällt so gut wie kein Seihmost an, dementsprechend ist die Pressmostfraktion größer. Der Gehalt an Gerbstoffen bei der Ganztraubenpressung ist geringer, ebenso der Trubgehalt. Dadurch wird die etwas geringere Ausbeute wieder ausgeglichen. Wichtig ist bei diesem Verfahren, dass die ersten Mostfraktionen verschnitten werden, da sonst ein zu schlankes Geschmacksbild entstehen kann. Die Weine sind primärfruchtiger, möglicherweise etwas niedriger im Extrakt (0,5–1 g/l) und weisen ein anderes Alterungsverhalten auf.

4.2.2 Maischepressung

(Abb. 16) Die Pressenkapazität kann bis zu 150 % ausgenützt werden, da beim Einfüllen der Maische bereits der Seihmost abläuft.
Unterschiedliche Automatikprogramme erlauben eine Auswahl entsprechend den Anforderungen wie z. B. Ganztraubenpressung, Crémantprogramm für Sektgrundwein.

Geringe Gerb- und Trubstoffgehalte können erreicht werden durch:
- niedrige Pressdrücke (unter 8 kp/cm²)
- wenige Scheitervorgänge (Krümeln)
- kurze Presszeiten (Oxidationsgefahr)

4.3 Mostausbeute – Mostfraktionen

Wie viel Most man aus 100 kg Trauben erhält, hängt von Sorte, Jahrgang, Reifezustand und der Presstechnik ab. Durchschnittlich kann man mit 75–80 l Most rechnen. In den letzten Jahren hat es auch sehr heiße und trockene Sommer gegeben, was zu kleinen Beeren mit hohem Pektinanteil und schlechter Pressbarkeit geführt hat. Die

Mostausbeute konnte dann auch bis auf 60 l absinken. Bei herkömmlicher Maischepressung unterteilt man in drei Fraktionen:

- **Seihmost** (40–60 %): Dieser fließt frei von der Presse ab, ist säure- und zuckerreich, heller und etwas extraktärmer als die übrigen Anteile.
- **Pressmost** (40–60 %): Er wird durch Druckanwendung erhalten und üblicherweise mit dem Seihmost verschnitten.
- **Scheitermost oder Nachdruck** (10 %): Durch den höheren Pressdruck werden Traubenhäute und eventuell auch Kerne bereits stark zerrieben, sodass der Most einen höheren Gehalt an extraktgebenden Gerb-, Farb- und Mineralstoffen aufweist. Säure- und Zuckergehalt sind niedriger, für die Qualitätsweingewinnung sollte dieser Anteil unbedingt abgetrennt und separat verarbeitet werden. Durch entsprechende Most- und Weinbehandlung kann daraus noch ein passables Erzeugnis werden, das aber nicht die Qualität des aus dem Sei- und Pressmost entstandenen Weines erreichen wird.

Grundsätzlich ist zu überdenken, ob sich der zeitliche Pressaufwand für die Gewinnung dieser geringen und niederqualitativen Mostmenge lohnt. Schließlich ist die Presse noch einige Zeit blockiert – die man bei großer Anlieferungsmenge schon dringend wieder befüllen möchte.
Aus dem weniger stark ausgepressten feuchteren Trester könnte z. B. nach Vergärung ein Tresterbrand destilliert werden, was vielleicht ökonomisch gewinnbringender wäre.

Abb. 15a
Großkellerei: Fixverrohrung und Zentralbefüllung der Pressen.

Pressprogramme

Durch die heute vorhandene Elektronik und die modernen Messmöglichkeiten sind die Pressen mit immer ausgefeilteren Pressprogrammen ausgestattet. Sie ermitteln den Saftablauf – je nach Pressengröße nach unterschiedlichem System – und variieren die Presszeit je nach Vorgabe. Bei der Einstellung des Programms kann bereits festgelegt werden, was Priorität hat: Ausbeute, Schnelligkeit, Schonung – auch in unterschiedlicher Kombination.

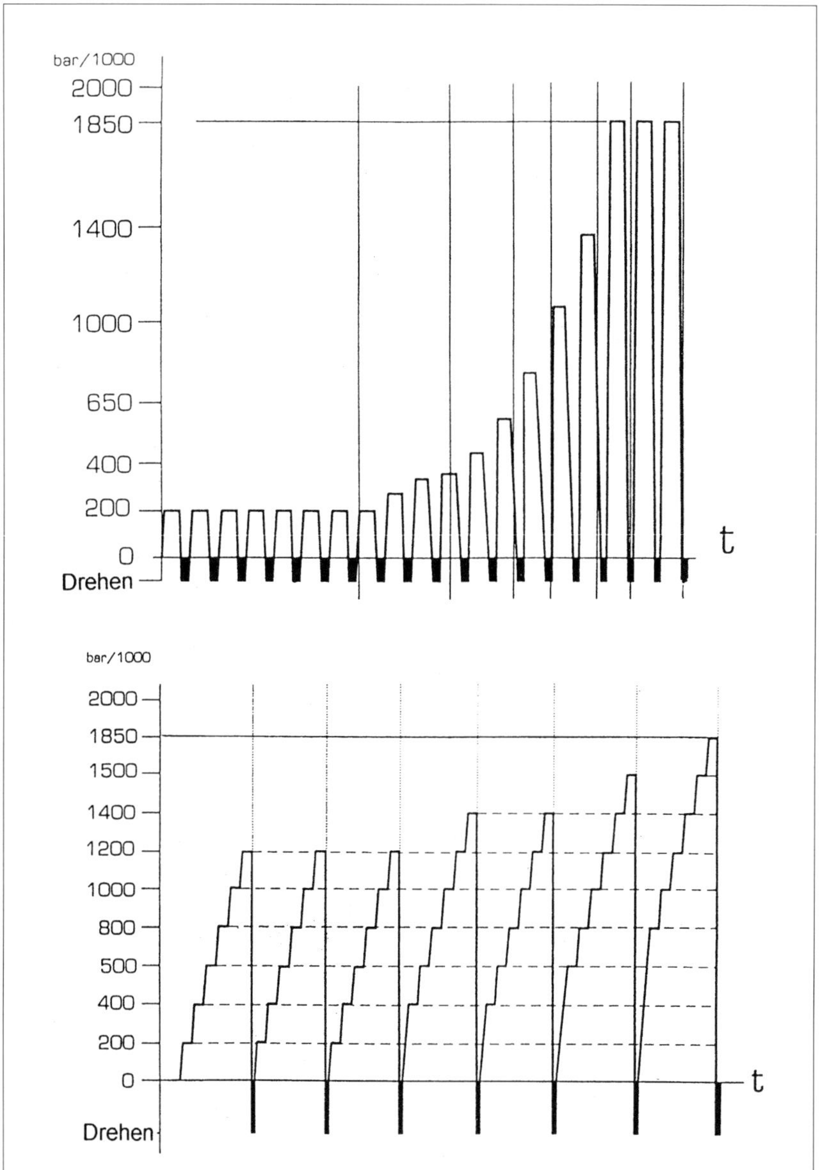

Abb. 16
Pressprogramme: Maischepressung (oben) und Ganztraubenpressung (unten).

5 Mostinhaltsstoffe und -untersuchung

- Welches sind die wichtigsten Inhaltsstoffe im Most?
- Welche Bestimmungsmöglichkeiten stehen zur Verfügung

Witterungsverlauf, Reifezustand der Trauben und die Rebsorte selbst beeinflussen die Inhaltsstoffe des Mostes. Die Mostzusammensetzung ist letztendlich für die Qualität des späteren Weins verantwortlich und bestimmt auch die erforderlichen Schritte der Mostbehandlung.

Grobeinteilung und durchschnittliche Konzentrationen

5.1 Wasser 780–850 g/l
5.2 Kohlenhydrate (Zucker) 120–250 g/l
5.3 Säuren 6–15 g/l
5.4 Mineralstoffe (Asche) 2,5–5 g/l
5.5 Stickstoffverbindungen 0,2–1,4 g/l
5.6 Polyphenole (Gerbstoffe, Farbstoffe) 0,1–2,5 g/l
5.7 Aromastoffe
5.8 Mostuntersuchung

5.1 Wasser

Wasser ist die Hauptkomponente und Lösungsmittel für alle anderen Stoffe. Bei Überreife kann sich der Wassergehalt durch Verdunstung wesentlich verringern.

5.2 Kohlenhydrate

Diese Stoffgruppe dient in der Natur als Gerüststoff der Zellwände und als chemischer Energiespeicher und ist daher für die Pflanzen sehr wichtig.
Die einfachsten Kohlenhydrate sind die Zucker (Saccharide), die, wenn sie nur aus einer Einheit bestehen als Monosaccharid, bei zwei Einheiten als Disaccharid und Verbindungen mehrerer Monosaccharide als Oligo- oder Polysaccharide bezeichnet werden. Für den Wein sind überwiegend Hexosen (6 C-Atome) und Pentosen (5 C-Atome) wichtig, für die alkoholische Gärung sind vor allem 3 Zucker von Bedeutung: Glucose, Fructose und Saccharose.

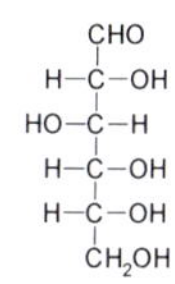

Glucose

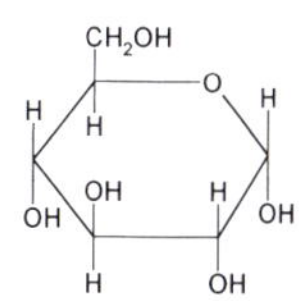

D(+)-Glucose

5.2.1 Glucose (Traubenzucker, Dextrose) $C_6H_{12}O_6$

In der Beere wird dieses Monosaccharid (Einfachzucker, aus einem Molekül) als Erstes gebildet.

5.2.2 Fructose (Fruchtzucker) $C_6H_{12}O_6$

Ist der süßeste natürlich vorkommende Zucker, er wird bei der Traubenreife erst später aufgebaut.

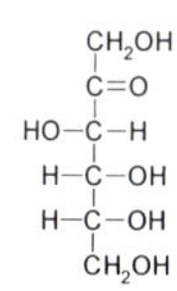

Fructose

Glucose und Fructose sind die wichtigsten Zucker für die alkoholische Gärung und kommen als sogenannte Invertzucker im Most zu gleichen Teilen (Verhältnis 1 : 1) vor. Sie werden von der Hefe zu Ethanol und Kohlendioxid umgesetzt, wobei Glucose

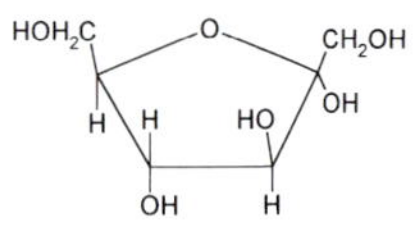

D(-)–Fructofuranose

schneller und weitgehender metabolisiert wird („glucophiles“ Verhalten der Hefe). Dadurch ändert sich abhängig vom Vergärungsgrad das Verhältnis zugunsten der Fructose.
Da Glucose auch von vielen Mikroorganismen (z. B. Botrytis cinerea) bevorzugt wird, ist bereits in Mosten aus befallenem Lesegut in vielen Fällen schon mehr Fructose als Glucose festzustellen.

Bei gleicher Summenformel unterscheiden sich die beiden Monosaccharide durch ihre funktionellen Gruppen, Glucose zählt zu den Aldosen (Aldehydverbindungen), Fructose zu den Ketosen (Ketonverbindungen).

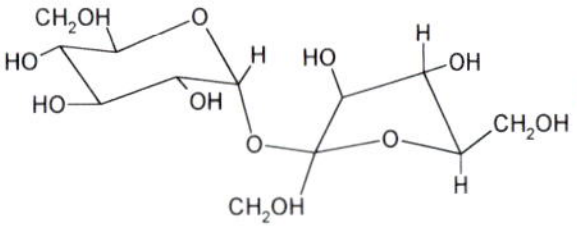

Saccharose

5.2.3 Saccharose (Rohrzucker, Rübenzucker) $C_{12}H_{22}O_{11}$

Dieses Disaccharid besteht aus je einem Molekül Glucose und Fructose.
Es kann in geringen Mengen (durchschnittlich 4 g/l) in der Beere vorkommen. Durch die fruchteigene Säure oder das aus der Hefe stammende Enzym Invertase erfolgt vor der Gärung eine vollständige Aufspaltung von Saccharose in Glucose und Fructose. Diese Reaktion wird Inversion genannt, weil dabei die spezifische Drehung von polarisiertem Licht durch die Saccharose (optische Aktivität) von einer positiven Ablenkung in eine negative verändert wird. Die Drehrichtung ist also umgedreht – invertiert – worden.

5.2.4 Unvergärbare Zucker (Pentosen) $C_5H_{10}O_5$

Neben Glucose und Fructose, die 6 Kohlenstoffatome aufweisen (Hexosen), gibt es auch Zucker mit 5 Kohlenstoffatomen (Pentosen). Sie werden von der Hefe weitgehend nicht verwertet, müssen jedoch bei der analytischen Zuckerbestimmung mit berücksichtigt werden (reduzierende Zucker).

5.3 Säuren

Sie werden bei der Blattassimilation aus Wasser und Kohlendioxid aufgebaut, wie dies auch bei den Zuckern geschieht. Der Gesamtgehalt von Säuren ist von Sorte, Lage, Reifegrad und Jahrgang abhängig. Während der Reifung wird zuerst die Äpfelsäure und später die Weinsäure gebildet, diese beiden stellen die Hauptkomponenten dar. In wesentlich geringeren Mengen kommen andere Säuren wie Zitronensäure, Gluconsäure, Bernsteinsäure vor.

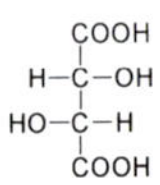

L(+)–Weinsäure

5.3.1 Weinsäure (Dihydroxybernsteinsäure)

Sie ist die wichtigste Säure des Mostes und kommt von Natur aus als L(+)–Weinsäure vor. Sie ist in Wasser und Alkohol auch bei Raumtemperatur sehr gut löslich und nimmt nach ihrem Aufbau in der Beere nicht ab. Mit Kaliumchlorid bildet sich aus Weinsäure das schwer lösliche Monokaliumtartrat, der Weinstein. Aufgrund dessen geringer Löslichkeit kann es bereits in der Traube zusammen mit dem aus dem Boden aufgenommenen Kalium zu einem Ausfall kommen, besonders bei kaltem Wetter, sodass sich dadurch der Gehalt an Weinsäure im Most verringern kann. Ein weiterer Ausfall erfolgt bei der Gärung, da auch Alkohol die Löslichkeit herabsetzt.
In Mosten guter reifer Jahrgänge beträgt der Anteil an Weinsäure an der titrierbaren Gesamtsäure ca. 65–70 %, in unreifen Jahrgängen – mit hohem Äpfelsäureanteil – sinkt er auf 35–40 % ab.

5.3.2 Äpfelsäure (Monohydroxybernsteinsäure)

In der Natur kommt die L(–)-Äpfelsäure vor. Sie ist die Hauptsäurekomponente in vielen Früchten, in Traubenbeeren steigt der Gehalt während des Wachstums bis auf 15–20 g/l an. Während der Reife geht durch Veratmung der Gehalt ständig zurück, sodass in reifen Trauben nur noch 3–5 g/l Äpfelsäure enthalten sind.

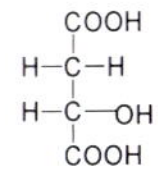

L(-)-Äpfelsäure

5.3.3 Zitronensäure (2-Hydroxy-1,2,3-Propan-Tricarbonsäure)

Sie gehört zu den in Pflanzen häufig vorkommenden Säuren, besonders in Zitrusarten. Im Traubenmost beträgt der Gehalt nur ca. 100–300 mg/l, in edelfaulem Lesegut kann die Konzentration an Zitronensäure bis über 600 mg/l ansteigen, auch im Eiswein findet man höhere Gehalte.

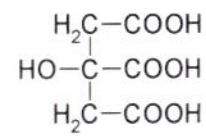

Zitronensäure

5.3.4 Gluconsäure

Sie ist ein Oxidationsprodukt der Glucose und in der Größenordnung von 100–300 mg/l zu finden. Bei Mosten aus Botrytistrauben kann der Gehalt allerdings auf 6 g/l und mehr ansteigen.

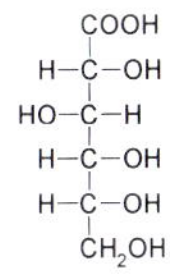

Gluconsäure

5.3.5 Schleimsäure (Galactarsäure)

Ist ein Oxidationsprodukt aus Galacturonsäure, dem Hauptbestandteil des Pektins, und wird von Botrytis cinerea gebildet. Das schwer lösliche Calciumsalz (Calciummucat) kann sich bei langer Lagerdauer als weißer kristalliner Niederschlag bei Prädikatsweinen mit hohem Ausgangsmostgewicht bilden.

5.4 Mineralstoffe (Asche)

Mit dem Wasser nehmen die Wurzeln der Rebe auch Mineralstoffe auf, die für den Aufbau und die Ernährung notwendig sind. Die Menge dieser Stoffe hängt von Witterung, Bodenart, Düngung, Rebsorte und Reife ab. Bei Wassermangel ist der Gehalt geringer als in feuchten Jahren, er liegt üblicherweise zwischen 3 und 5 g/l.

Die wichtigsten Komponenten sind bei den Kationen Kalium, Magnesium, Calcium und Natrium, bei den Anionen Phosphat, Sulfat, Chlorid und Carbonat. In geringen Mengen sind auch Bor, Silizium, Mangan und Zink enthalten. Der natürliche Eisengehalt des Mostes liegt üblicherweise zwischen 1–7 mg/l, durch Kontakt mit Eisengeräten bei der Verarbeitung oder Lagerung kann er sich aber wesentlich erhöhen. Auch eisenhaltige Behandlungsmittel können dazu beitragen.

5.5 Stickstoffverbindungen

Dabei handelt es sich im Wesentlichen um Eiweißverbindungen (Proteine), Aminosäuren und Ammonium (NH_4^+-Ionen). Sie stellen wichtige Nährstoffe für die Hefe dar, in Mosten schwankt der Stickstoffgehalt zwischen 0,2 und 1,4 g/l und reicht üblicherweise aus, um die Gärung zu gewährleisten. Die freien Aminosäuren haben als Vorläufer von Aromastoffen (Precursoren) Bedeutung für das Entstehen des Gärbuketts.
Der Schimmelpilz Botrytis cinerea benötigt Aminosäuren für den eigenen Stoffwechsel und kann dadurch den Stickstoffgehalt wesentlich vermindern, wie auch in sehr trockenen Jahren eine Unterversorgung möglich sein kann.

5.5.1 Enzyme

Enzyme sind ebenfalls Eiweißstoffe (Proteine), sie katalysieren und steuern alle Stoffwechselvorgänge bei Pflanzen und allen anderen Lebewesen. Abhängig vom Einsatzzweck sind die Enzyme in einer eigenen Nomenklatur eingeteilt, die bei den Pflanzen mehrere Hundert, insgesamt einige Tausend Bezeichnungen umfasst.

5.5.1.1 Pektinasen

Pektinasen spalten die polymere Struktur des Pektins und erniedrigen dadurch die Viskosität des Mostes. Dies führt zu einer besseren Klärung und einer leichteren Filtrierbarkeit. Aufgrund der Wirkungsweise unterscheidet man verschiedene pektin spaltende Enzyme. Pektinmethylesterasen spalten Methanolgruppen ab, Polygalacturonasen trennen die Polygalacturonsäureketten in kleinere Bruchstücke auf.

5.5.1.2 Oxidasen

Oxidasen bewirken die Übertragung von Elektronen bzw. Wasserstoff vom Substrat auf Sauerstoff. Dadurch entsteht neben dem oxidierten Substrat Wasser oder Wasserstoffperoxid. Vor allem die Phenoloxidasen sind für das Braunwerden des Mostes verantwortlich. Man unterscheidet eine traubeneigene Phenoloxidase (Tyrosinase) und eine von Botrytis erzeugte Phenoloxidase (Laccase). Die traubeneigene Tyrosinase wird während der Vorklärung durch Adsorption an Trubstoffe weitgehend entfernt, die Laccase bleibt überwiegend in Lösung, ist reaktiver und widerstandsfähiger gegen Schwefeldioxid.

5.5.1.3 Invertase

Durch Invertase wird der Rohrzucker (ein Disaccharid) in Glucose und Fructose gespalten und so die Vergärung ermöglicht (siehe auch Kap. 5.3.2 Apfelsäure).

5.5.1.4 Glycosidasen

Aromen (und auch Phenole) sind teilweise an Zucker gebunden, was sie zwar stabil, aber sensorisch unwirksam macht. Erst durch die Aufspaltung der (glycosidischen) Bindung, die durch Enzyme oder die Säuren im Wein erfolgen kann, werden wichtige Aromen für Most bzw. Wein freigesetzt. Durch Zusatz von pektolytischen Enzymen mit glycosidischen Nebenaktivitäten („Aromaenzyme“) kann dieser Vorgang beschleunigt werden.

5.6 Polyphenole

Unter der Bezeichnung Gerb- und Farbstoffe werden die phenolischen Inhaltsstoffe gern zusammengefasst. Diese Stoffgruppe umfasst ca. 8000 Verbindungen und lässt sich aufgrund der Reaktionsweisen in fünf Klassen einteilen:

1. Phenolcarbonsäuren (Benzoesäurederivate und Zimtsäurederivate)
2. Flavonole
3. Flavan-3-ole (Catechine)
4. Flavandiole (Proanthocyanidine)
5. Anthocyanidine (Farbstoffe der roten und blauen Weintraube)

Die Polyphenole beeinflussen Farbe, Bitterkeit, Adstringenz, Oxidationsverhalten und Alterungsvorgänge bei Most und Wein.

Die Phenolcarbonsäuren, auch als Nichtflavonoide bezeichnet, verhalten sich während der Weinbereitung weitgehend inert. Die Summe der anderen Gruppen –

Flavonoide – sind sehr reaktiv und beeinflussen das Oxidationsverhalten und die Weincharakteristik sehr stark.

Bei schonender Traubenverarbeitung und vorsichtigem Auspressen liegt der Polyphenolgehalt bei Weißwein unter 200 mg/l. Stehenlassen der Maische und stärkere Pressung fördert den Polyphenolgehalt, am höchsten ist er im Scheitermost.
Bei Rotwein ist der Polyphenolgehalt 3–10-mal höher. Die Entstehung der für die Farbe verantwortlichen Anthocyane ist von einer ausreichenden Sonnenbestrahlung abhängig.

5.7 Aromastoffe

Darunter versteht man Geruchs- und Geschmacksstoffe des Mostes und Weines, die man auch unter dem Ausdruck Bukett zusammenfasst. Zu den Geruchsstoffen zählen leicht flüchtige Substanzen wie Alkohole, Ester, während zu Geschmacksstoffen schwer- oder nichtflüchtige Verbindungen gehören (organische Säuren, Zucker, phenolische Verbindungen). Man unterscheidet:

Primärbukett	**Traubenaromastoffe**
Sekundärbukett	**Aromastoffe durch die Gärung** (Freisetzung, Umlagerung)
Tertiärbukett	**Veränderungen durch Lagerung**

Die Bukettstoffe der Trauben sind luftempfindlich und werden durch Pilzbefall auf der Beere verändert.

5.8 Mostuntersuchung

Jeder Winzer sollte die einfachsten Untersuchungen selbst durchführen können. So erhält er rasch Ergebnisse, die eine Entscheidungsgrundlage für die Mostbehandlung bilden. Im Wesentlichen geht es um Anreicherung und Mostentsäuerung, dafür notwendig sind:

5.8.1 Bestimmung des Zuckergehaltes (Mostgewicht)
5.8.2 Bestimmung der Säure

5.8.1 Bestimmung des Zuckergehaltes (Mostgewicht)

Üblicherweise wird nicht direkt der Zucker chemisch bestimmt, sondern das Mostgewicht anhand der Dichte.

Bestimmung mit der Mostwaage (Dichtespindel, Aräometer, Senkwaage)

Prinzip: Je geringer die Dichte einer Flüssigkeit ist (d. h. je zuckerärmer der Most ist), umso tiefer taucht die Mostwaage (Spindel) ein.
Bei der Zuckerbestimmung mit der Mostwaage ist zu beachten:
- Die Mostwaage muss sauber und trocken sein.
- Der Most muss möglichst klar sein und darf nicht gären.
- Die Mosttemperatur muss mit der Eichtemperatur der Waage übereinstimmen

(Most kühlen oder erwärmen bzw. Korrekturtabelle berücksichtigen, so vorhanden).
- Die Mostwaage muss frei schweben, sie darf nicht an der Wand anliegen (dazu muss der Spindelzylinder ausreichend groß sein).
- Beim Ablesen muss das Auge in der Höhe des Flüssigkeitsspiegels sein.

Die Klosterneuburger Mostwaage (KMW) gibt den Zuckergehalt des Mostes in Gewichtsprozenten an:
z. B.: in 100 kg Most mit 20° KMW sind 20 kg Zucker enthalten.

Die Definition lautet: „1 Grad Klosterneuburger Mostwaage ist 1/17 des Massengehaltes einer wässrigen Saccharoselösung von 20 Prozent.“

Zur Ermittlung des natürlichen Alkoholgehaltes in Vol.-% aus den °KMW sind die Werte der Tabelle im Anhang heranzuziehen.

Die Öchsle-Spindel (Oe) gibt die relative Dichte des Mostes an. Die Skala zeigt die drei Stellen hinter dem Komma. Bei einem Most mit einer relativen Dichte von 1,095 ist an der Öchslewaage 95° Oe abzulesen.

Umrechnung mit vereinfachter Faustregel:
° Oe : 5 = ca. ° KMW

z. B.: 100° Öchsle = ca. 20° Klosterneuburger Mostwaage oder °KMW × 5 = ca. ° Oe
20° KMW = ca. 100° Öchsle. Hat man das Mostgewicht bei vielen Proben zu bestimmen, dann lohnt sich die Investition von ca. 2000 € für einen Handbiegeschwinger (DMA 35 Fa. Paar), der mit wenigen Millilitern Most in wenigen Sekunden das Mostgewicht in °KMW, Öchsle oder Dichte angibt.

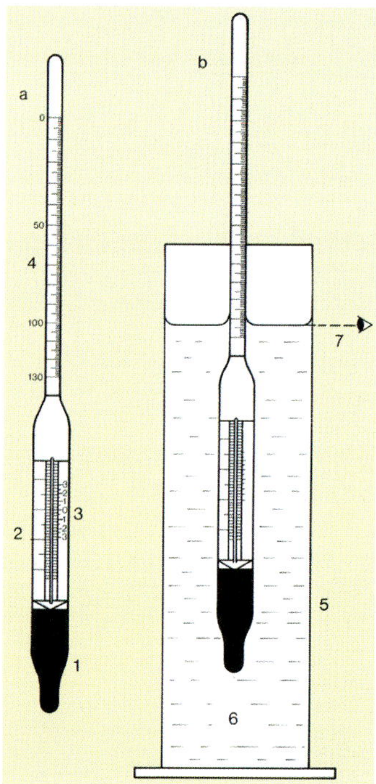

Abb. 17
Mostgewichtsermittlung.

a Mostwaage
b Ablesen des Mostgewichts

1 Bleischrotfüllung
2 Temperaturskala
3 Mostgewichtskorrektur-Tabelle
4 Spindel
5 Standzylinder
6 Most
7 Ablesung unten

Abb. 17a
Paar Dichtemesser.

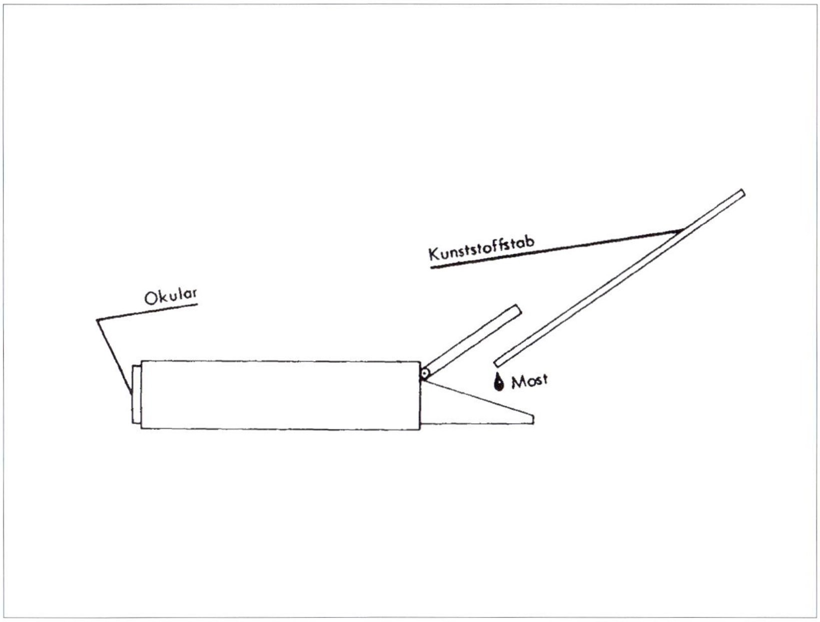

Abb. 18
Handrefraktometer.

Bestimmung mit dem Refraktometer (optische Zuckerbestimmung)

Prinzip: Flüssigkeiten mit verschiedener Dichte besitzen unterschiedliche Lichtbrechung. Das Licht wird um so stärker zum Lot gebrochen, je dichter (zuckerreicher) die Flüssigkeit ist.

Da zur Bestimmung nur ein Tropfen Most benötigt wird, eignet sich das Gerät besonders für die Reifekontrolle im Weingarten. Meist sind drei Skalen vorhanden: ° Oe, ° KMW, ° Brix. Die Ablesung erfolgt an der Licht-Schatten-Grenze.
Bei modernen Geräten wird die Temperatur automatisch berücksichtigt. Die Nullpunkteinstellung lässt man in einem Weinlabor vornehmen.

5.8.2 Bestimmung der Säure

Im Most befinden sich hauptsächlich Wein- und Äpfelsäure, daneben aber in geringen Mengen noch zahlreiche anderen Säuren. Bestimmt wird der Gesamtsäuregehalt („titrierbare Säure"). Angegeben wird die titrierbare Säure in Österreich in g/l = ‰ (Promille), „berechnet als Weinsäure".
Prinzip: Bestimmung durch Titration: Zu einer Lösung unbekannten Säuregehalts gibt man so lange Lauge von bekannter Stärke (Normalität), bis der Neutralpunkt erreicht ist (erkennbar am Farbumschlag eines zugegebenen Indikators).

Bestimmung mit dem Wein- und Mostsäuremesser (WM-Säuremesser)
Die Methode ist relativ ungenau, daher nicht zu empfehlen.

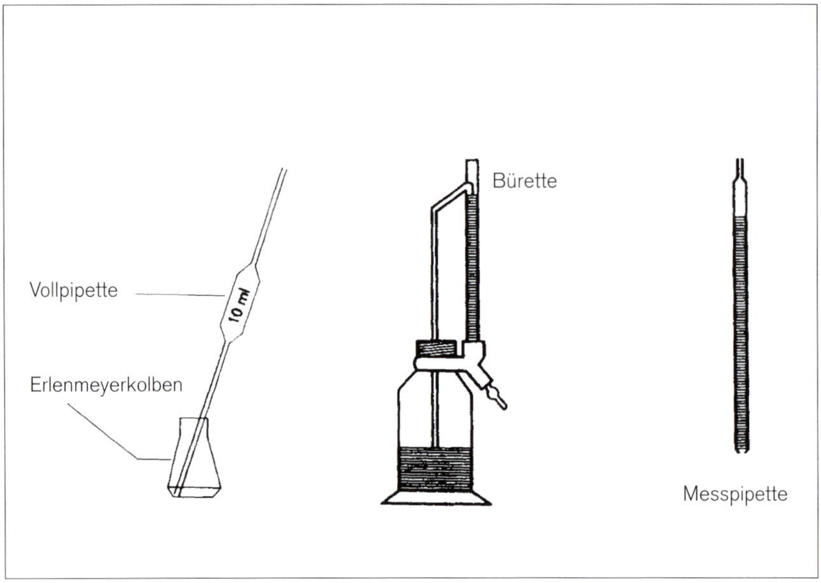

Abb. 19
Bürette und Messpipette.

Bestimmung mit Bürette oder Messpipette
Materialbedarf: Erlenmeyerkolben 100 ml, Vollpipette 10 ml, Messpipette 10 ml oder Bürette, 2/15 n-Blaulauge
Durchführung: 10 ml Most wird mittels Vollpipette in den Erlenmeyerkolben pipettiert. Aus der Messpipette oder Bürette lässt man so lange 2/15 n-Blaulauge zufließen, bis der Umschlagpunkt (von grün nach blau) erreicht ist. Den Verbrauch an ml Blaulauge liest man auf 0,1 ml genau an der Messpipette oder Bürette ab, dies ist zugleich der Säuregehalt in g/l.

Neben 2/15 n-Lauge kann die Säure auch mit 1/3 n-Lauge unter Verwendung von 25 ml Probe bestimmt werden. Bei sehr säurereichen Mosten ist eine Feststellung des Weinsäureanteils in einem Labor empfehlenswert.

Bei der Titration von rotem Most oder Wein ist der Umschlagpunkt nur schwer zu erkennen. Zur genauen Säurebestimmung kann ein pH-Meter oder ein Indikatorpapier (z. B. Universal-Indikatorpapier) verwendet oder vorher die Probe mit Aktivkohle entfärbt werden.

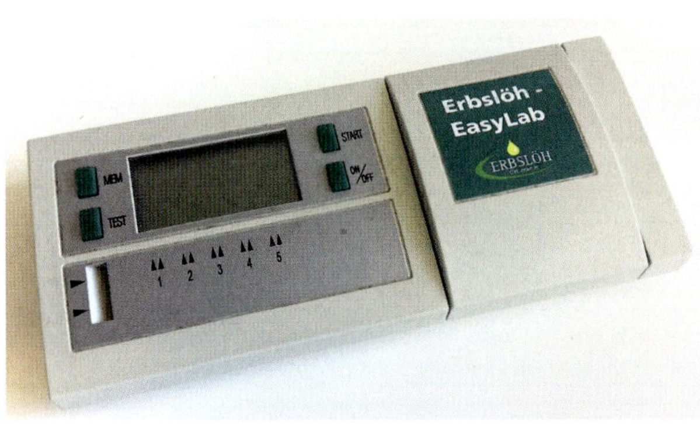

Abb. 19a
Schnelltester zur Bestimmung von 10 Einzelparametern, siehe auch 14.7.3

6 Die Mostbehandlung

- Welche Maßnahmen der Mostbehandlung sind besonders wichtig?
- Welche Maßnahmen sind nur fallweise nötig?
- Wie kann eine Anreicherung vorgenommen werden?
- Wodurch kann bereits eine ruhige und kontrollierte Gärung vorbereitet werden?

In dem kurzen Zeitraum zwischen Lese und Gärung werden die entscheidenden Schritte für den Charakter und die Güte des Weines gesetzt. Die Mostbehandlung hat daran einen wichtigen Anteil.

6.1 Lüften

Ein Lüften des Mostes begünstigt die Vermehrung der Hefe und damit die Gärung, erhöht aber auch den Einfluss unerwünschter Mikroorganismen (z. B. Essigbakterien) und damit die Gefahr von Fehltönen. Ein gesunder Most wird üblicherweise nicht gelüftet.

Empfehlenswert kann diese Behandlung sein bei:

- Überschwefeltem Most
- Stark gefaultem Lesegut
- Weißpressen blauer Trauben

In den beiden letzten Fällen soll durch das Lüften der Gerbstoffgehalt herabgesetzt werden. Dies geschieht durch die Übertragung des Luftsauerstoffs auf die Gerbstoffe (Phenole) und wird durch Oxidationsenzyme bewirkt. Die Phenole werden unlöslich und fallen aus.
Bei der sogenannten „Mostoxidation" wird dieser Effekt durch das Einblasen von (Luft-)Sauerstoff unterstützt. Der Most muss dabei aber von gesunden Trauben stammen, da sonst mit Essigstich zu rechnen ist, und darf nicht geschwefelt sein, damit die Enzyme nicht gehemmt werden.

6.2 Schwefelung

Grundsätzlich sollten die Maische bzw. die Trauben geschwefelt werden. Auch wenn dadurch die Gerbstoffauslaugung etwas begünstigt wird, können negative mikrobiologische und oxidative Entwicklungen frühzeitig hintangehalten werden. Im Most befindet sich dann bereits eine Menge von ca. 20–25 mg/l freier SO_2. Eine (weitere) Mostschwefelung mit 10–20 g/hl Kaliumpyrosulfit wird daher nur nötig sein bei:

- Längerem Stehenlassen des Mostes
- Sehr warmem Lesewetter
- Stark faulem Lesegut

6.3 Entschleimung (Vorklärung)

Die Entschleimung ist einer der wichtigsten Schritte, um sauberen reintönigen Wein zu erhalten. Der von der Presse ablaufende Most enthält noch viele unerwünschte Fremdstoffe wie Traubenkerne, Schalen, Fruchtfleisch, Erde, Spritzmittelreste etc. Diese sollen vor der Gärung unbedingt entfernt werden, um nachteilige Wirkungen zu vermeiden. Unbedingt notwendig ist das Entschleimen bei gefaultem und sehr verschmutztem (Erde) Lesegut.

Mögliche Folgen, wenn keine Entschleimung vorgenommen wird, sind:

- im Most: zu heftige Gärung, Aromaverlust, vermehrte Böckserbildung
- im Wein: unsauberer Geschmack, hoher Gerbstoffgehalt, Hochfärbigkeit, rasche Alterung, schlechtere Filtrierbarkeit, Rückstände von Spritzmitteln

Empfohlen wird heute ein Absenken des Resttrubgehaltes auf höchstens 0,6 % Gewichtsprozent, ab 1 % sind bereits unsaubere Töne bemerkbar.
Durch die Verringerung der Trubstoffe und der Keimzahl werden außerdem die Voraussetzungen für eine ruhige Gärung geschaffen.

Die Entfernung kann diskontinuierlich oder kontinuierlich erfolgen.

6.3.1 Entschleimung (diskontinuierlich)

Man versteht darunter das Absetzenlassen der Trubstoffe in einem Entschleimungsbehälter (Bottich oder Tank) und das spätere Abziehen des geklärten Mostes. Der Most darf noch nicht gären! Die Klärwirkung ist von der Standzeit abhängig, zumeist lässt man über Nacht stehen.

Dauer in Stunden	Auswirkungen
3–4	Nur grobe Klärung, die Gärung ist wenig beeinflusst
8–10	Gute Klärung, langsamere Gärung, reintönige Weine
12–24	Sehr blanke Moste, sehr ruhige Gärung

Je blanker der Most ist, desto ruhiger gärt er. Je nach Behälter besteht die Gefahr des zu starken Auskühlens und damit möglicherweise eine unerwünschte Gärstockung und verbleibender Restzucker. Eine genaue Temperaturkontrolle bei der Gärung ist daher wichtig!

6.3.2 Vorklärung durch Separator (kontinuierlich)

In Großbetrieben steht oft weder genügend Behälterkapazität noch die Zeit für langes Absetzen zur Verfügung. Beim Separator (Zentrifuge) erfolgt die Trubabtrennung durch Fliehkraft. Dabei kann es aber zu einem höheren Anteil an Feintrub kommen.

(Abb. 22 + 23) ### 6.3.3 Flotation (diskontinuierlich oder kontinuierlich)

Bei diesem Verfahren kann zugleich eine Gerbstoffbehandlung durch Belüftung und

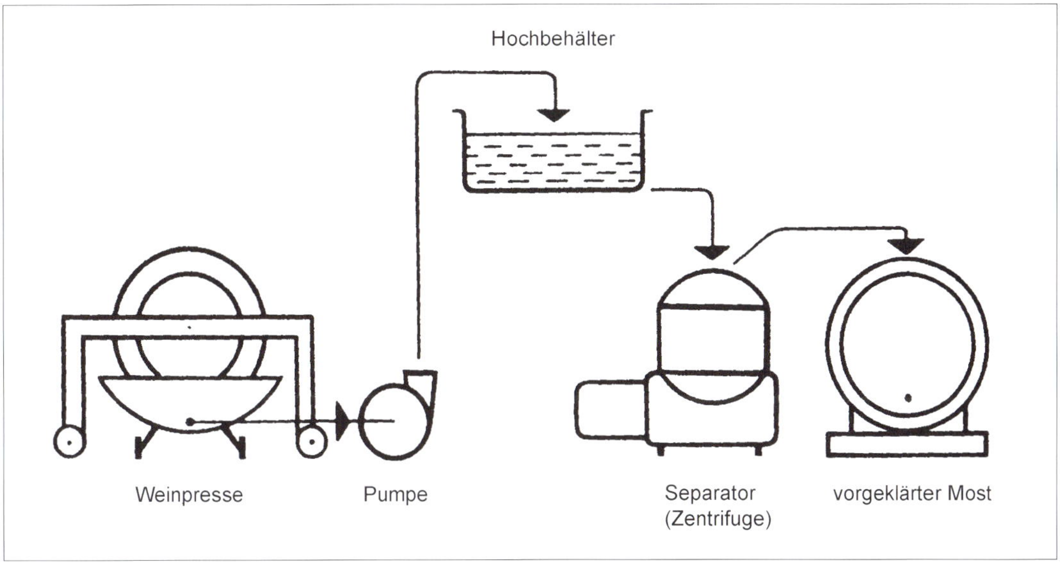

Abb. 20
Separieren (Zentrifugieren): Man versteht darunter das Abtrennen der groben Trubstoffe mittels Zentrifugalkraft. Wird nur in Großbetrieben verwendet.

Zugabe von Mostgelatine erfolgen, was von Großbetrieben mit wenig schonender Verarbeitung genützt wird. Dem Most wird im Durchfluss Gas (Stickstoff oder Luft) unter Druck zugesetzt. Bei der Druckentlastung bilden sich kleinste Bläschen, die an den Trubteilchen haften und mit diesen nach oben schwimmen. Die Dosierung von Gas und Schönungsmitteln erfordert Erfahrung. Bei kontinuierlichen Verfahren wird der Schaum permanent oben abgeschöpft, ansonsten wird im Reaktionsbehälter nach kurzer Zeit (1/2–2 Stunden) der klare Most unten abgelassen. Die Weiterverarbeitung kann also wesentlich schneller erfolgen.

6.4 Anreicherung (Lesegutaufbesserung)

Wenn es die Witterungsverhältnisse erforderlich machen, kann eine „Erhöhung des natürlichen Alkoholgehaltes“ von den Mitgliedsstaaten der EU zugelassen werden. Davon wird in Österreich Gebrauch gemacht: Im § 4 des österreichischen Wein-

Abb. 21
Flotation: Aufschwimmen des Trubes nach zwei verschiedenen Gas- und Gelatinedosierungen.

Abb. 22
Flotationsgerät.

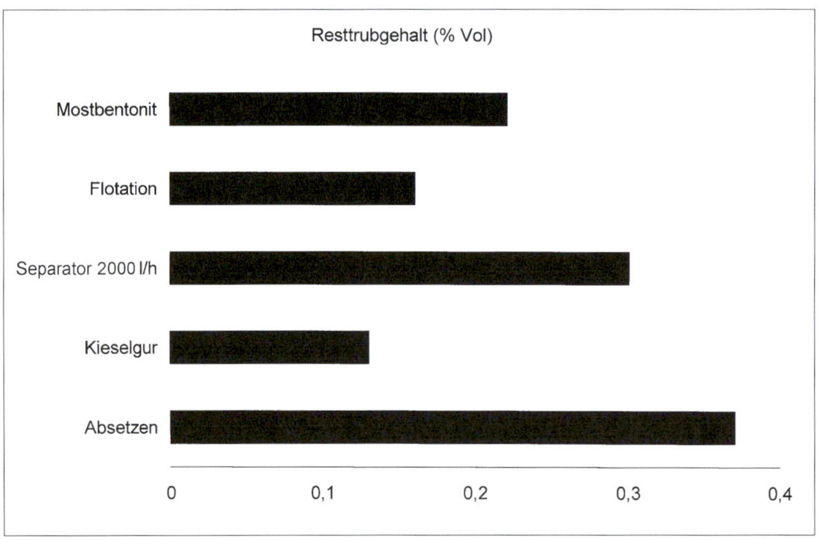

Abb. 23
Resttrubgehalt im Vergleich verschiedener Vorklärverfahren. Die Mostbentonitgabe erfolgte beim Absetzen.

gesetzes ist die zulässige Anreicherung für Land- und Qualitätswein festgelegt, ansonsten wird auf die Bestimmungen EU-VO 606/2009 verwiesen.

Nomenklatur

In allen Rechtstexten wird jetzt nicht mehr von „Aufbesserung", sondern von „Anreicherung" bzw. „Alkoholerhöhung" gesprochen.
Alle Angaben erfolgen in Prozent Alkohol, wobei vier verschiedene Alkoholangaben zu unterscheiden sind:

Definition Alkoholgehalt

Vorhandener Alkoholgehalt:
der tatsächlich im Most bzw. Wein vorhandene Alkohol
Potenzieller Alkoholgehalt:
der (noch) vorhandene Zuckergehalt, in Alkohol umgerechnet, wenn vollständig vergoren würde (Umrechnung g/l Zucker : 17 = Vol.-% Alkohol)
Gesamtalkoholgehalt:
vorhandener und potenzieller Alkoholgehalt zusammen
Natürlicher Alkoholgehalt:
Gesamtalkoholgehalt vor jeglicher Anreicherung

Die Angaben erfolgen üblicherweise in Volumenprozent (auch Gewichtsprozent möglich).

Mindestmostgewichte

- Wein mind. 6 Vol.-% – bzw. **10,6° KMW**
  Achtung: Der „fertige" Wein muss aber mind. 8,5 Vol.-% bzw. 13,8° KMW erreichen.
- Landwein mind. 8,7 Vol.-% – bzw. **14° KMW**
- Qualitätswein mind. 9,5 Vol.-% – bzw. **15° KMW**

	Mindestwerte vor der Anreicherung ° KMW = Vol.-% nat. Alk.		**Anreicherung max. um**	**Maximalwerte nach der Anreicherung** ° KMW = Vol.-% nat. Alk.	
Wein ohne Ursprung weiß/rosé	10,6	6,0	2,0 Vol.-%	18,1	12,0
Wein rot	10,6	6,0	= ca. 2,6 ° KMW	18,7	12,5
Gem Anh XVa VO 1308/2013			= ca. 3,4 kg Zucker/hl		
LW weiß/rosé	14,0	8,7	Bei besonders	19,9	13,5
LW rot	14,0	8,7	ungünstiger Witterung	21,1	14,5
§ 9 Weingesetz			kann die EU 2,5 Vol.-%		
QW weiß/rosé	15,0	9,5	= ca. 3,2 ° KMW	19,9	13,5
QW rot	15,0	9,5	= ca. 4,25 kg Zucker/hl	21,1	14,5
§ 10 Weingesetz			zulassen.		

Höchstgrenzen

Max. darf um 2,0 Vol.-% oder 3,4 kg Zucker pro hl angereichert werden.
Das sind etwa 2,6° KMW!
Auch für Sturm gelten diese Anreicherungsgrenzen.
In Ausnahmejahren erhöhen sich nach erfolgter Zulassung diese Werte auf 2,5 Vol.-% oder 4,25 kg Zucker pro hl.

Mostkonzentrierung

Most für (Tafel-)Wein, Land- und Qualitätswein darf auch durch teilweise Konzentrierung angereichert werden. Die zulässigen Verfahren sind Vakuumdestillation, Umkehrosmose und Kälteeinwirkung (Ausfrieren des Wassers). Bei der Konzentrierung darf nur um 2 Vol.-% (ca. 2,5° KMW) angereichert und max. 20 % des Volumens entzogen werden.

Unterschiedliche Anreicherung

Wein	Weiß oder Rosé:	max. bis 12,0 Vol.-% – 18,1° KMW
+ Sturm	Rot:	max. bis 12,5 Vol.-% – 18,7° KMW
Landwein und	Weiß oder Rosé:	max. bis 13,5 Vol.-% – 19,9° KMW
Qualitätswein	Rot:	max. bis 14,5 Vol.-% – 21,1° KMW

Kabinett- und Prädikatsweine dürfen nicht angereichert werden!

Achtung!

Wird ein als Qualitätswein bezeichneter, angereicherter Wein bei der Prüfnummer abgelehnt oder ein Landwein beanstandet, darf dieser Wein nur dann als Wein in Verkehr gesetzt werden, wenn der Gesamtalkohol den Werten für WEIN entspricht. Überschreiten solche Weine daher einen Gesamtalkoholgehalt von 12 Vol.-% bzw. 12,5 Vol.-%, so muss dieser z. B. durch Verschnitt auf diese Werte abgesenkt werden.

Erlaubte Anreicherungsverfahren

Kombinationen von z. B. Zucker und Mostkonzentrat oder Konzentrierung sind nur erlaubt, wenn für das Konzentrat keine Unterstützung gezahlt wurde. Dann darf nur eine Methode angewendet werden. Die Anreicherung hat auf einmal und bis zum 16. März des nächsten Jahres zu erfolgen.
Rektifiziertes Traubenmostkonzentrat (RTK) wird aus Traubenmost hergestellt, dem neben Wasser auch alle Säuren und sonstigen aromawirksamen Stoffe weitgehend entzogen wurden und der daher im Wesentlichen eine konzentrierte Zuckerlösung darstellt. Die Herkunft des verwendeten RTK ist nicht an ein Weinbaugebiet gebunden.

Bei: / **Erlaubtes Verfahren:**	Frischen Trauben	Traubenmost	Sturm	Jungwein	Wein
Zucker (Saccharose)	+	+	+	+	
Mostkonzentrat (Traubendicksaft)	+	+	+	+	
Rektifiziertes Traubenmostkonzentrat (RTK)	+	+	+	+	
Konzentrierung (Vakuumdestillation, Umkehrosmose, Kälte)		+			(nur Kälte)

Berechnung der Anreicherung mit Zucker (Saccharose)

Für 1 Hektoliter sind erforderlich:
– pro ° KMW 1,3 kg
– pro ° Öchsle 0,25 kg

1 kg Zucker hat ein Volumen von 0,6 l. Die bei der Zugabe erfolgende Volumensvermehrung ist bei den oben angegebenen Werten bereits berücksichtigt.

Rechenbeispiele

Weißmost
500 l Most sind von 17° KMW auf 19° KMW aufzubessern.
Somit für 2° KMW: 2 × 1,3 = 2,6 kg Zucker/hl × 5
= 13,0 kg Zucker für 500 l Most

Rotweinmaische
Bei der Anreicherung ist die Mostausbeute zu berücksichtigen.
- Großbeerige Sorten weisen 85–90 % Mostanteil auf (daher Maischemenge mit 0,85 bzw. 0,9 multiplizieren).
- Kleinbeerige Sorten weisen 80 % Mostanteil auf (daher Maischemenge mit 0,8 multiplizieren).

500 l Maische (kleinbeerig) sind von 17° KMW auf 19° KMW aufzubessern.
Somit für 2° KMW: 2 × 1,3 = 2,6 kg Zucker/hl × 5 × 0,8
= 10,4 kg Zucker für 500 l Maische

Verwendung von Mostkonzentrat
Wird Mostkonzentrat verwendet, muss auf den Zuckergehalt zurückgerechnet werden. Anhand der Herstellerangaben erfolgt das nach folgenden Formeln:

$$\frac{\text{kg Zucker} \times 100}{\text{Gewichtsprozent des Konzentrates}} = \text{Kilogramm Mostkonzentrat}$$

$$\frac{\text{kg Mostkonzentrat}}{\text{Dichte des Konzentrates}} = \text{Liter Mostkonzentrat}$$

500 l Most sind von 17° KMW auf 19° KMW aufzubessern.
Wie viele l Konzentrat mit 60 Gewichtsprozent und einer Dichte von 1,34 sind erforderlich?

Für 2° KMW sind 13 kg Zucker nötig (siehe Rechenbeispiel Weißmost).

$$\frac{13 \times 100}{60} = \mathbf{21{,}66\ kg\ Konzentrat} \qquad \frac{21{,}66}{1{,}34} = \mathbf{16{,}16\ l\ Konzentrat}$$

Durchführung
Zucker oder Konzentrat werden in einer Teilmenge des Mostes aufgelöst. Zucker nie direkt ohne Auflösen in den Gärbehälter geben, da er sich absetzen kann, durch Trub zugedeckt wird und für die Vergärung verloren ist.

Methoden
- Einmalige Zugabe
- Stufenweise Zugabe („Gestaffelte Zuckerung")

Die einmalige Zugabe ist für die Hefe von Vorteil, da sie sich nur einmal auf die Zuckerverhältnisse einstellen muss.

Abb. 24
Auflösen des Zuckers von Hand aus oder mit elektrischem Rührwerk in einer kleinen Mostmenge.

Die stufenweise Zugabe soll als Vorteil eine ruhigere Gärung mit weniger Bukettverlusten bringen. Dafür müsste aber bereits durch eine gute Entschleimung gesorgt worden sein. Als Nachteil ist neben dem größeren Arbeitsaufwand die Gefahr des Steckenbleibens der Gärung, wenn die Zugabe zu spät erfolgt, anzuführen.

- **Durch jede Anreicherung bzw. Verschnitt mit angereichertem Most verliert man das Recht zur Bezeichnung der Weine als Kabinett oder Prädikatswein (Spätlese, Auslese, Beerenauslese, Trockenbeerenauslese, Ruster Ausbruch, Eiswein, Strohwein).**

- **Nach der Anreicherung ist eine korrekte Zuckerbestimmung mit der Mostwaage nicht mehr möglich.**

- **Zu starkes Anreichern führt zu brandigen, unharmonischen Weinen, die den Genuss hemmen.**

Umrechnung von ° KMW auf Volumenprozent Alkohol
(für den Qualitätsweinbereich)

Faustregel: ° KMW × 0,65 = Vol.-% Alkohol

Formel nach Schneyder:

Weißwein: $\text{Vol.-\%} = {}^\circ\text{KMW} \times \dfrac{47 + {}^\circ\text{KMW}}{100}$

Rotwein: $\text{Vol.-\%} = {}^\circ\text{KMW} \times \dfrac{43 + {}^\circ\text{KMW}}{100}$

Beispiel: Wie viel Volumenprozent Alkohol ergibt ein roter Most mit 19° KMW bei vollständiger Vergärung?

$$\frac{19 + 43}{100} \times 19 = 11{,}78 \text{ Vol.-\% Alkohol}$$

6.5 Bentonitbehandlung

Mit Bentonit wird das „thermolabile" Eiweiß aus dem Most bzw. Wein entfernt. Je früher eine Behandlung erfolgt, desto weniger belastend wirkt sie.

Vorteile der Bentonitbehandlung im Most:
- Frühzeitige Behandlung
- Besseres Absetzen beim Entschleimen, zugleich einfache Entfernung
- Reintönigere Weine
- Ruhigere, schaumfreie Gärung
- Weniger Bräunungsneigung

Nachteile:
- Höhere Aufwandmenge (bei der Gärung fällt Eiweiß aus)
- Schwierige Bestimmung der notwendigen Menge
- Mögliche Nährstoffverringerung (Aminosäuren)

Näheres zur Bentonitschönung siehe Kap. 15.

Durchführung
Die Dosierung liegt üblicherweise bei 150–200 g/hl. Die erlaubte Höchstmenge (400 g/hl, bei Prädikatswein 500 g/hl) sollte nicht ausgeschöpft werden, da möglicherweise eine Nachschönung erforderlich ist. Diese kann auch mögliche gebildete Nebenprodukte entfernen (z. B. Histamin).

Spezieller Mostbentonit ist bereits gebrauchsfertig und muss nicht vorgequollen werden. Gutes Durchmischen ist wichtig! Die Entfernung erfolgt beim Entschleimen und verursacht dadurch keinen zusätzlichen Arbeitsgang. Ein Mitgären des Bentonits und das Abtrennen beim ersten Abzug ist zwar möglich, aber nicht sinnvoll, da verschiedene Inhaltsstoffe wieder an den Most bzw. Wein abgegeben werden können.

Werden Enzyme eingesetzt, so darf erst nach deren Einwirkzeit (2–4 h) die Bentonitschönung vorgenommen werden, da dadurch die Enzymwirkung beendet wird.

6.6 Entsäuerung und Säuerung

6.6.1 Mostentsäuerung

Die Mostentsäuerung ist in entsprechend sauren Jahren neben dem Entschleimen und der Anreicherung eine wichtige Maßnahme zur Qualitätsbeeinflussung. Wenn auch ein saurer Most eine mikrobiologisch reintönigere Gärung gewährleistet, so kann man ab ca. 12 g/l eine Säureverminderung vornehmen.

Vorteile der Mostentsäuerung:
- Geringe geschmackliche Belastung durch den frühen Zeitpunkt
- Kalium verbleibt im Wein, dadurch harmonischere,

rundere Säure (besser abgepuffert), fülligerer Eindruck.
- Kein Zeitverlust, wenn der Wein rasch benötigt wird.

Nachteile:
- Ein biologischer Säureabbau wird begünstigt (pH-Erhöhung).
- Das mikrobiologische Risiko von Fehlaromen steigt.
- Eine Farbänderung bei Rotmosten ist möglich.

Moste werden auf höchstens 9–10 g/l entsäuert.

Zum Entsäuern darf verwendet werden:
- Reiner gefällter kohlensaurer Kalk (Calciumcarbonat)
- Kaliumhydrogencarbonat (Kaliumbicarbonat)
- Mit geringen Mengen Ca-Doppelsalz der Wein- und Äpfelsäure versetzter kohlensaurer Kalk (zur Doppelsalzentsäuerung)

Bei sehr hohen Säuregehalten kann der Weinsäuregehalt für eine ausreichende Kalkentsäuerung zu niedrig sein. Dann muss eine Doppelsalzentsäuerung vorgenommen werden. Rotweine sollten erst nach dem ersten Abzug entsäuert werden.

Zur **Durchführung** der Entsäuerung siehe Kap. 15.

6.6.2 Mostsäuerung

Die Säuerung von Most und Wein ist in der Weinbauzone B verboten. Doch können die Mitgliedsstaaten der EU in Jahren mit außergewöhnlichen Witterungsbedingungen eine Säuerung von Most und Wein zulassen. Dies ist in den letzten Jahren immer öfter erfolgt, da diese sehr warmen Jahre teilweise eine geringe Mostsäure zur Folge hatten.

Vorteile der Mostsäuerung:
Absenken des pH-Wertes, dadurch größere mikrobiologische Sicherheit.

Nachteile:
Bei zu hoher Dosierung langsamere Weinentwicklung.

Max. zulässige Säuerung im Most 1,5 g/l

Zur Säuerung darf verwendet werden:

- L (+)-Weinsäure
- L-Äpfelsäure
- DL-Äpfelsäure
- Milchsäure

Grundsätzlich dient die Mostsäuerung der Herstellung einer besseren mikrobiologischen Sicherheit, die Beeinflussung der Sensorik des fertigen Weines ist jetzt noch nicht das Ziel. Daher wird üblicherweise Weinsäure zur Säuerung verwendet, die nach erfolgter, gewünschter pH-Wert-Absenkung im Zuge der Gärung auch wieder ausfallen kann. Die endgültige Säureeinstellung im fertigen Wein wird dann später vollzogen (siehe Kap. 15.5).

6.7 Aktivkohle

Kohle nimmt als Adsorptionsmittel Geruchs-, Geschmacks- und Farbstoffe auf. Bei gefaultem Material kann eine Behandlung mit Aktivkohle zielführend sein, um Faultöne zu vermeiden. Auch gegen Hochfärbigkeit und Frostgeschmack kann sie eingesetzt werden, aufgrund der starken Wirkung sollte Kohle aber als letzter Schritt gesehen werden.

Vorteile der Mostbehandlung:
- Fehltöne werden frühzeitig entfernt.
- Da noch keine Gäraromen gebildet wurden, können diese auch nicht beeinträchtigt werden.
- In den feinen Poren der Kohle ist immer etwas Luft, was zu einer leichten Oxidation führt. Der Most verkraftet diesen Einfluss leichter.

Nachteil:
- Aufgrund der Trübung im Most wirkt die Kohle nicht so gut wie im blanken Wein.

Eine starke Kohleschönung im Most wirkt nicht so belastend wie eine geringere Kohleschönung im Wein.

Zugelassen ist eine Höchstmenge von 100 g/hl.

Die Dosierung ist abhängig vom Traubenzustand, man rechnet pro % Fäulnis 1 g/hl Kohlezusatz.

- Teilweise gefaultes Lesegut 20–60 g/hl
- Stark gefaultes Lesegut 60–100 g/hl

Durchführung
Kohle waschen, die dickbreiige Kohle in den Most gut einrühren. Beim Entschleimen entfernen. Kohle nicht mitgären, da sonst ein Teil der adsorbierten Stoffe wieder abgegeben wird!

6.8 Enzymbehandlung

In Trockenjahren kann der Pektingehalt der Trauben sehr hoch sein, sodass die Maischen schlecht pressbar sind und sich die Moste beim Entschleimen schlecht oder gar nicht absetzen. Sofern nicht bereits zur Maische pektolytische Enzyme zugesetzt wurden, kann diese Zugabe noch beim Most erfolgen.

Vorteile der pektolytischen Enzyme:
- kürzere Maischestandzeit
- leichteres Pressen der Maische
- größere Mostausbeute
- besseres Absetzen
- ruhigere Gärung
- bessere Filtrierbarkeit
- eventuell bessere Farbstoffausbeute bei Rotwein

Nachteile:
- Die Wirksamkeit ist temperaturabhängig (mind. 10 °C).
- Notwendige Standzeit für den Abbau (mind. 2 Stunden) vor einer Bentonitbehandlung.
- Bei zu starker Auslaugung sind Bittertöne im Wein möglich.

(Siehe auch Kap. 10.)

6.9 Gerbstoffbehandlung

Sowohl bei sehr langen Maischestandzeiten als auch bei wenig schonender Verarbeitung kommt es im Most bereits zu einer hohen Gerbstoffbelastung. Diese führt später zu derben, uneleganten Weinen, die schnell hochfärbig, oxidativ und alt werden. In diesen Fällen kann eine Behandlung mit gerbstofffällenden bzw. -absorbierenden Mitteln wie Mostgelatine, Kasein, PVPP, die zum Teil auch als Mischpräparate angeboten werden, von Nutzen sein.

Die Einsatzmenge hängt, je nach Präparat, von der Herstellerempfehlung ab. Bei Mostgelatine liegt sie bei 50–200 ml/hl Maische oder Most.

Durchführung
Das Behandlungsmittel wird direkt zugegeben, gründlich eingerührt und mit dem Entschleimen entfernt (siehe auch Kap. 15).

Weitere mögliche bzw. notwendige Maßnahmen der Mostbehandlung sind:
- Erhitzen zum Haltbarmachen (siehe auch Kap. 19)
- Temperieren des Mostes auf Gärtemperatur (Erhitzen, Kühlen)
- Verschnitt (mit Wein oder Most)
- Zugabe von Reinzuchthefe und eventuell Hefenährsalzen (siehe auch Kap. 7)

Befüllen der Gärbehälter
Bei der Gärung erwärmt sich der Most und sein Volumen nimmt zu. Damit der Behälter nicht überläuft, ist ein Steigraum von 5–10 % des Behälterinhaltes freizulassen, bei stark schäumenden Mosten auch mehr (25–50 %).

Gärverschluss
Der Gärverschluss bietet einerseits Schutz vor Luftoxidation, andererseits erlaubt er durch das entweichende Kohlendioxid die Kontrolle des Gärverlaufes.

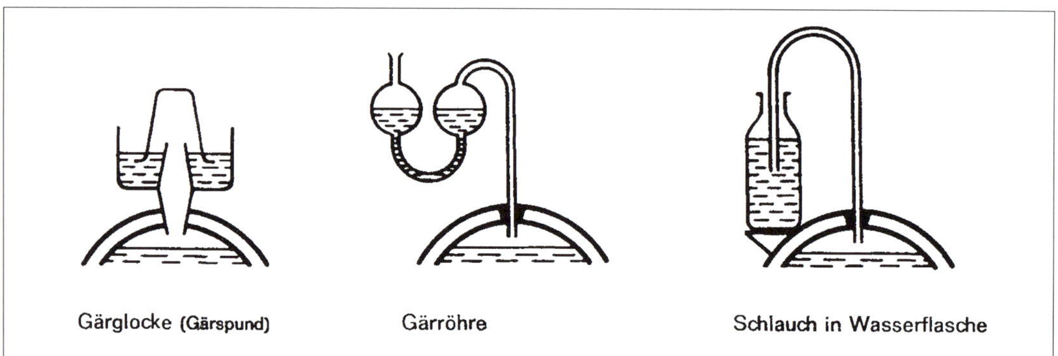

Abb. 25 Gärverschlüsse zur Kontrolle des Gärverlaufes.

7 Die alkoholische Gärung

- Welche Vorgänge laufen während der Gärung ab?
- Welche Hefen stehen zur Verfügung?
- Durch welche Faktoren kann die Gärung beeinflusst werden?
- Was ist am Gärende zu tun?

Bei diesem Vorgang wird durch die Hefe nicht nur Zucker in Alkohol und andere Nebenprodukte umgewandelt, es werden auch Aromen freigesetzt oder neue Verbindungen gebildet – es entsteht das Gärbukett.

Nach der Erfindung des Mikroskops im 17. Jahrhundert hat man mit Studien an Essig und Wein begonnen. 1789 wurde von Lavoisier erstmals bei der Gärung die Umwandlung von Zucker in Ethanol und CO_2 festgestellt. Dass dafür die Hefe verantwortlich ist, hat man seit 1803 in Erwägung gezogen. 40 Jahre später wurde die Hefe als Pilz klassifiziert und erstmals die Bezeichnung „Zuckerpilz" – Saccharomyces – eingeführt. Zu dieser Zeit begann man auch Methoden zu erarbeiten, um Kulturen aus einer einzigen Hefezelle zu gewinnen und Reinzuchthefen zu verwenden – allerdings vorerst im Bierbereich.

7.1 Chemismus der Gärung

Die Hauptreaktion der Gärung stellt die Umsetzung von Zucker zu Ethanol und Kohlendioxid dar.

1 Mol Glucose → 2 Mol Ethanol + 2 Mol Kohlendioxid
100 g → 51,11 g 48,89 g

Tatsächlich werden aus 100 g Zucker aber nicht 51,1 g Alkohol gebildet sondern ca. 47–48 g. Der Grund liegt darin, dass außer Ethanol noch andere Produkte entstehen.

Das bei der Gärung entstehende Kohlendioxid, CO_2, ist ein farb- und geruchloses Gas, das sich in Wein und Wasser löst und schwerer als Luft ist. Dadurch kann es sich in tief liegenden Kellern ohne Abzug ansammeln, den Sauerstoff aus der Luft verdrängen und damit zum Erstickungstod führen.
Neuere Untersuchungen zeigen, dass sich Kohlendioxid keineswegs nur in Bodennähe ansammelt, sondern durchaus im ganzen Gärraum verteilt sein kann. Bei hohen Tanks kann gerade auch in Deckennähe auf Höhe der Gärspunde eine Überkonzentration vorhanden sein. Ebenso kann durch unbemerkte Zugluft in Schächten etc. das CO_2 in andere Räume gelangen und dort für Belastung sorgen, obwohl dort gar keine Gärungen stattfinden.
Das Volumen des Gärgases wird meist unterschätzt! Bei einem Most mit 18° KMW entsteht bei Kellerbedingungen die 55-fache (!) Menge des Behältervolumens an Gärgas Dieses muss entfernt werden. Wo kein freies Abfließen bei ebenerdigen Kellern möglich ist, wird ein leistungsfähiger Exhaustor eingesetzt.

Die Luft hat einen CO_2-Anteil von 0,03 Vol.-%, in der ausgeatmeten Luft beträgt er 4 Vol.-%.
Die maximale Arbeitsplatzkonzentration (MAK) in der Atemluft ist mit 0,5 Vol.-% festgelegt. Dieser Wert darf bis zu dreimal am Tag 1 Stunde bis 2 Vol.-% überschritten werden.
Ab 5 Vol.-% wird das körpereigene CO_2-Abatmen erschwert und führt zur Atemnot.
Bei 15 Vol.-% wird man in kurzer Zeit bewusstlos.
Bei 18 Vol.-% tritt rascher Tod ein.

Abb. 26 Mit Gärgas gefüllter Keller.

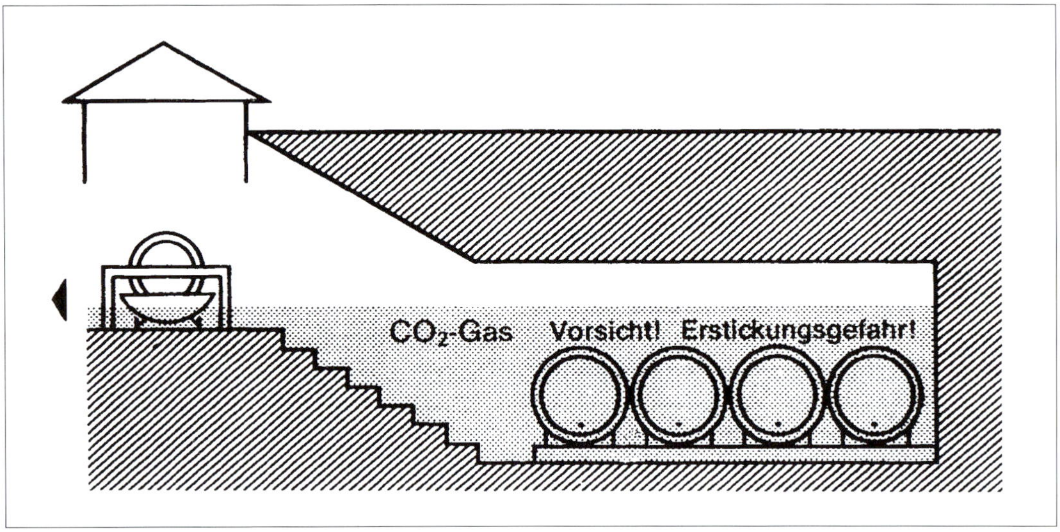

Der Ablauf der Gärung führt über zahlreiche Zwischenschritte zu den primären Gärungsnebenprodukten Brenztraubensäure und Acetaldehyd und danach zu Alkohol.

7.2 Die Hefe

Durch die Vergärung des Zuckers werden einerseits Alkohol und Kohlendioxid gebildet, andererseits entstehen auch charakteristische Gäraromen – das sogenannte Sekundärbukett. Verantwortlich dafür sind die Hefen – Pilze von einzelliger Natur, aber mit verschiedenen Zell- und Vermehrungsformen. Verwendet man die Bezeichnung bei der alkoholischen Gärung, so ist die Gattung Saccharomyces und deren Arten gemeint.
Je nach Art der Hefe können die Zellen kugelig, oval, länglich bis zylindrisch oder gespitzt vorkommen. Die Größe liegt zwischen 5 und 14 µ (1 µ = 1/1000 mm).

7.2.1 Herkunft

Die Hefen stammen zum größten Teil von der Oberfläche der Traubenbeeren, wo sie sich an den Stellen vermehren, an denen sie Zutritt zum Saft haben (feine Risse, Wunden, Fruchtpolster der Beerenstiele). Auf einer Beere finden sich ca. 8 Mill. Zellen, auf aufgesprungenen allerdings fast 40-mal so viele wie auf unverletzten.
Eine weitere Infektionsquelle ist der Weingartenboden, wo die Hefezellen durch zurückspritzende Regentropfen auf die Beeren gelangen. Auf tief hängenden Trauben

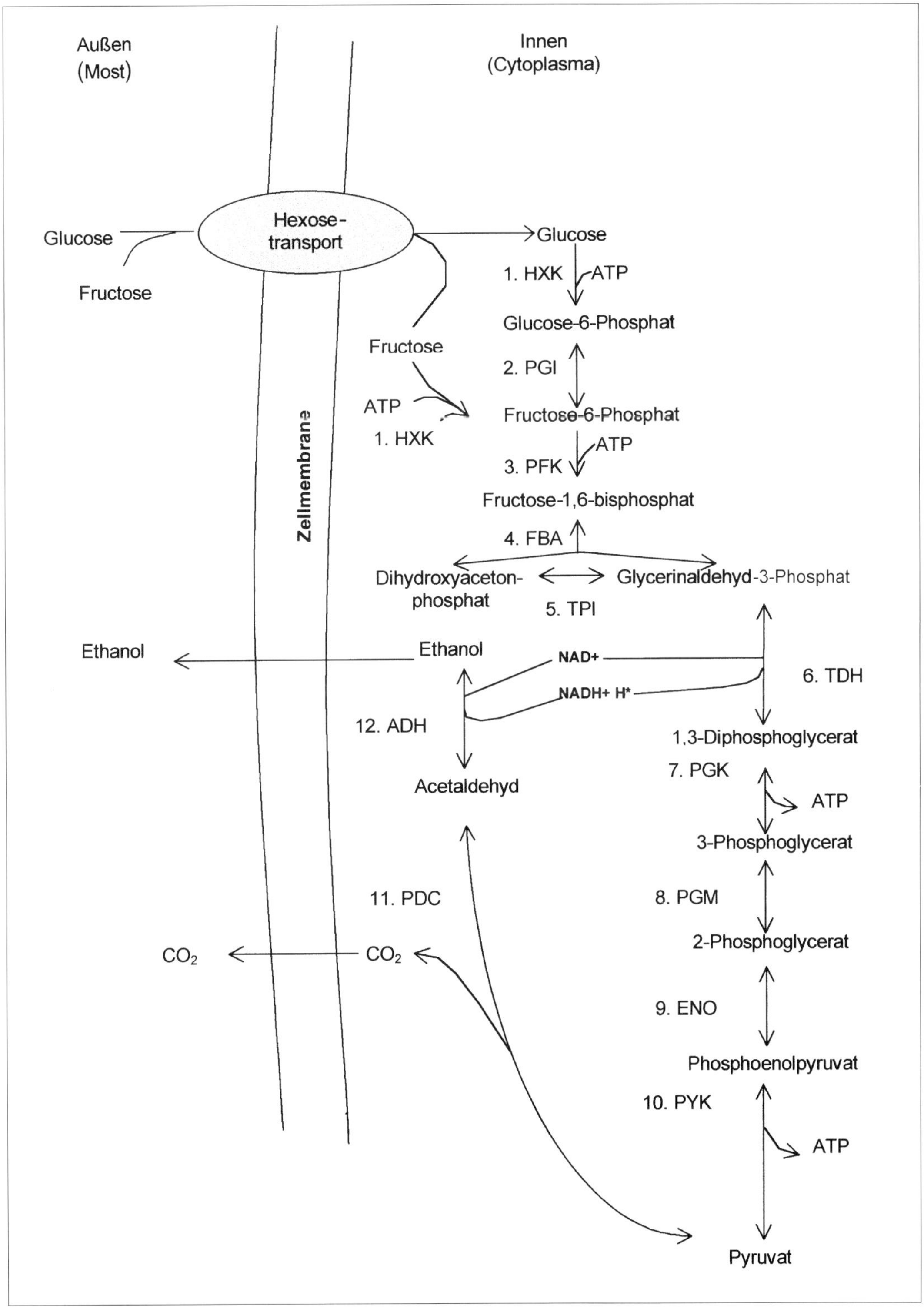
Außen
(Most)
Innen
(Cytoplasma)
Glucose
Fructose
Hexose-
transport
Glucose
1. HXK
ATP
Glucose-6-Phosphat
Fructose
2. PGI
ATP
1. HXK
Fructose-6-Phosphat
ATP
3. PFK
Zellmembrane
Fructose-1,6-bisphosphat
4. FBA
Dihydroxyaceton-
phosphat
5. TPI
Glycerinaldehyd-3-Phosphat
Ethanol
Ethanol
NAD+
NADH+ H*
6. TDH
12. ADH
1,3-Diphosphoglycerat
7. PGK
ATP
Acetaldehyd
3-Phosphoglycerat
11. PDC
8. PGM
2-Phosphoglycerat
CO_2
CO_2
9. ENO
Phosphoenolpyruvat
10. PYK
ATP
Pyruvat

Abb. 27
Chemismus in der Zelle

1. Hexose (Glucose oder Fructose) wird phosphoryliert und geht durch die Biomembran. Magnesium ist dafür notwendig.
   Enzym: Hexokinase (1. HXK)
   Ergebnis: bei Glucose: Glucose-6-Phosphat
   bei Fructose: Fructose-6-Phosphat

2. Umwandlung in Fructose-6-Phosphat
   Enzym: Phospho-Glucose-Isomerase (2. PGI)

3. Es erfolgt eine weitere Phosphorylierung.
   Enzym: Phospho-Fructo-Kinase (3. PFK)
   Ergebnis: Fructose-1,6-Bisphosphat

4. Aufspaltung in C_3-Körper
   Enzym: Fructose-Bisphophat-Aldolase (4. FBA)
   Ergebnis: A: Dihydroxiacetonphosphat und
   B: 3-Phospho-Glycerinaldehyd
   Aus Dihydroxiacetonphosphat kann besonders am Gärungsanfang Glycerin gebildet werden (Gärungsglycerin).

5. Gleichgewichtseinstellung bzw. laufende Umwandlung von A in B
   Enzym: Triosephosphat-Isomerase (5. TPI)
   Ergebnis: nur mehr Glycerinaldehyd-3-Phosphat

6. Oxidation – NAD → NADH + H^+
   Enzym: Triosephosphat-Dehydrogenase (6. TDH)
   Ergebnis: 1,3-bis-Phosphoglycerat

7. Dephosphorylierung, dazu ist wieder Mg^{++} notwendig.
   Enzym: Phospho-Glycerat-Kinase (7. PGK)
   Ergebnis: 3-Phosphoglycerat

8. Dephosphorylierung
   Enzym: Phosphoglycerat-Mutase (8. PGM)
   Ergebnis: 2-Phosphoglycerinsäure

9. Wasserabspaltung
   Enzym: Enolase (9. ENO)
   Ergebnis: Phosphoenolbrenztraubensäure

10. Dephosphorylierung beim Austritt aus der Zellwand
    Enzym: Pyruvat-Kinase (10. PYK)
    Ergebnis: Brenztraubensäure (Pyruvat)

11. Decarboxylierung (CO_2-Abspaltung) dazu ist Thiamin-Diphosphat als Coenzym nötig (nur geringer Gehalt bei Botrytisbefall)
    Enzym: Pyruvat-Decarboxylase (11. PDC)
    Ergebnis: Acetaldehyd
    An diesem Punkt könnte die Brenztraubensäure auch zu einem anderem Produkt verarbeitet werden wie z. B. Milchsäure.

12. Hydrierung zu Alkohol
    Enzym: Alkoholdehydrogenase (12. ADH). Dieses ist so benannt, weil die Reaktion auch beim Alkoholabbau umgekehrt als Oxidation ablaufen kann.
    Mögliches Ergebnis: Alkohol → Acetaldehyd → Essigsäure
    (Aus 100 g Alkohol entstehen theoretisch 130 g, praktisch 125 g Essigsäure)
    Ergebnis: Ethanol

finden sich fast 5-mal so viel Zellen wie auf Beeren in oberen Regionen. Eine der wichtigsten Vermehrungsorte ist auch die Weinpresse, die Keimzahl kann nach Verlassen der Presse 100-mal höher sein.

7.2.2 Hefevermehrung

Unter den bei der Weinbereitung vorherrschenden Bedingungen vermehren sich die Hefen durch Sprossung. Dieser Vorgang kann ca. 35-mal stattfinden, wobei an der Hefeoberfläche eine Sprossnarbe zurückbleibt, die wenig Stoffwechseltätigkeit vollführen kann. „Altgediente“ Hefen mit vielen Sprossnarben haben daher geringere Gärleistung.

7.2.3 Hefearten

Aus dem Weingarten kommen nur 1–3 % der erwünschten Hefen. Zumeist sind es nur 16 verschiedene Hefestämme, von diesen können nur 5 den Most vollständig durchgären.

Man unterscheidet nach Gärleistung und Aussehen:

- **Stark gärende Hefen:** Sie bilden viel Alkohol und viele positive Nebenprodukte. Diese Hefen bezeichnet man auch als „echte Weinhefen“ der Art *Saccaromyces cerevisiae*. Sie sind aber zu Beginn der Gärung nur in geringer Anzahl vertreten.
- **Schwach gärende Hefen:** Von Natur aus im Most vorhanden, werden sie als „wilde Hefen“ bezeichnet. Anfänglich sind sie 1000-fach zahlreicher als *Saccharomyces cerevisiae* und beginnen die Gärung. Hauptvertreter sind *Kloeckera apiculata* („Apiculatushefen“), *Candida*, *Metschnikowia*-Arten, sie weisen eine zugespitzte, zitronenartige Form auf. Die Alkoholverträglichkeit ist meist gering, ab 3–4 Vol.-% Alkohol werden sie üblicherweise gehemmt. Dann führen die Saccharomyceten die Gärung fort. Einige Gärnebenprodukte der wilden Hefen wie Glycerin sind von Vorteil, allerdings können einige Vertreter bis 0,5 g/l Essigsäure bilden, um 10-mal mehr als *Saccharomyces cerevisiae*. (Abb. 30)

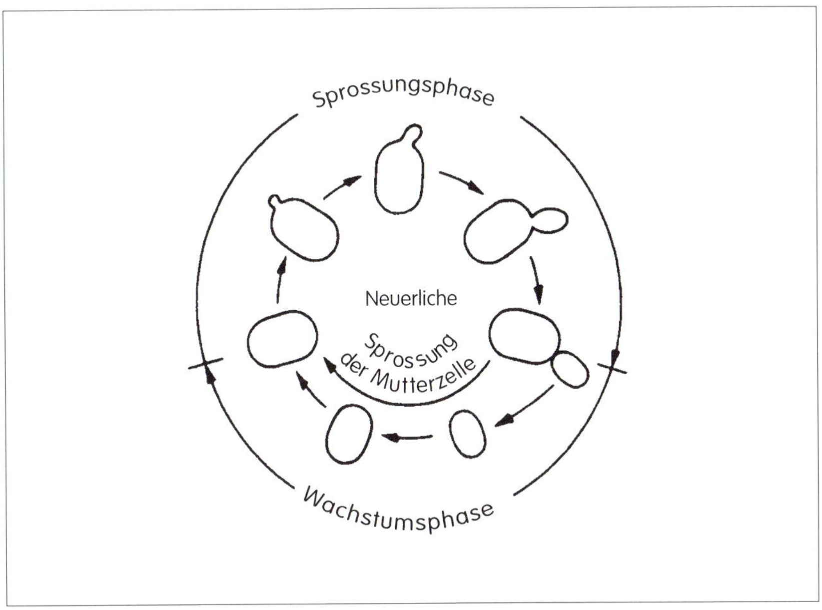

Abb. 28
Vegetativer Zellzyklus von Saccharomyces cerevisiae.

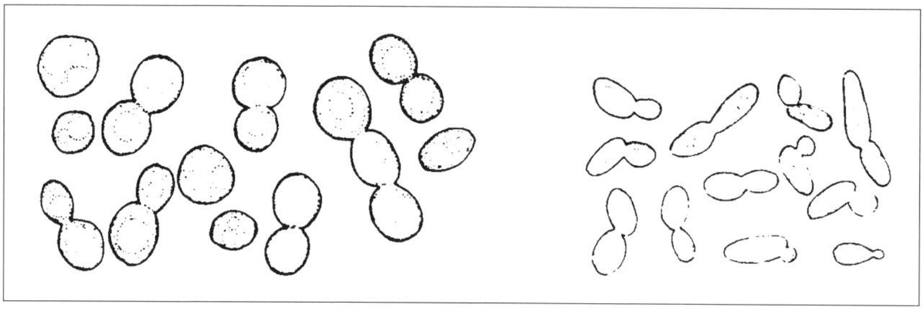

Abb. 29
Junge, sprossende Zellen zweier morphologisch verschiedener Stämme von Saccharomyces cerevisiae.

- **Kahmhefen:** Sie sind sauerstoffbedürftig und weinschädlich und vermehren sich gern auf der Oberfläche von Weinen mit niedrigerem Alkoholgehalt (11 Vol.-%).
- **Sporadisch vorkommende Hefen:** Ihnen wird keine Bedeutung zugemessen.

Reinzuchthefen – Anforderungen

Die Verwendung von Reinzuchthefen ist heute üblich.
Gewünschte Eigenschaften sind:

- Rasches Angären
- Problemloses Durchgären
- Gärung in einem weiten Temperaturbereich
- Geringe Schaumbildung
- Keine oder möglichst wenig Nebenprodukte
- Gute Alkoholausbeute
- Keine SO_2-Bildung (wichtig für BSA)
- Alkoholverträglichkeit (bei Sekthefen)
- Zuckerverträglichkeit (Osmotoleranz) bei Prädikatsweinen
- Keine Bildung filtrationsstörender Stoffe (Mannane, Glucane)
- Rasches Absetzen nach der Gärung
- Farbschonung bei Rotwein
- Grundsätzlich keine Beeinflussung des Sorten- oder Lagentyps

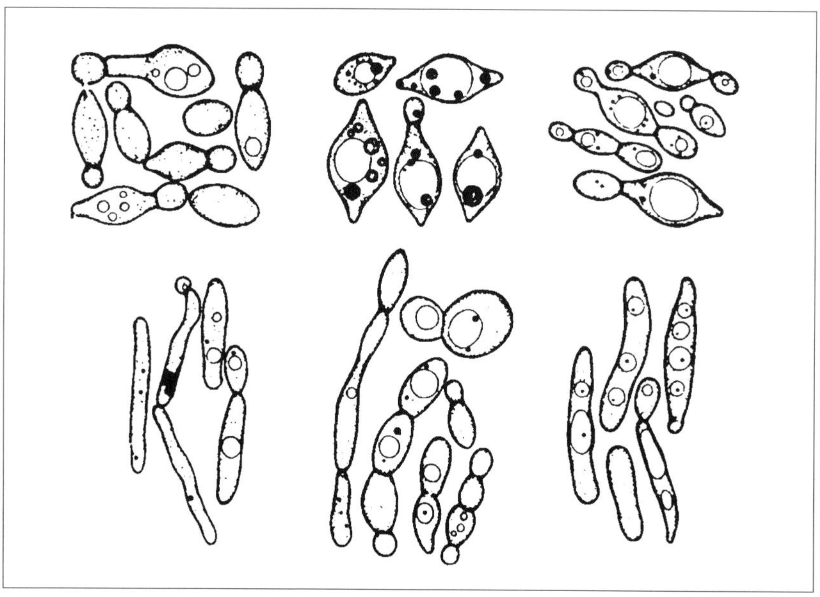

Abb. 30
Verschiedene Zellformen von Apiculatushefen (Niehaus).

7.2.4 Arten der Gärung

Mindestkeimzahl

Für den Gärbeginn sind ca. 10^7 Zellen/ml notwendig. Pressen und Geräte sind die wichtigsten „Infektionsquellen“, dadurch wird die natürlich im Most vorkommende Zellzahl von 10–100 Zellen/ml auf das 10- bis 100-Fache angehoben.

Pro 100 g Beeren sind zwischen 2,7–124 Mill. Hefezellen festgestellt worden, das zeigt ,dass je nach den Voraussetzungen der Hefebesatz sehr unterschiedlich sein kann, beeinflusst durch Witterung, Sorten, Spritzmittel, Verarbeitung (Entschleimung).

Um auf die notwendige Hefezellzahl für den Gärbeginn zu kommen, gibt es zwei Möglichkeiten:

Spontangärung

Charakteristika der Spontangärung sind
- höherer Glyceringehalt
- mehr höhere Alkohole
- möglicherweise mehr flüchtige Säure
- möglicherweise mehr SO_2-Bedarf
- möglicherweise verbleibender Zuckerrest (Steckenbleiben)

Neben der klassischen Spontangärung, bei der man abwartet, bis sich die Hefen unter Lufteinfluss auf die nötige Zellzahl vermehrt haben und die Gärung beginnt, gibt es heute auch einige Varianten, um eine bessere Gärsicherheit zu erlangen. Beim „Pied de Cuve“ wird vor der Hauptlese bereits eine kleine Menge Most zur Gärung gebracht und dann der großen Menge als Starthilfe zugegeben. Oder es wird nach spontanem Angären nach ca. 3 Tagen Reinzuchthefe zugegeben, um das Durchgären sicherzustellen. Ebenso gibt es heute auf dem Markt reingezüchtete „Wilde Hefen“, mit denen man das Angären kontrolliert bewerkstelligen kann und die auch höhere Alkoholgehalte vertragen.

Wenn auch als Argument ins Treffen geführt wird, dass die traubeneigenen Hefen den Gebiets- und Sortencharakter betonen können, so muss man sich vor Augen halten, dass von Natur aus die Hefepopulation im Weingarten zumeist sehr ähnlich ist. Je nach den Rahmenbedingungen (SO_2, Temperatur, Ausgangskeimzahl, Rückstände) kann sich jeweils eine andere Heferasse durchsetzen, sodass das Ergebnis dem Zufall überlassen ist. Die wilden Hefen sind meist rasch im Angären, bilden viel Glycerin, sind aber wenig alkoholverträglich und haben ihre Obergrenze bei 4 Vol.-%.

Vergärung mit Reinzuchthefe

Durch den Zusatz von selektionierten Trockenreinzuchthefen wird von Beginn an für eine ausreichende Zellzahl gesorgt und damit eine Fehlgärung weitgehend unterbunden. Die Vorteile der Sicherheit des An- und Durchgärens überwiegen bei Weitem.

Beginn der Gärung	Hauptgärung	Ende der Gärung
Kloeckera apiculata[1]	*Saccharomyces cerevisiae* subspec. *cerevisiae*[1]	*Saccharomyces cerevisiae* subspec. *cerevisiae*[1]
Metschnikowia pulcherrima[1]	*Saccharomyces cerevisiae* subspec. *uvarum*[1]	*Saccharomyces cerevisiae* subspec. *bayanus*
Candida stellata	*Saccharomyces cerevisiae* subspec. *bayanus*	
Kloeckera corticis	*Saccharomyces chevalieri*	
Candida krusei	*Torulaspora delbrueckii*	
Candida vini	*Zygosacch. florentinus*	
Hansenula anomala	*Zygosacch. rouxii*	
Hansenula subpelliculosa	*Kluyveromyces thermotolerans*	
Picha mermentans		
Pichia membranaefaciens		

[1] die häufigsten Hefearten

Abb. 31 Die natürliche Hefeflora des Mostes bei der Gärung.

Unbedingt notwendig bzw. sehr günstig ist ein Reinhefezusatz bei:
- Pasteurisierten Mosten
- Sehr zuckerreichen Mosten (Prädikatsweinen)
- Mosten aus gefaultem Traubenmaterial
- Gärhemmung durch Toxine (Fungizide, Killerfaktoren)
- Umgärung und Versektung
- Sehr tiefen Temperaturen

7.2.5 Aktivieren der Reinzuchthefen

Die heute angebotenen Trockenhefen werden in der 5-10-Fachen Wassermenge bei 38 °C (exakt!) 10-15 Min. lang vorgequollen (rehydratisiert). Dann wird langsam Most zugesetzt und dabei auch die Temperatur schrittweise abgesenkt., um einen Temperaturschock bei der Zugabe zu vermeiden. Nachdem eine deutliche Schaumbildung zu bemerken ist, soll die Hefe dem zu vergärenden Most zugesetzt werden. Nicht zu lange warten, damit die Hefen nicht in eine Hungerphase kommen! Auch ist ein Temperaturschock zu vermeiden – wenn der Most eine sehr unterschiedliche Temperatur hat, langsam durch portionsweise Mostzugabe auf die Anstelltemperatur bringen.

7.3 Gärungseinflüsse

7.3.1 Temperatur

Sie stellt den absolut wichtigsten Faktor bei der Gärung dar, in den meisten Fällen sind Gärprobleme tatsächlich Temperaturprobleme.
Die Optimaltemperatur für Vermehrung und Gärung der Hefe liegt bei 25 °C. Größere Abweichungen von diesem Mittelwert hemmen den Stoffwechsel der Hefe. Zu vermeiden ist auch Hefestress durch eine zu rasche Temperaturänderung, sie sollte höchstens 4 °C pro Stunde betragen.
Ein für die Temperatur ebenfalls wichtiger Faktor ist das Behältervolumen. Je größer die Menge im Gärbehälter ist, desto stärker erwärmt sich der Most während der Gärung und umso niedriger kann die Anstelltemperatur gewählt werden.

Bei 13 °C Kellertemperatur wurden folgende Gärtemperaturen in Holzfässern gemessen:

600 l	10–22 °C
1200 l	21–25 °C
4800 l	bis 30 °C
7200 l	bis 33 °C

Versieden

Bei sehr hohen Gärtemperaturen (ca. 35–37 °C) kann es zu einem plötzlichen Abbruch der Gärung kommen, der als „Versieden" bezeichnet wird.
Die „richtige" Gärtemperatur kann sehr unterschiedlich sein. Je wärmer vergoren wird, desto mehr Aroma und Alkohol geht verloren, desto sicherer wird aber die Hefe den Most durchgären.

Kaltgärung

Die sogenannte „Kaltgärung" bezieht sich auf einen Temperaturbereich von 12–15° C. Hierfür ist jedoch der Einsatz speziell ausgewählter Hefen (Kaltgärhefen) notwendig.

Abhängig von der Temperatur erzeugen die Hefen bei der Gärung auch unterschiedliche Nebenprodukte.

Bei hohen Gärtemperaturen (>23 °C)

Höhere Gehalte an Glycerin, vergärbarem Zucker, Restextrakt, Milchsäure, flüchtige Säure, Pyruvat, Ketoglutarsäure, gebundenem SO_2, 2-Phenylethanol, Propan-1-ol, Isobutanol, Isoamylalkoholen, Ethylacetat, Ethyllactat

Bei niedrigeren Gärtemperaturen (<23 °C)

Höhere Gehalte an Gesamtalkohol, Gesamtsäure, Äpfelsäure, Acetaldehyd, ges. Polyphenolen, Gesamtester

Abb. 32
Produkte bei unterschiedlichen Gärtemperaturen.

Vorteile der Kaltgärung:
Die Jungweine sind reintöniger, Essigsäure- und Milchsäurebakterien, aber auch verschiedene Hefen können sich bei tiefen Temperaturen nicht nennenswert vermehren.
- Der Alkoholgehalt ist höher, da weniger aus dem Wein entweicht.
- Die Weine verkosten sich bukettreicher, da die Aromen besser im Wein verbleiben. Der Charakter ist aber unterschiedlich im Vergleich zu wärmer vergorenen Weinen (z. B. tropische Früchte).
- Durch die niederen Temperaturen kann auch ein bakterieller Säureabbau verhindert werden.

Nachteile der Kaltgärung:
- Bei langsamen Gärungen entsteht ein höherer SO_2-Bedarf.
- Entsprechende Kühlungseinrichtungen und damit verbundene Kosten sind notwendig.

7.3.2 Zuckerkonzentration

Moste mit geringem Zuckergehalt gären am leichtesten, Weine unter 11 Vol.-% Gesamtalkohol haben selten Gärprobleme. Hohe Gradationen sind aufgrund des höheren osmotischen Druckes nur schwer zu vergären. Der Most besitzt dann stark wasserentziehende Wirkung auf die Hefezellen. Nimmt der Wassergehalt der Hefe ab, wird auch die Vermehrung der Hefe langsamer. Gerade bei Prädikatsweinen ist dies für die Vergärung von großer Bedeutung; die Hefen müssen nicht nur gut gärfähig sein, sondern auch eine hohe Zuckerkonzentration ertragen, sie müssen „osmotolerant" sein.

Abb. 33 Gärung eines Hefestammes bei verschiedenen Zuckerkonzentrationen (nach Schanderl).

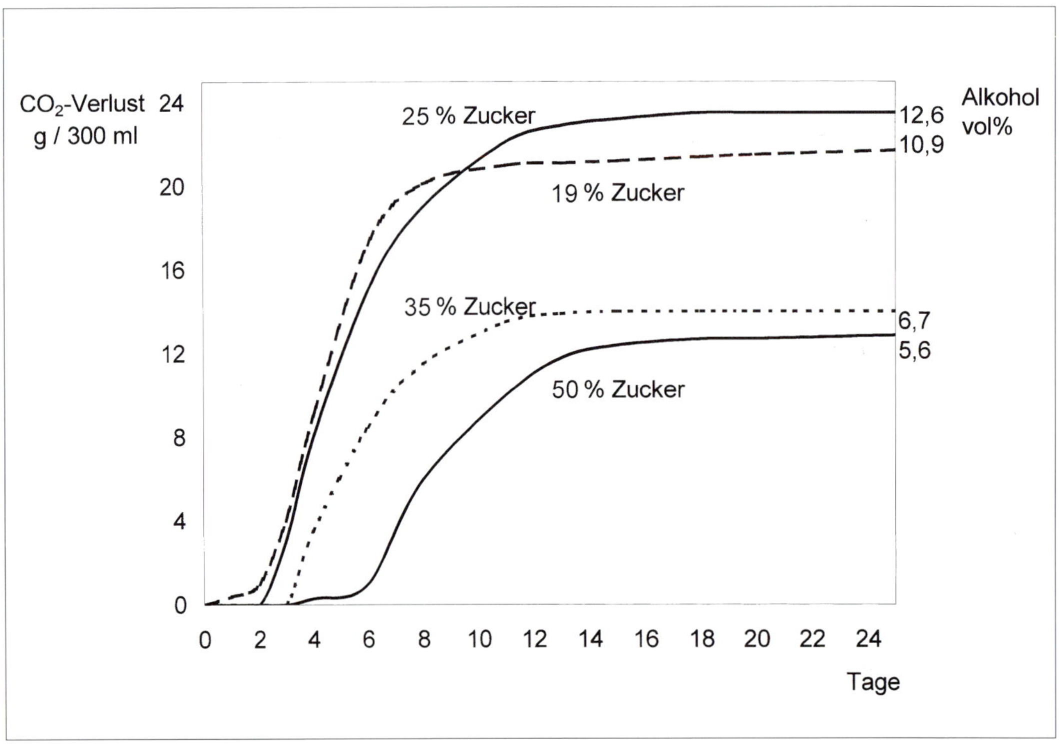

7.3.3 Alkoholgehalt

Die stark gärenden Saccharomyceshefen sind im Allgemeinen sehr alkoholtolerant. Sie können sich noch bei 12–13 Vol.-% Alkohol vermehren, wenn auch bei 15–16 Vol.-% Ethanol die Grenze der Gärmöglichkeit erreicht ist. Bei sehr hohen Alkoholgehalten wird die Endgärung meist von Saccharomyces bayanus durchgeführt, die noch alkoholresistenter als die meisten Stämme von *Saccaromyces cerevisiae* sind. Die hemmende Wirkung von Ethanol auf Vermehrung und Gärung macht man sich bei der Herstellung von Süßweinen (Portwein, Sherry) zunutze. Dabei wird beim erwünschten Restzucker die Gärung durch den Zusatz von Weinalkohol auf 16–18 Vol.-% unterbrochen (Aufspriten).

7.3.4 Schweflige Säure

Die Anwendung von schwefliger Säure wirkt sich hemmend auf die Hefevermehrung aus. Vor allem die wilden Hefen und Bakterien werden dadurch unterdrückt, Saccharomyces-Hefen wenig beeinträchtigt. Es wird somit der Gärbeginn beeinflusst, aber nicht der weitere Gärverlauf. Wird (fehlerhafterweise) in die Gärung geschwefelt, so wird die H_2SO_3 durch Stoffwechselprodukte der Hefe sofort abgebunden, aus der zugesetzten „freien“ wird die „gebundene“ schweflige Säure. Der Effekt ist eine nur kurzzeitige Beeinträchtigung und Verringerung der Gärintensität und eine unerwünschte Erhöhung der Gesamt-SO_2. Am Ende der Gärung liegt keine freie SO_2 mehr vor, von der zugesetzten Gesamtmenge findet man üblicherweise ca. 15–20 %, da der Rest mit den Trebern und dem Geläger (in der Hefe) entfernt wird. Die Wirkung der schwefligen Säure ist sehr stark vom pH-Wert des Mostes abhängig, bei säurearmen Mosten ist die Wirkung deutlich geringer.

Abb. 34
Angärverzögerung durch verschieden hohe SO_2-Zusätze (in mg/l) zum Most. Beimpfung mit 1 % Saccharomyces cerevisiae bei 20 °C.

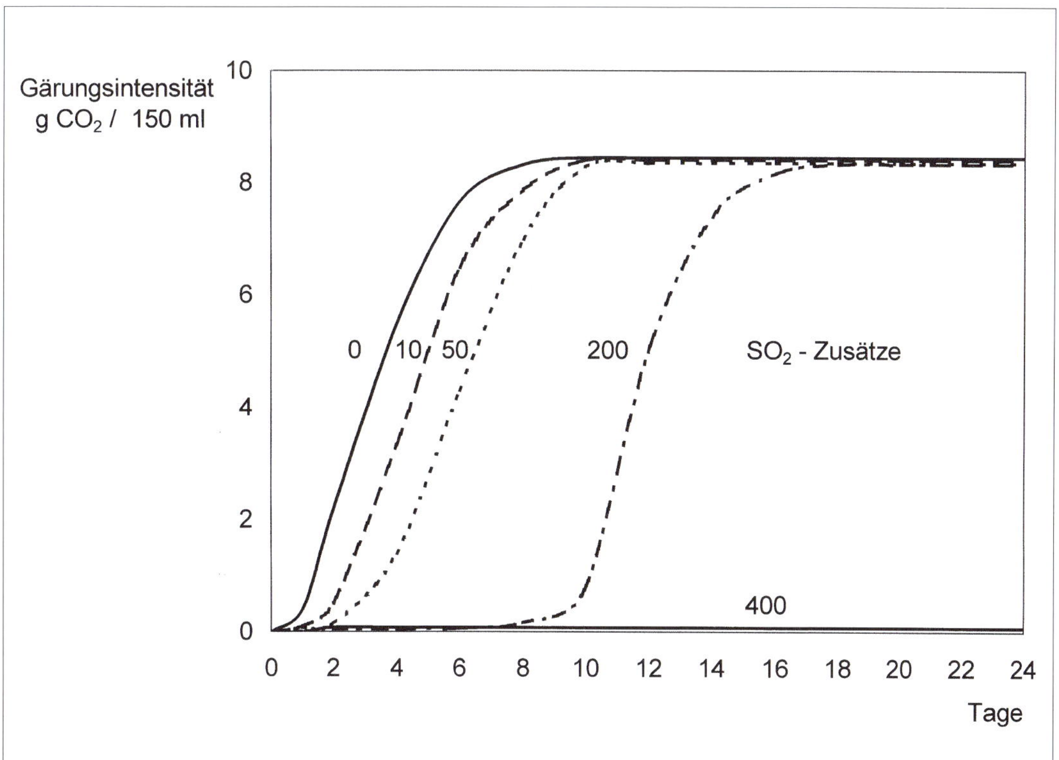

7.3.5 Trubgehalt

Abb. 35 Beeinflussung des Gärverlaufes durch verschieden starkes Vorklären des Mostes (Verlauf der Temperatur und der Zuckerabnahme).

Trubteilchen unterstützen die Entbindung von CO_2, dies führt zu einer starken Durchmischung und weiteren Ankurbelung einer heftigen Gärung. Im Sinne einer angestrebten ruhigen, kontrollierten Gärung soll der Mosttrub daher abgetrennt werden (unter ca. 0,6 Vol.-%).

Durch die Entschleimung gären die Moste langsamer, gleichmäßiger, erwärmen sich nicht so stark und liefern reintönigere Jungweine. Die Alkohol- und Aromaausbeute ist höher, bei einer sehr langsamen Gärung steigt aber auch der Acetaldehydgehalt und damit der SO_2-Bedarf an.

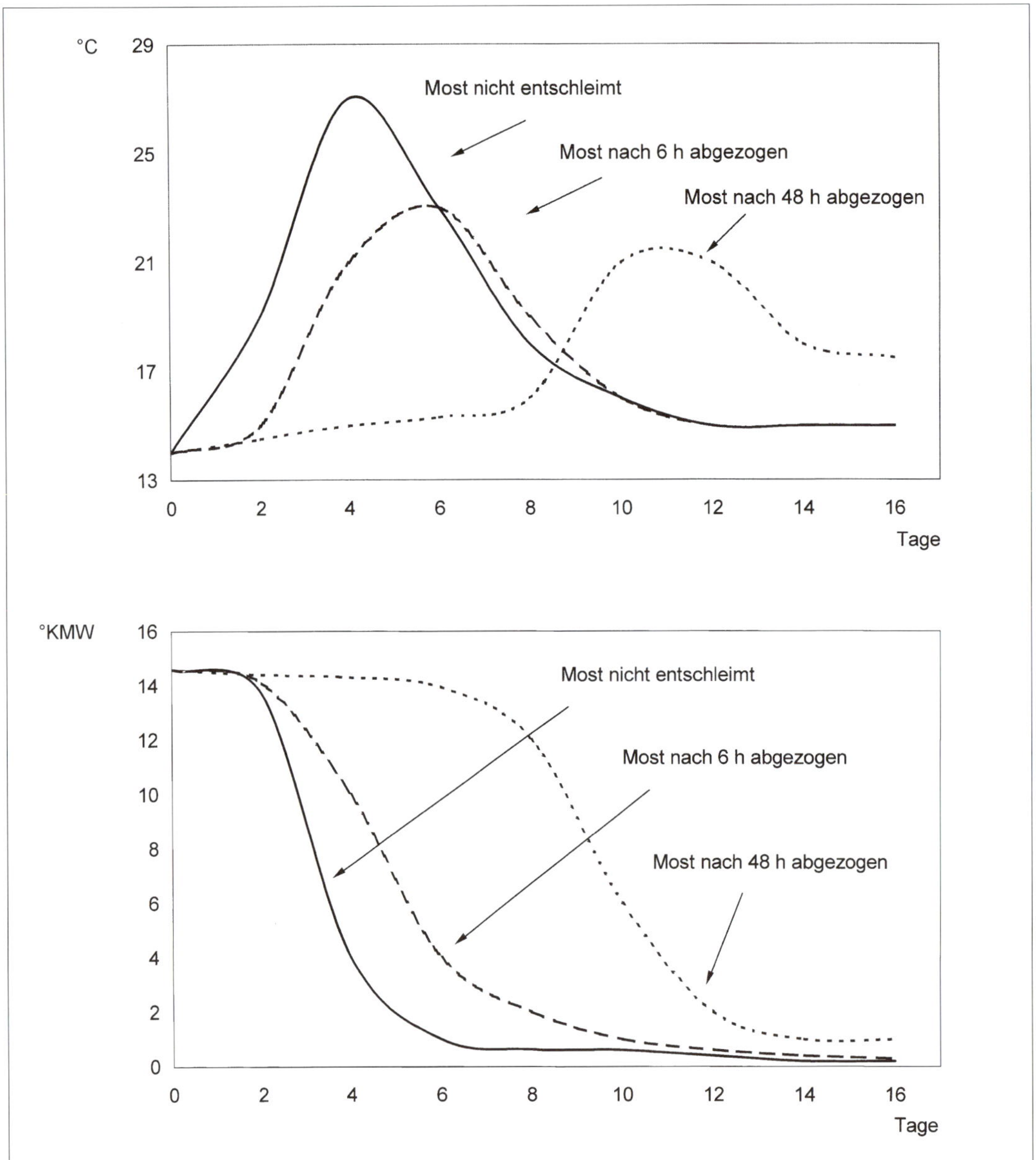

7.3.6 Sonstige störende Stoffe

Ein hoher Metallgehalt, der von blanken Oberflächen (Eisen, Kupfer, Messing, Zink) stammt, spielt bei der Vergärung üblicherweise keine Rolle, bei einer zweiten Gärung (Sekt, Umgären) kann er sich hemmend auswirken.
Pflanzenschutzmittelrückstände bringen teils stark verzögertes Angären, wenn mit zu hohen Mengen gearbeitet wurde bzw. die Karenzzeiten nicht eingehalten wurden. Durch eine gute Entschleimung kann der größte Anteil von Spritzmitteln entfernt werden.
Essigsäurebakterien können durch geschädigtes Lesegut (Botrytis) in großer Zahl in den Most gelangen, bei zögerndem Gärbeginn haben sie genügend Zeit zur Vermehrung, sie können dann die Hefevermehrung hemmen.

7.4 Maßnahmen zur Gärlenkung

7.4.1 Gärfördernde Maßnahmen

Wichtig ist eine gärkräftige Hefe in ausreichender Zellzahl.

- Eine Mostbelüftung unterstützt die Vermehrung und die Gärkraft. Nur bei Mosten aus gesunden Trauben!
- Die Gär- bzw. Starttemperatur ist der wichtigste Parameter: Starttemperatur ca. 18 °C (Mostwärmer einsetzen).
- Zusatz von Reinhefe
- Gärhilfsmittel: zugelassene Behandlungsmittel sind Diammoniumphosphat oder Ammonsulfat (max. 100 g/hl), Ammonsulfit oder Ammondisulfit (max. 20 g/hl), Thiamin (Vitamin B_1) als Thiamindichlorhydrat 0,6 g/hl. Zugabe bis zur Hälfte der Gärung möglich; nicht erst bei beginnender Gärstockung, dann wirkungslos!
- Aufrühren der Hefe (gesundes Lager!) Achtung: Bei schleppender Gärung besteht Säureabbaugefahr!

7.4.2 Gärhemmende Maßnahmen

Dazu gehören alle Maßnahmen, die der Vermehrung der Hefe entgegenwirken:

- Niedrige Temperatur
- Sehr scharfe Vorklärung des Mostes (starke Entschleimung)
- Verminderung der inneren Oberfläche
- Einwirkung von Kohlendioxid (durch Vergären unter Druck)
- Etappenweises Anfüllen des Gärbehälters: Dadurch erfolgt immer wieder Abkühlung, es besteht aber auch größere Böcksergefahr.

7.4.3 Beheben einer Gärstockung

Eine Gärstockung kann physikalische, chemische oder mikrobiologische Gründe haben. In den meisten Fällen ist zu geringe Temperatur die Ursache. Bevor man Maßnahmen zur Behebung setzt, sollte man zuerst Temperatur, Alkohol- und Zuckergehalt sowie auch den Hefezustand kontrollieren. Bei 12 Vol.-% Alkohol und unter 10 g Restzucker wird es sehr schwierig sein, die Gärung nochmals in Gang zu bringen.
Ist durch reines Anheben der Temperatur mittels Mostwärmer keine Gärung mehr erfolgt, dann muss der Jungwein zuerst vom Lager getrennt werden, um mögliche Hemmstoffe weitestgehend zu entfernen. Dann wird er auf eine gute Starttemperatur (22° C) gebracht und eine Reinzuchthefe, die entsprechend vorgezüchtet wurde, mit

Maximaldosierung (laut Herstellerangabe) eingesetzt. Das bedeutet, dass zum Beimpfen dann 10 % der Gesamtmenge als gut gärender Most zur Verfügung steht. Wichtig ist auch, dass die Temperatur dieses Mostes bei der Zugabe der im Behälter entspricht.

Abb. 36 Mosterwärmung durch elektrischen Mostwärmer: Gerät immer erst nach dem Eintauchen einschalten.

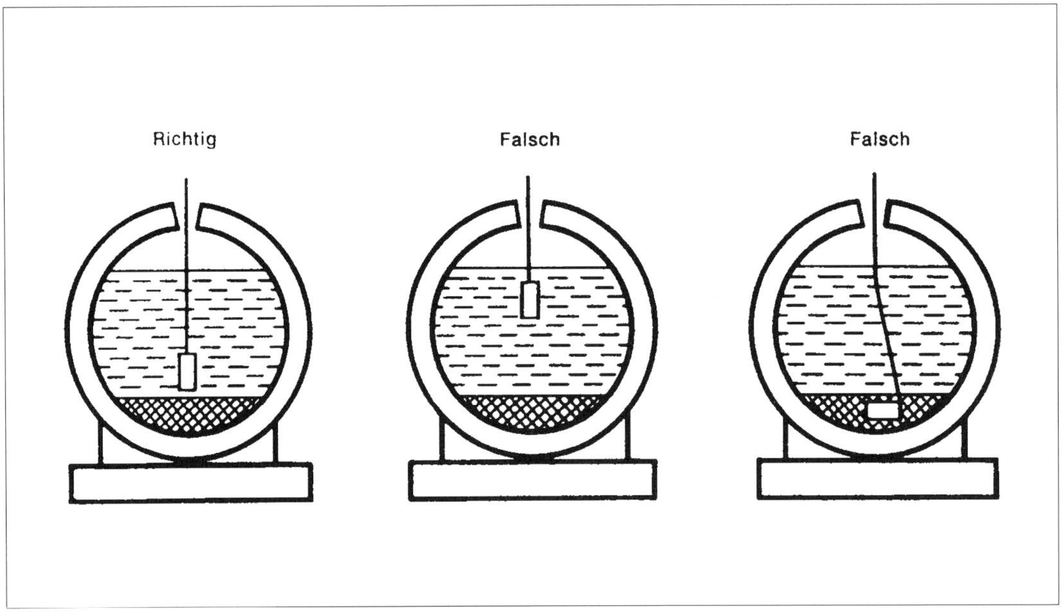

Positionierung:

Links: Richtig.

Mitte: Falsch – nur die oberen Mostpartien werden erwärmt.

Rechts: Falsch – Gefahr des Anbrennens, wenn der Tauchsieder im Bodensatz liegt.

Nach dem Ausschalten Gerät im Most abkühlen lassen, dann erst wieder aus dem Most entfernen.

Zum Anwärmen kann ein Tauchsieder aus Edelstahl eingesetzt werden. In Betrieben noch vorhandene Infrarotmostwärmer, die besonders für biologischen Säure abbau empfehlenswert sind, bringen zu wenig Leistung im trüben Most, die Erwärmung würde zu lang dauern.

Die notwendige Einsatzzeit für den Edelstahlmostwärmer errechnet sich aus:

$$\frac{\text{Gesamtmostmenge} \times (\text{gewünschter Temperatur} - \text{Anfangstemperatur}) \times 1{,}16}{\text{Leistung des Tauchsieders in Watt}}$$

Beispiel: 800 l Most sollen von 10° C auf 18° C erwärmt werden. Wie lange muss ein Tauchsieder mit der Leistung von 1000 Watt im Fass bleiben?

$$\frac{800 \times (18 - 10) \times 1{,}16}{1000} = \mathbf{7{,}4\ Stunden}$$

Die Einsatzdauer für den Infrarotmostwärmer wird anhand eines Diagramms ermittelt, sie würde im obigen Beispiel 1 ¼ Tage betragen. Er bietet Vorteile beim BSA, wird aber (leider) nicht mehr erzeugt. (Abb. 37)

Führen die Bestrebungen nicht zum Erfolg, so können solche Weine bei der nächsten Ernte umgegoren werden, wobei einem stürmisch gärenden Most höchstens ein Drittel des stecken gebliebenen Weines zugegeben wird.

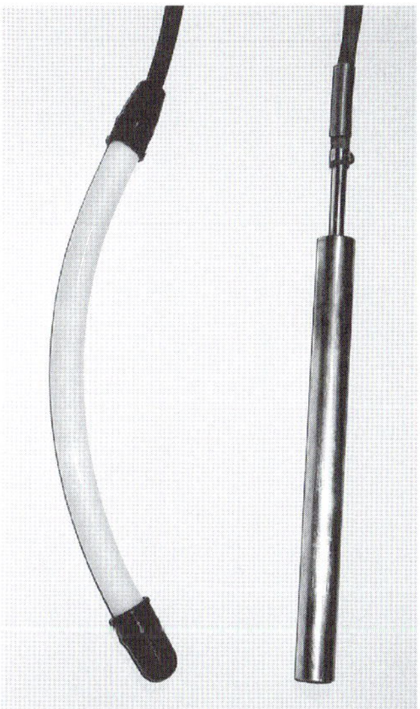

Abb. 37a
Hefebutler zur optimalen Hefeaktivierung.

Abb. 37
Infrarotmostwärmer und Tauchsieder.

7.5 Gekühlte Gärung

Das Ziel der gekühlten Gärung ist ein gleichmäßiger Temperaturverlauf und die Vermeidung von Temperaturspitzen. Die Hefe soll in ihrer Tätigkeit gezügelt, aber zum richtigen Zeitpunkt auch unterstützt werden. Als grundsätzliche Linie sollte eine ausreichend hohe Start- und Endtemperatur eingehalten werden, dazwischen kann man auf niedrigerem Temperaturniveau gären.

Abb. 38
Gärdiagramm einer gekühlten Gärung (nach Saller).

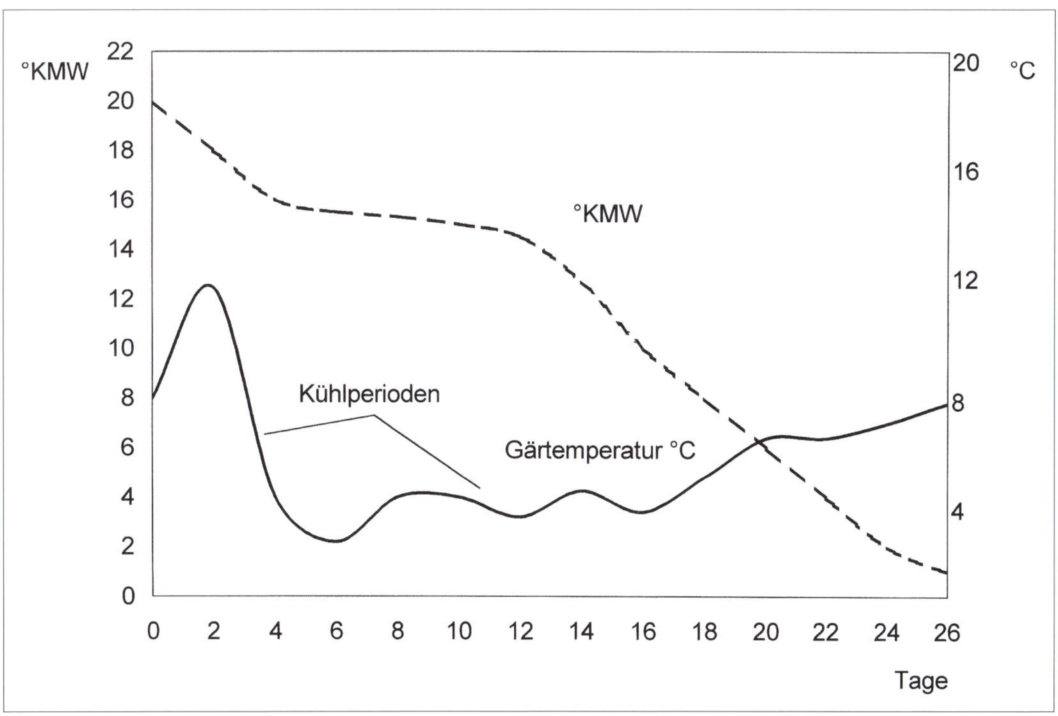

Die Energiefreisetzung durch die Hefe beträgt im Durchschnitt 2 kJ/l/h (von 1,13 bis 2,63 kJ/l/h wurde beobachtet). Bei gezügelter Gärung kann man mit 1,2 kJ rechnen, das entspricht ca. 0,33 W/l Most.
Wichtig ist ein rechtzeitiges Beginnen der Kühlung, damit die Hauptgärung nicht durch zu starke Wärmeentwicklung unkontrollierbar wird.

7.5.1 Kühlung durch Berieselung der Tanks

Die Kühlleitung ist bei stehenden Tanks ringförmig, bei liegenden Behältern längs angeordnet. Der Wasseraustritt erfolgt durch einfache Bohrungen oder Sprühdüsen, die im Abstand von 30–40 cm angeordnet sind. Wichtig ist eine gute Verteilung, sodass sich ein dünner Wasserfilm über die ganze Oberfläche ausbreitet. Unsaubere, fettige Oberflächen und wasserabstoßende (hydrophobe) Werkstoffe (diverse Kunststoffe) lassen das Wasser zu schmalen Bächen zusammenrinnen und setzen die Kühlwirkung deutlich herab.

1 l Wasser entzieht ca. 2520 kJ (ca. 600 kcal). Der Wasserverbrauch liegt zwischen 0,25–1,1 l Wasser pro l Most, abhängig von der Art des Aufsprühens, Behälterform und -größe, Gärtemperaturniveau, Tankmaterial etc.

Die Einstellung der Temperatur kann im einfachsten Fall händisch (rechtzeitig!) oder mit automatischen Regelungen erfolgen. PC-vernetzte Anlagen erlauben auch das Aufzeichnen des gesamten Gärverlaufes.

Temperaturregelung

Bei der Berieselungskühlung ist einerseits ein Auffangkanal notwendig, andererseits wird mit zunehmender Gärdauer die Kellerluft immer feuchter, was zu vermehrter Schimmelbildung (Etiketten!) und auch Rutschgefahr führen kann.

Abb. 39
Rotweingärtank mit Schrägboden und Ringleitung für die Berieselungskühlung.

7.5.2 Kühlung durch innen liegende Kühlflächen

Bei dieser Variante wird die Wärme durch im Behälter innen angebrachte, verschieden geformte Kühlplatten, Spiralkühler oder auch biegsame Metallschläuche abgeführt. Sie können im Tank oder Fass fix montiert oder auch hineingehängt werden. Das Wasser kann auch im Kreislauf geführt und an einen Durchlaufkühler angeschlossen werden. Dann ist auch kein Kanalsystem unter den Tanks nötig.

7.5.3 Kühlung mit Doppelmantel

Diese Variante erlaubt die größtmögliche Kühlfläche, die Möglichkeit der (oft überschätzten) Wärmeabstrahlung geht verloren. Je nach Bauart gibt es auch eine Unterteilung in oberen und unteren Doppelmantel, sodass wahlweise oben gekühlt oder unten erwärmt werden kann. (Abb. 41)

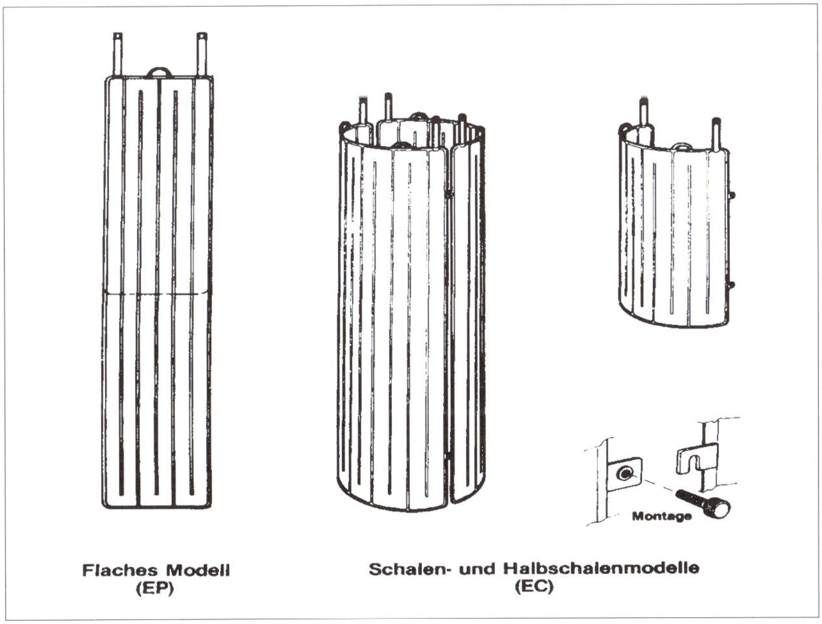

Abb. 40
Kühlplatten.

Kühlmittel

Man geht davon aus, dass das Kühlmedium eine um 5° C geringere Temperatur haben soll. Das Kühlmittel gibt somit die erreichbare Gärtemperatur – und in gewisser Weise auch den Weinstil – vor:

Wasser

Leitungswasser Die einfachste Version ist die Kühlung mit frischem Leitungswasser, sofern es in ausreichender Menge verfügbar ist. Die Temperatur ist jedoch stark witterungs- bzw. jahreszeitabhängig (8–17 °C).

Durchlaufkühler Mit einem Durchlaufkühler lässt sich die Wassertemperatur absenken, so ist dann jede gewünschte Gärvariante (Kaltgärung) möglich.

Kaltwassersatz Beim Kaltwassersatz wird durch eine kleine Kühlanlage in einem Pufferbehälter zeitgerecht eine größere Wassermenge heruntergekühlt, die dann den Spitzenbedarf abdecken kann. Dadurch ist es möglich, eine Kühlanlage mit kleinerer Leistung und daher kostengünstig zu installieren.

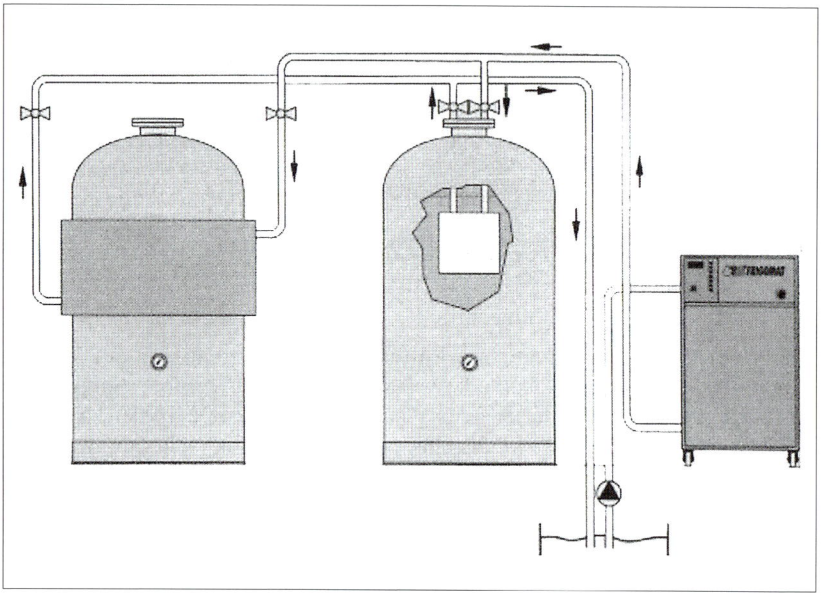

Abb. 41 Kühlungsanordnung beim Doppelmantel und Kühlplatten.

Kühlsole
Je nach Einstufung der Mittel (giftig, mindergiftig, ungiftig) sind entsprechende Sicherheitsmaßnahmen notwendig. Die Kosten dafür rechnen sich nur bei entsprechender Auslastung und sind daher eher für Großbetriebe interessant.

7.6 Maßnahmen bei Gärende

7.6.1 Raue Fülle

Sobald die Gärung abklingt, kommt es darauf an, eine Aromaschädigung durch Lufteinfluss zu vermeiden. Das bedeutet, dass der Behälter weitestgehend aufgefüllt wird (Raue Fülle). Nach Beendigung der Gärung muss vollgefüllt werden, oder es wird in einen anderen Behälter, der vollgehalten werden kann, umgezogen.

7.6.2 Vorzeitiges Abziehen

Ist eine Lagerung auf der Hefe („Sur lie“) geplant, so wird teilweise bereits in der Endgärphase umgezogen, um die weitere Lagerung auf der (sauberen) Feinhefe durchzuführen. Dabei ist aber zu beachten, dass die Hefe keinen Temperaturschock erleidet und dadurch die Gärung möglicherweise stecken bleibt.

Ab dem Zeitpunkt des Gärendes muss das Fass spundvoll gehalten werden. Kontrolle und Auffüllen sind notwendig. Durch regelmäßiges Probieren verfolgt man die qualitative Entwicklung des Weines und kann, wenn nötig, auf beginnende Fehlentwicklungen sofort reagieren. Je früher dies erfolgt, desto geringer wird die Beeinträchtigung des Weines sein.

8 Der biologische Säureabbau (BSA)

- Welche Bakterien können einen Säureabbau BSA durchführen?
- Wie hoch kann der Entsäuerungseffekt sein?
- Zu welchem Zeitpunt kann de BSA eingeleitet werden?
- Welche Parameter fördern einen BSA?

Durch Bakterien kann die sauer schmeckende Äpfelsäure zu der runder wirkenden Milchsäure und Kohlendioxid abgebaut werden. Dieser Vorgang wird auch biologischer oder bakterieller Säureabbau, malolaktische Gärung oder zweite Gärung genannt. Neben der Säureverminderung wird aber auch das Weinaroma beeinflusst, was als positiv oder negativ empfunden werden kann.

8.1 Vor- und Nachteile des BSA

Vorteile des BSA

- Verminderung der (unreifer schmeckenden) Äpfelsäure.
- Mehr Fülle durch die gebildete Milchsäure.
- Geringerer SO_2-Bedarf (10–15 mg/l), da Gärnebenprodukte verringert werden.
- Mikrobiologische Stabilität, besonders bei Rotwein.

Nachteile des BSA

- Bei dünnen, unreifen Weinen mit hohem Äpfelsäureanteil entstehen sehr viele Umsetzungsprodukte, die sich sensorisch ungünstig auswirken (Sauerkrautton).
- Bei farbschwachen Rotweinen ist spürbarer Farbverlust festzustellen.
- Risiko unerwünschter Bakterientätigkeit, bei mangelnder Kontrolle kann es dadurch zu geschmacklicher Beeinträchtigung kommen.

Neben einer Energiequelle – Äpfelsäure – benötigen die Bakterien auch weitere Nährstoffe wie Aminosäuren, ungesättigte Fettsäuren und Vitamine. Daher sollten Weine, die aus gestressten Rebanlagen kommen und somit schlecht versorgte Moste bzw. eventuell Gärstörungen aufweisen, nicht für einen BSA vorgesehen werden.

Milchsäurebakterien gehören den Leuconostoc-, Lactobacillus- oder Pediococcus-Arten an und kommen im frischen Most in relativ geringer Zahl (1000 bis 10 000 Bakterien/ml) vor. Vor und während der alkoholischen Gärung können sich diese Stämme praktisch nicht vermehren und sind daher kaum aktiv. Erst ab einer Konzentration von 3–10 Mill./ml sind sie zur Milchsäurebildung in der Lage.
Dabei wird zuerst Äpfelsäure, dann Zitronensäure und zuletzt noch vorhandener Zucker umgesetzt.
Diese Abläufe können sich auch überschneiden, sodass noch bei vorhandener Äpfelsäure bereits Diacetyl entstehen kann, das als „buttrig“ empfunden wird, bei hoher Konzentration aber einen unerwünschten „Käse-“ oder „Joghurtton“ verursacht.
Aus vorhandenem Restzucker entstehen Essigsäure und andere unerwünschte Nebenprodukte, die auch filtrationsstörend sein können.

Dieser „bakterielle Säureabbau" ist zu unterscheiden von dem Abbau, den Weinhefen vornehmen; auch diese können bereits bereits in – allerdings nur – geringem Maße Äpfelsäure während der Gärung abbauen.
Der bewährteste Bakterienstamm im Wein ist Leuconostoc oenos, der jetzt als Önococcus oeni bezeichnet wird.

8.2 Die Stärke der Entsäuerung

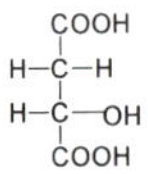

L(-)–Äpfelsäure

Aus 1 g Äpfelsäure entstehen 0,67 g Milchsäure, Kohlendioxid und weitere Nebenprodukte.

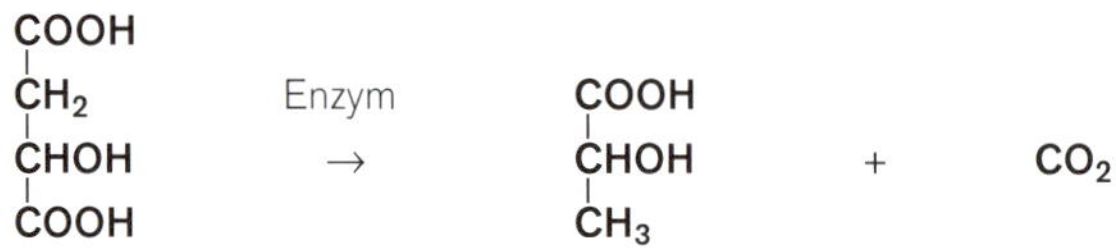

L(−)-Äpfelsäure Milchsäure Kohlensäure

Die titrierbare Säure wird dabei um die Hälfte des Äpfelsäureanteils vermindert. Das erlaubt anhand der allgemeinen Jahrgangsbeurteilung vorerst auch ohne analytische Bestimmung eine ungefähre Abschätzung, welchen Gesamtsäuregehalt man nach dem Abbau erwarten kann.

Beispiel:
Reifer Jahrgang, Weinsäure-Äpfelsäure-Verhältnis ca. 70 : 30

Gesamtsäure 6,5 g/l → Äpfelsäure (30 %) ca. 2 g/l
↓
→ Verminderung um ca. 1 g/l
↓
zu erwartende Gesamtsäure 5,5 g/l

Beispiel:
Schlechter Jahrgang, Weinsäure-Äpfelsäure-Verhältnis allgemein 40 : 60

Gesamtsäure 8 g/l → Äpfelsäure (60 %) ca. 4,8 g/l
↓
→ Verminderung um ca. 2,4 g/l
↓
zu erwartende Gesamtsäure 5,6 g/l

Im zweiten Fall entsteht aber die zweieinhalbfache Menge an Nebenprodukten!

8.3 Zeitpunkt der Einleitung des BSA

Lange Zeit hat man den BSA am Ende der Gärung eingeleitet, um die Gärungswärme auszunützen und aufgrund der Tatsache, dass ein geringer Restzucker wenig Risiko für Fehlentwicklung wie Essig oder Joghurt bedeutet. Des Weiteren könnte eine zu frühzeitige Bakterienzugabe mittlerweile zu einer möglichen Gärstörung führen, doch hat die Praxis gezeigt, dass trotz aller Risiken und angesichts der heutigen möglichen „Notmaßnahmen" auch ein anderer Einsatzzeitpunkt gut möglich ist.

8.3.1 Einleitung zu Beginn der Gärung

Vorteile:
- Voller Nährstoff vorhanden für Bakterienwachstum
- Noch keine Alkoholbelastung für die Entwicklung
- BSA-Aromen werden durch die Gärung „hinausgeblasen"
- Zeitgewinn

Nachteile:
- Die Hefe kann Bakterien dominieren, dann kein Zeitgewinn
- Bei Gärstopp Risiko für Essigstich durch den vorhandenen Zucker

8.3.2 Einleitung in der abklingenden Gärung

Vorteile:
- Ausnützen der Gärwärme
- Wenig Restzucker – geringeres Risiko für Essigstich
- Bei Rotwein: BSA bringt CO_2-Schutz für die Mikrooxigenation

Nachteile:
- Wartezeit bis BSA zu Ende ist – längere Raum bzw. Gebindeblockierung
- BSA-Aroma bleibt eventuell deutlicher erhalten
- Möglicherweise Beeinträchtigung der alkoholischen Gärung durch die Bakterienzugabe

8.4 Voraussetzungen zur erfolgreichen Einleitung des BSA (vor oder nach der Gärung)

- **pH-Wert über 3,1; eventuell mit leichter Kalkentsäuerung anheben**
- **Weintemperatur ca. 22 °C**
- **kein freies SO_2, max. 50 mg/l gebundenes SO_2, je weniger, desto besser**
- **Zuckerrest unter 20 g**
- **Erhalten eines Trübungsgrades bzw. Abzug und Belassen des Weines auf der Feinhefe**

Mostwärmer

pH-Wert und Temperatur sind die wichtigsten Parameter, die eingehalten werden müssen, da die Bakterien im Wein im Bereich ihres „Existenzminimums" arbeiten. Die optimale Vermehrungstemperatur liegt bei ca. 30 °C, der pH bei ca. 4,5.

Unter pH 3,0 findet so gut wie keine Vermehrung von Önococcus oeni mehr statt, über pH 3,4 können sich auch unerwünschte Pediokokken vermehren. Zum Temperieren ist ein Raum bzw. die Erwärmung der Behälterwand oder des Tankbodens (Wasserbad) günstig. Liegt noch hoher Zuckerrest vor, so verwerten die Bakterien zuerst diesen und erzeugen unerwünschte Nebenprodukte (Diacetyl, Essigsäure). Geläger bzw. Feinhefe bringt Nährstoffe (Aminosäuren), die aus den Hefezellen freigesetzt und von den Bakterien benötigt werden.

Beim Einsatz von Mostwärmern ist leider der Infrarotmostwärmer nicht mehr am Markt. Daher ist bei Edelstahlmostwärmern zu berücksichtigen, dass die heiße

Oberfläche die Bakterien schädigt. Somit sollte man erst aufheizen, abschalten und dann erst die Reinzuchtbakterien zusetzen.

8.5 Einleiten des BSA

Um auf die erforderliche Keimzahl zum Starten des Säureabbaus zu kommen, gibt es mehrere Möglichkeiten:
- die natürliche Vermehrung nach der Gärung abwarten
- Verschnitt mit einem im Säureabbau befindlichen Wein (aber Keimzahlreduzierung)
- einwandfreies Bakteriengeläger eines abgebauten Weines (z. B. durch Zentrifugation erhalten) zugeben
- Bakterienstarterkulturen zusetzen

Wenn der Zusatz von Starterkulturen auch spürbare Kosten verursacht, so verkürzt er die für den Jungwein risikoreiche Zeit (Oxidation!) bis zum Beginn des Säureabbaus und sorgt auch für mehr Sicherheit, dass keine unerwünschten Bakterienstämme zu Fehltönen im Wein führen.

Die heute angebotenen gefriergetrockneten Starterkulturen müssen bis zu ihrem Einsatz kühl gelagert werden. Zur Auswahl stehen zwei verschiedene Bakteriengattungen:

1. *Önococcus oeni* (alte Bezeichnung *Leuconostoc oenos*)
Die übliche Startkeimzahl von 3–4 mm Zellen/ml steigert sich durch Vermehrung noch auf das Zehnfache. Dadurch wird ein zügiger Abbau erreicht, sofern pH-Wert und Temperatur im günstigen Bereich liegen. Üblicherweise werden die Bakterien entweder bei der abklingenden Gärung zugegeben, um die Gärwärme noch auszunützen, oder in den durchgegorenen Wein. Dies ist die traditionelle und risikoärmere Methode. Mittlerweile wird immer häufiger die sogenannte Simultanbeimpfung eingesetzt, bei der die Bakterien gemeinsam mit der Hefe (besser noch vor der Hefe) zugegeben werden. Bei einem positiven Verlauf gewinnt man Zeit, außerdem werden störende laktische Aromen (Joghurt) weitgehend vermieden. Diese entstehen meist, wenn der BSA langsam und unter oxidativen Bedingungen stattfindet. Da die Bakterien durch die Hefen dominiert werden, müssen sie Zeit haben, sich vorher ausreichend zu vermehren. Ein Zusatz mitten in der Gärung bringt keinen Zeitgewinn, da dann der Säureabbau nicht schneller verläuft, als wären die Bakterien erst nach der Gärung zugegeben worden. Die Simultanbeimpfung birgt auch größere Risiken, da bei höherem pH-Wert oder einer Gärstockung die Bakterien den noch vorhandenen Zucker zu Essigsäure umwandeln. Zwar gibt es heute die Möglichkeit, den BSA durch das zugelassene Enzym Lysozym zu hemmen, dieses ist jedoch sehr teuer und bringt mögliche Eiweißinstabilität.

2. *Lactobacillus plantarum*
Dieser Bakterienstamm wird vor der Gärung zugegeben, da er wenig alkoholverträglich ist. Der Vorteil des Einsatzes liegt in einem weitgehenden Fehlen des Säureabbautones. Der Nachteil besteht darin, dass die Äpfelsäure üblicherweise nicht vollständig abgebaut wird, da der entstehende Alkohol, auch wenn man den Gärbeginn verzögert, die Bakterien hemmt. Nach der Gärung besteht die Möglichkeit, mit *Oenococcus* die restliche Äpfelsäure vollständig abzubauen – mit entsprechend geringerem Abbauton. Strebt man vollkommene Äpfelsäurereduzierung nicht an, so kann dies mikrobiologische Instabilität bedeuten und, sofern man nicht verlässlich steril füllen kann, mögliche Probleme in der Flasche.

8.6 Ende des BSA

Ob der Säureabbau vollständig abgelaufen ist, kann man am sichersten durch eine Äpfelsäurebestimmung beurteilen. Die oben angeführte Abschätzung der zu erwartenden Verminderung der titrierbaren Säure gibt einen guten Anhaltspunkt dafür.

Ist der Säureabbau beendet, so empfiehlt es sich, nicht gleich zu schwefeln und zu klären, sondern ein bis zwei Wochen zu warten, damit der entstandene Säureabbauton (Diacetyl) durch die Reduktionskraft der vorhandenen Hefen verringert wird. Der Wein darf aber oxidativ werden, die Behälter müssen voll sein!
Diacetyl ist ein Produkt im bakteriellen Metabolismus von Zitronensäure. Diese wird immer etwas später als Äpfelsäure abgebaut. Sowohl Bakterien als auch Hefen können Diacetyl zu Acetoin und 2,3-Butandiol reduzieren.

Bei Weißweinen wird mitunter der butterartige Diacetylton gewünscht (z. B. Chablis), in diesem Fall ist der Wein gleich zu schwefeln und blank zu filtrieren.

Regelmäßige Kontrolle ist in allen Phasen des biologischen Säureabbaus wichtig!

8.7 BSA verhindern

Wird kein Säureabbau gewünscht, so ist der Wein nach der Gärung möglichst bald vom Geläger abzuziehen, zu klären und die Jungweinschwefelung vorzunehmen.

Hat ein unerwünschter Säureabbau begonnen, so muss der Wein raschest blank gemacht – steril filtriert – und kräftig geschwefelt und kühl gelagert werden. Der SO_2-Spiegel ist regelmäßig zu kontrollieren!

Sollte ein BSA unerwünschter Weise während der Gärung beginnen, so kann er durch das Enzym Lysozym gehemmt werden. Dieses löst die Mureinschicht der Zellwände an, je nach Robustheit und Konstitution der Bakterien kann es aber unterschiedlich lange dauern bis die Wirkung erreicht ist. Als Eiweißkörper der naturgemäß wieder denaturiert werden kann ist Lysozym einerseits kein "ewig" haltbares Mittel, andererseits bringt man (thermolabiles) Eiweiß in den Wein, was bei der Abfüllung (Trübung) ungünstig ist.

Abb. 41a
Traditioneller Gärspund für BSA mit gleichzeitiger Füllstandskontrollmöglichkeit

9 Prädikatsweine
(Qualitätsweine besonderer Reife und Leseart)

- Welche gesetzlichen Anforderungen müssen erfüllt werden?
- Was ist bei speziellen Weinen wie Eiswein oder Strohwein besonders zu beachten?
- Wie kann Restsüße erreicht werden?

Allen Prädikatsweinen gemeinsam sind Bestimmungen im österreichischen Weingesetz für die ausschließliche Verwendung von Qualitätsweinrebsorten, die notwendige Voranmeldung der Lese (Absichtsmeldung), die Kontrolle des Lesegutes und das Verbot von Anreicherung und Süßung.

9.1 Anmeldung der Lese und Lesegutkontrolle

(Abb. 42)

Absichtsmeldung

Wer Trauben zur Gewinnung von Prädikatsweinen ernten möchte, hat spätestens am Tag der Lese bis 9.00 Uhr, die Absicht unter Angabe der Sorte, der Grundstücksbezeichnung und -größe zu melden (Absichtsmeldung). Das entsprechende Formular ist in vierfacher Ausfertigung bei der Gemeinde abzugeben, eine Durchschrift erhält der Erzeuger zurück. Ist eine Lese mit Vollernter vor 9.00 Uhr geplant, so ist zusätzlich am Vortag bis 19.00 Uhr die Bundeskellereiinspektion zu verständigen.

Jeder Erzeuger von Trauben, aus denen Prädikatsweine gewonnen werden sollen, hat das geerntete Traubenmaterial (Lesegut) in loser Schüttung in einer Vorführgemeinde (diese Vorführungen sind durch Verordnung bestimmt) am Tag der Lese zwischen 9.00 und 21.00 Uhr dem Kontrollorgan vorzuführen. Außerhalb einer Vorführgemeinde muss die Kontrolle im Betrieb ermöglicht werden.

Mostwägerbestätigung

Das Ergebnis wird in der „Mostwägerbestätigung" festgehalten, die der Mostwäger bzw. der Kellereiinspektor ausstellt. Diese Bestätigung ist notwendig für das Einreichen des fertigen Prädikatsweines zur staatlichen Prüfnummer.

Eine Erntemeldung ist zum Stichtag (30. November des Erntejahres) unter Bekanntgabe der Grundstücksbezeichnung und Grundstücksgröße, Sorte, Mostgradation in ° KMW und Leseart vorzunehmen.

9.2 Durchführung der Lese

Es dürfen alle Qualitätsweinrebsorten, die in der Qualitätsweinrebsortenverordnung vom 29. 7. 2014 genehmigt sind, für die Erzeugung von Prädikatswein verwendet werden.

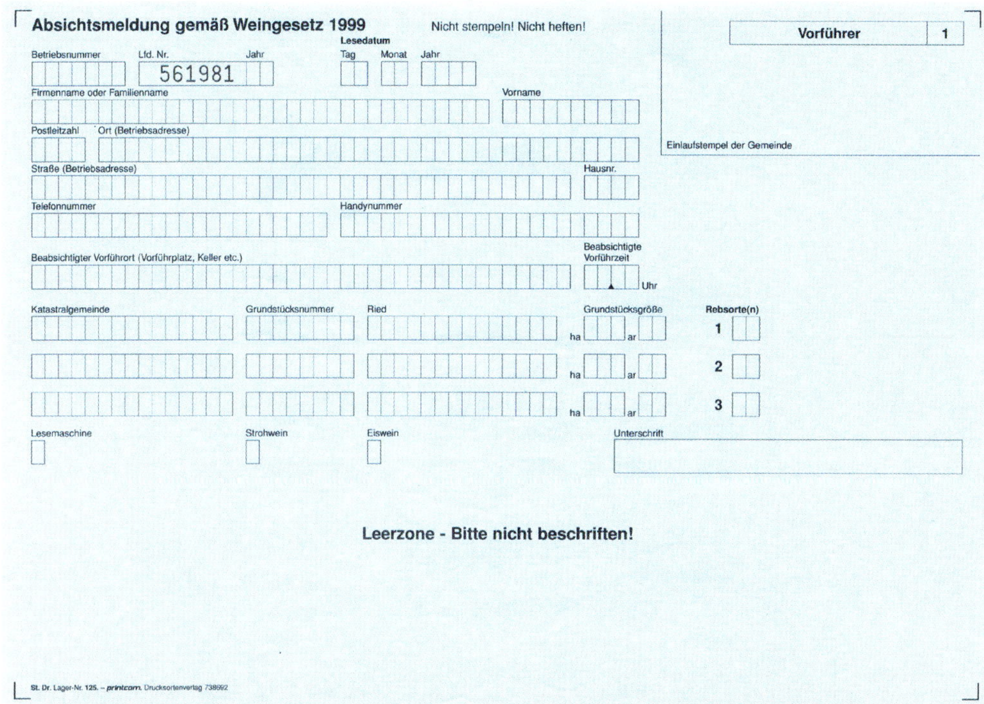

Absichtsmeldung gemäß Weingesetz 1999 — Nicht stempeln! Nicht heften! — Vorführer 1

Betriebsnummer | Lfd. Nr. 561981 | Jahr | Lesedatum: Tag, Monat, Jahr

Firmenname oder Familienname | Vorname

Postleitzahl | Ort (Betriebsadresse)

Einlaufstempel der Gemeinde

Straße (Betriebsadresse) | Hausnr.

Telefonnummer | Handynummer

Beabsichtigter Vorführort (Vorführplatz, Keller etc.) | Beabsichtigte Vorführzeit … Uhr

Katastralgemeinde | Grundstücksnummer | Ried | Grundstücksgröße ha, ar | Rebsorte(n) 1, 2, 3

Lesemaschine | Strohwein | Eiswein | Unterschrift

Leerzone - Bitte nicht beschriften!

St. Dr. Lager-Nr. 125. – printcom. Drucksortenverlag 738692

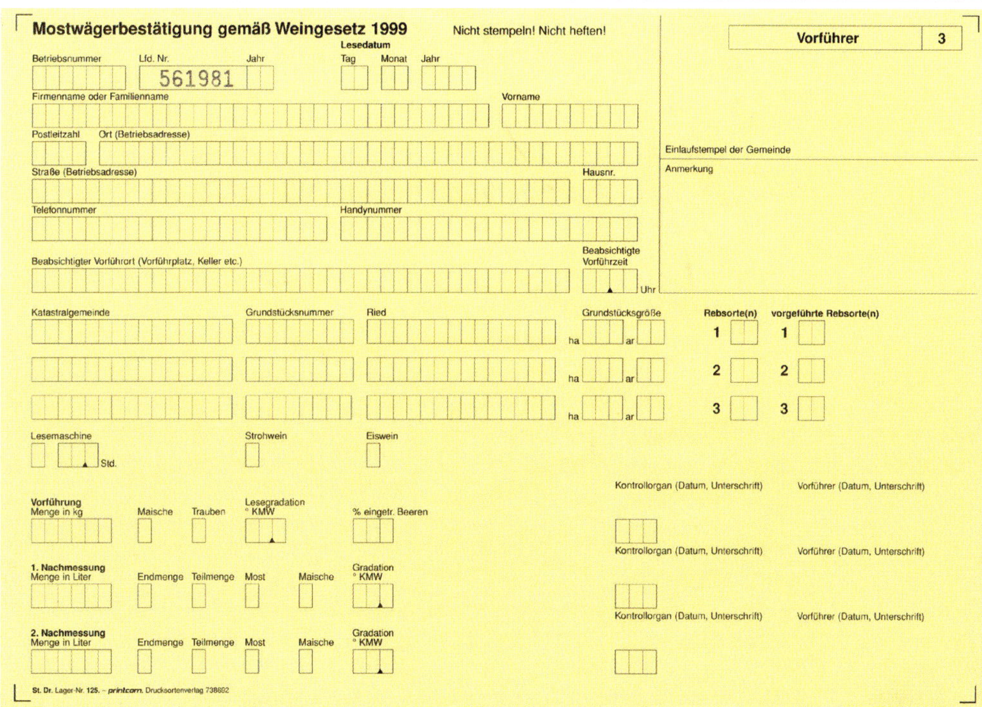

Mostwägerbestätigung gemäß Weingesetz 1999 — Nicht stempeln! Nicht heften! — Vorführer 3

Betriebsnummer | Lfd. Nr. 561981 | Jahr | Lesedatum: Tag, Monat, Jahr

Firmenname oder Familienname | Vorname

Postleitzahl | Ort (Betriebsadresse)

Einlaufstempel der Gemeinde

Anmerkung

Straße (Betriebsadresse) | Hausnr.

Telefonnummer | Handynummer

Beabsichtigter Vorführort (Vorführplatz, Keller etc.) | Beabsichtigte Vorführzeit … Uhr

Katastralgemeinde | Grundstücksnummer | Ried | Grundstücksgröße ha, ar | Rebsorte(n) 1, 2, 3 | vorgeführte Rebsorte(n) 1, 2, 3

Lesemaschine … Std. | Strohwein | Eiswein

Vorführung Menge in kg | Maische | Trauben | Lesegradation ° KMW | % eingetr. Beeren | Kontrollorgan (Datum, Unterschrift) | Vorführer (Datum, Unterschrift)

1. Nachmessung Menge in Liter | Endmenge | Teilmenge | Most | Maische | Gradation ° KMW | Kontrollorgan (Datum, Unterschrift) | Vorführer (Datum, Unterschrift)

2. Nachmessung Menge in Liter | Endmenge | Teilmenge | Most | Maische | Gradation ° KMW | Kontrollorgan (Datum, Unterschrift) | Vorführer (Datum, Unterschrift)

St. Dr. Lager-Nr. 125. – printcom. Drucksortenverlag 738692

Abb. 42

Absichtsmeldung und Mostwägerbestätigung. Herausgegeben vom Bundesministerium für Land- und Forstwirtschaft, Umwelt und Wasserwirtschaft.

Spätlese und Eiswein kann auch mit Lesemaschinen gelesen werden. Da dann keine Vorführung in loser Schüttung möglich ist, wird die Lese auch im Weingarten kontrolliert.

9.3 Qualitätsstufen

Vollernterlese

1. **„Spätlese“** oder **„Spätlesewein“** ist Wein aus Trauben, die in vollreifem Zustand geerntet worden sind und deren Saft ein Mostgewicht von mind. 19° KMW aufgewiesen hat.
2. **„Auslese“** oder **„Auslesewein“** ist Spätlese, die ausschließlich aus sorgfältig ausgelesenen Trauben – unter Aussonderung aller nicht vollreifen, fehlerhaften und kranken Beeren – gewonnen wurde und deren Saft ein Mostgewicht von mind. 21° KMW aufgewiesen hat.
3. **„Beerenauslese“** oder **„Beerenauslesewein“** ist Wein aus dem Saft überreifer und/oder edelfauler Beeren, deren Saft ein Mostgewicht von mind. 25° KMW aufgewiesen hat.
4. **„Trockenbeerenauslese“** ist Beerenauslese aus größtenteils edelfaulen, weitgehend eingeschrumpften Beeren, deren Saft ein Mostgewicht von mind. 30° KMW aufgewiesen hat. Bei einem Wein, der den Bedingungen für Trockenbeerenauslese entspricht, und aus der Freistadt Rust stammt, darf die Verkehrsbezeichnung Trockenbeerenauslese durch **"Ruster Ausbruch"** ersetzt werden. Bei einem anderen Wein darf "Ausbruch" nicht angegeben werden. Der Gehalt an flüchtiger Säure darf 2,4g/l nicht überschreiten.
5. **„Eiswein“** ist Wein, der ausschließlich aus Weintrauben hergestellt wurde, die bei der Lese und der Kelterung gefroren waren und deren Saft ein Mostgewicht von mind. 25° KMW aufgewiesen hat; solcher Wein darf mit keiner zusätzlichen Bezeichnung versehen sein; wenn der Saft ein Mostgewicht von weniger als 25° KMW aufgewiesen hat, darf dieser Wein als Qualitätswein in Verkehr gesetzt werden; er darf nicht mit anderen Prädikatsweinen verschnitten werden.
6. **„Strohwein“ „Schilfwein“** ist Wein aus vollreifen und zuckerreichen Beeren, die vor der Kelterung mind. drei Monate auf Stroh oder Schilf gelagert oder an Schnüren aufgehängt waren und deren Saft ein Mostgewicht von mind. 25° KMW aufgewiesen hat. Weist der Saft bereits nach mind. zwei Monaten Lagerung ein Mostgewicht von 30° KMW oder mehr auf, so kann bereits zu diesem Zeitpunkt gekeltert werden. Der Wein darf mit keiner zusätzlichen Bezeichnung versehen sein. Wenn der Saft ein Mostgewicht von weniger als 25° KMW (bzw. weniger als 30° KMW bei einer Lagerung von mehr als zwei, jedoch weniger als drei Monaten) aufgewiesen hat, darf dieser Wein als Qualitätswein in Verkehr gesetzt werden, er darf nicht mit anderen Prädikatsweinen verschnitten werden.

9.4 Weitere gesetzliche Bestimmungen

- Prädikatsweine dürfen nicht angereichert werden.
- Eine Restsüße darf nur durch Gärungsunterbrechung erreicht werden.
- Der Alkoholgehalt muss mind. 5 Vol.-% betragen.
- Der Höchstgehalt an flüchtiger Säure darf bei „Beerenauslese“ „Trockenbeerenauslese“, „Eiswein“ und „Strohwein“ max. 1,8 g/l (als Essigsäure berechnet) betragen.

- Inverkehrbringen: In Flaschen abgefüllte Spätlesen dürfen erst ab 1. Januar nach dem Lesejahr, sonstige Prädikatsweine nicht vor dem 1. April des auf die Ernte folgenden Jahres zur Erlangung der staatlichen Prüfnummer eingereicht werden.

9.5 Maische- und Mostbehandlung

9.5.1 Herstellung von Spätlese- bzw. Trockenbeerenausleseweinen

- Trauben möglichst unversehrt zum Keller bringen.
- Je nach Zustand der Beeren entweder quetschen oder rebeln (abbeeren). Letzteres ist bei höheren Prädikaten nicht möglich (mürbe verholzte Stiele)!
- Maischeschwefelung mit 25–75 mg/l durchführen: 5–15 g/hl KPS (oder 2,5–7,5 g/hl 100 % flüssiges SO_2).
- Maischestandzeit je nach Qualität zwischen 6–24 Stunden
- Schonendes Pressen
- Mostbehandlung (Entschleimen, Bentonit, eventuell Kohle)
- Gärung einleiten (Temperieren, Zusatz von Reinzuchthefe, Gärverschluss)

9.5.2 Eisweinbereitung

- Lesetemperatur mind. –7 °C und tiefer
- Für kalte Geräte sorgen, Presshaus aufmachen. (Durch die Verarbeitung erfolgt mind. eine Erwärmung um 1 °C.)
- Trauben ungerebelt in die Presse einfüllen.
- Leichte Schwefelung mit 25 mg/l durchführen (5 g/hl KPS bzw. 2,5 g/hl 100 % flüssiges SO_2).
- Langsames Pressen, sobald der Saft fließt, Druck nicht erhöhen.
- Wenn der Saftfluss nachlässt, scheitern.
- Oftmaliges Scheitern ist unbedingt notwendig, um ein Zusammenfrieren des gesamten Lesegutes zu vermeiden.
- Wird die Mindestgradation von 25° KMW nicht erreicht, gibt es 2 Möglichkeiten:
    - Der fertige Wein darf als Qualitätswein in Verkehr gebracht werden

    oder
    - das Pressen abbrechen, Maische ganz auftauen lassen, dann abpressen. Dann kann die erzielte Gradation (Spätlese, Auslese) vom Mostwäger bestätigt werden.
- Auf Gärtemperatur (ca. 18 °C) erwärmen.
- Mostbehandlung durchführen.
- Reinzuchthefe zusetzen.
- Gärverschluss aufsetzen.

9.6 Gärung und Gärführung

- Kalte Moste auf 16–18 °C erwärmen.
- Reinzuchthefe zusetzen (günstig ist eine Selektion für höhere Gradationen).
- Verschnitt mit gärendem Most ist ebenfalls möglich, bringt aber höheren SO_2-Bedarf und Böckserrisiko.
- Gärverschluss unbedingt aufsetzen.
- Die Räume, in denen die Vergärung stattfindet, temperieren.

- Für eine zügige Gärung sorgen (zu langsame Gärung fördert die Acetaldehydbildung, dies bringt einen erhöhten SO_2-Bedarf).
- Gärverlauf kontrollieren (Temperatur!).
- Bei gewünschtem Zuckerrest die Gärung unterbrechen.
- Nach der Gärung sofort mit den Ausbau- und Stabilisierungsmaßnahmen beginnen.
- Zur Weinlagerung Stahltanks verwenden.

9.7 Gärungsunterbrechung

Während bei Spätlesen oder niedergradigen Auslesen der Trend dahin geht, die Weine „trocken" oder „halbtrocken" auszubauen, wird bei höheren Gradationen (ab ca. 23° KMW) eine mehr oder weniger deutliche Restsüße (15–40 g/l) erwartet. Auch wenn man einen möglichst hohen Alkoholgehalt anstrebt, so ist einerseits ein vollständiges Durchgären aus Gründen der Hefe gar nicht möglich, andererseits könnte es zu sehr alkoholischen und unharmonischen („brandigen") Weinen führen. Dies passiert vor allem, wenn süße Weine deutlich über 12 Vol.-% liegen.

Ab Beerenauslese kann die Restsüße zwischen 50–200 g/l betragen. Wichtig ist ein harmonisches Zucker-Säure-Verhältnis, damit die Weine lebendig und nicht fade wirken.

Ab einer Gradation von 26–27° KMW gibt es meist keine Probleme, die Gärung zum Stillstand zu bringen. Darunter ist es oft sehr schwer, ohne Einsatz der Technik eine rasche und sichere Gärungsunterbrechung durchzuführen.
Sie kann auf folgende Weise erzielt werden:
- durch Kühlung in Kombination mit dosierter Schwefelung
- durch Klärung

Die sichere und empfehlenswerte Lösung der Gärungsunterbrechung ist die Klärung und damit die Entfernung der Hefe. Dies kann mittels Kieselgurfiltration, Zentrifuge oder Cross-Flow-Filtration erfolgen (siehe auch Kap. 16 Weinklärung).

9.8 Einstellung und Erhaltung der Restsüße

Nach der Gärungsunterbrechung gilt es, den vorhandenen Restzucker zu erhalten und ein Weitergären zu verhindern. Gerade bei Spätlese- und Ausleseweinen ist die Gefahr groß. Keimfreie (bzw. keimarme) Weine müssen in keimfreien (sterilen) Behältern gelagert werden, was nur bei Tanks möglich ist. Für diese Lagerung gelten die gleichen Anforderungen wie für die Sterilfüllung.

Da die Idealforderung bei Fasswein nicht immer zu erfüllen ist, leistet auch eine keimfreie Lagerung bei niedriger Kellertemperatur gute Dienste, bei der sich die Mikroorganismen nicht oder nur sehr schwer vermehren können. Allerdings bleibt immer das Risiko einer Nachgärung.

9.9 Weinbehandlung

9.9.1 Schwefelung

Bei sachgemäßer Anwendung, sauberer und genauer Arbeit werden die Höchstgrenzen an SO_2 in den seltensten Fällen erreicht. Der Gehalt an freiem SO_2 soll während der Lagerung wenig schwanken und kann zwischen 40–60 mg/l betragen. Beim Verkauf (Inverkehrbringen) sind die zulässigen Höchstmengen zu beachten. Bei Trauben aus biologischem Anbau sind die Werte für Gesamt-SO_2 um 50 mg/l, ab 5 g Restzucker um 30 mg/l zu reduzieren.

Gesetzliche Höchstgrenzen für SO_2 in mg/l	**Wein**		**Land- und Qualitätswein**	
	Frei	Gesamt	Frei	Gesamt
Weißwein, Roséwein				
unter 5 g/l Restzucker		200	50	200
ab 5 g/l Restzucker		250	50	250
Rotwein				
unter 5 g/l Restzucker		150	50	150
ab 5 g/l Restzucker		200	50	200
Prädikatswein				
unter 5 g/l Restzucker				
Weißwein, Roséwein			50	200
Rotwein			50	150
ab 5 g/l Restzucker				
Spätlese			**50**	**300**
Auslese			60	350
Beerenauslese, Trockenbeerenauslese, Eiswein, Strohwein			75	400
Schaumwein (siehe Kap. 20)			50	235

9.9.2 Bentonitbehandlung

Der Eiweißgehalt ist im Prädikatswein meist höher als bei den niedrigeren Qualitätsstufen. Dadurch ist eine höhere Bentonitmenge notwendig. Die zulässige Höchstmenge für Prädikatsweine beträgt 500 g/hl. Empfehlenswert ist die Verwendung von Ca-Na-Mischbentoniten, die ein besseres Eiweißbindevermögen haben (siehe auch Kap. 15).

9.9.3 Andere Behandlungen

Die Durchführung von notwendigen Behandlungen (Bentonit oder eventuell Kohle) bereits im Moststadium hat sich als sinnvoll erwiesen, da sie zu diesem Zeitpunkt weniger belastend wirken, genau wie bei anderen Qualitätsstufen. Behandlungen im Wein können aufgrund der höheren Dichte und Viskosität möglicherweise etwas längere Absetzzeit bedingen oder überhaupt eine unterstützende Klärschönung notwendig machen.

Eine Gerbstoffkorrektur im Most erscheint meist nicht notwendig, da die Phenole aufgrund der Restsüße eher eine positive Wirkung auf die Struktur der Weine haben.
Beim Eiswein könnten eventuell leichte Bittertöne – Frostgeschmack – auftreten, die traditionell mit Blauschönung behandelt wurden, sich heute aber meist gut mit Hausenblase als „Feinschliff" beseitigen lassen. Grundsätzlich weist ein gelungener Eiswein aber keinen Frostgeschmack auf, da bereits beim ersten Einfrieren die Trauben gelesen und gepresst wurden. Erst wenn durch nicht ausreichende Kälte die Beeren im Weingarten wieder auftauen (müssen), kommt es zur Zellschädigung und dem Austreten von sensorisch negativen Gerbstoffen in den Saft.

Abb. 42a
So soll es sein: gut gefrorene Eisweintrauben.

10 Rotweinbereitung

- Durch welche Verfahrensweisen können Rotweine produziert werden?
- Wie kann die Farbstabilisierung erreicht werden?
- Auf welche Weise lässt sich Rotwein weiter ausbauen?

Die Nachfrage nach Rotwein hat dazu geführt, dass nun bereits ca. 1/3 der österreichischen Rebfläche mit Rotweinreben bestockt ist, wobei weitgehend autochthone Rebsorten ausgepflanzt wurden. Um qualitativ hochwertige Rotweine zu erzeugen, werden jedoch hohe Anforderungen an Klima und Boden, Weingartenarbeit und Vinifizierung gestellt. Einfache Rotweine lassen sich in südlicheren Mitgliedsländern der EU mit weniger Aufwand und damit kostengünstiger produzieren.

10.1 Welcher Rotweintyp soll produziert werden?

Von dieser Entscheidung hängt die gesamte Verarbeitung ab, die wesentlich mehr als bei Weißwein die Erscheinung des Endproduktes beeinflusst. Angefangen vom Weingarten bis zur Art und Dauer der Weinlagerung müssen hier viele Faktoren berücksichtigt werden, um das gewünschte zufriedenstellende Resultat zu erzielen.

An Weincharakteren stehen zur Auswahl:

- **Jung trinkbar, fruchtig, sortentypisch, wenig Gerbstoff, wenig Alkohol**
- **Mittlere Trinkreife, erkennbares Sortenbukett, voll, guter Gerbstoff**
- **Späte Trinkreife, lange lagerbar, komplexe Aromatik, mit Barriqueeinfluss, gerbstoffbetont, auch Sortenverschnitt (Cuvée)**

10.2 Grundvoraussetzungen

Qualität entsteht im Weingarten! Bei Rotwein ist es besonders wichtig, gesunde Trauben mit der gewünschten Reife zu erhalten. Mangelhaftes Ausgangsmaterial schafft nicht nur Probleme bei der Verarbeitung, es wird beim fertigen Wein durch die schlechtere Farbe sofort „augenfällig“.

Sortenwahl

Einzelne Sorten haben nicht nur verschiedene Farbtöne, auch der Gehalt an Farbstoffen (Anthocyanen) ist unterschiedlich. Kleinbeerige Sorten verfügen über mehr Schalenanteil und damit mehr Farbstoffe. Eine farbschwache Sorte kann daher nur bei vollständiger physiologischer Reife ein zufriedenstellendes Ergebnis bringen.

Reife und Gesundheit

Die Trauben sollen voll ausgereift sein, die Phenolreifung und Farbstoffeinlagerung in die Beerenhaut erfolgt relativ spät. Ebenso ist die Traubengesundheit wichtig, Fäulnis muss vermieden werden, da diese farbschädigend wirkt.

Dazu tragen bei:

- **Lage:** Gute warme (frühe) Lagen, mit wenig Nebel und Regen sind vorteilhaft.
- **Erziehung:** Luft und Licht in der Traubenzone im August und September verhindern Fäulnis und begünstigen Aroma- und Farbstoffbildung.
- **Ertrag:** Rebschnitt und Ausdünnen sorgen für rasche und völlige Reife. Spitzenweine haben Hektarerträge von max. 6000 kg.
- **Lesezeitpunkt:** Maximale Farbe, reifer Gerbstoff und Gesundheit haben Vorrang vor höchsten Zuckerwerten, wenn diese auch wünschenswert sind. Lieber gesunde Trauben mit weniger °KMW! Überreife führt auch zu einem Abnehmen des Sortencharakters.

10.3 Prinzip der Rotweinbereitung

Die für den Rotwein wichtigen Polyphenole, traditionell als Farb- und Gerbstoffe oder Tannine bezeichnet, sind in der Beerenschale enthalten. Erst durch Zerstörung der Zellen gehen diese Komponenten in den Saft über, der ansonsten (außer bei Direktträgern) ungefärbt ist. Die Öffnung der Zellen kann durch Alkohol, Wärme oder Enzyme bewirkt werden. Durch rein mechanischen Zellaufschluss alle Phenole freizusetzen ist ökonomisch nicht sinnvoll und würde zu viel Feintrub erzeugen. Eine schonende Trauben- und Maischeförderung ist daher genauso wie bei der Weißweinbereitung wichtig.

Grundsätzlich unterscheidet man:
- Maischegärverfahren
- Maischeerhitzungsverfahren
- Spezielle Gärverfahren

10.3.1 Maischebehandlung

Wie schon zuvor erwähnt, ist ein gutes, gesundes Traubenmaterial die Grundvoraussetzung zur Produktion eines hochwertigen Rotweines. Je nach Zustand kommt der Einhaltung der Regeln zur Maischebehandlung besondere Bedeutung zu.

- **Schwefelung:** Dadurch werden sowohl Essigsäurebakterien als auch die Oxidationsenzyme gehemmt, die von Verarbeitungsbeginn an eine Farbschädigung verursachen können. Die Dosierung sollte bei 30–50 mg/l SO_2 liegen (= 6–10 g/hl KPS), aber auch nicht höher ausfallen, um einen biologischen Säureabbau nicht zu behindern. Nur bei tipptopp gesundem Traubenmaterial und sofortigem Angären kann man es sich leisten, auf eine Maischeschwefelung zu verzichten.

- **Temperieren:** Die Gärung soll rasch einsetzen, um die (in vollem Umfang) vorhandene mikrobiologische Konkurrenz zu unterdrücken. Dazu braucht die Weinhefe auch entsprechende Wärme, um sich vermehren zu können.
  Wünschenswert ist eine Temperatur von 18 °C. Bottiche auf Paletten o. Ä. stellen, denn durch Bodenkontakt geht viel Wärme verloren!

- **Zugabe von Reinzuchthefe:** Rasches Angären ist wichtig. Daher ist eine Reinzuchthefegabe günstig – mit der Dosierung nicht sparen! Durch einen flotten Gärstart wird gewährleistet, dass Unsauberkeiten durch eine schleppende Angärung ausgeschaltet werden.

- **Anreicherung:** Von hochwertigen Rotweinen wird auch ein entsprechender Alkoholgehalt erwartet, er bringt Mundgefühl und Dichte. Eine Zugabe von Zucker oder Most sollte am Anfang der Gärung und auf einmal erfolgen, da sich die Hefe dann nur einmal auf die „neuen Verhältnisse“ einstellen muss.
  Auch trägt der Alkoholgehalt zur Farbstoffauslaugung bei. Wird durch ein Konzentrierungsverfahren angereichert, so ist gut ausgereiftes Ausgangsmaterial wichtig. Schließlich werden im anderen Fall nicht nur der Zucker, sondern auch die unreifen Aromen verstärkt. In jedem Fall ist bei der Anreicherung der Tresteranteil zu berücksichtigen, er beträgt im Schnitt 15 %.

- **Enzymzusatz:** Durch pektolytische Enzyme kann die Freisetzung der Farbstoffe aus den Zellen beschleunigt werden. Dies ist interessant, wenn relativ rasch abgepresst werden soll. Bei einer langen Maischegärzeit wird die ganze „Arbeit“ von den traubeneigenen Enzymen erledigt.

Die gesamte Traubenverarbeitung ist darauf ausgerichtet, die Phenole aus der Schale zu extrahieren und in der weiteren Vinifizierung zu erhalten. Sie sind sehr reaktionsfreudige Substanzen, sodass beim Rebeln und Maischen bereits intensive Umsetzungen beginnen, die zum Abbau von Farbträgern genauso wie zu völliger Neubildung führen können. Da das Lösungsverhalten der einzelnen Bestandteile jedoch unterschiedlich ist, muss darauf Rücksicht genommen werden, um den gewünschten Weincharakter zu erzielen.

Auslaugung aus der Beerenhaut

- Farbstoffe (Anthocyane) sind bereits am 3.–5. Tag vollständig ausgelaugt, danach kann es wieder zu einer Abnahme der Monomeren (Einzelmoleküle) kommen.
- Gerbstoffe (Tannine) aus der Schale nehmen über einen längeren Zeitraum kontinuierlich zu.
- Gerbstoffe aus den Kernen und Kämmen bringen unerwünschte Farb- und Geschmackskomponenten.

Die Dauer und Art der Maischeextraktion beeinflussen den Farb- und Gerbstoffcharakter.

Die roten Farbstoffe (Anthocyane) liegen in den Beerenhäuten als Monomere vor, das heißt als Einzelmoleküle, die nicht an weitere Substanzen gebunden sind und reaktionsfähig sind. Im Jungwein liegen sie nur noch zum Teil in freier Form vor, da sie an größer werdende polymerisierende Tanninmoleküle gebunden werden. Polymerisation bedeutet die Zusammenlagerung vieler kleiner zu wenigen großen Molekülen. Größere Moleküle schmecken samtiger, runder und weniger bitter (ab einem Polymerisationsgrad von 8).
Im Zuge der Weinreifung nimmt der Gehalt der monomeren Anthocyane in jedem Jahr um die Hälfte ab. Dennoch bleibt die Farbe erhalten, da die gebildeten Tannin-Anthocyan-Komplexe diese Aufgabe übernehmen.

(Abb. 43)

10.3.2 Maischegärverfahren

Durch das bei der Gärung entstehende CO_2 schwimmt der Tresterhut auf und muss wieder in Kontakt mit dem Most gebracht werden, um die Farb- und Gerbstoffe auszulaugen.

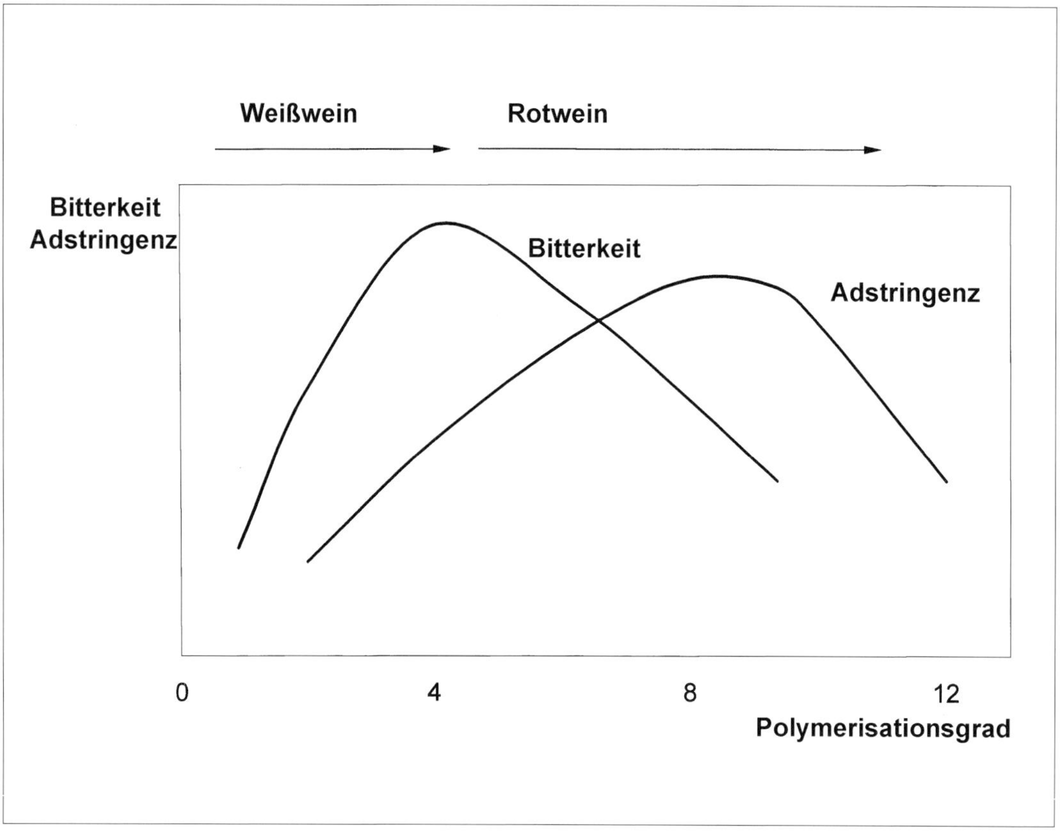

Abb. 43 Das Verhalten von Bitterkeit und Adstringenz abhängig vom Polymerisationsgrad.

Dies kann auf verschiedene Weise erfolgen:

- **Offene Maischegärung mit händischem Unterstoßen**

  Ist die einfachste, aber verlustreichste Methode (große Oberfläche).
  Durch Abdecken mit Planen können die Verdunstungsverluste von Alkohol und Aroma etwas gemildert werden.

- **Geschlossene Maischegärung**

  Hier sind die Verluste geringer, der Kontakt von Trebern und Most kann durch Maischebewegung mittels mechanischer Verfahren (pneumatische Untersto ßer, Rühr- oder Rototanks), Umpumpen mit Überflutung (vor allem bei größeren Behältern) oder Gasumwälzung erreicht werden. Der Trend geht heute zu Verfahren, die (analog zu Weißwein) möglichst wenig mechanische Belastung ausüben und damit Feintrub erzeugen. Auch wird der Abtrennung der Traubenkerne mehr Aufmerksamkeit geschenkt.

(Abb. 44–47)

Gärführung

Maischekontaktzeit

- Von der alten Methode, bei ca. 5° KMW abzupressen und im Fass oder Tank fertig zu gären, geht man zunehmend ab und gärt auf der Maische länger bzw.

Abb. 44
Gärtanks mit mechanischem Unterstoßer, Rohr für Überflutung und Mantelkühlung.

Abb. 45
Tanks mit Pumpen für Überflutungsverfahren.

Abb. 46
Maischeunterstoßer und Seihrohr für Überflutung. Auch hier kann wahlweise mit jeder Methode gearbeitet werden.

Abb. 47
Holzgärständer.

vollkommen durch, vorausgesetzt man hat gesundes Material und vorzugsweise ein-geschlossenes Gärsystem. Dichte, gerbstoffreiche Rotweine haben eine gesamte Maischestandzeit von bis zu 3 Wochen.

- Die Abtrennung des Seihweines vom (geschmacklich raueren) Presswein und eventueller Rückverschnitt erlauben ebenfalls die Beeinflussung der Gerbstoff-struktur.
- Ein biologischer Säureabbau sollte nicht auf der Maische durchgeführt werden.
- Eine Vorklärung nach dem Abzug verringert die Böcksergefahr.
- Eine Wartezeit bis zur Jungweinschwefelung (ca. 50 mg/l) begünstigt die Farb-stabilisierung (siehe auch Kap. 10.4).

10.3.3 Maischeerhitzungsverfahren

Durch thermische Behandlung werden der Zellverband zerstört und die Farbstoffe innerhalb kurzer Zeit freigesetzt. Maischeerhitzung wird vorteilhafterweise bei ge-faultem Material angewendet, sodass langer Maischekontakt vermieden wird oder wenn in Großbetrieben keine Möglichkeit vorhanden ist, die ganze Erntemenge auf der Maische zu vergären.

Zwei Verfahren stehen zur Wahl:

- **Langzeiterwärmung**
  Die Maische wird auf 50–55 °C erwärmt und ca. 2 Stunden stehen gelassen. Bleibt man unter 65 °C, so wird der „Kochton" vermieden. Nach der Standzeit wird gepresst, zurückgekühlt und eine Saftgärung durchgeführt.
- **Hochkurzzeiterhitzung**
  Dabei wird wenige Minuten auf 70 °C erhitzt und dann auf Gärtemperatur zurück-gekühlt. Da bei dieser hohen Temperatur sowohl Hefen als auch Enzyme inakti-viert werden, ist eine Zugabe in jedem Fall erforderlich.

10.3.4 Spezielle Gärverfahren

Rosé und Schilcher

Rosé

Durch kurzes Stehenlassen der Maische (2–6 Stunden) und sofortiges Abpressen gewinnt man einen Most mit wenig Gerbstoffgehalt. Vom Roséwein erwartet man einen frisch-fruchtigen Charakter, rosa bis zwiebelfarbenes Aussehen und einen Säuregehalt wie bei Weißwein, er wird auch ebenso kühl getrunken.

Schilcher

Unter Schilcher versteht man den traditionell säurebetonten Roséwein aus der Reb-sorte Blauer Wildbacher. Als Schilcher darf er allerdings nur bezeichnet werden, wenn er aus der Weinbauregion Steirerland stammt, sonst ist nur der Sortenname oder Rosé erlaubt.

Zum Teil aus Tradition werden verschiedene Gärverfahren gepflegt, die grundsätz-lich das Ziel haben, mehr Farbe, Gerbstoff oder Fruchtigkeit im Wein zu erzielen. Dazu ist z. B. die Méthode Medoc zu zählen, bei der zusätzlich 20 % Trester und Kämme zugegeben werden, um mehr Gerbstoff zu erhalten.

Eine interessante Variante zur Steigerung der Fruchtigkeit ist die Maceration Carbonique. Bei diesem Verfahren werden die unverletzten Trauben in einen durch CO_2-Spülung luftfrei gemachten Behälter eingebracht. Dadurch wechseln sie vom aeroben zum anaeroben Stoffwechsel, es kommt zu einer „intrazellularen" Gärung in den Beeren, wobei aber nur ca. 2 Vol.-% Ethanol gebildet werden. Dabei wird die Gesamtsäure geringer, da die Äpfelsäure abgebaut wird, aus der in diesem Fall aber nicht Milchsäure, sondern Bernsteinsäure und in Spuren andere Säuren entstehen. Diese Stoffumwandlung wirkt sich positiv auf die assimilierbaren Stickstoffverbindungen aus, was sowohl für die Hefevermehrung bei der nachfolgenden Gärung als auch für die Milchsäurebakterien von Vorteil ist.

Maceration Carbonique

Bei der Kaltmazeration ist das Ziel ein Aufschluss der Maische, um mehr primäre Traubenaromen auszulaugen, noch bevor die Gärung in Gang kommt. Dies erfolgt entweder durch eine kurze Standzeit von 2–4 Tagen bei ca. 15 °C oder einer längeren (bis 10 Tage) bei ca. 5 °C. Das Verfahren verursacht spürbare Energiekosten (siehe auch Kap. 3.8).

Kaltmazeration

10.4 Stabilisierung der Farbe

Beginnend mit der Extraktion aus den Beerenhäuten bis zur mehrmonatigen Lagerung läuft ein sehr komplexer und vielfältiger Vorgang aus Oxidation und Polymerisation ab. Das Endprodukt ist ein Tanningerüst des Rotweines, das sich im Jungwein noch bitter und adstringierend präsentiert und erst später, nach abgelaufenen chemischen Reaktionen der Reifung, sensorisch zufriedenstellend ausfallen kann. Die Auslösung der Polymerisation erfolgt durch Oxidation.

10.4.1 Enzymatische Oxidation

Wird während der Maischegärung ein Umpumpen über Luft (Remontage) durchgeführt, so wird die Polymerisation früh begonnen. Da in nicht erhitzten Maischen Enzymaktivität vorhanden ist, kommt es zu einer tausendmal schnelleren Oxidation als durch den rein chemisch verursachten Ablauf im Wein.

Bei unreifem oder gefaultem Traubenmaterial spielt die enzymatische Oxidation eine große negative Rolle. Sie wird durch zwei Enzymkomplexe ausgelöst, die in diesen Fällen in größeren Mengen vorhanden sind:

1. Tyrosinase (traubeneigene Phenoloxidase, besonders bei unreifen Trauben)
2. Laccase (von Botrytis produziert)

Gefahr bei schlechtem Traubenmaterial

Durch die Enzymtätigkeit kommt es über einige Zwischenschritte zu einer starken Schädigung der Farbstoffe.

10.4.2 Chemische Oxidation

Durch Sauerstoffeinfluss kommt es zur Umlagerung von Phenolen und der Bildung von Acetaldehyd. Dieses wird für bestimmte Kondensationsreaktionen benötigt. Diese Art der Oxidation wird durch Förderung der Sauerstoffaufnahme und erst spätere Schwefelung des Jungweines unterstützt und läuft eher langsamer ab.

Rolle des Acetaldehyds

Chemismus der Bildung des Acetaldehyds

- Sauerstoff reagiert mit Tannin → flavonoide Phenole werden zu den entsprechenden Chinonen oxidiert.
- Wasserstoffperoxid entsteht dabei als Nebenprodukt. Es ist instabil, reagiert weiter und oxidiert Alkohol zu Acetaldehyd, wobei es selbst zu Wasser reduziert wird. (Wildenraedt-Reaktion, 1974 erstmalig im Wein entdeckt.)
- Die Chinone sind ebenfalls nicht stabil. Jeweils ein Chinon kann mit einem Phenol reagieren, hebt den chinoiden Zustand auf und stellt den ursprünglichen durch Polymerisation wieder her.
  Dieser Vorgang wird „Regenerative Polymerisation" genannt.

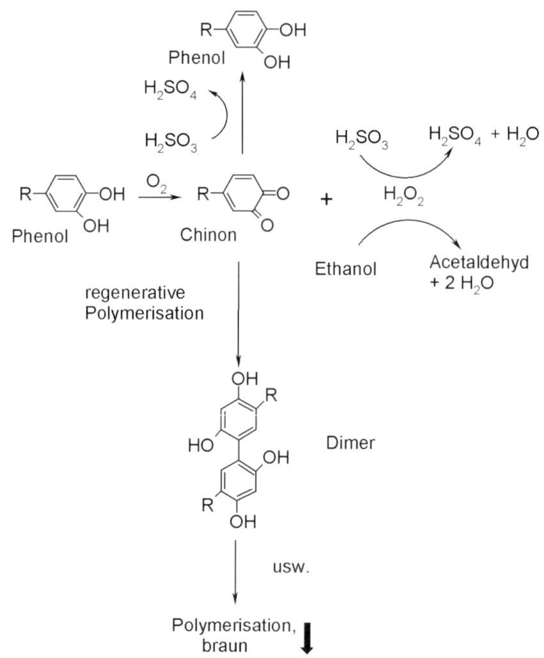

Abb. 48 Regenerative Polymerisation.

Wenn SO_2 vorhanden ist, werden diese Abläufe gehemmt.

Die Folgen sind:

- Das gebildete H_2O_2 kann auch schweflige Säure zu Sulfat oxidieren und steht damit nicht mehr für die Acetaldehydbildung zur Verfügung. Als Folge läuft die Polymerisation der Tannine langsamer ab.
- Die gebildeten Chinone werden wieder zu den entsprechenden Phenolen reduziert und fehlen damit für die regenerative Polymerisation.

Polymerisationsreaktionen

Notwendige Komponenten

Erforderlich für die Polymerisation sind:

- **Farbstoffe** (Anthocyane)
- **Gerbstoffe** (Flavonoide Phenole – Tannin)
- **Sauerstoff**
- **Acetaldehyd**

Folgende Bindungsreaktionen mit diesen Bestandteilen können ablaufen:

1. Copigmentation: Anthocyan – Anthocyan
2. Direkte Kondensation: Anthocyan – Gerbstoff
3. Mischkondensation: Anthocyan – Gerbstoff – Acetaldehyd

1. Copigmentation

Darunter versteht man eine Zusammenlagerung der Anthocyanmoleküle untereinander, ohne dass es zu einer direkten chemischen Reaktion unter Wasserabspaltung kommt. Die entstehenden Molekülaggregate weisen eine intensive Farbe auf, obwohl sie nur in lockerer Bindung vorliegen. Dies ist besonders in Mosten aus erhitzten Maischen zu beobachten.

Der durch die Gärung gebildete Alkohol trennt diese Molekülverbände wieder auf und es stellt sich dann die übliche Farbstärke ein, der Anthocyangehalt bleibt aber im Wesentlichen unverändert.

2. Direkte Kondensation

Diese Reaktion läuft vor allem unter reduktiven Bedingungen ab. Aus Anthocyanen und reaktionsfreudigen Partnern (Protogerbstoffen, Gerbstoffen) entstehen dabei stabile, aber ziemlich kleine Kondensationsmoleküle.

Die Bildung erfolgt relativ langsam, die Produkte werden geschmacklich härter, manchmal sogar als bitter empfunden, was bei extrem reduktiv gereiften Rotweinen bei zunehmender Alterung der Fall sein kann.

Wichtig ist das Verhältnis zwischen Anthocyanen und den reagierenden Phenolen für das Farbergebnis.

- **Hoher Gerbstoffgehalt:** Die Kondensationen laufen rasch ab, die Anthocyane reagieren gleich mit mehreren Molekülen, auch die Gerbstoffe reagieren untereinander. Die Folgen sind eine Farbabnahme und bräunlich orangefarbene Töne.
- **Zu wenig Gerbstoffgehalt:** Nur wenige Kondensationen finden statt, viele Anthocyane bleiben in monomerer Form bestehen. Die Folgen sind geringere Farbintensität, Instabilität, keine Farbentwicklung.
- **Nur Protogerbstoffe und Nichtanthocyane reagieren untereinander.** Es entstehen gelbbraun-orange gefärbte Kondensate. Als Folge wird die Rotweinfarbe überdeckt, ein Gelbton ist möglich.
- **Richtiger Gehalt an Protogerbstoff:** Viele freie Anthocyane reagieren, es entsteht eine große Anzahl an Farbstoff-Gerbstoff-Komplexen. Dabei werden auch ungefärbte Phenole in farbige Verbindungen umgewandelt („Sekundäre Farbbildung").

Ideal wäre es, wenn jeweils ein Anthocyanmolekül mit einem Molekül der Begleitphenole reagiert. Das optimale Verhältnis Gerbstoff : Anthocyan wird heute ungefähr mit 5 : 1 angenommen.

3. Mischkondensation

Die Verbindung mit Acetaldehyd können flavonoide Phenole generell eingehen. Es kommt aber nur mit Anthocyanen zu den gewünschten Farbkomplexen, da sonst gelbe bis braune Produkte entstehen. Diese Verbindungen aus Anthocyan-Acetaldehyd-Tannin spielen die weitaus wichtigste Rolle, da durch den höheren Polymerisationsgrad nicht nur die Farbe stabilisiert wird, sondern sensorisch auch Bitterkeit und Adstringenz abnehmen.
Dieser Reaktionsablauf beginnt, wenn junger Rotwein unter leicht oxidativen Bedingungen lagert.
Eine wichtige Rolle spielt dabei die Herkunft des Acetaldehyds. Die Herkunft hat einen rein chemischen Entstehungsweg und stammt nicht als mikrobiologisches Nebenprodukt aus der alkoholischen Gärung (siehe auch Kap. 10.4).

Unterstützende Maßnahmen zur Farbstabilisierung

- Offenes Abziehen („Remontage") mit Plätschern ab dem zweiten Tag der Gärung: Diese Belüftung bewirkt zusätzlich Stärkung der Hefe und CO_2-Entfernung.
- Schwefelung nach Gärende erst nach einer Wartezeit (mind. 1 Woche): Sobald aber eine negative Veränderung bemerkbar ist, muss die Jungweinschwefelung durchgeführt werden.
- Barriquelagerung bringt durch den Luftaustausch die nötige Oxidation „automatisch" zustande.
- In größeren Holzfässern bzw. Stahltanks kann gezielt belüftet werden (Mikrooxidation).

Mikrooxigenation

Darunter versteht man die (Luft-)Sauerstoffzugabe zu dem Zweck, genügend O_2 für die regenerative Polymerisation zur Farbstabilisierung zur Verfügung zu haben.
Bei der Mikrooxigenation (seit 1990) wird mit eigenen Fritten und Dosiergeräten durchschnittlich 2–4 ml/l pro Monat (!) zugegeben, abhängig von der Temperatur des Weins.
Wichtig dabei ist die langsame Dosierung der Menge, die auch umgesetzt werden kann. Eine einmalig hohe Sauerstoffgabe „auf Vorrat" bringt nur eine Schädigung des Weines, da die Umsetzung nur mit einer bestimmten Geschwindigkeit abläuft.

Makrooxigenation

Teilweise wird auch bereits während der Gärung mit der Sauerstoffdosierung gearbeitet. Die Mengen sind dabei höher (30–60 ml/l), man spricht daher auch von „Makrooxigenation".
Die Messung des Sauerstoffgehaltes ist sehr schwierig und erfordert hohen messtechnischen Aufwand.

TIPP

Ob der vorhandene Jungwein noch Oxidation zur Farbstabilisierung benötigt, lässt sich aber auch durch einen einfachen Vergleichstest feststellen:
Eine Literflasche wird mit dem zu prüfenden Wein mit Schlauch von unten vorsichtig vollgefüllt, in eine zweite Flasche lässt man den Wein hineinplätschern, bis sie halb voll ist. Danach werden die beiden dicht verschlossen. Farbvergleich nach einer Woche: Ist bei der belüfteten Variante die Farbe dunkler geworden, so ist Oxidationsbedarf vorhanden.

(Abb. 49 + 50)

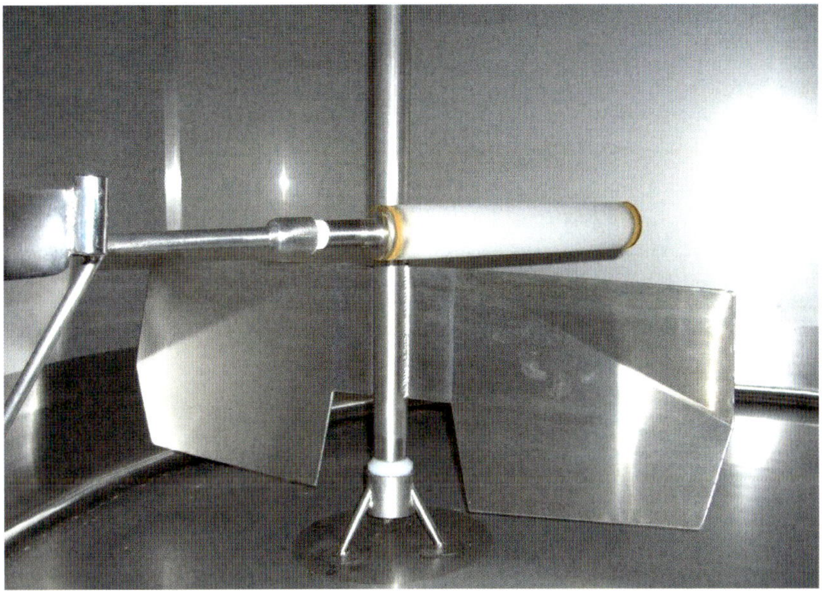

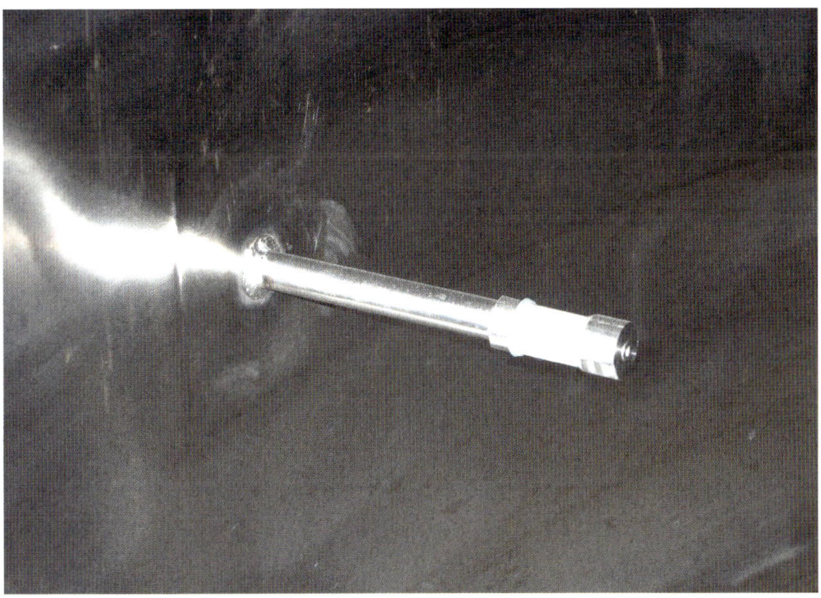

Abb. 49
Eingebaute Fritte zur Makrooxigenation während der Gärung.

Abb. 50
Fritte zur Mikrooxigenation im Stahltank.

10.5 Weinausbau

Nach dem Gärende gibt es verschiedene Möglichkeiten des weiteren Ausbaus, die wiederum vom angestrebten Typ abhängen.

Welche Variante auch gewählt wird, es sollten einige Faktoren berücksichtigt werden:

- Eine gute Vorklärung nach dem Abzug bzw. Abpressen verringert die Böcksergefahr.
- Ein biologischer Säureabbau (malolaktische Fermentation) bringt Fülle und runderen Säureeindruck (siehe auch Kap. 8).
- Wird kein Säureabbau gemacht, so kann eine allfällige Säurekorrektur durch Doppelsalzentsäuerung vorteilhaft sein.
- Eine Wartezeit bis zur Jungweinschwefelung (ca. 50 mg/l) begünstigt die Farbstabilisierung (siehe auch Kap. 10.).
- Auch wenn der Lufteinfluss positiv zur Entwicklung beiträgt, ist das Vollhalten der Fässer genauso wichtig wie bei Weißwein.
- Ein SO_2-Spiegel unter 25 mg/l bei der Lagerung erhöht die Gefahr der Entwicklung von Brettanomyces-Hefen, die dem Wein das „Pferdeschweißaroma“ verleihen.
- Je gerbstoffreicher der Wein ist, desto längere Lagerzeit benötigt er zur Harmonisierung.
- Ein hoher CO_2-Gehalt lässt die Gerbstoffe bitter schmecken und soll bei der Füllung vermieden werden. Gerade bei der Lagerung im Stahltank kann eine Begasung mit z. B. Stickstoff nötig sein (siehe auch Kap. 15.7).
- Die Filtrationsschärfe bei der Füllung hängt von mehreren Faktoren ab. Je niedriger der Alkoholgehalt und je höher der pH ist, desto größer ist das mikrobiologische Risiko, ebenso wenn kein BSA stattgefunden hat.

Abb. 50a
Holzgärständer mit Stahldeckel und pneumatischem Unterstoßer

11 Barriquelagerung

- Welche Holzarten werden für Barriques meist verwendet?
- Welchen Einfluss hat das Toasting auf die Aromaausprägung?
- Welche Ausbauvarianten werden heute gewählt?

Barriques sind kleine Holzfässer mit ca. 225 l (bis 350 l) Inhalt, deren innere Oberfläche gefeuert (getoastet) ist und die vor der Befüllung nicht weingrün gemacht wurden. Durch diese spezielle Fassbehandlung wird bei der Lagerung eine Abgabe von Holzinhaltsstoffen an den Wein und damit eine Geschmacksbeeinflussung erreicht, die im Gegensatz zu einem unbehandelten Holzfass nicht fehlerhaft („Fassgeschmack"), sondern erwünscht ist.

11.1 Holzbestandteile

Die primären Bestandteile des Eichenholzes sind:
- ca. 45 % Cellulose
- ca. 25 % Hemicellulosen (Xylane)
- ca. 23 % Lignin (18–30 %, meist Coniferylalkohol), wichtig für die Festigkeit und Elastizität des Holzes

Sie sind alle geruchs- und geschmacksneutral und nur zu ca. 7 % extrahierbar.

Von den weiteren Bestandteilen, die in weit geringeren Mengen vorliegen, sind als Erstes die Phenole (z. B. Tannine, Cumarine) zu nennen, deren Gehalt bei europäischen Eichen höher ist als bei amerikanischen. Sie können schon in geringen Mengen (ab 3 mg/l) den Geschmack beeinflussen und verleihen üblicherweise einen bitteren, kratzigen, holzigen Charakter.

11.2 Holzarten

Für die Barriqueherstellung geeignete Eichenhölzer sind:
- Stieleiche (*Quercus robur*), auch Wintereiche genannt, bekanntes Herkunftsgebiet ist Limousin
- Traubeneiche (*Quercus petraea*), auch Sommereiche oder Steineiche genannt, bekanntes Herkunftsgebiet ist Allier
- Amerikanische Weißeiche (*Quercus alba*)

Obwohl die Struktur (Verthyllung) und die Luftdurchlässigkeit der Hölzer verschieden sind, wird von den Fassbindern keine Unterscheidung zwischen Stiel- und Traubeneiche gemacht. Sowohl die Herkunft, aber auch die Holzart üben einen Einfluss auf den Weincharakter aus.
Zumeist kommt das Fassholz aus Frankreich, vermehrt werden aber auch Hölzer aus anderen Ländern verwendet. Das Holz kommt dann z. B. aus Slowenien, Ungarn, Österreich (Manhartsberger oder Ybbstaler Eiche), Amerika oder Weißrussland.

Französische Ursprungsgebiete und ihre Holzeigenschaften

Allier gilt als elegantestes Aroma, feiner Gerbstoff, für Weiß- und Rotwein

Troncais feiner Gerbstoff, eher für Weißwein

Nevers
Vogesen bei diesen Hölzern entsteht zusätzlich zu den Holzaromen eine mehr oder weniger deutliche Vanillenote, für Weiß und Rotwein

Limousin gibt rasch einen deutlichen, parfümierten (Vanille-)Ton ab, der bei Wein oft als zu aufdringlich empfunden werden kann. Dieses Holz wird gern für die Weinbrandlagerung verwendet, es verleiht auch den gewünschten Braunton.

11.3 Herstellung und Holzbehandlung

11.3.1 Aufbereitung des Fassholzes

Die Spaltbarkeit des Holzes ist abhängig vom Wuchs, der Härte und dem Trocknungsgrad. Das Fassholz kann gesägt oder gespalten werden. Wird gespalten, so verlaufen die Bruchlinien entlang der Markstrahlen des Holzes, was eine größere Gasdichtheit ergibt. Dadurch kann man bei der Lagerung letztendlich mit einem geringeren SO_2-Bedarf rechnen. Da das Spalten mechanisch aufwendiger ist, weniger verwertbare Dauben liefert und mehr Arbeit erfordert, ist es deshalb üblicherweise teurer.

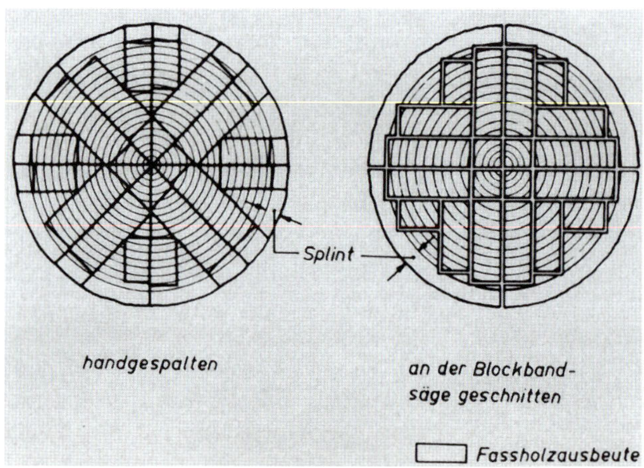

Abb. 51
Bei richtig geschnittenem Fassholz zeigen die Daubenstäbe deutliche „Spiegel" (hellfarbige Flecken) durch die spitzwinkelig angeschnittenen Markstrahlen.

Abb. 52
Gespaltenes und gesägtes Fassholz im Vergleich: Die Spaltebenen verlaufen weitgehend entlang den Markstrahlen.

11.3.2 Trocknung des Holzes

Frisches Holz hat 30–45 % Wassergehalt, getrocknetes ca. 15 %. Bei einem natürlichen Trocknungsvorgang kalkuliert man für Hartholz eine Lagerdauer von 1–2 Jahren pro cm Holzdicke. Dabei kommt es zu zahlreichen chemischen (teilweise enzymatisch bedingten) Abbauprozessen, zusätzlich wirken Auswaschungseffekte, die gemeinsam die adstringierenden Bitterstoffe verringern. Eine künstliche Trocknung benötigt nur Tage bis wenige Wochen, bringt aber ein weniger feines, mehr bitteres Aroma.

11.3.3 Ausbrennen der Fässer (Toasting)

Um beim Binden der Fässer die Dauben biegen zu können, wird das halbfertig gebundene Fass über ein Feuer gestülpt. Dabei kommt es durch die Hitze zu einer Ankohlung der Innenfläche, wodurch die Holzinhaltsstoffe (vor allem Lignin) verändert werden (Thermodegradation). Erst dadurch entstehen die Aromakomponenten bzw. deren Vorstufen, die den gewünschten Barriquegeschmack ergeben. Ein unbehandeltes Fassholz gibt nur raue Gerbstoffe ab.

Aromen im Wein bei unterschiedlicher Toastung

- **leicht:**
  Duft: zartes Holzaroma, leicht Vanille
  Geschmack: angenehmes, deutliches Holz, etwas bitter und adstringierend
- **mittel:**
  Duft: würzig, dichtes Holzaroma, Vanille, Kaffee, Schokolade
  Geschmack: rundes mildes Holz, weich, Toastbrot-Röstaromen, zarte Bitterkeit und Adstringenz
- **stark:**
  Duft: wenig Holz, mehr Rauch und Karamel, gebrannt (Kaffee)
  Geschmack: gekocht, gebranntes Holz, starke Bitterkeit, weniger Adstringenz, weniger Eleganz

Chemische Veränderungen beim Toasten

1.) ***Thermodegradation von Zellulose und Hemizellulose zu Furanderivaten:*** *Diese Abbauprodukte sind für die Karamelnote verantwortlich, der Gehalt ist bei mittlerer Toastung am höchsten.*
2.) ***Thermodegradation von Lignin:*** *Dabei entstehen flüchtige Phenole, vor allem Guajacol und Eugenol. Die weiteren Verbindungen dieser Stoffe bringen rauchartige Aromen, Vanillin, auch Pferdeschweiß.*
3.) ***Thermodegradation von Lipiden:*** *Es entstehen Lactone, besonders bei mittlerer bis starker Toastung, diese riechen in reiner Form nach Kokosnuss. Dieses sogenannte „Eichenlacton" ist bei Allier stärker als bei Limousin.*
4.) ***Thermodegradation der hydrolisierbaren Tannine:*** *Der Gehalt der bitteren und adstringierenden Tannine (Ellagtannine) wird vermindert.*

Je nach Ausbrenngrad unterscheidet man zwischen leichtem, mittlerem und starkem Toasting. Zusätzlich gibt es noch Zwischenstufen, z. B. „medium plus" oder „minus". Bei welcher Temperatur die Feuerung vorgenommen wird, ob dabei auch zusätzlich mit Dampf gearbeitet wird, ist teilweise „Klostergeheimnis" des Fassbinders. Für österreichische Rot- und Weißweine wird in den meisten Fällen mittleres Toasting verwendet. Je nach Ausbrenngrad wird das Holz bei „medium" bis ca. 2 mm Tiefe, bei starkem Toasting bis 3–4 mm Tiefe verändert. (Abb. 53)
Die Fassböden machen einen nicht unerheblichen Teil der Innenfläche aus. Zu beachten ist daher, ob diese ebenfalls getoastet wurden oder unbehandelt blieben.

Abb. 53
Die unterschiedlichen Toastungsstärken.

11.4 Vorgänge bei der Lagerung

Grundsätzlich gibt es **zwei Möglichkeiten der Auslaugung**:

1. Der Inhaltsstoff wird durch den Alkohol aus dem Holz extrahiert, im Wein oxidiert, es entstehen „eigene Phenole" im Wein.
2. Der Inhaltsstoff wird bereits im Holz oxidiert, die fertigen „eigenen Phenole" werden erst dann vom Weinalkohol herausgelöst.

Durch das Toasting und die Umsetzungen bei der Lagerung werden auch die bitteren Phenole von Monomeren (Einzelmolekülen) zu größeren Polymeren umgewandelt, wodurch der gewünschte angenehme Geschmack entsteht.
Auch durch Oxidation der jeweiligen Säuren kommt es zu neuen aromawirksamen Stoffen (wie z. B. bei Vanillinsäure, p-Cumarsäure, Zimtsäure, Syringasäure).

Geringe Tanninzunahme

Die Barriquelagerung trägt nur mit 30–80 mg/l zum Tanningehalt bei. Die Hauptkomponenten des Eichenholzes, die Ellagtannine, sind in dieser Größenordnung unmerkbar. Die Hauptmenge des Tannins kommt aus der Traubenbeere.

Wird im Barrique vergoren (Weißwein), so hat auch die Betaglucosidaseaktivität der Hefe positive Effekte. Es kommt zu einem runderen, weicheren Gerbstoffeindruck.

11.5 Weinausbau

11.5.1 Fassvorbereitung

Vor der Verwendung sollte das Fass gewässert werden, um die Holzporen aufquellen zu lassen und die Dichtheit zu überprüfen. Jede weitere Vorbehandlung vermindert den verfügbaren Gerbstoffgehalt, ein kurzes Ausdämpfen verringert aber den Gehalt der kratzigsten Röstaromen.

11.5.2 Weinvoraussetzungen

Ein Alkoholgehalt von mind. 13 Vol.-% ist wünschenswert, da durch die große Fas-

soberfläche das mikrobiologische Risiko wesentlich höher ist. Der Wein muss reif, dicht und körperreich sein, sonst wird der Weincharakter vom Holz überfahren.
Ein hoher Äpfelsäuregehalt bei unreifen Weinen verträgt sich nicht mit dem höheren Phenolgehalt.

11.5.3 Ausbauvarianten

Weißwein
Wird der Most bereits im Barrique vergoren, so kommt es zu einer runderen, weicheren Gerbstoffabgabe, da sowohl Schönungsreaktionen (Eiweiß-Gerbstoff), als auch enzymatischer Abbau stattfinden können.

Lagerung „Sur lie"

Eine Lagerung auf der Hefe („Sur lie") erlaubt das Ausnützen der reduktiven Kraft der Hefe. Dadurch muss weniger geschwefelt werden, was die Umsetzung der Holzinhaltsstoffe erleichtert. Des Weiteren werden wieder Inhaltsstoffe der Hefe (z. B. Aminosäuren) an den Wein abgegeben, was auch einen nachfolgenden Säureabbau erleichtert (Vorsicht, wenn nicht erwünscht!). Günstig ist ein Umziehen gegen Ende der Gärung, sodass nur auf der (sauberen) Feinhefe gelagert wird.

Batonage

Ein regelmäßiges Aufrühren der Hefe („Batonage"), anfänglich 2–3-mal die Woche, später seltener, hält die Hefe in Schwebe und sorgt für Oxidationsschutz. Je öfter gerührt wird, desto „cremiger" wird der Geschmackseindruck.

Rotwein
Eine Maischegärung wird üblicherweise nicht im Barrique, sondern im Großbehälter durchgeführt. Mittlerweile sind aber auch kleinere Fässer auf Drehgestellen in Verwendung, die dank eines Edelstahldeckels die Maischemanipulation leichter ermöglichen.Wird ein Säureabbau angestrebt, so kann dieser entweder noch im Tank oder im Barrique durchgeführt werden. In letzterem Fall bedeutet das mehr Arbeit, bringt aber eine raschere Harmonisierung des Weines.

11.5.4 Klärung und Lagerdauer
In Ländern mit langer Barriquetradition wird der Wein alle drei Monate umgezogen und so langsam geklärt. Für die Lagerdauer kann kein allgemeingültiger Wert angegeben werden, da sie zu abhängig vom Wein und dem angestrebten Charakter ist. Grundsätzlich kann man leicht über die gewünschte Aromaintensität hinaus lagern, da durch Filtration und Abfüllung etwas vom Holzcharakter verlorengeht.

Wird ein bereits filtrierter Wein ins Barrique gegeben, so darf nicht vergessen werden auf eine kräftige Schwefelung, da die Oxidationsgefahr wesentlich höher ist.
Bei Lagerung unter 25 mg/l freie SO_2 ist auch das Risiko der Entwicklung von Brettanomyces-Hefen erhöht, die dem Wein das „Pferdeschweißaroma" verleihen.

11.5.5 Verwendungsdauer der Barriques
Die verschiedenen Holzinhaltsstoffe lassen sich unterschiedlich leicht auslaugen. Das hat zur Folge, dass der erzielbare Holzcharakter bei jedem Mal anders ist. Nach dreimaliger Verwendung gelten die typischen Aromen im Wesentlichen als ausgelaugt, die Barriques werden dann teilweise als gewöhnliche Lagerfässer verwendet, was einer schnelleren Reifung dient. Wenn auch manche Betriebe ausschließlich eine einzige Befüllung vornehmen und danach die Fässer verkaufen, hat sich bei uns der Mix von Barriques mit Erst-, Zweit- und Drittbefüllung eingebürgert.

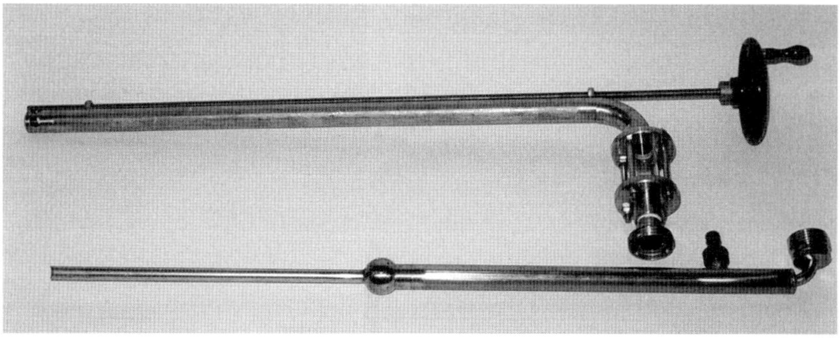

Abb. 54
Abziehvorrichtung und Sprühkopf für Barrique.

Abb. 55
Barriquelagerung auf Niro-Paletten.

Abb. 56
Abzug mit Förderung durch Druckluft oder Stickstoff.

12 Kellereinrichtung

- Nach welchen grundsätzlichen Prinzipien sollte ein Keller heute geplant werden?
- Welche Ansprüche an das Kellerklima gibt es?
- Welche Behältermaterialien stehen sinnvollerweise zur Auswahl?
- Wie können Holzfässer gepflegt werden?

Presshaus und Keller bilden üblicherweise eine Einheit. Im Sinne größtmöglicher Schonung sollten übermäßige Transportwege vermieden und der Wein bzw. Most nur im Ausnahmefall verlagert werden. Neben der zusätzlichen Arbeit muss mit möglichen Qualitätsverlusten gerechnet werden. Eine dem eigenen Arbeitsablauf entsprechende Aufstellung der Anlagen und Geräte kann viele Kilometer Weg im Jahr ersparen.

12.1 Presshaus

Das Presshaus ist meist ein Mehrzweckraum, der auch als Abfüll-, Manipulations- und Leergutraum verwendet wird. Im Großbetrieb ist eine Trennung dieser Räume vorteilhaft.

Allgemeine Anforderungen
- Druckwasseranschluss
- Elektrische Anschlüsse, abgestimmt auf die Anschlusswerte der Maschinen.
- Boden, betoniert, oder fugenlos beschichtet mit min. 2 % Gefälle zum Abfluss(von der Verfliesung geht man heute aus Hygienegründen ab, da die Fugen einen Schwachpunkt für die Reinigung darstellen).
- Seitenwände, mind. 2 m hoch, abwaschbar.
- Eine arbeitsgerechte helle Beleuchtung sollte selbstverständlich sein.
- Bei der Verwendung als Mehrzweckraum ist die dreifache Raumgröße erforderlich.

Traubenübernahme im Presshaus
- händisch
- mechanisch

Transport im Presshaus
Die Anordnung der Maschinen richtet sich nach den Gebäudegegebenheiten. Ideal für eine schonende Traubenverarbeitung ist der Gefälletransport. Dieser wird außer in Großbetrieben heute gern per Elektrohubstapler umgesetzt.

Weitere Einrichtungen: Universalbehälter für die Maischeentsaftung (weiß) und Rotweinbereitung, Maischevorrats- und Abseihbehälter mit Räumschnecke, Presse, Vorentsafter, Anreicherungsbottich mit Rührwerk u. a.
Eine Koststube ist im Presshaus wesentlich günstiger als im Keller.

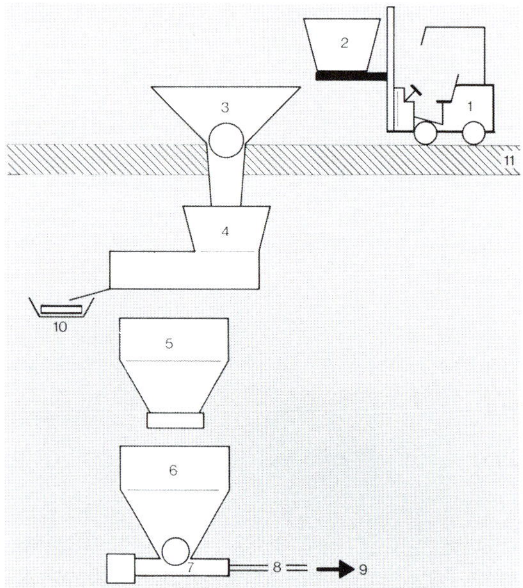

Abb. 57
Gefälletransport von Maische und Most.

1 Hubstapler mit Drehkranz
2 Großkiste
3 Übernahmetrog mit Förderschnecke
4 Rebler
5 Waage
6 Maische-zwischenbehälter
7 Maischepumpe
8 Maischeleitung
9 Zum Maischeentsaftungsbehälter oder direkt in die Presse
10 Abtransport der Kämme
11 Kelterboden

Das Presshaus und seine Einrichtung müssen der Betriebsgröße angepasst sein. Die Maschinen und Geräte sollten so angeordnet sein, dass ein flüssiger Arbeitsablauf erreicht wird.

12.2 Keller

Als Keller im engeren Sinn bezeichnet man alle unterirdischen Weinlagerräume. Wird Wein oberirdisch gelagert, spricht man eher von Weinlager- oder Tankräumen. Keller können in Gärkeller, Lagerkeller und Flaschenkeller unterteilt sein.

12.2.1 Herkömmliche Kelleranlagen

Alte Weinkeller sind zur Erreichung einer gleichmäßig niedrigen Temperatur und hohen Luftfeuchtigkeit unter der Erde angelegt worden. Das Presshaus befindet sich meist ebenerdig vor dem Keller.

Nachteile:
- Rationelle Arbeitsabläufe sind kaum möglich.
- Für Aufstellung moderner Behälter (Stahl) meist ungünstige Raumform.
- Eine Erweiterung ist sehr teuer, der Fassungsraum kann durch Austauschen der Holzfässer gegen Zisternen (mit besserer Raumausnützung) vergrößert werden.

Verschiedene Kellerarten und ihre Eigenschaften

Erdkeller: Sind ungewölbt 3–4 m breit, mäßig hoch; gemauert 6 bis 8 m breit, 4 bis 5 m hoch; je tiefer, desto besser; mind. 4 m unter der Erde.

Felsenkeller: Haben meist zu niedrige Temperatur für Vergärung, sie sind häufig in der Champagne für die Sektproduktion anzutreffen.

Hauskeller: Wenn beim Bau nicht schon auf die Anforderungen eines Weinlagerraums Rücksicht genommen wird, ist er meist schlecht geeignet (warm); spätere Änderungen sind dann auch wenig wirksam oder sehr aufwendig.

12.2.2 Moderne Weinlagerräume

Durch moderne Bauweise und wirkungsvolle Isoliermaterialien ist es heute möglich, den gesamten Betrieb oberirdisch in einer Ebene oder in Etagen untereinander anzuordnen (Gefälletransport!). So können alle Arbeitsräume optimal zueinander angeordnet, die Arbeitsvorgänge leicht mechanisiert und die Wege kurz gehalten werden.

Allgemeine Anforderungen an einen Lagerkeller

Temperatur: Weißwein 8 bis 10° C, Rotwein 10 bis 12° C; Temperaturschwankungen sollen nur langsam erfolgen und die Höchsttemperatur von 15° C nicht überschreiten.
Feuchtigkeit: Bei Holzfässern 70 bis 80 % relative Luftfeuchtigkeit, für Tanks und Zisternen ein möglichst trockenes Klima.
Lüftung: Wein nimmt leicht Fremdgerüche auf („Kellerton“ der Weine!). Gute Reinigung und ausreichende Lüftung sind daher sehr wichtig. Ein Ausschwefeln oder Ozonisieren des Kellers ist schädlich und ersetzt nicht die Lüftung.
Lüftungsmöglichkeiten: Bei tiefen Kellern durch Abluftschächte (Dampfröhren), bei ebenerdigen und seichten Kellern durch Ventilatoren.
Achtung: Über Abluftschächte kann von selbst kein Gärgas (CO_2) abfließen! Es müssen während der Gärzeit Gebläse (Exhaustoren) angeschlossen werden.
Kellerboden: Der Kellergang soll betoniert oder gepflastert (gefliest) sein, mit 2 % Gefälle zum Abfluss. Das Fasslager wurde üblicherweise mit Grobkies ausgeworfen. Dies bedeutete gern eine „Deponie“ für Weinreste – und damit geruchliche Probleme. Vollständig betonierte Gesamtflächen sind für Holzfässer meist ungünstig und erfordern eventuell Luftbefeuchter.
Kanalisation: Entweder ist ein Abfluss durch natürliches Gefälle möglich oder es muss eine Sammelgrube mit Schlammpumpe eingebaut werden. Längere Abwasserableitungen sollen mit Revisionsschächten (alle 10 m) versehen und zur leichteren Reinigung möglichst geradlinig geführt werden. Geruchsdichte Kanaldeckel und Einlässe wählen.
Wasserleitungsanschluss: Er ist für eine sachgemäße Pflege heute selbstverständlich.
Stromanschluss: Licht- und Kraftstrom wird notwendig sein. Nur fachmännisch verlegte Leitungen verwenden. Auf genügend Gerätestecker achten. Einen zentralen Schalt- und Sicherungskasten an einem trockenen Ort einbauen.
Transporteinrichtungen: Für größere Keller fixe Leitungen, aus rostfreiem Stahl, mit 2 % Gefälle zu einer Sammelentleerungsstelle. Nach Möglichkeit keine Stufen und Schwellen einbauen. Die verschiedenen Funktionsbereiche einer Kelleranlage sollen so angeordnet sein, dass Quer- und Gegenverkehr sowie unnötige Wege vermieden werden. Auch hygienische Aspekte sind zu beachten. Neben der Me-

chanisierung der Arbeitsabläufe trägt eine sinnvolle Gebäudegestaltung und eine überlegte Gebäudezuordnung im kellerwirtschaftlichen Bereich sehr zur Rationalisierung und Erleichterung der Arbeiten bei.

12.3 Weinbehälter

Die Behälter sollen haltbar und leicht zu pflegen sein. Die Weinqualität darf nicht negativ beeinflusst werden. Die Form muss das „Spundvollhalten“ gewährleisten und soll den vorhandenen Kellerraum möglichst optimal nutzen.
Die Weinbehälter dienen der Lagerung und dem Transport des Weines. Die Behälter werden aus Holz, Metall, Kunststoff, Beton und Glas hergestellt.
Bei der Wahl der Weinbehälter wird man sich vorwiegend von wirtschaftlichen Gesichtspunkten leiten lassen. Die Kenntnis der Eigenschaften der verschiedenen Behälterarten ist daher wichtig.

12.3.1 Holzfässer
12.3.2 Edelstahlbehälter
12.3.3 Kunststoffbehälter
12.3.4 Betonbehälter
12.3.5 Glasbehälter
12.3.6 Behälterarmaturen

12.3.1 Holzfässer

Das Fass ist bei uns die älteste Form des Weinbehälters und hat keltischen Ursprung. Es ist nach wie vor ein sehr guter Ausbaubehälter für hochwertige Weißweine und alle Rotweine, die für ihre Reife eine langsame Sauerstoffzufuhr brauchen. Die Holzarten sind Eiche, Akazie, seltener Kastanie.

Vorteile:
- Günstiger Einfluss auf den Weinausbau.
- Lange Lebensdauer (50 Jahre und mehr).
- Mechanisch unempfindlich (gegen Schlag).
- Relativ gute, gleichmäßige Wärmeabgabe während der Gärung.
- Leicht zu reparieren, zu zerlegen und zu transportieren.
- Positiver Einfluss auf die Weinklärung.

Nachteile:
- Großer Pflege- und Erhaltungsaufwand.
- Neue Fässer müssen weingrün gemacht werden.
- Eine Geschmacksbeeinflussung des Weines ist möglich.
- Großer Verdunstungsschwund.
- Begrenzte Behältergröße (im Allgemeinen).
- Schwierige Reinigung.
- Geringe Raumausnützung.
- Die sterile Wein- bzw. Mostlagerung ist nicht möglich.

Ausrüstung, Bau und Bestandteile des Holzfasses

Verwendet wird handgespaltenes, lang im Freien gelagertes Holz der Eiche (ist dauerhaft, schwer weingrün zu machen) oder der Akazie (ist wenig dauerhaft, zäh, hat wenig auslaugbare Stoffe – Süßholz). Kastanie gibt einen sehr rauen Geschmack

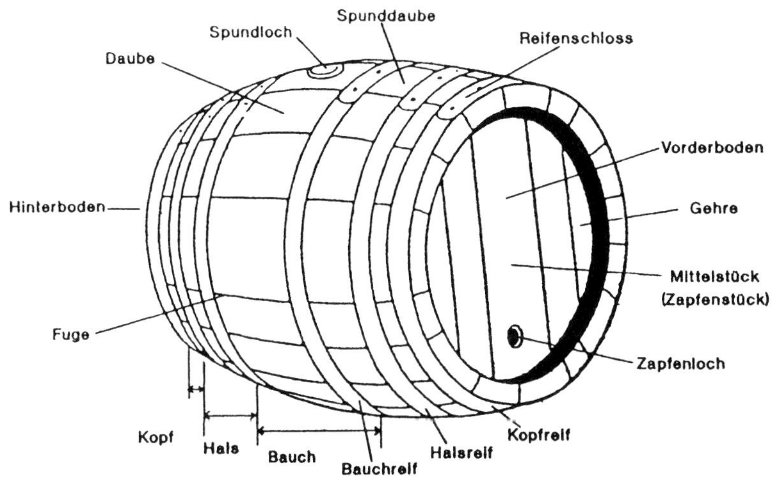

Abb. 58
Die wichtigsten Bauteile eines Fasses und ihre Bezeichnung.

ab und hat wenig Bedeutung. Lärche, Föhre und Tanne werden nur für Gärständer verwendet.

Fassformen

Nach der Form unterscheidet man:

Rundfass: Die gebräuchlichste Form, hat die schlechteste Raumausnutzung.
Trommelfass: Ist kürzer als der Bauchdurchmesser, gut für Kellernischen geeignet.
Ovalfass: Ist höher als breit, damit raumsparender, aber teurer, eine Sattellagerung ist notwendig. Hat gute Klärwirkung.

Der Fassmantel und die beiden Fassböden bestehen aus den Dauben. Die zwei Fassböden sind in die zwei in den Mantel eingelassenen Rinnen (Kimme, Gargel) eingesetzt. Der Kopf (Frosch) ist der über dem Fassboden vorspringende Teil des Mantels. Die Dauben werden durch Verbindungsstifte (Dübel), aus Holz oder rostfreiem Stahl, zusammengehalten. Die Reifen werden als Kopf-, Hals-, Zwing- oder Bauchreifen bezeichnet.

Türverschluss: – mit Metallriegel und Verschraubung oder Holzriegelverschluss (Abb. 59)
– mit Türkloben

Grundsätzlich sollte die Zugschraube heute aus Edelstahl gefertigt sein bzw. bei einer Fassüberholung auf eine solche ausgewechselt werden. Eiserne Zugschrauben können bei schadhafter Abdeckung zu überhöhten Eisenwerten und Fehltönen (Metallböckser) im Wein führen.

Bestimmung des Fassinhalts

- Durch amtliche Eichung (genau und anerkannt): Alle Transport-, aber auch Lagerbehälter soll man alle 4 Jahre nacheichen lassen. Die Fässer werden kleiner!
- Durch Wägen des leeren und des mit Wasser gefüllten Fasses.

a Türchen im Querschnitt mit Zugschraube aus Stahl und Riegel (veraltet), Verdübelung der Bodenstücke durch Holzdübel
b + c Längsschnitte
1 Zugschraube aus Stahl und ihre „Verwahrung" durch den üblichen, in der Wirkung fraglichen präparierten Holzkeil
2 Zugschraube aus Edelstahl (4401), die nicht verwahrt werden muss
3 Zapfloch mit Holzzapfen (Zwickel)
4 Zapflochklappenverschluss mit Klappe anstelle eines Zapfens

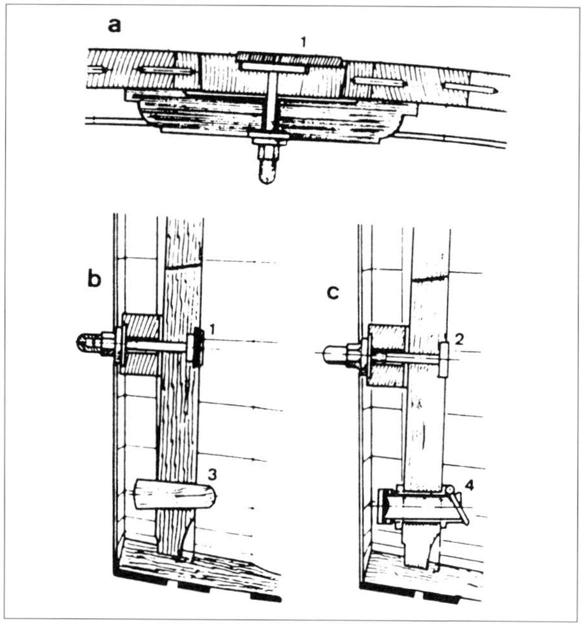

Abb. 59
Fasstürchen aus Holz: technische Einzelheiten.

- Mit Mess- oder Zähluhr.
- Mittels Schrägmaß (Bindervisier): Vom Spundloch wird nach beiden Kimmen gemessen, durch zwei dividiert und die Literzahl direkt abgelesen. Bei Benützung eines Meterstabes benötigt man eine Tabelle.
- Berechnung (sehr ungenau).

Weingrünmachen der Fässer

Es muss durchgeführt werden, um die Gerb- und Farbstoffe des Holzes zu entfernen. Diese Maßnahme ist bei allen neuen und frisch reparierten Fässern notwendig, sofern sie nicht mit einer Innenauskleidung versehen werden.

Verschiedene Methoden stehen zur Wahl:

Ausdämpfen (ist die wirksamste Methode):
- Fass 2–3 Tage wässern.
- Fass samt Türchen mit Spund nach unten auflegen; das Kondenswasser muss abfließen können.
- Dämpfen mit Dampfdruck von max. 0,5 bar, bis sich das Fass außen handwarm anfühlt, dann auskühlen lassen.
- Dämpfungsvorgang wiederholen, bis das Kondenswasser klar und geschmacksfrei abfließt.
- Gründlich nachwässern.

Heißbrühen

Heißwasser mit Zusätzen von Soda (2 %) oder entsprechenden Behandlungsmitteln hat gute Auslaugewirkung.
- Pro hl 10 l kochendes Wasser + Zusatz einfüllen.
- Fass verspunden, fest schwenken.
- Druck ablassen und sofort wieder verspunden.
- Fass abkühlen lassen und abwechselnd auf beide Böden stürzen.

– Zuerst heiß, dann gründlich kalt nachspülen.
– Vorgang wiederholen, bis das Fass einwandfrei ist.

Imprägnieren der Fässer

Die Innenwand des Fasses wird mit einer wasser-, säurefesten sowie geschmacksneutralen Auskleidung versehen. Gut eignen sich Mittel auf Harz- oder Bitumenbasis. Vor der Anbringung der Auskleidung muss das Fass gut ausgetrocknet sein. Imprägniert wurden vor allem kleine Fässer, Transport- und Wechselfässer (weißrot). Am besten eignen sich neue Fässer. Durch die Imprägnierung geht allerdings der spezielle Effekt des Holzfasses – die bessere Weinreifung durch Luftaustausch – verloren, damit ist die Bedeutung dieser Maßnahme geschwunden – auch angesichts leichter handhabbarer Werkstoffe.

Konservieren der Fässer

Trockenkonservierung

Innenkonservierung

(„Einschlaggeben" oder „Leerfasseinbrand", für kurzzeitig leer stehende Fässer)
Sie besteht im monatlichen Einbrennen der Fässer mit Schwefelschnitten bzw. Schwefelringen (eine Schnitte bzw. ein Ring enthält 3 g Schwefel; eine Schnitte liefert 6 g SO_2). Der Draht soll verzinkt und ausgeglüht sein, die Schwefelschnitte soll im unteren Fassdrittel verbrennen.

Man rechnet mit folgenden Einschlagmengen:

Fässer bis	2 hl:	1 Schnitte
	3–5 hl:	2 Schnitten
	6–12 hl:	3–4 Schnitten
	12–24 hl:	5–6 Schnitten

Jeden Monat erfolgt ein weiterer Einschlag mit der Hälfte des ersten Einschlags. Nicht im nassen Zustand schwefeln!

- **Geschwefelte Fässer sind vor dem Befüllen mit Wein gründlichst zu wässern!**
- **Bei längerer Trockenkonservierung kommt es zur Ansammlung beträchtlicher Schwefelsäuremengen im Fass. Solche Fässer mit 0,2%iger Sodalösung kalt auslaugen, anschließend mind. eine Woche lang wässern.**
- **Schwefelsäurereste im Wein verursachen einen scharf-sauren, kratzigen Geschmack, den „Schwefelsäurefirn".**
- **Laut Lebensmittelcodex gilt ein Wein als verdorben, der je Liter mehr als 0,92 g Schwefelsäure enthält.**
- **Werden zu viele Schwefelschnitten auf einmal an einem Draht abgebrannt, kann (elementarer) Schwefel auf den Fassboden hinuntertropfen und so die Grundlage für einen Böckser bilden.**

Nasskonservierung

Sie besteht im Vollhalten der Fässer mit einer 0,05%igen wässrigen SO_2-Lösung (0,5 g SO_2/l, das sind 50 g/hl) und hat einige Vorteile:

- Keine Schwefelsäureaufnahme des nächsten eingefüllten Weines.
- Die Fässer sind ständig in füllbereitem Zustand.
- Dauernder Lösungseffekt während der Leerstandszeit.
- Dadurch Entfernung der (geschmackllich nachteiligen) Weinsteinkrusten.
- Vorbeugung gegen viele fassbedingte Weinfehler, wie Neuerl, dumpfen Geruch und Geschmack.
- Rotweinfässer können ausgebleicht werden und sind somit wieder für Weißweinlagerung geeignet.

Zur Herstellung der Konservierungsmittellösung können verwendet werden:

- Schweflige Säure in handelsüblicher 5–6%iger wässriger Lösung: Pro hl Fassinhalt wird 1 l dieser Lösung zugesetzt.
- Kaliumpyrosulfit (KPS) + Säure: Pro hl Fassinhalt werden 100 g KPS und 130 g Weinsäure verwendet (teuer).
- Gasförmiges SO_2 (aus der Stahlflasche): Pro hl Fassinhalt benötigt man 50 g SO_2.

Rechenbeispiel
Ein Fass von 4000 l Inhalt soll nasskonserviert werden.
a) Wie viel l von 5%iger schwefliger Säure werden benötigt?
b) Wie viel g SO_2-Gas werden benötigt?

Zu a) Man braucht pro hl Fassraum 1 l 5%ige schweflige Säure.
(1 l dieser Lösung enthält 50 g SO_2).
Für 4000 l Fassraum werden daher 40 l 5%ige schweflige Säure benötigt.

Zu b) Pro l Wasser benötigt man 0,5 g SO_2.
4000 l Wasser erfordern daher 0,5 x 4000 = 2000 g = 2 kg SO_2-Gas.

Diese SO_2-Konzentration ist in der Lage, das Aufkommen von Keimen im Wasser und an den Fasswänden für 12–18 Monate zu verhindern. Der Verdunstungsschwund ist durch monatliches Nachfüllen mit Wasser zu ergänzen.

Außenkonservierung

Eine Pflege der Fassaußenseite ist besonders in feuchten Kellern notwendig.
Holz: Wöchentliches trockenes Bürsten ist erfolgreich, aber zeitraubend. Als Alternative können Imprägnierungsmittel nach gründlicher Reinigung aufgetragen werden, deren Wirkung 6 bis 12 Monate anhält. Sie sind wegen ihrer Giftigkeit sehr umstritten, daher soll man die Bereiche um den Spund und um das Fasstürchen freilassen. Außerdem wirken sie, da fetthaltig, als Aromaüberträger. Muffiger Kellergeruch kann so verstärkt in das Fass und damit in den Wein eindringen.
Eisen: Verzinkte Fassreifen bedürfen keiner besonderen Pflege. Andere Fassreifen von Zeit zu Zeit entrosten, mit Rostschutz behandeln (Rostumwandler) und anschließend mit Deckfarbe streichen (schwarzer Asphaltlack). Fassköpfe nicht lackieren, sie werden sonst stockig und brechen weg.

Entfärben von Rotweinfässern
Durch Befüllen mit einer 0,05–0,1%igen Lösung von schwefliger Säure (50–100 g/hl SO_2) ca. 2–3 Wochen (Nasskonservierung).

Reinigung gesunder Fässer
Gleich nach dem Entleeren mit reinem Wasser ausspritzen. Nach der Gärung das Geläger zuerst mit Fasskrücke und Bürste mechanisch entfernen, um die Abwas-

serbelastung gering zu halten. Aus diesem Grund wird danach erst mit einem (einfachen) Spülwein gereinigt, der dann noch weiterverwertet werden kann. Erst dann mit Wasser ausspritzen, bis das Wasser klar abläuft. Mit Hilfe der Fasskrücke das Wasser herausziehen. Kleinere Fässer werden mit der hinteren Bodenseite höher gestellt und 2-3 Tage offen gelassen (Wasser „ausseihen lassen"), sonst kommt es zur Bildung von H_2SO_4. Große Fässer werden in gewissen Zeitabständen innen an der tiefsten Stelle mit einem Schwamm oder Lappen trocken gewischt.
Beachte: Vor dem Einsetzen der Fasstür („Eintürln") muss das Fass innen trocken sein.

Bei längerer „Einbrandzeit" muss zur Auslaugung der entstandenen Schwefelsäure das Fass 2–3 Tage mit kaltem Wasser angefüllt werden. Bei nasskonservierten Fässern genügt ein Ausspritzen mit kaltem Wasser.

Behandlung verdorbener Fässer

Bevor man eine Behandlung vornimmt, sollte man sich zuerst überlegen, ob sich diese aufgrund des Fassalters überhaupt noch auszahlt. Ein einmal verdorbenes Fass wird immer ein großes Risiko für unsaubere Töne im Wein darstellen.

Essigstichige, bakterienkranke, dumpfe Fässer
Gründlichst mit 2 %-Soda- bzw. „Gerbstoffinalösung" reinigen (Boden herausschlagen), dämpfen oder heiß brühen, nachwässern, stark schwefeln, besser imprägnieren.

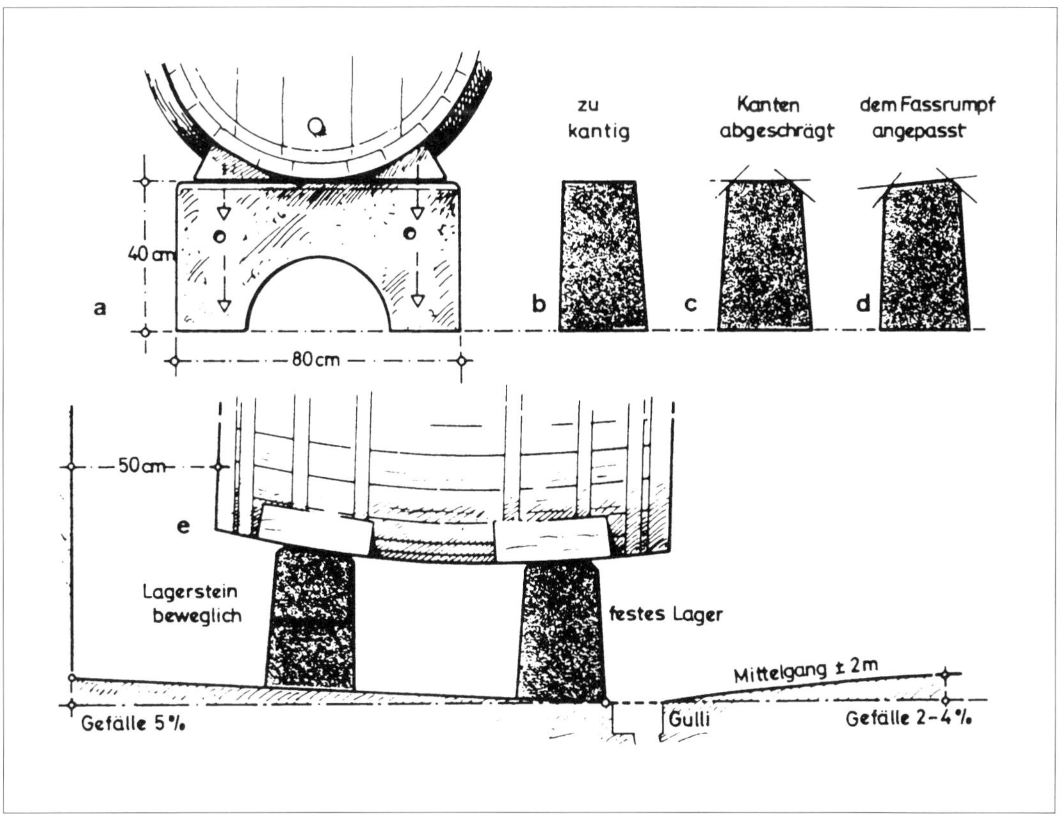

Abb. 60
Fasslager (beweglich).

- **a** Vorderansicht
- **b** Weniger günstige Profilform der Steine
- **c** Gebrochene Kanten des Lagers
- **d** Schräge, der Fassbauchform angepasste Oberfläche
- **e** Lager- und Bodenprofil mit Gefälle

Schimmlige Fässer
Stark verschimmelte Fässer sind zu verwerfen, da der Schimmel in das Fassholz hineingewachsen ist; angelaufene Fässer aufschlagen, Schimmel trocken wegbürsten (Weinstein entfernen), dann wie vorher beschrieben behandeln.

Legen der Fässer
Gut geeignet sind Stein- oder Betonlager, schlecht geeignet sind Eisenschienen, da sie rosten. Heute werden gern Holzlager verwendet, die aber der Feuchtigkeit wegen nicht voll am Boden aufliegen dürfen.
Bei Beton muss das Vorderlager durchgehend sein, damit Wasser und Weinreste nicht unter das Fasslager gelangen: Höhe ca. 50 cm, Breite oben 20–35 cm. Das Hinterlager ist beweglich nach Fassgröße ausgerichtet. Das Fass ruht auf einem angepassten Sattellager (bei großen und ovalen Fässern) oder auf 30 cm langen, imprägnierten Schließen (Klemmen) aus Weichholz im „Handabstand". Die Neigung der Fässer ist leicht nach vorn, Böden in einer Front, der Abstand zur Rückwand ca. 50 cm (begehbar), Seitenabstände 15 bis 20 cm.

Barrique
Diese Fässer sind aus ausgesuchten Eichenholzarten verschiedener Herkunft hergestellt und haben einen Inhalt von ca. 225 l. Während ein Behälter sonst grundsätzlich keinen Geschmack an den Wein abgeben soll, strebt man bei der Barriquelagerung gezielt die Aufnahme verschiedener Holzbestandteile und damit eine besondere Aromanote an. Die Barriques können für die Verleihung dieses speziellen Weincharakters üblicherweise nur dreimal verwendet werden, (siehe auch Kap. 11 Barriquelagerung).

12.3.2 Edelstahlbehälter
„Edelstahl Rostfrei" ist die Bezeichnung für Stahllegierungen, die einen hohen Anteil an Chrom, aber auch an weiteren Bestandteilen wie Nickel (Ni), Molybdän (Mo), Titan (Ti) und andere Elemente aufweisen. An der Oberfläche des Edelstahls bildet Chrom mit dem Luftsauerstoff eine geschlossene Schicht („Passivschicht"), die sauerstoffundurchlässig ist und damit das Eisen in der Legierung vor Rost schützt. Bei einer Beschädigung der Passivschicht wandern Chromionen aus dem Stahl an die Oberfläche und schließen die Schicht wieder. Dieser Vorgang ist aber nur begrenzt möglich, da es an dieser Stelle zur Chromverarmung kommt. Bei fortgesetzter Verletzung durch andere Metalle oder auch durch falsche (z. B. chlorhaltige) Reinigungsmittel kommt es zur Korrosion (Lochfraß oder Zerbröseln).

Passivschicht

Die Werkstoffnummer soll auf der Bestellung und der Rechnung angegeben werden, um bei möglichen späteren Schäden auch nach Jahren noch reklamieren zu können.
Hinsichtlich des Weinsteinansatzes, der Weinsteinentfernung und der Reinigungsmöglichkeit kommt der Oberflächenverarbeitung (sie ist genau definiert) eine wesentliche Bedeutung zu. Je glatter die Oberfläche, desto geringer ist der Weinsteinansatz, desto leichter ist auch dessen Entfernung und die Reinigung der Tanks (siehe Tabelle). Die Schweißnähte sollten durch Entzunderung und Beizen gesäubert und geglättet sein.

Vorteile von Edelstahl:
- Durch die fast unbegrenzten Möglichkeiten der Formgebung ist eine optimale Raumausnützung möglich.

Werkstoffnummer, Zusammensetzung und Eigenschaften der Edelstähle

Werkstoffnummer Werkstoffname ISO-Bez. Markenname z. B.	1.4301 X5CrNi18-10 304 V2A-Supra	1.4541 X10CrNiTi18-10 304 Ti V2A-Extra	1.4401 X5CrNiMo17-12-2 316 V4A-Supra	1.4571 X10CrNiMoTi17-12-2 316 Ti V4A-Extra
Massengehalte in %: C Chrom Nickel Molybdän Sonstige	 ≤ 0,07 17,0 – 19,5 8,0 – 10,5 – N ≤ 0,11	 ≤ 0,08 17,0 – 19,5 9,0 – 12,0 – Ti ≥ 5 × C ≤ 0,7	 ≤ 0,07 16,5 – 18,5 10,0 – 13,0 2,0 – 2,5 N ≤ 0,11	 ≤ 0,08 16,5 – 18,5 10,5 – 13,5 2,0 – 2,5 Ti ≥ 5 × C ≤ 0,7
Geeignet für:	Altwein < 75 mg freie SO_2	Altwein < 75 mg freie SO_2	Jungwein > 75 mg freie SO_2	Jungwein > 75 mg freie SO_2
Blechstärke	< 6 mm	> 6 mm	< 6 mm	> 6 mm

- Ist allen anderen Gebindewerkstoffen durch die Vielgestaltigkeit und variable Behälterbauweise überlegen.
- Jede Behältergröße ist möglich, von 50 l bis 1 Million l Inhalt.
- Sehr gute Wärmeableitung
- Gärtanks sind durch Wasserberieselung gut zu kühlen.
- Kein Innen- und Außenschutz erforderlich
- Leicht zu reinigen
- Für jede Weinart geeignet
- Geringer Schwund
- Leicht zu entkeimen
- Keine Konservierungsmaßnahmen sind notwendig.
- Reparaturen sind an Ort und Stelle möglich.
- Unbegrenzte Lebensdauer (je nach Pflege!)

Nachteile:
- Höhere Anschaffungskosten
- Der Wein reift langsamer (kein Luftzutritt).
- Korrosionen je nach Werkstoff durch Kondensate von schwefliger Säure und Kohlensäure (Elektrolytaustausch) im Kopfraum (Gas) möglich
- Die Qualität der Behälter ist nicht nur vom Material, sondern auch von der Verarbeitung abhängig.

Schädigung von Edelstahl

Die Lebensdauer von Edelstahltanks wird herabgesetzt durch:
- Fremdrost (Drahtbürsten, Trennscheiben, Funkenflug)
- Kontaktkorrosion (durch Kontakt mit z. B. Eisenteilen entstehen galvanische Elemente)
- Scheuermittel
- Chlor (Keinesfalls chlorhaltige Desinfektionsmittel- und Reinigungsmittel verwenden!)

Batterietanks

Sie bieten eine gute Raumausnützung und sind für die Lagerung kleiner Weinmengen besonders gut geeignet.

Abb. 61
Edelstahlbehälter in zylindrischer Ausführung mit Doppelmantelkühlung.

Abb. 62 (links)
Betonei.

Abb. 63 (rechts)
Immervolltank.

Immervolltank

Bei diesem Tank kann der Behälterdeckel immer auf das jeweilige Weinniveau abgesenkt werden. Dies hat den Vorteil, dass der Tank immer spundvoll gehalten werden kann. Allerdings bedeutet die (aufpumpbare) Abdichtung ein mikrobiologisches Risiko (Essigstich), eine gewissenhafte Kontrolle und peinliche Sauberkeit sind vonnöten!

Weincontainer

Darunter versteht man Edelstahlbehälter mit einem Fassungsvermögen von ca. 20– 50 l, die mit einem Anschluss für Schankanlagen versehen sind. Meist werden

50-Liter-Container für Wein verwendet, aus denen dieser mit Stickstoff, CO_2 oder Schankgas (Mischgas) in die Schankanlage gedrückt wird. Bei schleppendem Getränkeumsatz und der Verwendung von CO_2 erzielt man, besonders wenn nur noch wenig Wein im Behälter ist, zu spritzige, kohlensäurereiche Weine.

Vorteile:
Einfacher Transport, einfache Manipulation, keine Probleme mit Korkgeschmack, Glasbruch etc.

Nachteile:
Nur für einfachere Weine geeignet; hohe Investitionskosten; nur mit Zapfanlage nutzbar, daher nur bei entsprechendem Getränkeumsatz lohnend. Die Anlage muss regelmäßig gereinigt und gepflegt werden.

12.3.3 Kunststoffbehälter

Von den vielen möglichen Werkstoffen haben sich glasfaserverstärktes Polyester (GFK) und für kleinere Gebinde Polyethylen bewährt.
GFK ist leicht zu bearbeiten und ermöglicht stabile Behälter, die auch eichfähig sind.

Vorteile:
- korrosionsbeständig
- kein Innen- und Außenschutz nötig
- leichte Reinigung und Desinfektion
- geringer Schwund
- geringes Gewicht (Transporttanks)
- für jede Weinart wechselweise geeignet
- relativ geringer Anschaffungspreis

Nachteile:
- bei der ersten Füllung nicht immer geschmacksneutral (Aushärtung, Kleinbehälter)
- mechanisch empfindlich (Aufrauen durch Hochdruckreiniger möglich)
- geringe Druckfestigkeit
- geringe Hitzebeständigkeit
- langsamere Weinreife

Neue Behälter müssen vorbehandelt werden; ein mehrmaliges vorsichtiges Dämpfen und Wässern ist empfehlenswert.

Kleinbehälter aus dem weißlich aussehenden Kunststoff Polyethylen eignen sich nur für eine kurzfristige Weinlagerung. Obwohl lebensmittelecht, besteht die Gefahr eines Kunststoffgeschmacks, vor allem bei warmem Standort.

Entfernen von Weinstein (bei Stahl- und Kunststoffbehältern)
Bei leer stehenden Gebinden ist der Weinstein mit einem geeigneten Mittel zu entfernen. Zur Wahl stehen mechanisches Entfernen (Bürsten, Hochdruckreiniger) und chemische Ablösung durch Weinsteinentferner. Die (nicht voll verbrauchte) Lösung kann nach der Anwendung in den nächsten Behälter gepumpt (und wenn nötig in der Aktivität nachgeschärft) werden.

12.3.4 Betonbehälter

Sie können in jeder beliebigen Größe und Form aus Stahlbeton hergestellt werden, damit sind diese Behälter mehr oder minder „für die Ewigkeit“ im Keller gebaut. Ihre Zeit scheint doch noch nicht vorbei zu sein, heute werden auch fertige Betontanks angeboten, wobei sich die Eiform einer gewissen Beliebtheit erfreut. Liebhaber dieser Tanks sehen die schlechtere Wärmeabfuhr als Positivum bei Rotwein, weitere Effekte aufgrund der Form sind derzeit wissenschaftlich nicht erwiesen.

Vorteile:
- optimale Raumausnützung (wenn eckig)
- leicht zu reinigen und zu entkeimen
- für jede Weinart geeignet
- geringer Schwund
- konkurrenzlos billig bei Selbstbau und entsprechender Größe

Nachteile:
- nicht transportfähig
- nicht dämpfbar
- große Wandstärke (verringert das mögliche Volumen)
- nicht sicher zu reparieren (Setzungsrisse)
- Wärmestau bei der Gärung
- sehr schlechte Klärung

Herstellung

Nur mit Plan arbeiten. Die Betonzisternen müssen auf eigener Platte frei stehen. Betonierungsarbeiten nicht unterbrechen. Armaturen in der Schalung aussparen.

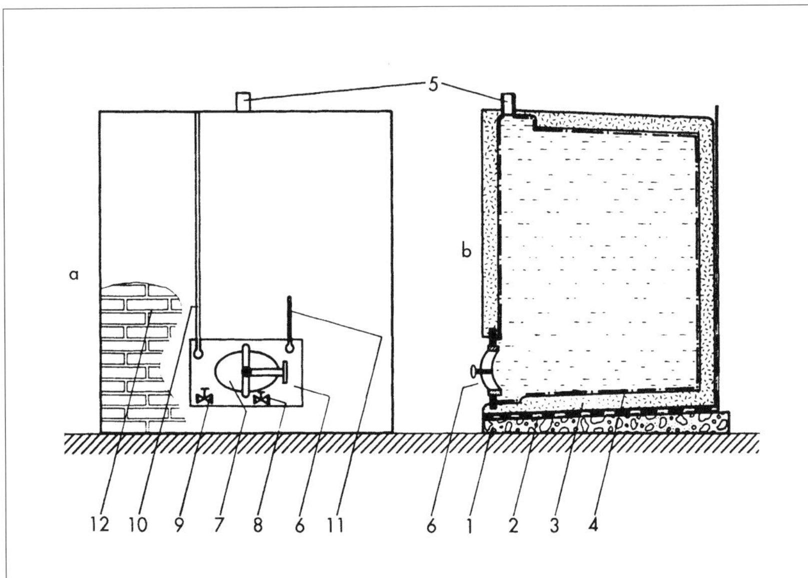

Abb. 64
Betontank

a Vorderansicht
b Seitenansicht

1 Unterbau
2 Isolation
3 Stahlbeton
4 Innenauskleidung
5 Stutzen
6 Armaturenplatte
7 Mannloch
8 Trubablauf
9 Klarablauf
10 Füllstandsanzeige mit Probierhahn
11 Thermometer
12 Klinkerwand

Innenauskleidung

Glasfliesen sind, wenn fachgerecht verlegt und verfugt, absolut neutral; Nachteil: teuer, schlag- und temperaturempfindlich, die Verfugung kann schadhaft werden, Reparaturen sind schwierig. Sinnvoller sind fugenlose Beschichtungen.
Auch gibt es die sehr kostenintensive Auskleidung mit rostfreiem Stahlblech, was aber nur bei noch vorhandenen Behältern gemacht wird, die erhalten werden sollen.

12.3.5 Tonamphoren

Die Verwendung von Amphoren stellt die Rückkehr zur ursprünglichen Wein bereitung dar, wie sie vor Jahrtausenden in Georgien begann und dort auch heute teilweise noch üblich ist. Die darin vinifizierten Weine sind meist „Orange"- oder „Natural-Wines", die eine eigene Charakteristik aufweisen. Aus statischen Gründen werden ab einer gewissen Größe die Behälter in der Erde vergraben. Die Imprägnierung der Innenseite erfolgt mit Bienenwachs, zur Reinigung wird traditionell mit Asche ausgerieben. Ist die Amphore nicht befüllt, bietet sich ein Schwefeleinschlag an, sofern sich kein Kondenswasser bildet. Dann ist es sinnvoller, eine Nasskonservierung vorzunehmen.

12.3.6 Glasbehälter

Sie sind in Größen von 25–65 l im Handel, werden meist mit Plastikummantelung geliefert und sind mit einem Gestell stapelbar. Der Verschluss durch Gummikappen erscheint besser als mit Kork. Sie sind für Rest- und Füllweinlagerung ideal und stellen in qualitativer Hinsicht einen guten Ersatz für Kleinfässer dar. Ein Risikofaktor ist die relativ große Flaschenmündung und der dadurch mögliche große Lufteinfluss im Vergleich zum Behälterinhalt. Dadurch besteht leicht die Gefahr des Kahmigwerdens bzw. der Oxidation.

Vorteile:
- absolut neutral
- Wechselbehälter
- für Süßreserve ideal
- durchsichtig
- kostengünstig

Nachteile:
- Bruchgefahr
- klein
- bedingt stapelbar
- Lufteinfluss – Kahmigwerden

Alle unter 12.3.2 bis 12.3.4 genannten Behälter dürfen im Leerzustand nicht verschlossen werden!

12.3.7 Behälterarmaturen

Da Armaturen sehr teuer sind, ist aus betriebswirtschaftlichen Gründen eine knappe oder zweckmäßige Ausrüstung der Weinbehälter angebracht. Werkstoffe sind Bronze, Messing, rostfreier Stahl, Kunststoff. Aus Gründen der Metallabgabe in den

Behälterarmaturen:

Abb. 65
Kugelhahn.

Abb. 66
Schrägsitzventil.

Abb. 67
Zapflochklappe im Tankinneren.

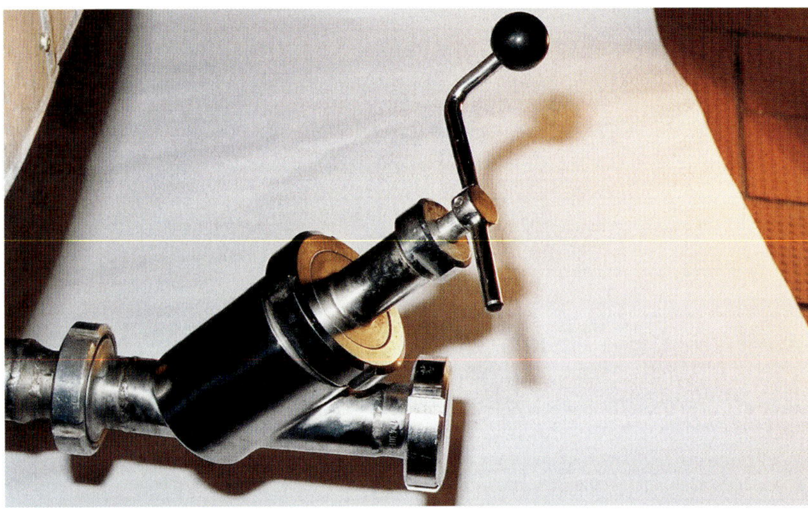

Wein (Kupfer, Eisen) bei älteren, korrodierenden Armaturen sollte heute nur noch Edelstahl verwendet werden.

Ausrüstung der Betonbehälter, Metall- und GFK-Tanks (Standardausrüstung)

- **Einfüllstutzen:** Nennweite 80–120 mm, Schraubdeckel mit Be- und Entlüftungsventil oder loser Deckel mit Membranklappe
- **Klarablauf:** Nennweite 40–50 mm. Klappbüchse oder Ablassschieber (Rührwerkanschluss möglich)
- **Restablauf:** Nennweite 40–50 mm, bei Maische 100–120 mm, Schieber oder Kugelventil
- **Einstiegsöffnung** (Mannloch): in oval waagrechter bzw. oval senkrechter Form, manchmal auch mit eingebauter Klarablaufarmatur
- **Standanzeige:** Standglas mit Plexiglasrohr
- **Probehahn** (Kosthahn): muss gepflegt werden, sonst lieber darauf verzichten
- **Rührwerkstutzen:** erst ab 50 000 l Inhalt ein eigener Stutzen; bis zu 50 000 l Inhalt wird das Rührwerk am Klar- bzw. Restablauf angeschlossen.

Behälter mit besonderen Aufgaben (Druck-, Kühl- und Rotweingärtank) haben zusätzliche Armaturen.

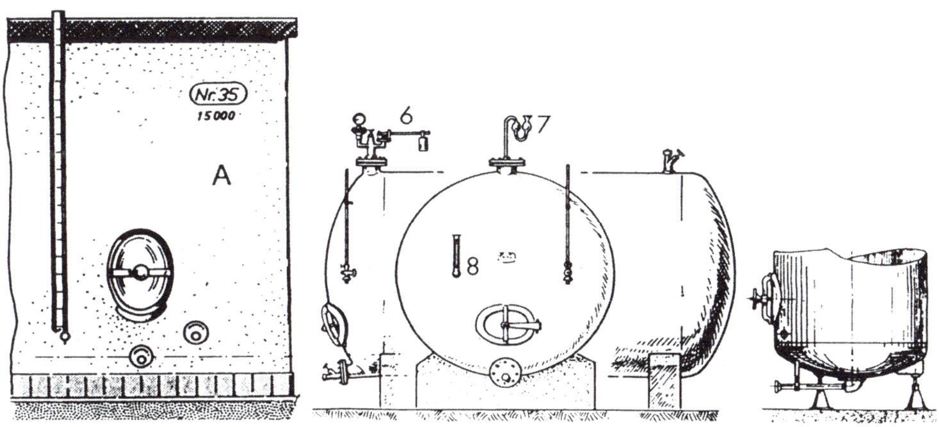

Abb. 68

Links: Betonzisterne.

Mitte: Druck-Kühltank.
6 Hebelsicherungsventil
7 Entlüftungsventil
8 Winkelthermometer

Rechts: GFK-Tank mit Kalottenfüßen.

12.4 Produktförderung

Die Förderung von Maische, Most und Wein soll schonend erfolgen, um eine Belastung des Produkts zu vermeiden. Gerade die Qualität der Maischeförderung hat großen Einfluss auf die spätere Weinqualität (siehe auch Kap. 2.2). Ein reiner Gefälletransport ist ideal, ebenso sollten die Leitungslängen möglichst kurz sein. Doch ist der Idealfall nicht immer möglich und es muss gepumpt werden – möglicherweise über große Höhen und Entfernungen.

12.4.1 Pumpen
12.4.2 Schläuche und Leitungen
12.4.3 Armaturen

12.4.1 Pumpen

Wird Flüssigkeit gepumpt, so sind einige Anforderungen zu berücksichtigen:

- Keine nachteilige Beeinflussung des Fördergutes. (Belastung, Metallabgabe durch korrodierte Pumpenteile).
- Leichte Reinigbarkeit, vollständige Entleerbarkeit.
- Die Art der Pumpe muss auf den Verwendungszweck abgestimmt sein (Fördercharakteristik, Regelbarkeit).

Pumpensysteme

Ventilpumpen: Sie haben Saug- und Druckintervalle und daher eine stoßweise Förderung.
Flügelpumpen mit Handbetrieb: Sie sind nur für kleine Förderaufgaben geeignet, meist an 20 × 20 Filtergestelle angebaut, selbstansaugend.
Kolbenpumpen: Sie sind leistungsfähig, können auch Maische fördern, selbstansaugend, durch das stoßweise Arbeiten aber nicht für Filtrationen geeignet.
Sperrflügelpumpen: Sie sind leistungsfähig für die Maischeförderung, selbstansaugend, pulsierender Förderstrom.
Schlauchpumpen: Ventillos, selbstansaugend, keine produktberührenden Teile, gut reinigbar, für Maische und Wein geeignet.
Kreiselpumpen: Sie sind je nach Bauart auch selbstansaugend (Flüssigkeitsringpumpen), ein- oder mehrstufig gebaut, haben mit Regelung eine stufenlose Einstellmöglichkeit von Druck und Förderleistung und sind daher für Filtration gut geeignet, teilweise trubempfindlich.
Impellerpumpen: Sie haben ein Zellenrad aus Kunststoff und sind trockenlaufempfindlich, selbstansaugend, für Most, Wein, Geläger gut geeignet, für Maische weniger empfehlenswert (Schonung!).
Mohnopumpen (Exzenterschneckenpumpen): Sie haben einen Kunststoffstator und sind trockenlaufempfindlich, sehr leistungsfähig, selbstansaugend und für Maische, Most und Wein geeignet.

Abb. 69 Pumpen.

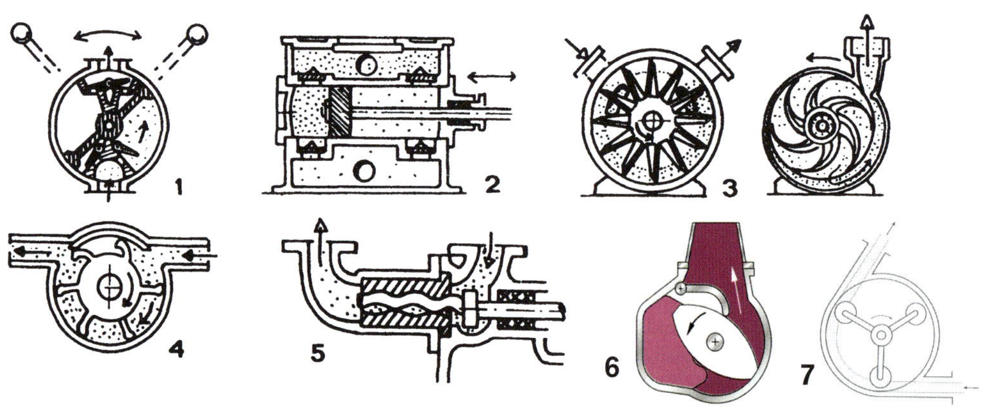

1 Flügelpumpe 2 Kolbenpumpe 3 Kreiselpumpe 7 Schlauchpumpe (Kessler 1996)
4 Impellerpumpe 5 Mohnopumpe 6 Sperrflügelpumpe

Abb. 70
Pumpe mit Drehzahlregelung und Fernsteuerung.

Pflege der Pumpen
In trockenen Räumen aufbewahren, nicht in feuchten Kellerräumen. Nach Gebrauch sorgfältig reinigen (durchspülen) und vollständig entleeren (Entleerungshähne). Auch die Siebe gehören regelmäßig gesäubert. Stopfbuchsen fallweise maßvoll nachziehen. Rostende Pumpenteile mit säurefestem Lack streichen, auf einwandfreien Zustand der Kabel und Stecker achten.

12.4.2 Schläuche und Leitungen

Aus welchem Werkstoff auch immer, müssen die Leitungen absolute Geschmacksfreiheit und glatte, porenfreie Innenflächen aufweisen.

Gummischläuche: Sie besitzen für die Festigkeit 3–5 Gewebeeinlagen, sind auch bei Kälte gut biegsam, haben jedoch nur eine begrenzte Lebensdauer (ca. 10 Jahre), da sie durch die Alterung rissig werden und sich Schimmelpilze einnisten können.

Kunststoffschläuche: Sie sind durchsichtig oder durchscheinend und zur Verstärkung oft mit Spiralen oder Gewebe versehen. Dem Vorteil der glatten Oberfläche und guten Reinigbarkeit steht der Nachteil der schlechteren Biegsamkeit bei Kälte gegenüber.

Behandlung der Schläuche
- Neue Schläuche gründlich reinigen, einige Tage in P3-Lösung einlegen.
- Vor und nach Gebrauch gründlich reinigen. Dazu mehrere Schwammkugeln mit Wasser durchdrücken.
- Stark verschmutzte oder längere Zeit unbenutzte Schläuche in Reinigungslösung einlegen bzw. befüllen und einige Tage wirken lassen.
- Gealterte, rissige Schläuche verleihen dem Most oder Wein einen Schimmelgeschmack. Nicht mehr verwenden, sondern entsorgen!

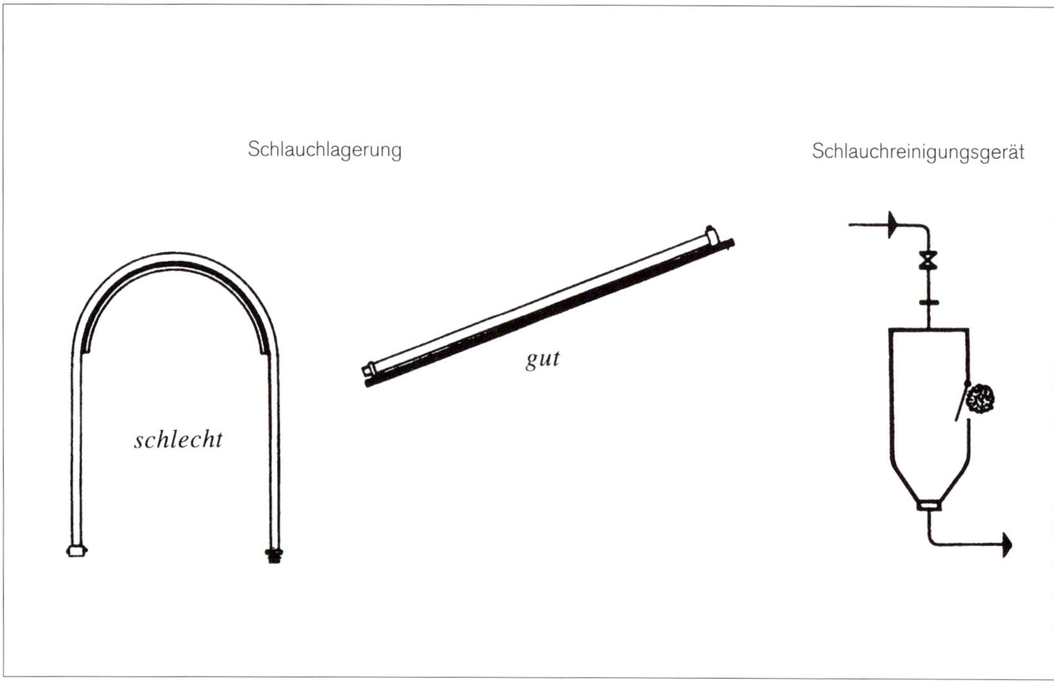

Abb. 71
Schlauchlagerung.

Lagerung
Schläuche sollten nicht über Fässer etc. gehängt werden, sondern in luftigen kühlen Räumen auf einem schrägen Brett gelagert werden, damit die Luft durchziehen kann.

Rohrleitungen
In größeren Betrieben werden Fixleitungen aus Kunststoff oder Edelstahl (früher auch aus Glas) verlegt.
Die Leitungen müssen ein Gefälle aufweisen, damit sie vollständig entleert werden können.
Leitungsverschraubungen stellen immer einen Nistpunkt für Mikroorganismen und damit mögliche Weininfektionen dar, günstig ist daher ein fugenloses Verschweißen der Rohre.
Für die Reinigung gelten die gleichen Regeln wie für Schläuche.

12.4.3 Armaturen

Viele Werkstoffe wurden für Armaturen verwendet, dies war auch eine Kostenfrage: Bronze (Kupfer-Zinn-Legierung) verzinnt, vernickelt, Rotguss (Kupfer-Zink) verchromt oder versilbert, Messing, Edelstahl, Kunststoff.
Aufgrund von Korrosion oder Beschädigungen kann es zur Metallabgabe bei Legierungen kommen. Daher sollten heute nur noch Edelstahlarmaturen verwendet werden.
Die üblichen Dimensionen sind 3/4, 4/4, 5/4, 6/4 und 2 Zoll.
Die verwendeten Normgewinde sind je nach Hersteller verschieden, man sollte auf eine einheitliche Größe und Norm im Betrieb achten.
Die Armaturen sollten pfleglich behandelt werden, um angeschlagene Gewinde, die dann nicht mehr verwendbar sind, zu vermeiden.

13 Inhaltsstoffe des Weines

- Welche Alkohole sind wertbestimmend im Wein?
- Welche primären Gärungsnebenprodukte sind wichtig für den SO_2-Bedarf?
- Welche Säuren sind in nennenswerten Mengen vorhanden?

Die Inhaltsstoffe des Mostes werden durch gewollte und ungewollte Vorgänge verändert. Dazu gehören z. B. Enzymtätigkeit, Anreicherung, alkoholische Gärung, Weinsteinausfall, biologischer Säureabbau, Stabilisierung, Klärung und Schönung des Jungweins. Dabei werden einerseits einzelne Bestandteile vermindert bzw. entfernt, andererseits während der Gärung auch neue Stoffe gebildet.

13.1 Alkohole

Methanol

Dieser stammt aus dem enzymatischen Pektinabbau und erhöht sich nur durch intensiven Maischekontakt (Rotwein). Natürliche Methanolgehalte liegen bei Weißwein zwischen 17 und 100 mg/l, bei Rotwein zwischen 60 und 230 mg/l.

H_3C-OH

Methanol

Ethanol

Neben Wasser ist Ethanol (Ethylalkohol) mit durchschnittlich 9–13 Vol.-% (das entspricht 72–104 g/l) der Hauptbestandteil des Weines. Er ist ein wichtiges Qualitätskriterium, oft hängt auch der Handelswert des Weines direkt mit dem Ethanolgehalt zusammen. Er bringt Vollmundigkeit und Extraktreichtum und ist auch ein wesentlicher Träger für Weinaromen.

H_3C-CH_2OH

Ethanol

Höhere Alkohole

Obwohl diese im Wein nur in relativ geringer Menge (150–700 mg/l) vorliegen, haben sie aufgrund ihrer teilweise ausgeprägten Geruchs- und Geschmackseigenschaften eine wichtige Rolle für das Weinaroma. Sie werden meist unter dem Begriff „Fuselöle“ zusammengefasst.

Die höheren Alkohole werden während der Gärung aus Zuckerabbauprodukten wieder aufgebaut. Sie gelten daher als sogenannte sekundäre Gärungsnebenprodukte, und sind Resultate der Hefevermehrung. Ihre Bildung ist vom Aminosäuregehalt des Mostes abhängig, dennoch ist ihre Herkunft aus dem vergorenen Zucker abzuleiten und damit direkt mit der Ethanolbildung in Verbindung zu bringen.

2,3-Butandiol

Dieser Inhaltsstoff ist in Mengen von 400–700 mg/l enthalten und steht in unmittelbarer Beziehung zum Ethanolgehalt. In Süßweinen gilt sein Vorkommen als Gärungsbeweis.

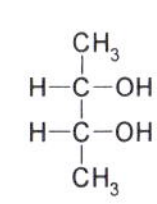

2,3-Butandiol

Glycerin

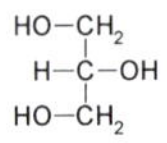

Glycerin

Als primäres Gärungsnebenprodukt spielt Glycerin eine große Rolle, um dem Wein Körperreichtum und Vollmundigkeit zu verleihen. Glycerin entsteht überwiegend im Anfangsstadium der Gärung und wird vor allem von wilden Hefen gebildet. Der „Glycerinfaktor" nimmt auf das Verhältnis Glycerin : Ethanol Bezug, dieses liegt bei normaler Vergärung bei 1 : 10, was einer Menge von 6–10 g/l Glycerin entspricht. Zu unterscheiden ist auch zwischen Gärungsglycerin und Mostglycerin.

13.2 Kohlenhydrate

Glucose-Fructose-Verhältnis

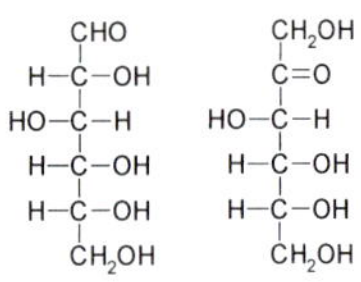

Glucose Fructose

Glucose und Fructose werden während der Gärung unterschiedlich schnell abgebaut. Das Glucose-Fructoseverhältnis von 1 : 1 im Most verschiebt sich während der Gärung zugunsten der Fructose. Wird ein (Prädikats-)Wein während der Gärung abgestoppt, so kann der Fructoseüberhang einfach anhand der Änderung der optischen Drehung erkannt werden. Durch den Zusatz von Most tendiert das Glucose-Fructose-Verhältnis zu 1 : 1. Fructose hat eine höhere Süßkraft, daher ergeben sich auch Unterschiede im Geschmacksbild.
In geringer Konzentration sind auch Pentosen vorhanden, die unvergärbar sind und deren Gehalte bei einer analytischen Zuckerbestimmung üblicherweise mit 0,5–1 g/l berücksichtigt werden.

Polysaccharide sind als wesentlicher Bestandteil der Kolloide im Wein eher von unangenehmer Bedeutung, da sie Filtrationsschwierigkeiten verursachen können. Über die geschmackliche Bedeutung ist man heute unterschiedlicher Ansicht.

13.3 Primäre Gärungsnebenprodukte

Während des Zuckerabbaus entstehen vor allem drei Nebenprodukte, die als wichtige Bindungspartner für die schweflige Säure weitere Auswirkung haben.

Acetaldehyd (Ethanal)

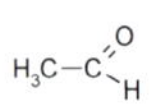

Acetaldehyd

Er wird aus der Brenztraubensäure gebildet und ist die Vorstufe bei der alkoholischen Gärung für Ethanol. Kann das Enzym Alkoholdehydrogenase den Acetaldehyd nicht mehr zum Alkohol reduzieren, so bleiben größere Mengen an Acetaldehyd im Wein, was auch höheren SO_2-Bedarf bedeutet. Die während der Gärung relativ hohe Acetaldehyd-Konzentration nimmt am Ende deutlich ab.

Bei der Rotweinbereitung spielt Acetaldehyd jedoch eine weitere Rolle. Der dort für die Reifung und Komplexbildung notwendige Acetaldehyd stammt nicht aus der Gärung, sondern aus der Rückbildung des Alkohols – es läuft genau der umgekehrte Vorgang der Gärung ab.

Brenztraubensäure (Pyruvat)

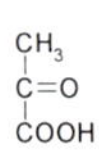

Brenztraubensäure

Diese ist während der Gärung die Vorstufe des Acetaldehyds. Um die Decarboxylierung von Brenztraubensäure zu Acetaldehyd durchzuführen, ist das Enzym Pyruvatdecarboxylase notwendig, das Thiamin (Vitamin B_1) als Koenzym benötigt. Ist botrytisbefallenes Lesegut vorhanden, so kann es zu einem Mangel an diesem Vitamin kommen, sodass keine ausreichend schnelle Umwandlung zu Acetaldehyd erfolgen kann. Eine Gärstockung ist die Folge.

2-Ketoglutarsäure

Diese Substanz entsteht im Zitronensäurezyklus als Gärungsprodukt. Streng genommen ist sie daher kein Gärungsnebenprodukt, sondern ein Stoff, den die Hefe zum Aufbau eigener Zellsubstanzen synthetisiert.

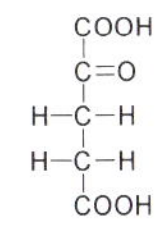

2-Ketoglutarsäure

Diese drei Gärungsnebenprodukte sind Bindungspartner für die schweflige Säure. Wenn die Gärung zügig und vollständig abläuft, werden diese Verbindungen zum Teil von der Hefe wieder aufgenommen und weiterverarbeitet.

13.4 Säuren

Die Hauptmenge des Säuregehaltes wird durch Weinsäure und Äpfelsäure bestimmt. Bei unreifen Jahrgängen liegt anteilig mehr Äpfelsäure vor, in sehr reifen Jahrgängen ist das Verhältnis mehr zur Weinsäure hin verschoben. Dabei darf man auch nicht vergessen, dass durch zahlreiche andere Säuren und Puffersubstanzen die Bestimmung im Most erschwert wird. Der Gehalt an Wein- und Äpfelsäure kann durchaus um 1–2,5 ‰ höher liegen als durch die Bestimmung der titrierbaren Säure angegeben wird.

Weinsäure

Durch die Hefe wird die Weinsäure bei der Gärung nicht angegriffen. Allerdings fällt aufgrund des Alkoholgehaltes und der dadurch veränderten Löslichkeit zwischen 0,5–1,5 g/l an Weinsäure als Weinstein aus. Sehr hohe Säuregehalte (über 12 g/l) können durch Entsäuerung vermindert werden, wobei die Weinsäure durch Calciumcarbonat ausgefällt wird. Dadurch verbleibt mehr Kalium, das sonst als Reaktionspartner dient, im Wein. Dieses bringt einerseits Abrundung und Fülle, andererseits größere Gefahr für den biologischen Säureabbau.

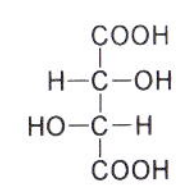

L(+)-Weinsäure

Äpfelsäure

Im Gegensatz zu Weinsäure wird Äpfelsäure von Mikroorganismen leicht in den Stoffwechsel aufgenommen. Auch Hefen setzen während der Gärung Äpfelsäure um. Allerdings entsteht dabei Alkohol, nicht Milchsäure wie beim biologischen Säureabbau.

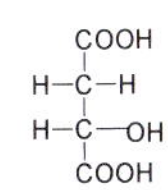

L(-)-Äpfelsäure

Milchsäure

Größere Mengen an Milchsäure entstehen nur durch die bakterielle Umwandlung von Äpfel- in Milchsäure. Auch die Hefe kann – allerdings nur im bescheidenen Maße – Brenztraubensäure zu Milchsäure umwandeln. Daher sind diese Mengen nur von geringer Bedeutung.

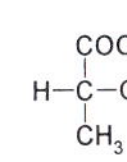

Milchsäure

Essigsäure

Auch die Hefe kann unter völligem Luftabschluss 0,3–0,6 g/l Essigsäure bilden. Primär entsteht aber ein höherer Gehalt bei aeroben Bedingungen (Luftzutritt) durch Oxidation von Ethanol zu Essigsäure. Ein Gehalt über 0,6 g/l gilt als Anzeichen für starke bakterielle Tätigkeit und Verderb.

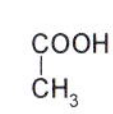

Essigsäure

Zitronensäure

Der natürliche Gehalt liegt bei 50–300 mg/l und kann von Milchsäurebakterien enzymatisch abgebaut werden. Dies spielt eine Rolle beim biologischen Säureabbau, wo Diacetyl (Butterton) entstehen kann. Bei Eiswein ist der Zitronensäuregehalt

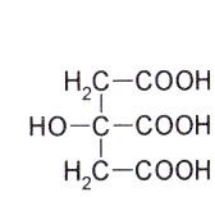

Zitronensäure

erhöht, ansonsten hat er im Wein relativ wenig Bedeutung. Stabilisierend gegen Eisentrübungen wirkt Zitronensäure aufgrund der chelatbildenden Eigenschaften, der Gesamtgehalt darf höchstens 1 g/l betragen.

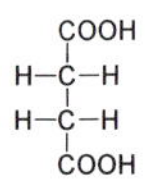

Bernsteinsäure

Bernsteinsäure
Hauptsächlich aus dem Äpfelsäureabbau durch Weinhefen stammend, ist die Bernsteinsäure ein regelmäßiges Nebenprodukt der Gärung. Die Gehalte liegen im Wein im Durchschnitt unter 1 g/l.

13.5 Mineralstoffe (Asche)

Der Gehalt an diesen Stoffen im Most wird durch Auskristallisation, Ausfällung und Verwertung durch die Hefe verringert. Angegeben wird die Gesamtmenge als „Aschegehalt", dem Rückstand, wenn der Wein auf über 500 °C erhitzt wird; die Mengen betragen im Wein zwischen 1,5–4 g/l. Trockenjahre erniedrigen den Aschegehalt.

Den Hauptanteil der Asche macht Kalium mit 650–950 mg/l aus, bei Rotweinen kann er noch höher liegen. Durch Weinsteinausfall (Kaliumhydrogentartrat) bei der Gärung wird der anfänglich um ca. 1000 mg höhere Gehalt deutlich vermindert.
Calcium ist in Weißweinen mit ca. 60–80 mg/l vertreten, der Gehalt steigt bei der Entsäuerung an, der Ausfall (als Calciumtartrat) muss abgewartet werden (Grenzwert 220 mg/l).

13.6 Stickstoffverbindungen

Die im Most vorhandenen Verbindungen (Aminosäuren, Ammonium, Eiweiß) werden von der Hefe weitestgehend (bis ca. 75 %) verbraucht. Beim Ausbau auf der Hefe steigt der Gehalt an Aminosäuren wieder etwas an. Der Gesamtgehalt liegt im Wein zwischen 250–4500 mg/l, eine eindeutige Zuordnung zu einzelnen Sortentypen kann nicht festgestellt werden.

13.7 Eiweißstoffe

Der Gehalt an Eiweißstoffen ist sehr unterschiedlich, er wird sowohl von der Sorte als auch vom Jahrgang beeinflusst, Trockenjahre bringen mehr Eiweiß. Verringert wird die Eiweißkonzentration durch die Gärung, die Reaktion mit Gerbstoffen (Polyphenolen) und durch die Behandlung mit Bentonit. Das „thermolabile" Eiweiß kann in der Flasche zu Trübungen führen.

13.8 Polyphenole

Die im Most vorhandenen Polyphenole werden während der Gärung nur wenig verändert, die Menge aber dadurch beeinflusst (siehe auch Kap. 5.6 Polyphenole). Der Gehalt beträgt in Weißweinen ca. 150–250 mg/l, in Rotweinen bis zu 4500 mg/l, je nach Verarbeitung. Im Laufe der Reife und Alterung kommt es jedoch zu umfangreichen Veränderungen, die sich auf Geschmack und Farbe auswirken (siehe auch Kap. 10 Rotweinbereitung).

13.9 Aromastoffe

Der Gehalt beträgt im Wein ca. 0,8–1,2 g/l, wobei die Hälfte aus Fuselölen besteht. Die Zusammensetzung ist sehr mannigfaltig, ca. 800 Substanzen hat man bis jetzt unterschieden. Für den Sortencharakter hat man die Terpene, eine große Gruppe aromatisch riechender Verbindungen, als sehr bestimmende Bestandteile erkannt. Sie sind anfänglich an Zucker gebunden (glykosidisch) und werden erst im Laufe der Gärung und Lagerung freigesetzt und aromawirksam.

Für einige Weine wie z. B. Traminer oder Sauvignon Blanc wurden bereits charakteristische Aromastoffe für die charakteristische Sortenaromatik identifiziert. Des Weiteren hat man schon vielen Substanzen charakteristische Aromatiken zugeschrieben. Interessant ist in diesem Zusammenhang, dass der Schwellenwert oft sehr unterschiedlich ist, sodass einerseits relativ große Mengen eines Aromastoffs kaum wahrgenommen werden, während andererseits minimale Mengen großen Einfluss auf ein Weinaroma haben können – in positiver wie in negativer Auswirkung.
Dazu kommt noch, dass manche Aromastoffe durch die Hefen in andere umgewandelt werden können und dann einen anderen sensorischen Eindruck ergeben.

Chemische Verbindung	**Beschreibung des Aromas**	**Konzentration in Wein [µg/l]**	**Sensorische Schwelle [µg/l]**
Diethylsulfid	Gekochtes Gemüse	4–32	0,93
Laktone (Z-Oak-lactone)	Kokosnuss, blumig	Bis 589	67
4-Ethylphenol	Medizinisch, Pferdeschweiß	Bis 6500	140
Ethylbutanoat	Blumig, fruchtig	10–180	20
Ethylhexanoat	Grüner Apfel	30–3400	50
Essigsäure [mg/l]	Essig	110–1150	280
Ethylacetat [mg/l]	Nagellack, fruchtig	22,5–400	7,5

14 Weinbeurteilung

- Welches sind die wichtigsten analytischen Kennzahlen für einen Wein?
- Welche gängigen Analysemethoden stehen zur Wahl?
- Wie soll eine gedeckte Weinverkostung durchgeführt werden?
- Welche Bewertungssysteme gibt es?

Die Prüfung des Weines kann auf zwei Arten erfolgen. Durch die analytische Untersuchung kann man die Information erhalten, ob der Wein den gesetzlichen Anforderungen entspricht und für die jeweiligen Anforderungen stabil ist. Durch die Verkostung (sensorische Prüfung) wird letztendlich die Güte des Weines festgestellt. Beginnend bei der innerbetrieblichen Kost über die amtliche kommissionelle Kost für die Erteilung der staatlichen Prüfnummer bis zu regionalen, nationalen und internationalen Weinbewertungen spannt sich der Bogen der sensorischen Weinbeurteilung.

14.1 Alkoholbestimmung
14.2 Extraktbestimmung (Dichtebestimmung)
14.3 Bestimmung der titrierbaren Säure (Gesamtsäure)
14.4 Zuckerbestimmung
14.5 Bestimmung der schwefligen Säure
14.6 Aschebestimmung
14.7 Sonstige Bestimmungsmethoden
14.8 Prüfung auf Weinstabilität
14.9 Weinverkostung und Weinpräsentation

Amtliche Untersuchungen werden von autorisierten Anstalten vorzugsweise bei Flaschenweinen durchgeführt und dienen hauptsächlich der Weinkontrolle (z. B. staatliche Prüfnummer, Exportproben).

Werden Fassproben zur staatlichen Prüfnummer eingereicht, so darf ab diesem Zeitpunkt der Wein nicht mehr verändert werden. Zugelassen sind dann nur noch Pflegemaßnahmen (z. B. Schwefelung, Filtration), jede sonstige Weinbehandlung muss bereits vor der Einreichung erfolgt sein.

Beratungsanalysen werden ebenfalls von den obigen Stellen, von Weinbauschulen, von privaten Labors oder im Betrieb selbst erstellt. Sie betreffen vorwiegend Fassweine für die Flaschenfüllung, dienen der Selbstkontrolle und als Entscheidungsgrundlage für die Weinbehandlung.

Allgemeine Hinweise, Arbeitsmittel und Arbeitstechnik

Die Genauigkeit und Wiederholbarkeit eines Analysenwertes hängt ganz wesentlich von der Untersuchungsmethode (und damit von der Laborausrüstung) sowie von der Übung und Sorgfalt des Ausführenden ab. Die in diesem Kapitel dargestellten Methoden sind wenig aufwendig und erzielen ausreichende Genauigkeit. Wenn die Werte an der Grenze der gesetzlichen Werte liegen, ist eine zweite Untersuchung nach einer amtlichen Methode empfehlenswert.

- Die im Labor verwendeten Geräte erfordern entsprechende Sorgfalt im Gebrauch. Man beachte auch besonders die Hinweise der Hersteller bezüglich Gebrauch, Reinigung und Aufbewahrung.
- Die Untersuchung erfolgt im Allgemeinen bei 20 °C (Raumtemperatur).
- Untersuchungsproben müssen Durchschnittsproben sein, daher ist auf größte Sorgfalt bei der Probenziehung zu achten (Behälter vorher rühren bzw. Misch-

probe nehmen). Wegen der Luftempfindlichkeit des Weines (SO_2-Wert!) soll die Probenahme unmittelbar vor der Analyse erfolgen und die Probeflasche ganz vollgefüllt werden.

14.1 Alkoholbestimmung

Definition der Alkoholgehalte (in Vol.-%)

EU-Verordnung

- **Vorhandener Alkoholgehalt:** Die Volumeneinheiten reinen Alkohols, die bei einer Temperatur von 20° C in 100 Volumeneinheiten des Erzeugnisses enthalten sind.
- **Potenzieller Alkoholgehalt:** Die Volumeneinheiten reinen Alkohols, bei einer Temperatur von 20 °C, die durch vollständiges Vergären des in 100 Volumeneinheiten des Erzeugnisses enthaltenen Zuckers gebildet werden können.
- **Gesamtalkoholgehalt:** Die Summe des vorhandenen und potenziellen Alkoholgehalts.

Natürlicher Alkoholgehalt: der Gesamtalkoholgehalt vor jeglicher Anreicherung

Grenzwerte für den vorhandenen Alkoholgehalt (in Vol.-%)

Gesetzliche Werte

Qualitätsstufe	Mindestgehalt	Höchstgehalt
Wein	8,5	Weiß: 12,0 Rot: 12,5
Landwein	9,0	
Qualitätswein	9,0	
Kabinett	9,0	12,9
Prädikatswein	5,0	

14.1.1 Alkoholbestimmung mit dem Malligand-Gerät (Ebullioskop)

Prinzip: Es wird der Siedepunkt des betreffenden Weines ermittelt. Anhand der unterschiedlichen Siedepunkte von Wasser und Alkohol kann der Alkoholgehalt festgestellt werden.

Siedepunkt des Wassers	100,0 °C
Siedepunkt des reinen Alkohols	78,3 °C

Siedepunkt des Weines bei: 15 Vol.-% Alkohol	90,0 °C
10 Vol.-% Alkohol	92,5 °C

Nullpunkteinstellung

Dabei wird der Siedepunkt des Wassers beim jeweils herrschenden Luftdruck ermittelt und das Gerät danach eingestellt.

In das Kochgefäß wird bis zum Wasserring Wasser eingefüllt, das Gerät zusammengeschraubt und erhitzt. Wenn das Wasser kocht, bleibt der Quecksilberfaden stehen. Die verschiebbare Skala wird nun so justiert, dass der Nullpunkt genau am Ende des Quecksilberfadens steht, und dann fixiert. Das Gerät entleeren.

Die Nullpunkteinstellung muss täglich mind. einmal durchgeführt werden. Bei Wetterstürzen (z. B. Föhneinbruch) nochmals Nullpunkteinstellung vornehmen.

Abb. 72
Bestandteile des Malligand-Gerätes.

1 Kühler mit Kühlwasser
2 Quecksilberfaden
3 Skala – verschiebbar, mit Fixierschraube
4 Weinring
5 Wasserring
6 Kochgefäß
7 Kamin
8 Spiritusbrenner

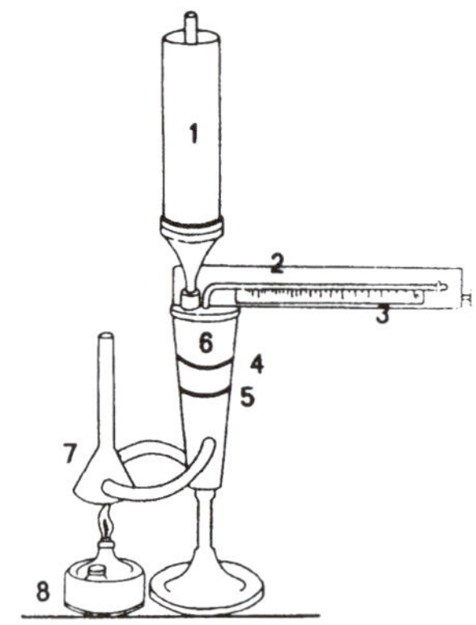

Durchführung der Bestimmung

- Das Kochgefäß mit Wein ausspülen.
- Bis zum Weinring Wein einfüllen.
- Zusammenschrauben, Kühlwasser in den Kühler einfüllen, Kühler aufsetzen. (Vorsicht: Immer erst dann den Kühler aufschrauben, wenn das Thermometer abgekühlt und der Quecksilberfaden nicht mehr sichtbar ist!)
- Erhitzen, bis der Quecksilberfaden stehen bleibt.
- Ablesung des Alkoholgehalts in Volumprozent (Vol.-%). **(Richtig ablesen, die Skala geht von rechts nach links.)**

Bei der Bestimmung Luftzug vermeiden; nicht mit einer Wärmequelle bei der Ablesung in die Nähe des Quecksilberfadens kommen.

Bei Weinen mit sehr hohem Zuckerrest (z. B. in der Gärung) müssen diese vor der Bestimmung mit Wasser im Verhältnis 1 : 1 verdünnt werden.
Der ermittelte Alkoholgehalt wird dann verdoppelt.
Der Alkoholgehalt wird in Vol.-% (Volumenprozent) abgelesen.
Der Bestimmungsbereich liegt zwischen 0 bis 17 Vol.-% Alkohol.
Die Ablesegenauigkeit beträgt + 0,2 Vol.-%.
Die Bestimmungsgenauigkeit des Gerätes liegt bei +/- 0,5 Vol.-%.

14.1.2 Alkoholbestimmung mittels Destillation

Prinzip: Die Bestimmung beruht auf der Messung der Dichte eines extraktfreien, auf das Ausgangsvolumen verdünnten Destillates, wobei der Einfluss eventuell vorhandener Begleitstoffe (Methanol, Ester …) vernachlässigt werden kann. Der Alkohol wird mittels Alkoholspindel bestimmt.

Erforderliche Geräte

1. Destillationsvorrichtung (siehe Abbildung)
2. Alkoholspindel: Ablesebereich 7–14 Volumenprozent Alkohol
3. Thermometer (falls dieses nicht in der Spindel eingebaut ist)
4. Spindelzylinder mit einer Markierung bei 100 ml
5. Vollpipette 100 ml

Durchführung der Bestimmung

- 100 ml (200 ml) Wein in den Destillierkolben pipettieren. 25 cm^3 dest. H_2O dazugeben. Einige Siedesteine und zusätzlich einige Tropfen Antischaum-Lösung beigeben; bei Weinen mit hoher „flüchtiger“ bzw. „schwefliger Säure“ unbedingt Neutralisation mit 1n-Natronlauge vornehmen. Die Destillationsvorrichtung gasdicht zusammensetzen und langsam bei guter Kühlung destillieren. Das Kühlerende soll in die Vorlage von 5 ml (10 ml) dest. H_2O des Auffangkolbens eintauchen.
- Nachdem ca. 3/4 Destillat vorliegen (enthalten den gesamten Alkohol) mit dest. H_2O auf 100 ml (200 ml) auffüllen und gut durchmischen. (Vorsichtig, sonst ist Alkoholverlust möglich!)
- Alkoholbestimmung mit dem Aräometer (Alkoholspindel) durchführen.

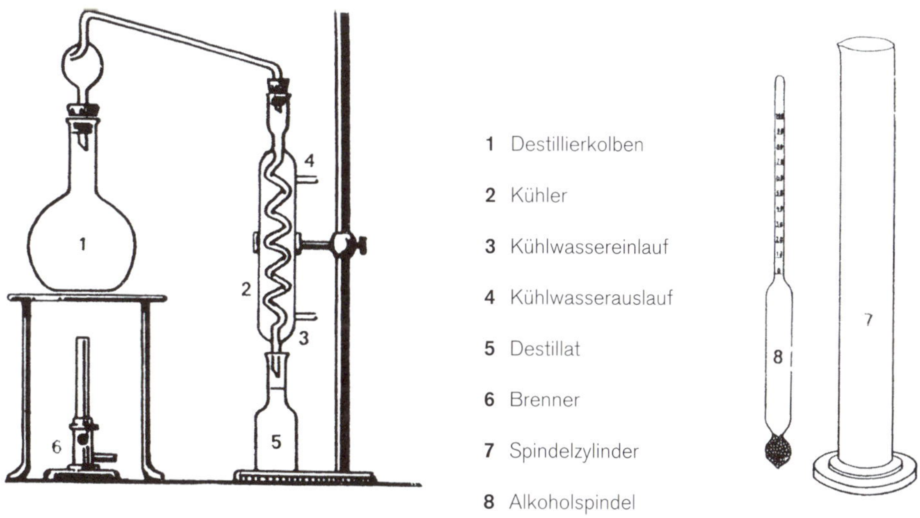

Abb. 73
Apparat zur Alkoholbestimmung.

Bei der Alkoholspindelung und Ablesung sind die gleichen Punkte zu beachten wie bei der Mostspindelung. Steht keine Alkoholkorrekturtabelle zur Verfügung, muss vor der Bestimmung die Temperatur des aufgefüllten Destillats genau auf die Eichtemperatur der Alkoholspindel eingestellt werden.

Im Rückstand des Weines von ca. 25 ml (50 ml) im Destillierkolben befinden sich die Extraktstoffe, die sich gut für die routinemäßige **Extraktbestimmung** eignen.

14.1.3 Alkoholbestimmung nach Dr. Rebelein (chemisch)

Prinzip: Mithilfe einer einfachen Destillationsvorrichtung wird der in ein Oxidationsgemisch übergetriebene Alkohol spontan und vollständig (quantitativ) zu Essigsäure umgesetzt und das überschüssige Oxidationsmittel mit Natriumthiosulfat zurücktitriert.

Arbeitsmittel für die Alkoholbestimmung

Abb. 74
Arbeitsmittel für die Alkoholbestimmung.

a Destilliervorrichtung mit Spiegelbrenner 300 Watt
b Laborwecker
c Beleuchteter Magnetrührer
d Spezialbürette (zeigt g/l Alkohol an)
e Erlenmeyerkolben oder Rundkolben 500 ml mit Markierung 300 ml
Bürette 10 ml
Vollpipette 1 ml (Ausblaspipette)
Messbecher 25 ml
Spritzflasche
Dosierzylinder 2 x 10 ml + 12 ml

Lösungen:
Alkohol 1: Kaliumchromatlösung
Alkohol 2: Salpetersäure 65 %
Alkohol 3: Kaliumjodidlösung
Alkohol 4: Natriumthiosulfatlösung
Alkohol 5: Stärkelösung

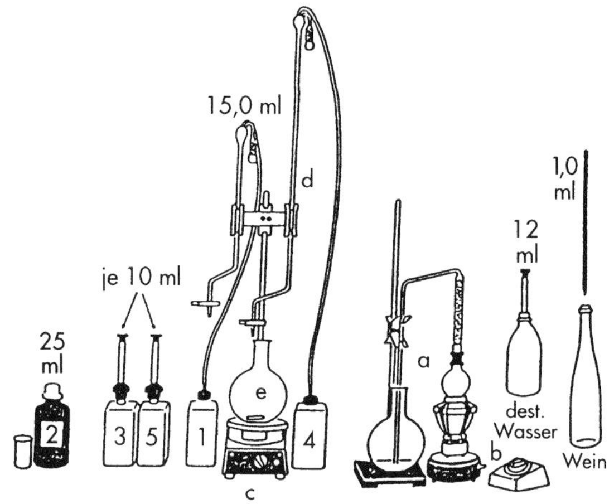

Für die Bestimmung sind die vorgeschriebenen Geräte und Chemikalien laut Abbildung zu verwenden. Die Bedienungsanleitung ist genau zu beachten; die Lösungen können gebrauchsfertig im Fachhandel bezogen werden.

Durchführung der Bestimmung

- Spiegelbrenner 5 Minuten anheizen.

Vorlage wie folgt vorbereiten:

- 10 ml Lösung 1 (aus Bürette) sowie 25 ml Lösung 2 in einen 500-ml-Stehkolben einfließen lassen.
- Kolben an das Luftkühlerende des Destillationsrohrs anschließen, wobei das Kühlerende den Kolbenboden leicht berühren soll.

Destillierkolben wie folgt vorbereiten:

- In einen 100-ml-Stehkolben einige Bimssteine, 12 ml destilliertes H_2O sowie 1 ml Probe geben.
- Stehkolben an das Destillierrohr anschließen.
- 3 Minuten destillieren.
- Anschließend Destillierrohr hochstellen und gut mit dest. H_2O in die Vorlage abspülen.
- Vorlagekolben mit Kristallisierschale zudecken und mit Leitungswasser auf Zimmertemperatur abkühlen (2–3 Minuten).
- Kolbeninhalt mit dest. H_2O auf ca. 300 ml verdünnen, 10 ml Lösung 3 zugeben und mit Lösung 4 auf Gelbgrün titrieren (beleuchteten Magnetrührer benützen!).
- 10 ml Lösung 5 zugeben und jetzt tiefblau gewordene Flüssigkeit mit Lösung 4 bis zu einem wasserhellen Blau weitertitrieren. (Kontrolle: bei Zusatz eines Tropfens der Lösung 1 muss die Farbe wieder dunkelblau werden.)
- Der Verbrauch in ml an Lösung 4 ist der Wert a für die Berechnung.

Blindwertbestimmung:
- 10 ml Lösung 1 (aus Bürette) sowie 25 ml Lösung 2 in einen 500-ml-Stehkolben fließen lassen.
- Mit dest. H_2O auf 300 ml verdünnen und 10 ml Lösung 3 zugeben.
- Mit Lösung 4 auf Gelbgrün titrieren und in gleicher Weise wie oben angegeben weiterverfahren.
- Der Verbrauch in ml an Lösung 4 ist der Wert b für die Berechnung.

Anmerkung:

bei Original-Rebelein-Bürette:	Blindwert +/– 0,5 g Alkohol/l
bei normaler Bürette:	Blindwert – Verbrauch von 30 ml +/– 0,25 ml Lösung 4

Berechnung:

bei Original-Rebelein-Bürette:	**Alkohol (g/l) direkt ablesen**
bei normaler Bürette:	**Alkohol in g/l = 4 × (b – a)**

Umrechnung:	**Vol.-% = 0,1267 × g/l**

Übersteigt der Alkoholgehalt 14 Vol.-%, muss mit einer Verdünnung gearbeitet werden.

14.2 Extraktbestimmung (Dichtebestimmung)

Die Extraktstoffe sind ein wesentliches Kriterium für die Weinqualität. Verschiedene Analysen und Berechnungsmethoden werden eingesetzt, um zur gewünschten Aussage zu kommen. Neben der Dichte können dabei unterschiedliche Extraktwerte ermittelt werden:
- Gesamtextrakt
- Zuckerfreier Extrakt
- Extraktrest

Anhand dieser Werte werden die Weinqualität sowie die Qualitätsstufe des Weines und die Einhaltung der Anreicherungsgrenzen beurteilt.

Eine mangelhafte Entwicklung und Reife (abhängig von Standort, Witterung etc.) bzw. besonders hohe Erträge haben wesentlichen Einfluss auf eine Erniedrigung des Extraktgehalts!

14.2.1 Spindelung (Destillationsrückstand)

Der Rückstand der Alkoholdestillation wird mit destilliertem Wasser auf 100 cm^3 ergänzt und nach der Einstellung der Eichtemperatur mit einer Extraktspindel gespindelt. Diese zeigt Werte von 0–6 an, was einem Extraktgehalt von ca. 0–60 g/l entspricht. Die genauen Werte werden einer Extrakttabelle entnommen.
Bei dieser Methode darf vor der Destillation keine Neutralisation erfolgen, es dürfen auch keine sonstigen Zusätze zugegeben werden.

14.2.2 Trockenextrakt (Schalenextrakt)

Eine genau abgemessene Weinmenge (25 cm^3) wird in einer Platinschale auf einem Wasserbad bis zur Dickflüssigkeit eingedampft, anschließend getrocknet und gewogen.

Beispiel:	Platinschale + Gesamtextrakt	23,010 g
	Platinschale leer	22,567 g
	Gesamtextrakt von 25 cm³ Wein	0,443 g
	für 1000 cm³ Wein (1 l) = 40 × 0,443 =	17,72 g/l
	Gesamtextrakt = 17,72 g/l	

14.2.3 Möglichkeiten der Extraktangabe

14.2.3.1 Gesamtextrakt

- Der Gesamtextrakt ist die Summe der nicht flüchtigen Bestandteile des Weines, die beim Erhitzen als Rückstand zurückbleiben.
- Er wird in Gramm pro Liter (g/l), auf eine Dezimalstelle berechnet, angegeben.
- Qualitätsweine haben im Schnitt 20–30 g/l Gesamtextrakt.

14.2.3.2 Zuckerfreier Extrakt

Erst die Berechnung des zuckerfreien Extraktes bietet die Möglichkeit, Weine untereinander zu vergleichen. Vom Gesamtextrakt wird der vorhandene Restzuckergehalt (siehe auch Kap. 14.4) abgezogen. Die Höhe des zuckerfreien Extraktes ist sehr vom Gehalt an titrierbaren Säuren (Gesamtsäure) abhängig und daher nicht besonders aussagekräftig.

Beispiel:	Gesamtextrakt	26 g/l
	abzüglich Zuckerrest	– 3 g/l
	ergibt: zuckerfreien Extrakt =	23 g/l

14.2.3.3 Extraktrest

Da der Säuregehalt technologisch sehr beeinflussbar ist, bringt der zuckerfreie Extrakt nur eine eingeschränkte Aussage für die Qualitätsbeurteilung eines Weines. Der um den Säuregehalt weiter verminderte Extraktwert ergibt eine brauchbare Kennzahl für die Weingüte. Bei Qualitätswein sollte ein Wert von 12 g/l nicht unterschritten werden.
Nicht flüchtige Säure = titrierbare Säure – (flüchtige Säure × 1,25)
Extraktrest = zuckerfreier Extrakt – nicht flüchtiger Säure

14.2.4 Berechnung nach Tabarié

Der Gesamtextrakt des Weines kann mit nachstehender Formel errechnet werden:

Gewichtsverhältnis Gesamtextrakt =
Gewichtsverhältnis Wein - Gewichtsverhältnis Alkohol + 1,0000

Beispiel:

Gewichtsverhältnis Wein		0,9946 (rel. Dichte 20° C/20 °C)
Gewichtsverhältnis Alkohol	–	0,9855 (rel. Dichte 20° C/20° C)
Gewichtsverhältnis Rückstand		0,0091 + 1,0000 = 1,0091 (rel. Dichte)

Anhand des Gewichtsverhältnisses Rückstand entnimmt man einer Extrakttabelle einen Gesamtextrakt von 23,5 g/l.

Unter dem Gewichtsverhältnis versteht man das Verhältnis des Gewichtes von 1 ml Probe zum Gewicht von 1 ml Wasser bei einer Untersuchungstemperatur von 20 °C.

Die Ermittlung des Extraktgehaltes erfolgt (weitgehend vereinfacht) mittels Tabellen.

Durchführung der Bestimmung
- Bestimmung des Alkoholgehaltes (vorzugsweise chemisch, siehe auch Kap. 14.1.3)
- Bestimmung der relativen Dichte (siehe auch Kap. 14.2.4)
- Ermitteln des Gesamtextraktes (g/l) aus beiden Werten mit Hilfe einer Tabelle
- Ergebnisberichtigung mit Hilfe einer Temperaturkorrekturtabelle, falls die Dichtebestimmung nicht exakt bei 20 °C durchgeführt wurde.
- Wird der Alkohol nicht chemisch bestimmt, muss er in g/l umgerechnet werden.
- Fehler bei der Alkohol- oder Dichtebestimmung führen zwangsläufig zu unkorrekten Extraktwerten.

14.2.5 Rückrechnung

Für die Erteilung der staatlichen Prüfnummer bei Qualitätswein, Kabinett- oder Prädikatswein wird mit Hilfe des Alkohol- und Extraktgehaltes nach der Schneyder-Formel auf das ursprüngliche Mostgewicht zurückgerechnet:

° KMW = (Vol.-% Alkohol × 1,2) + (g/l Extrakt × 0,07) + 2,5

Entscheidend bei Grenzfällen; bei Rotweinen kann es zu größeren Abweichungen kommen. Auch für die Kontrolle der Anreicherungsobergrenze, bei erforderlichen Rückrechnungen auf das ursprüngliche Mostgewicht findet obige Formel Anwendung.

Für die Anerkennung als Prädikatswein ist nicht nur das Erreichen des notwendigen Mostgewichtes in der Rückrechnung, sondern auch die Vorlage der Mostwägerbestätigung erforderlich!

14.2.6 Bestimmung der relativen Dichte 20 °C/20 °C (Gewichtsverhältnis)

Dichtemessungen bei der Most- und Weinuntersuchung werden angewendet bei:
- Mostgewichtsbestimmung (siehe auch Kap. 5.8.1)
- Alkoholbestimmung durch Destillation
- Extraktbestimmung nach Tabarié
- Die relative Dichte ist auch ein selbstständiger Analysenwert.

Die Bestimmung erfolgt mit:
- Aräometer (Spindel, Senkwaage)
- Refraktometer (siehe auch Kap. 5.6.2)
- Pyknometer
- hydrostatischer Waage
- elektronischer Dichtemessung

Genaue Werte erhält man nur bei entsprechend guter Laborausrüstung.

14.2.7 Bestimmung des Alkohol- und Extraktgehaltes nach KRAUS

Für trockene und halbtrockene Weine erlaubt diese Methode eine schnelle Berechnung anhand der Werte von zwei Messungen:
- Dichtebestimmung mit Spindel, Biegeschwinger oder Pyknometer (Wert b)
- Bestimmung mit Refraktometer in ° Öchsle (Wert c)

Berechnungsformeln: Alkoholgehalt (in g/l): $a = 2{,}907 \times c - 2{,}865 \times b$
Extraktgehalt (in g/l): $t = 1{,}19 \times c + 1{,}43 \times b + 3$

Beispiel

- Dichtebestimmung: Bei Verwendung einer Öchslespindel, die auch Werte unter 0° Oe anzeigt, kann direkt abgelesen werden. Möglich ist auch die Verwendung einer Alkohol- oder Dichtespindel, dann muss umgerechnet werden. Z. B. Alkoholspindel: scheinbarer Alkoholgehalt 2,8 Vol.-% : 7,894 = 22 g/l, Umrechnung Alkohol in relative Dichte anhand einer Tabelle (z. B. in Henning/Jakob = 0,995)
- Umwandlung in ° Öchsle = – 5° Oe (Wert b)
- Refraktometerwert: 31° Oe (Wert c)

Berechnung: a = 2,907 × 31 – 2,865 × – 5 = 104,4 g/l Alkohol
104,4 : 7,894 = **13,2 Vol.-% Alkohol**

t = 1,19 × 31 + 1,43 × – 5 + 3 = 32,7 g/l Extrakt

14.3 Bestimmung der titrierbaren Säure (Gesamtsäure)

(siehe auch Kap. 5.6.2)

Mindestwerte der titrierbaren Säure
– Wein 3,5 g/l, mit Rebsorte/Jahrgang 4 g/l
– Landwein, Qualitätswein, Prädikatswein 4,0 g/l

Bei der Bestimmung der titrierbaren Säure im Wein ist zu beachten, dass die Kohlensäure nicht Bestandteil der Gesamtsäure ist. Übermäßiger CO_2-Gehalt (im Jungwein) ist durch kräftiges Schütteln und anschließende Filtration über Faltenfilter oder besser durch Erhitzen auszutreiben. Nach dem Abkühlen auf etwa 20 °C wird die Säurebestimmung durchgeführt.

Bei dunkel gefärbten Rotweinen erkennt man den Umschlagspunkt leichter, wenn gegen einen hellen Hintergrund (Lichtquelle, weiße Fläche) titriert wird oder man verwendet Universal-Indikatorpapier. Bei dunklen Rotweinen empfiehlt es sich, die Säurebestimmung mit Hilfe eines pH-Meters vorzunehmen.

Bei der **Durchführung der Bestimmung** mit der Bürette oder der Messpipette sind folgende Punkte zu beachten:

- Die Vollpipette muss sauber und trocken sein (bei der ersten Bestimmung).
- Bei mehreren Bestimmungen die Vollpipette mit der Untersuchungsprobe ausspülen.
- Richtig ablesen – die Markierungen beachten!
- Die Pipette außen abwischen.
- Im Kolben darf vor dem Einpipettieren kein Most (Wein) sein.
- Bei Serienbestimmungen Kolben mit Wasser ausspülen, geringe Wasserspuren im Kolben stören nicht. Wichtig ist die genaue Probenmenge – 10 ml (25 ml)!
- Das Zeichen B auf der Pipette heißt „ausblasen“ und ist fallweise auch angeschrieben.
- Das Zeichen „ex“ heißt ausfließen lassen und abstreifen (in der Pipettenspitze verbleibende Wein- oder Mostreste sind berücksichtigt).
- Beim Einpipettieren die zu untersuchende Flüssigkeit immer über die Glaswand ausfließen lassen.
- Zuerst die für die Säurebestimmung notwendige Menge Wein (10 ml bzw. 25 ml) einpipettieren und dann die Kohlensäure austreiben.

14.4 Zuckerbestimmung

Seit 2010 ist die Bestimmung des reduzierenden Zuckers keine amtliche Methode mehr.
Heute gilt die Summe aus Glucose und Fructose als Restzuckerangabe. Deren Gehalt wird offiziell entweder enzymatisch oder per HPLC festgestellt, inoffiziell wird die Messung mit FTIR vorgenommen – Verfahren also, die im kleineren Betrieb nicht eingesetzt werden. Kleine enzymatische Testkits sind in Entwicklung.
Da in vielen Betrieben aber die Rebelein-Apparatur vorhanden und noch in Verwendung ist, sei die Bestimmungsmethode hier angeführt.

14.4.1 Zuckerbestimmung nach Dr. Rebelein

Prinzip: Die Bestimmung beruht auf der Oxidation des reduzierenden Zuckers mittels alkalischer Kupfersulfatlösung. Dabei wird das zweiwertige Cu (Cu++) im Kupfersulfat zu einwertigem Cu (Cu+) und zu Kupferoxidul (Cu_2O) reduziert und fällt als roter Niederschlag aus. Nach Zusatz von Kaliumjodid wird entsprechend dem nicht verbrauchten zweiwertigen Cu++ eine äquivalente Menge Jod frei, das mit Natriumthiosulfat zurücktitriert wird.

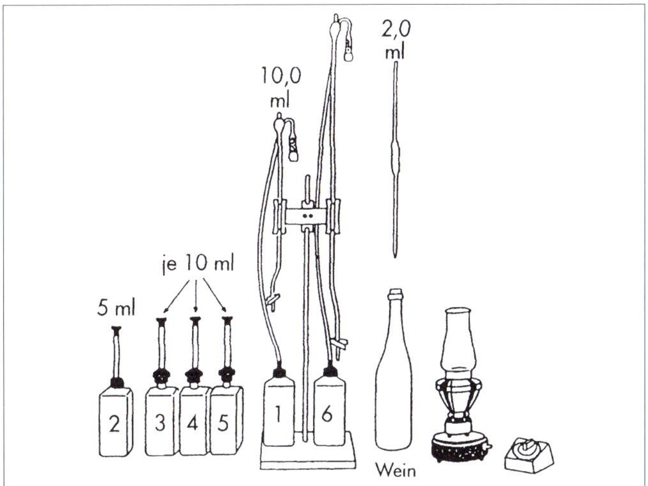

Abb. 75
Arbeitsmittel für die Zuckerrestbestimmung.

Spiegelbrenner 300 Watt
Spezialbürette g/l Zucker
Laborwecker
Bürette oder Pipette 10 ml
Vollpipette 2 ml (Ausblaspipette)
Dosierzylinder 3 × 10 ml + 5 ml
Erlenmeyerkolben 200 ml

Lösungen:
Zucker 1: Kupfersulfatlösung
Zucker 2: Kalium-Natrium-Tartratlösung
Zucker 3: Kaliumjodidlösung
Zucker 4: Verdünnte Schwefelsäure
Zucker 5: Stärkelösung
Zucker 6: Natriumthiosulfatlösung

Durchführung der Bestimmung
- 10 ml Lösung 1 (Bürette), 5 ml Lösung 2 (Dosierzylinder), einige Bimssteine und 2 ml Wein (siehe Anmerkungen) in den 200 ml Erlenmeyerkolben geben.
- Kolben auf den Spiegelbrenner stellen; Inhalt genau 2 Minuten kochen lassen, anschließend mit Leitungswasser auf Zimmertemperatur abkühlen.
- Unter leichtem Schwenken je 10 ml Lösung 3, 4 und 5 dazugeben (Dosierzylinder) und mit Lösung 6 aus der Spezialbürette von Blau auf „Rahmgelb" titrieren.
- Die Skala auf der Spezialbürette gibt direkt den Gehalt an reduzierendem Zucker in g/l an.

Anmerkungen
Das Verfahren kann bis zu einem Zuckergehalt von 28 g/l angewendet werden. Wird dieser Wert überschritten, muss man verdünnen und die Ergebnisse entsprechend

multiplizieren, z. B. Verdünnung 1:4 (1 Teil Wein, 4 Teile Wasser): das Ergebnis ist mit 5 zu multiplizieren.

Der Filtrationsendpunkt „Rahmgelb“ ist etwas schwierig zu erkennen.
- Nach Zusatz von einem Tropfen Lösung 1 zur fertig titrierten Probe muss dieses Gemisch wieder blau werden.
- Die Kontrolle der Lösungen (besonders von Nr. 1 und Nr. 6) ist durch eine Blindtitration jederzeit möglich (siehe auch Bemerkungen zur chemischen Alkoholbestimmung).

14.4.2 Vereinfachte Zuckerbestimmung mittels Clinitest®

Während eine Spindelung nur einen ungefähren Rückschluss erlaubt ob der Wein durchgegoren ist, reagiert dieser Test direkt mit Glucose und Fructose.

Prinzip: Dem Wein wird eine bestimmte Menge Cu (II)-Salz in Tablettenform zugesetzt. Durch Zucker wird dieses zu einwertigem Cu reduziert, wodurch Mischfarben zwischen Blau (Cu II) und Orange (Cu I) entstehen, die mit einer Farbskala verglichen werden, die den Zuckergehalt in g/l angibt. Die Genauigkeit liegt bei ca. 10 %.

Arbeitsmittel
Clinitesttabletten und Farbskala
Vollpipette 1 ml und 5 ml
Proberöhrchen
Kohlefilter + Trichter (siehe Bemerkungen unten)

Farbtabelle Zuckergehalt (Invertzucker)

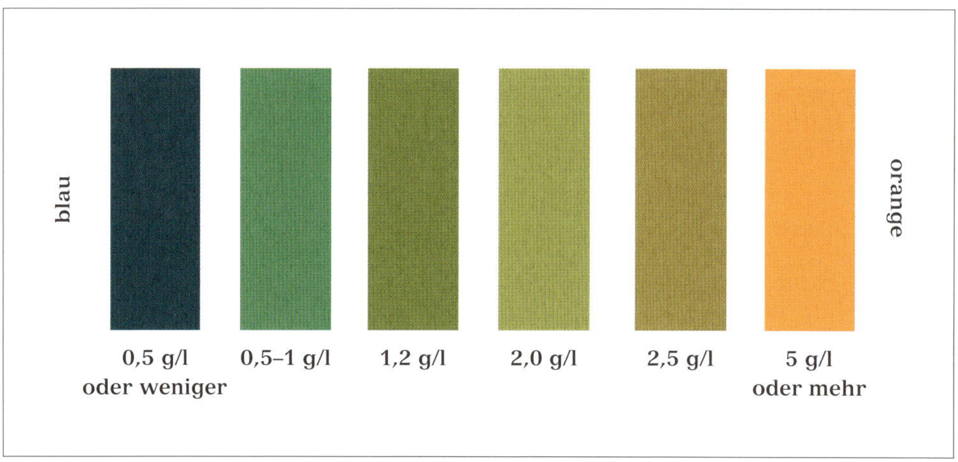

Durchführung des Tests

- 1 ml Wein in ein Reagenzglas pipettieren und 1 Clinitesttablette zusetzen.
- Tritt eine Farbe zwischen Blau und Olivgrün auf, hat der Wein 0–5 g/l reduzierenden Zucker. Jetzt 5 ml Wasser zusetzen, die aufgetretene Farbe mit der Farbskala vergleichen und so den ungefähren Zuckerrest in g/l feststellen.
- Tritt eine orange Farbe auf, sofort eine zweite Tablette zusetzen und die Färbung beobachten. Eine zuvor beschriebene Mischfarbe zeigt einen Zuckergehalt von 5–10 g/l an. Nach Zusatz von 5 ml Wasser wird die Farbe mit der Farbskala verglichen; der angezeigte Wert wird verdoppelt.

blau	türkis	grün	lichtgrün	orange
0,5 g	1 g	1,5 g	2 g	2,5 g > 5g

Der Test ist gut geeignet um zu sehen, ob der Wein (schon) trocken durchgegoren ist. Je höher der Zuckerrest, desto ungenauer ist das Ergebnis. Richtwerte erhält man, wenn man vor dem Test Verdünnungen ansetzt.
Nach dem Tablettenzusatz muss 2 Minuten zugewartet werden.

Bei Rotwein ist eine Entfärbung mit Kohle und Abfiltrieren notwendig.

Die Haltbarkeit der Tabletten beträgt ca. 1 Jahr, wenn sie gut verschlossen, vor Feuchtigkeit und Licht geschützt, aufbewahrt werden.

14.5 Bestimmung der schwefligen Säure

14.5.1 Bestimmung der freien schwefligen Säure (SO_2-Bestimmung)

Prinzip: Zu einer Lösung unbekannten SO_2-Gehalts gibt man eine Jodlösung, die durch Stärkezusatz blau gefärbt ist. Solange SO_2 vorhanden ist, verschwindet die Blaufärbung. Ist keines mehr vorhanden, bewirkt das überschüssige zugesetzte SO_2- Reagens die Violettfärbung.

Auch andere reduzierende Substanzen (Reduktone) in gerbstoffreichen Weißweinen und Rotweinen sowie Ascorbinsäure reagieren bei den hier beschriebenen Bestimmungen (auf Jod-Stärke-Basis) und verfälschen das Ergebnis.
Bei Rotweinen und nach Ascorbinsäurezusatz muss zur SO_2-Bestimmung ein anderes, destillatives Verfahren angewendet werden!

Bestimmung mit SO_2-Reagenz

Aufgrund der ungenauen Ergebnisse und der geringen Haltbarkeit des SO_2-Reagenz sollte diese Bestimmungsmethode in der rationellen Kellerwirtschaft nicht mehr angewendet werden.

Bestimmung mit 1/64 n Jodid-Jodat-Lösung

Geräte und Mittel

Braune Glasflasche mit 1/64 n Jodid-Jodat-Lösung
50 ml Plastikmensur
5 ml Messpipette
Plastikflasche mit 25%iger Schwefelsäure
Plastikflasche mit 1%iger Stärkelösung
Erlenmeyerkolben 100 ml Weithals

Durchführung der Bestimmung

- 50 ml Wein in den Erlenmeyerkolben pipettieren; die Pipettenspitze soll dabei in die Lösung eintauchen.
- 5 ml 25%ige Schwefelsäure zugeben.
- 5–10 Tropfen Stärkelösung zusetzen.
- Unter leichtem Umschwenken des Erlenmeyerkolbens rasch Jodid-Jodat-Lösung zufließen lassen, bis die blauviolette Färbung 20 Sekunden bestehen bleibt.
- **ml Verbrauch × 10 = mg/l freie SO_2**

Bestimmung nach Dr. Rebelein

Das Verfahren beruht auf demselben Prinzip wie der vorhin beschriebene Nachweis. Die Lösungen werden jedoch getrennt aufbewahrt und sind somit länger haltbar.

Arbeitsmittel

Erlenmeyerkolben 200 ml
Vollpipette 25 ml
Messpipette 10 ml oder Spezialbürette
2 automatische Dosierzylinder 10 ml

Lösungen

Schwefel 22 (Jodatlösung)
Schwefel 33 (Schwefelsäurelösung)
Schwefel 44 (Stärkelösung)

Durchführung der Bestimmung

- 25 ml Wein unter möglichst geringer Luftberührung in den Erlenmeyerkolben pipettieren.
- Je 10 ml Lösung 33 und 44 zukippen (Dosierzylinder), mit Lösung 22 aus der Spezialbürette titrieren, bis eine leichte Blaufärbung ca. 30 Sekunden bestehen bleibt.
- An der Spezialbürette direkt die mg/l freie SO_2 ablesen, bei Verwendung einer Messbürette: Verbrauch in ml × 20 = mg/l freie SO_2.

14.5.2 Bestimmung der gesamten schwefligen Säure

Für diese Bestimmung muss die gebundene SO_2 freigesetzt werden.

Durchführungsmöglichkeiten der Bestimmung

- Direkte Methode – Verseifung mit Lauge
- Jodatmethode nach Dr. Rebelein

Diese Methode hat nur orientierenden Charakter.

Destillationsmethode

- Nach Dr. Rebelein
- Nach Dipl.-Ing. Paul

Diese Bestimmung ergibt korrekte Werte, erfordert aber größeren apparativen Aufwand und wird daher gut eingerichteten Laboratorien überlassen bleiben.

14.6 Aschebestimmung

Prinzip: Der Rückstand der Trockenextraktbestimmung wird verbrannt, geglüht (verascht) und nach dem Abkühlen auf einer analytischen Waage gewogen. Der Aschegehalt wird auf 1/100 g/l angegeben.

14.7 Sonstige Bestimmungsmethoden

14.7.1 Bestimmung der „Flüchtigen Säure“ (vereinfachte Schnellmethode)

Diese wird mit der gleichen Destillationsapparatur wie die Alkoholbestimmung durchgeführt (siehe auch Kap. 14.1.2).

Durchführung

50 ml Wein + 60 ml Wasser + 10 g Kochsalz werden im Kochkolben so lange erhitzt, bis etwa 90 ml überdestilliert sind. Das Destillat enthält alle flüchtigen Säuren. Zum Destillat gibt man einige Tropfen Phenolphthalein (Indikator) zu. Hierauf titriert man mit 2/15 n-Lauge, bis der Neutralpunkt erreicht ist, erkennbar durch einen Farbumschlag auf leicht Rosa (siehe auch Kap. 5.8.2).

Berechnung:

Laugenverbrauch in ml × 0,16 = g/l flüchtige Säure (als Essigsäure berechnet)

14.7.2 Weinsäurebestimmung

Die Bestimmung kann mit einem Fotometer anhand einer enzymatisch oder rein chemisch verursachten Farbreaktion oder durch Ausfällung erfolgen.

Prinzip der Ausfällung: Eine genau abgemessene Weinmenge wird mit einem Überschuss an Kaliumsalz und Alkohol versetzt. Die Probe wird eine gewisse Zeit im Kühlschrank belassen, wobei die gesamte Weinsäure als Weinstein ausfällt. Nach Abtrennung und Reinigung der Weinsteinkristalle werden diese in kochendem Wasser gelöst und mit einer Lauge bestimmt. Dann wird auf Weinsäure umgerechnet.

14.7.3 Geräte für Schnelltests

Vermehrt kommen Geräte auf den Markt, die bei vertretbarem Investitionsvolumen eine schnelle Aussage über die Standardparameter wie z. B. Alkohol, Zucker, Säure SO_2 oder auch die Dichte erlauben. Ab ca. 2000 € ist z. B. ein Handbiegeschwinger erhältlich, der per Daumendruck (zur Probenahme) die Dichte wahlweise in KMW, Öchsle oder Dichtewert anzeigt. Das Gerät hat sich mittlerweile einen fixen Platz zur schnellen Most- und Gärkontrolle in vielen Kellereien erobert.

Das ab ca. 1400 € erhältliche RQflex® bzw. RQflex® plus der Firma Merck ist ein kleines mobiles Reflektometer, das mit Teststicks oder Küvetten arbeitet und eine schnelle Aussage auch unterwegs bei mittlerer Genauigkeit erlaubt. Die Kosten für die Analyse liegen – abhängig vom Parameter – zwischen 1 und 5 €.

Das „Alex 500“ der Firma Paar ist ein kompaktes Alkohol- und Extraktmessgerät basierend auf NIR in Kombination mit einem Biegeschwinger, das auch eine sehr präzise Gärverfolgung erlaubt. Mit ca. 9000 € bewegt man sich in einem zumindest für mittlere Betriebe erschwinglichen Preisrahmen.

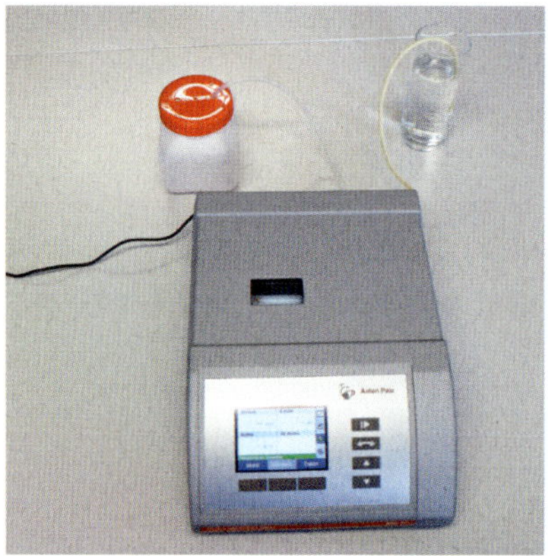

Abb. 75a
Alex 500 Analysator.

14.8 Prüfung auf Weinstabilität

14.8.1 Ermittlung des Bentonitbedarfs

Prinzip: Nach einem positiv ausgefallenen Eiweißtest wird eine kleine Weinmenge (100 ml) mit verschiedenen Bentonitmengen versetzt. Der Erfolg der Behandlung wird durch einen neuerlichen Eiweißtest überprüft und so die erforderliche Bentonitmenge ermittelt.

Arbeitsmittel
Bentonitsuspension 10%ig
Bentotestlösung oder Wärmeschrank bzw. Wasserbad
Eprouvette mit Gestell
Faltenfilter Ø 150 mm mit Trichter
Probefläschchen weiß, 100 ml
Vollpipette 100 ml oder Messzylinder 100 ml
Messpipette 5 ml

Prüfung des Weines auf „thermolabiles Eiweiß“

Bentotest nach Dr. Jakob
10 ml klar filtrierter Wein wird im Reagenzglas mit ca. 1 ml Bentotestlösung versetzt. Tritt innerhalb von 30 Sekunden eine Trübung auf, enthält der Wein Eiweiß. Der Trübungsgrad gibt Aufschluss über den ungefähren Bentonitbedarf.

Wärmetest
100 ml klar filtrierter Wein im Probefläschchen wird im Wärmeschrank oder im Wasserbad 2–3 h bei 70 °C gehalten. Tritt nach der Abkühlung (Kühlschrank) eine milchige oder flockige Trübung auf, enthält der Wein thermolabiles Eiweiß. Der Trübungsgrad bzw. die Menge des Depots ist ein Maß für den Bentonitbedarf.

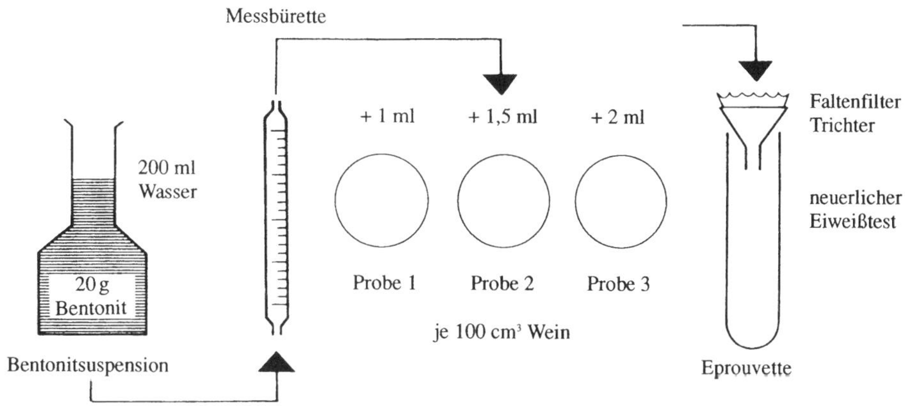

Abb. 76 Bentonitschönung – Vorversuch.

Schönungsvorversuch bei positivem Eiweißtest

- 3 Erlenmeyerkolben mit je 100 ml Wein bereitstellen.
- Bentonitsuspension (20 g Na-Ca-Bentonit mit dest. H_2O auf 200 cm^3 auffüllen. 1 ml dieser Lösung in 100 cm^3 Wein entspricht 100 g Bentonit in 1 hl Wein.) gut schütteln und mittels Messpipette den Weinproben zusetzen.

Z. B.:	Probe 1	+ 1,0 ml 10%ige Suspension = 100 g Bentonit/hl
	Probe 2	+ 1,5 ml 10%ige Suspension = 150 g Bentonit/hl
	Probe 3	+ 2,0 ml 10%ige Suspension = 200 g Bentonit/hl

Proben nun gut durchmischen, mind. 1 Stunde, besser 1 Tag stehen lassen und dann über Spritzen- oder Faltenfilter filtrieren.
Diese geschönten Proben nochmals einem Eiweißtest unterziehen. Die Probe mit dem geringsten Bentonitzusatz bei negativem Eiweißtest zeigt die erforderliche zu schönende Bentonitmenge an.

Anmerkungen
- Die Bentonitsuspension soll mit demselben Bentonit hergestellt werden, der zur Weinbehandlung verwendet wird.
- Bei sehr kalten Kellern (unter 10 °C) sollte auch der Vorversuch bei dieser Temperatur gemacht werden.
- Beim Einpipettieren der Bentonitsuspension rasch arbeiten, um ein Entmischen und damit Verstopfen der Pipette zu vermeiden.
- Der Bedarf an anderen Weinbehandlungsmitteln wie Gelatine, Kieselsol oder Aktivkohle kann mit ähnlichen Schönungsvorversuchen ermittelt werden.
- Bei Weinen mit höherem pH-Wert ($> 3{,}5$) ist es ratsam, Mischbentonit (Na-Ca) zu verwenden.

14.8.2 Vorprobe auf Eisen

Mit der Vorprobe auf Eisen soll festgestellt werden, ob beim Wein vor der Flaschenfüllung eine Blauschönung erforderlich ist.

Arbeitsmittel

- Testlösung: 5 g rotes und 5 g gelbes Blutlaugensalz in 100 ml Wasser lösen
- 10%ige eisenfreie Salzsäure
- Proberöhrchen

Durchführung

In das Proberöhrchen gibt man ca. 10 ml Wein und versetzt ihn mit 3 Tropfen verdünnter Salzsäure sowie 2–3 Tropfen Testlösung; nach dem Mischen beurteilt man die Färbung.

Beurteilung

hellgrün bis gelbgrün:	Keine Blauschönung erforderlich.
blaugrün bisblau:	Eine genauere Untersuchung im Hinblick auf eine eventuell notwendige Blauschönung ist erforderlich.

Die Feststellung des erforderlichen Blutlaugensalzbedarfes darf laut österreichischem Weingesetz nur von dafür autorisierten Personen durchgeführt werden!

14.9 Weinverkostung und Weinpräsentation

Die Qualität eines Weines hängt weitgehend von dessen Inhaltsstoffen ab, doch sind nur wenige davon analytisch erfassbar. Die Weinkost (sensorische Prüfung, Sinnenprüfung) kann besser als die chemische Analyse über Qualität, Sorten- und Gebietscharakter oder etwa Fehler Aufschluss geben.
Das Urteil des Einzelnen ist immer subjektiv, da jeder seine eigene Vorstellung von Qualität hat. Auch kann die Bewertung durch verschiedene Faktoren (wie z. B. das Wissen um den eigenen Wein, „Betriebsblindheit", Tagesverfassung) beeinflusst sein. Durch eine kommissionelle Verkostung mit durchschnittlich 7–9 Mitgliedern kann aber aus den subjektiven Einzelurteilen ein objektives Urteil gebildet werden.

14.9.1 Der Vorgang des Riechens und Schmeckens
14.9.2 Das Weinglas
14.9.3 Kostvoraussetzungen
14.9.4 Beurteilungskriterien und Kostsysteme
14.9.5 Weinbeschreibung

14.9.1 Der Vorgang des Riechens und Schmeckens

Geruch

Die Riechschleimhaut der menschlichen Nase ist mit etwa 5 Millionen Sinneszellen (Hund: 200 Millionen) ausgestattet. Die Geruchsempfindung wird dadurch ausgelöst, dass die Duftstoffe mit der Atemluft über die Nase eindringen und von den Rezeptoren der Riechschleimhaut wahrgenommen werden. Oft sind es nur Milliardstel Gramm eines Stoffes. Schnüffeln steigert die Geruchsempfindung. Bei verstopfter Nase (Schnupfen) können Geruchsstoffe kaum wahrgenommen werden. An die 10 000 verschiedene Aromen sind für uns riechbar.

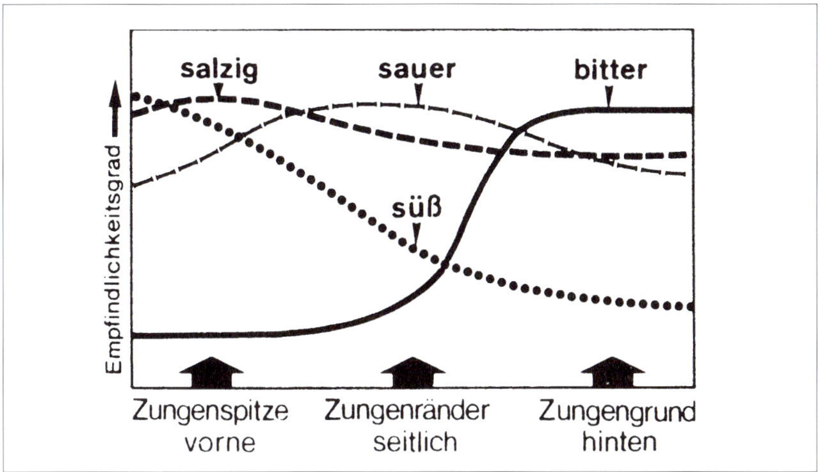

Abb. 77
Geschmacksempfindlichkeit der Zunge.

Die Empfindlichkeit der Geschmackszonen auf der Zunge gegenüber den Grundempfindungen süß – sauer – salzig – bitter. Die Empfindlichkeit nimmt in der Darstellung von unten nach oben zu.

Geschmack

Mit der Zunge können nur Grundgeschmacksrichtungen wahrgenommen werden. Neben den „Klassikern" süß, sauer, salzig und bitter hat wird in der Lebensmittelsensorik heute als fünfter Geschmack „umami" (fleischig) angeführt, dieser hat sich aber bei der Weinbeschreibung bislang nicht etabliert. Die regionale Aufteilung der Empfindlichkeit auf verschiedene Zonen wird überschätzt, sie ist nur zu einem geringen Prozentsatz vorhanden Sowohl die Zungenmitte als auch Gaumen, Lippen, Wangen und Zahnfleisch enthalten kaum Geschmacksorgane.

Empfindung „am Gaumen"

Riechen und Schmecken werden gekoppelt, da beim Schlucken der durch das Gaumensegel hergestellte Verschluss zwischen Nase und Rachen geöffnet wird. Dadurch hat man den Eindruck, das Aroma auch beim Essen zu „schmecken", obwohl es in Wirklichkeit von der Nase wahrgenommen wird.

14.9.2 Das Weinglas

Nicht nur die Qualität des Weines, auch die Form und Güte des Glases beeinflussen das Kosturteil.

Abb. 78
Weingläser.

Von rechts nach links:
Standard-Kostglas
Rotweinglas
Jungweinglas
Chardonnayglas
Rotweinglas

Die Form sollte nach oben hin zulaufend sein, um den (durch Schwenken freigesetzten) Duft zu verstärken, die Größe ermöglicht die stärkere oder schwächere Reaktion mit Luft und damit die Aromaenfaltung. Als Grundregel gilt:

Je älter der Wein, desto größer das Glas.

Je hochwertiger die Zusammensetzung der Glasschmelze ist, desto offenporiger ist die Oberfläche des fertigen Glases und setzt mehr Aroma frei.
Grundsätzlich sollte für Beurteilungen ein dünnwandiges, tulpenförmiges Stielglas verwendet werden. Wie „richtig“ oder „falsch“ auch immer die Glasform ist – sie muss für alle bewerteten Weine die gleiche sein.

14.9.3 Kostvoraussetzungen

Um Weine korrekt bewerten zu können, müssen einige Faktoren berücksichtigt bzw. Voraussetzungen erfüllt werden:

- **Verkoster:** gute Weinkenntnis, gute körperliche und geistige Verfassung (z. B. keine Erkältung, kein Stress), vor der Kost keine scharfen und stark gewürzten Speisen, nicht knapp vorher rauchen
- **Kostraum:** hell, warm, ruhig, kein Lärm, keine starken Gerüche (z. B. Farbe, Bohnerwachs), keine Beeinflussung durch andere Koster (Kostkabinen)
- **Materialvorbereitung:** neutrales Mineralwasser und Weißbrot zum Neutralisieren des Gaumens, Behälter zum Spucken und zur Gläserentleerung, genügend Kostgläser, Spül- und Pegelwein (wenn nötig)
  Weine temperieren: Weißwein auf 10–12 °C, Rotwein 16–18 °C
  Weine reihen nach:
  Sorten: neutrale vor Bukettsorten
  Alter: jung vor alt
  Zucker: trockene vor süßen
  Farbe: Weiß vor Rosé und Rot, aber eventuell weiße Süßweine nach Rot
- **Abwicklung:**
  Verdeckte Kost: Die Flasche einwickeln, besser ist es in einen Krug umzuleeren.
  Angabe nur von Sorte, Jahrgang, Qualitätsstufe, Herkunft, besondere Zusatzinformation (Ausbauart o. ä.) geben.
  Eine Überbelastung der Koster vermeiden, nicht mehr als 50 Proben pro Kostsitzung. Zeit zum Kosten lassen, ausreichend Pausen machen. Wird ein Imbiss gereicht, so sollen die Speisen eher neutral sein (das Kostvermögen wird durch z. B. scharfe Wurst, fetten Käse und Kaffee beeinträchtigt).

14.9.4 Beurteilungskriterien und Kostsysteme

Die Beurteilung von Weinen kann auf mehrere Arten erfolgen:

- **Beschreibende Prüfung:** Dabei wird der Weincharakter mittels des einschlägigen (zum Teil vorgeschriebenen) Vokabulars beschrieben. Es können auch bestimmte Eigenschaften vorgegeben werden, deren Vorhandensein bzw. Intensität dann beurteilt wird.
- **Bewertende Prüfung:** Je nach Kostschema werden entweder direkt Punkte vergeben oder es wird eine „unstrukturierte Skala“ verwendet, bei der man auf einer Linie sein Urteil markiert, dieses wird dann rechnerisch ausgewertet. Das Resultat ist in beiden Fällen eine Punktezahl, wobei die Spannweite je nach System von 0–20 oder bis 100 Punkten gehen kann. Zu überlegen ist immer, wie reproduzierbar eine Bewertung ist, das heißt, ob man bei einer Wiederholung wieder genau die selben Punkte vergibt.

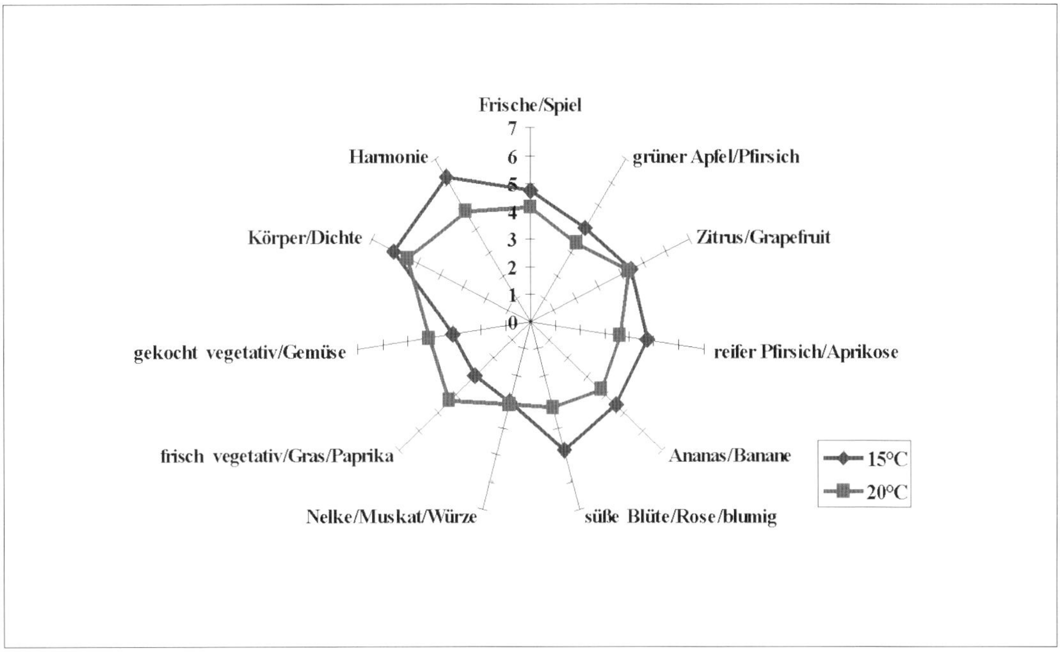

Abb. 79
Aromaprofilbeschreibung bei Gärtemperaturen von 15 °C und 20 °C.

- **Rangziffernmethode:** Dabei werden mehrere Weine nebeneinander verkostet und der Fragestellung entsprechend gereiht. Sowohl für Versuchskosten als auch für das Finale von Weinwettbewerben ist dies eine gebräuchliche Methode.

Die Bewertung eines Weines berücksichtigt grundsätzlich 3 Kriterien: Aussehen - Geruch - Geschmack

Jeder dieser Faktoren kann dann, je nach System, noch mehrfach unterteilt werden, zusätzlich kann die Bewertung des Gesamteindrucks bzw. die Harmonie gefordert sein. Bei manchen Systemen müssen dann insgesamt 12 bis 16 einzelne Komponenten bewertet werden Die Punkte werden entweder direkt vergeben oder das jeweilige Kästchen wird am Kostformular angekreuzt und die Errechnung der Punktezahl erfolgt bei der Auswertung.
Die Anzahl der möglichen Punkte für jedes einzelne Kriterium kann unterschiedlich sein, das heißt, es gibt die Möglichkeit der Gewichtung – je nach Wichtigkeit der Eigenschaft für den Gesamteindruck wird mit einem Faktor multipliziert.
In diesem Fall kann auch auf jahrgangsbedingte Eigenheiten durch Anpassung der Gewichtung gearbeitet werden.
Je nach Schema werden Pluspunkte oder Minuspunkte (Abzüge) gegeben.

Das **Internationale OIV-Kostschema** und die **Kostformulare von drei Landesweinbewertungen** zeigen die Möglichkeiten der Fragestellungen.

OIV-Schema

Am Kostformular sind leere Kästchen anzukreuzen. Die hier eingetragene Punkteanzahl soll die Gewichtung der einzelnen Kriterien sichtbar machen.

		ausgezeichnet	sehr gut	gut	befriedigend	ungenügend	ausscheiden	Neue Flasche
Aussehen	Klarheit	5	4	3	2	1		
	Farbe	10	8	6	4	2		
	Mousseux (bei Sekt)	8	7	6	4	2		
Geruch	Reintönigkeit	6	5	4	3	2		
	Intensität	8	7	6	4	2		
	Qualität	16	14	12	10	8		
Geschmack	**Reintönigkeit**	6	5	4	3	2		
	Intensität	8	7	6	4	2		
	Abgang	8	7	6	5	4		
	Reintönigkeit	22	19	16	13	10		
Allgemeiner Eindruck		11	10	9	8	7		
Mögliche Punktesumme		100	88	72	56	40		

Niederösterreichische Wein Prämierung

Ist der Wein fehlerhaft? Wenn ja, welcher Fehler:	
Beurteilen Sie den Wein nach folgendem Schema:	
Nicht zufriedenstellend, „sehr schwach"	0–10 Punkte
Einfacher Wein	11–12 Punkte
Guter Wein	13–14 Punkte
Sehr guter Wein	15–16 Punkte
Ausgezeichneter Wein	17–18 Punkte
Spitzenwein n von internationalem Format	18,5–20 Punkte
Bewertung bis 18 ganze Punkte, darüber auch halbe Punkte	

Steirische Landesweinbewertung

Die Buchstaben werden vom Koster markiert, sie dienen der leichteren Auswertung bei der Errechnung der Punkte.

	ausgezeichnet	sehr gut	gut	befriedigend	genügend	wiederholen	ausscheiden
Aussehen	a	b	c	d	e		
Geruch	f	g	h	i	j		
Geschmack	k	l	m	n	o		

Burgenländische Landesweinbewertung

Echter Weinfehler	Ex					
Flaschenbedingter Weinfehler	W					
	ausgezeichnet	sehr gut	gut	befriedigend	genügend	Anmerkungen
Aussehen	a	b	c	d	e	
Geruch	f	g	h	i	j	
Geschmack	k	l	m	n	o	
Harmonie	p	q	r	s	t	

14.9.5 Weinbeschreibung

Ausgehend von den 3 Grundkriterien Aussehen, Geruch und Geschmack lässt sich der Wein in eine Vielzahl von einzelnen Eindrücken „zerlegen" und damit genauer charakterisieren. Das dabei verwendete Vokabular kann positive wie negative Eigenschaften beschreiben. Diplomatisch ist es, sowohl die Stärken als auch die Schwächen positiv zu formulieren.

GERUCH

REINTÖNIGKEIT

\+ reintönig, sauber

– dumpf, unsauber, unrein, fehlerhaft

INTENSITÄT

\+ verschlossen, verhalten, dezent, unaufdringlich, duftig, zart, ausgeprägt, aromatisch, betontes Bukett, intensiv, laut

– ohne Duft, neutral, bukettarm, penetrant, aufdringlich, parfümiert

ALLGEMEINER CHARAKTER

weinig, blumig, fruchtig, würzig, stoffig, heftig

GESCHMACK

SÄURE

\+ frisch, rassig, nervig, stahlig, mit Säurebiss

– schal, hart, spitz, scharf, bissig, unreif

SÜSSE

\+ trocken, halbtrocken, dezente Süße, deutlicher Zuckerrest, extraktsüß, edelsüß

– plump, klebrig, Zuckerwasser

TANNIN

\+ samtig, weiches Tannin, mollig, rund, leichtes Bitterl, zartbitter, gerbstoffreich

– sperrig, adstringierend, pelzig, rau, bitter

HARMONIE

\+ einfach, ehrlich, sauber, süffig, ausgewogen, finessenreich, komplex, vielschichtig, elegant, groß, edel, perfekt

– klein, unharmonisch, eckig, derb, plump, ausdruckslos, nichtssagend

ALTER

\+ jung, hefig, jugendlich, ausgebaut, reif, am Höhepunkt, edelfirnig

– mostig, müde, welk, „Altl", ausgezehrt, oxidativ, den Höhepunkt überschritten, passé

KÖRPER/EXTRAKT

\+ schlank, zart, elegant, feingliedrig, gut gebaut, muskulös, füllig, kompakt, dicht, konzentriert, engmaschig, extraktreich, körperreich, vollmundig, kraftvoll, gehaltvoll, üppig

– leer, kraftlos, dünn, flach, breit, plump

ALKOHOL
- \+ leicht, leichtgewichtig, mittelschwer, kraftvoll, stark, schwer, wuchtig, mächtig, feurig
- – mager, dünn, brandig, spritzig

ABGANG
- \+ kurz, mittel, lang, harmonisch, lang anhaltend
- – sehr kurz, reißt ab, unsauber

FOLGERUNGEN
QUALITÄT
fehlerhaft – schwach – mittelmäßig – gut –
sehr gut – ausgezeichnet – außergewöhnlich
REIFE
unreif (entwicklungsfähig – „Potenzial"?) –
jugendlich – reif – am Höhepunkt – abbauend – abgebaut
ALTER/JAHRGANG
zutreffend – wirkt jünger – wirkt älter
HERKUNFT
erkennbar – typisch – untypisch – international

Sortenspezifische Aromen
Verschiedene Weinsorten werden durch mehr oder weniger intensive Aromen charakterisiert. Nicht jeder noch so zutreffende Vergleich mit anderen Materialien ist aber geeignet, den Wein positiv darzustellen (z. B. faules Laub?). Eine Hilfe zur genauen Beschreibung stellt das Weinaromarad (Vertrieb ÖWM) dar. (Abb. 80a + 80b)

Einige Beispiele

Welschriesling:	Heublume, grüner Apfel
Grüner Veltliner:	„Pfefferl", Tabak, Grapefruit, Würze, Nuss
Müller-Thurgau:	muskierend
Riesling:	Pfirsich, Marille, Ananas, exotische Früchte, Petrol (im Alter)
Chardonnay/Morillon:	Feuerstein, Haselnüsse, Marille, Honig, grüner Apfel, Gemüse
Sauvignon blanc:	Brennnessel, Paprikaschoten, Holler, Spargel, Gras
Traminer:	Rose, Veilchen, Hirsch-Zitronella-Seife
Weißburgunder:	Walnuss, Honig, Lindenblüte
Blaufränkisch:	Brombeere, Weichsel, Zimt
Blauer Wildbacher:	Apfel, Gras, Brennnessel, Sauerampfer, Ribisel
Cabernet Sauvignon:	Cassis/Schwarze Johannisbeere, Eukalyptus, Minze, Schoten
St. Laurent:	Weichsel, rote Beeren
Zweigelt:	Kirsche, Weichsel, rote Rübe
Barrique:	Butter, Vanille, Röstaromen, Eichenholz

Abb. 80a
Österreichisches Aromarad Rotwein.

Abb. 80b Österreichisches Aromarad Weißwein.

15 Weinbehandlung und Stabilisierung

- Welches sind die wichtigsten Maßnahmen nach dem Gärende?
- Welche Schönungen sind möglich oder auch nötig?
- Wodurch ist eine Säurekorrektur möglich?
- Wie kann die Weinsteinstabilisierung vorgenommen werden?

Unter diesem Begriff versteht man alle Schritte des Weinausbaus vom Jungwein bis zur Flaschenfüllung.
Das Ziel ist ein qualitativ hochwertiges, stabiles Endprodukt. Dazu können verschiedenste Weinbehandlungsmaßnahmen notwendig sein, wobei der Grundsatz gilt:

So viel wie nötig, aber so wenig wie möglich.

Das Gärende

Auffüllen oder Abziehen

Innerhalb einiger Tage nach Ende der Kohlensäureentwicklung soll der Wein weiter verarbeitet werden. Mehrere Möglichkeiten stehen zur Wahl.
Entscheidend für den Zeitpunkt der Weiterverarbeitung des Weines ist der Zustand des Gelägers. Besonders große Gefahr für dessen Verderb liegt bei Weinen mit hohen pH-Werten und niedrigem Alkohol- und Säuregehalt vor. In diesen Fällen ist schnellste Weinklärung notwendig.
Bei einwandfreiem Geläger kann noch eine kürzere oder längere Lagerung auf der Hefe („Sur lie") stattfinden. Dabei kommt es zur Rücklösung von verschiedenen Hefeinhaltsstoffen (Aminosäuren, Mannoproteinen), die sich positiv auf das Aroma auswirken können.

15.1 Auffüllen der Behälter

Der wichtigste Schritt unmittelbar nach der Gärung ist der Schutz des Weines vor Oxidation durch Luftsauerstoff. Daneben hat das Auffüllen auch hygienische Gründe. Hefe- und Schaumreste können insbesondere bei intensiver Schaumbildung an der Behälteroberseite kleben. Wartet man zu lange mit dem Auffüllen, kommt es zum mikrobiologischen Verderb der Reste, sie trocknen an und sind nur äußerst schwierig zu entfernen.

15.2 Abziehen (Abstich)

Darunter versteht man das Umfüllen des Weines (nach Gärende) von einem Behälter in einen anderen mit der Absicht, abgesetzte Trubstoffe vom Wein zu trennen.

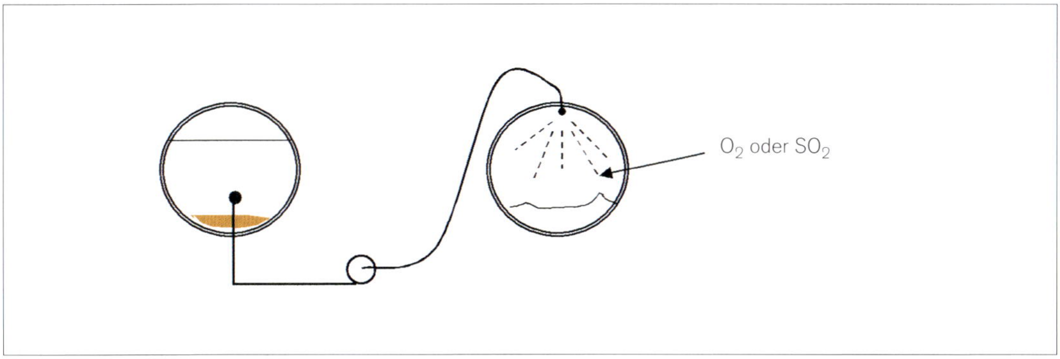

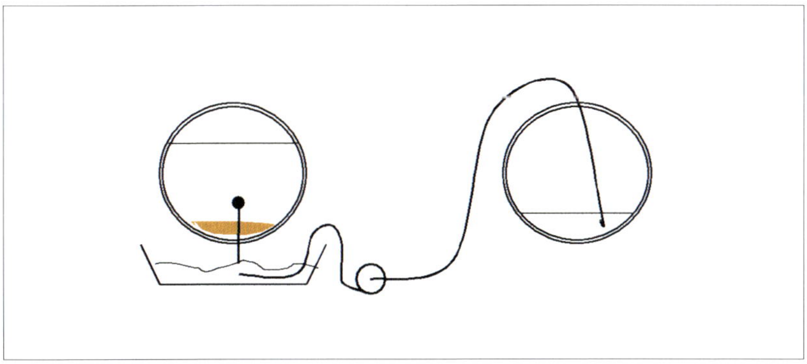

Abb. 81 und 82
Offenes Abziehen.

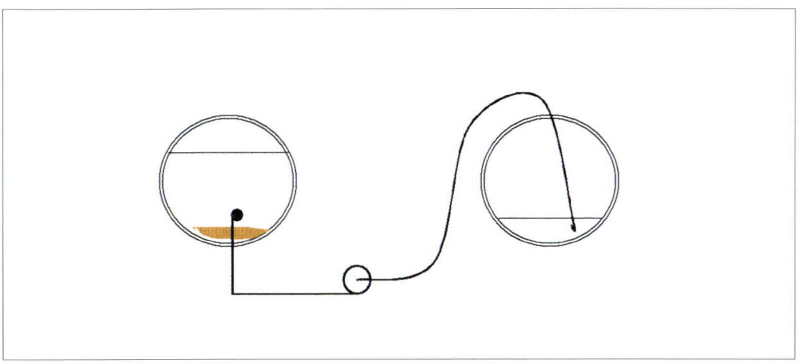

Abb. 83
Geschlossenes Abziehen.

Abb. 84
Extreme Belüftung

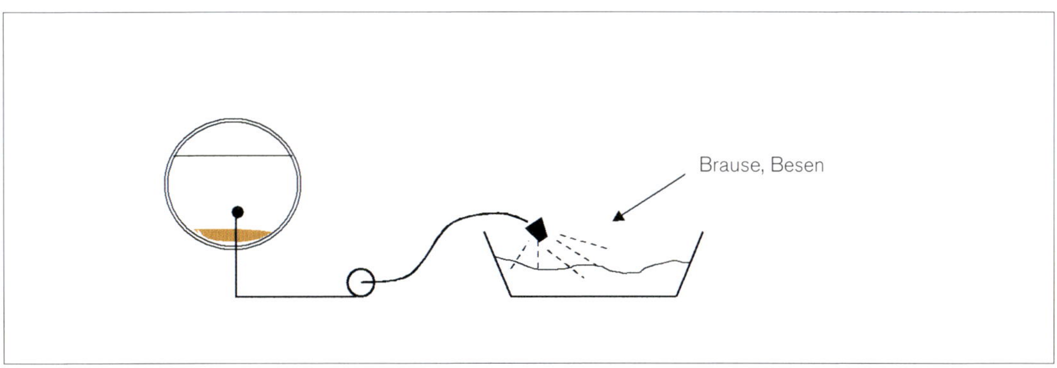

Die Trubstoffe können im Wein zu verschiedenen, meist negativen Entwicklungen führen: Zersetzung des Gelägers und Böckserbildung.
Beim Abziehen kommen die Weine mehr oder weniger mit Luft in Kontakt. Die Luftaufnahme sollte bei der Erzeugung von fruchtbetonten sortentypischen Weißweinen minimiert werden. Rotweine sollten mehrmals belüftet werden, dies fördert die Entwicklung des Weines und Stabilisierung der Farbe.

OFFENES Abziehen

(Abb. 81 + 82) Der Wein wird im Zuge des Abstiches über Luft gezogen. Der Abziehschlauch wird so hoch in dem Behälter angebracht, dass der Wein unter Luft oder SO_2-Aufnahme auf den Boden plätschert oder es wird unter das Abzugsfass ein Bottich gestellt, in welchem der Wein vor dem Weiterpumpen an die Luft gelangt. Beide Möglichkeiten werden sehr gern bei Weinen, die mäßig Luft benötigen (Rotwein, leicht böcksernde Weine) angewendet.

GESCHLOSSENES Abziehen

(Abb. 83) Wein wird in Wein gezogen. Dabei wird der Behälter von unten befüllt, indem man den Abziehschlauch bis zum Behälterboden einführt oder den Schlauch an einem allenfalls vorhandenen Restablauf anschließt. Dadurch gibt es relativ geringen Luftkontakt.

Extreme BELÜFTUNG

(Abb. 84) Bei sehr stark böcksernden Weinen und auch bei zähen Weinen soll extrem belüftet werden. Dabei wird der Wein über eine Brause feinst zerteilt, sodass er stark in Luftkontakt kommt. Solche Belüftungen werden meist in einem Bottich vorgenommen.

15.3 Schwefelung

Schwefel in seinen verschiedenen Formen ist ein Weinbehandlungsmittel, das schon zur Zeit der Griechen und Römer verwendet wurde. Schwefeldioxid (SO_2) ist ein farbloses, stechend riechendes Gas. In wässriger Lösung entsteht daraus schweflige Säure (H_2SO_3). Sie ist, in überhöhten Mengen genossen, gesundheitsschädlich, trotzdem ist sie aber in der modernen Kellerwirtschaft nicht wegzudenken. Alle Versuche, auf schweflige Säure gänzlich zu verzichten, haben keine zufriedenstellenden Weine ergeben.

Wirkungen der schwefligen Säure

1. Biologische Wirkung
Hemmung von wilden Hefen und Bakterien (Essigsäurebakterien, Milchsäurebakterien); diese Wirkung wird auch schon im Zuge der Traubenverarbeitung geschätzt.

2. Reduzierende Wirkung
Sauerstoff wird abgebunden, Weininhaltsstoffe werden vor Oxidation geschützt, die Weine bleiben frisch, fruchtig, das Sortenaroma kommt deutlicher zur Geltung.

3. Enzyminaktivierende Wirkung
Sauerstoffübertragende Enzyme werden gehemmt, Bräunung wird verhindert.

4. Geschmacksverbessernde Wirkung
durch Abbindung von Gärungsnebenprodukten, wie Acetaldehyd, Pyruvat etc.

Formen von SO_2 im Wein
Analytisch wird zwischen freiem und gebundenem SO_2 unterschieden. Zusammen ergeben sie das Gesamt-SO_2.
Gebundenes SO_2 ist an verschiedenste Gärungsnebenprodukte wie Acetaldehyd, Ketoglutarsäure, Brenztraubensäure etc. gebunden und wirkt in den Mengen, die im Wein vorkommen, weder antibakteriell noch enzyminaktivierend.

Im menschlichen Körper ist der Gehalt an Gesamt-SO_2 entscheidend, daher darf Wein bei Abgabe an den Verbraucher folgende **Grenzwerte** nicht übersteigen:

	Wein SO_2 – mg/l	**Land- und Qualitätswein** SO_2 – mg/l	
	Gesamt	Frei	Gesamt
Weißwein und Rosé *unter 5 g/l Restzucker*	200	50	200
Weißwein und Rosé *ab 5 g/l Restzucker*	250	50	250
Rotwein *unter 5 g/l Restzucker*	150	50	150
Rotwein *ab 5 g/l Restzucker*	200	50	200
Prädikatswein *unter 5 g/l Restzucker* weiß, rosé rot		 50 50	 200 150
Prädikatswein *über 5 g/l Restzucker* Spätlese Auslese Beerenauslese, Ausbruch, Trockenbeerenauslese, Eiswein, Strohwein		 50 60 75	 300 350 400
Schaumwein Versetzte Weine		35 50	235 300

Bei Trauben aus biologischem Anbau sind die Werte für Gesamt-SO_2 um 50 mg/l, ab 2 g Restzucker um 30 mg/l, zu reduzieren.

Schwefelpräparate

1. Schwefelschnitten oder Schwefelringe
Sie haben elementaren Schwefel aufgetragen.
Durch Abbrennen entsteht SO_2-Gas nach der Formel:

$$S + O_2 \rightarrow SO_2$$

Die Schwefelschnitten werden zur Trockenkonservierung von Holzfässern oder zur indirekten Schwefelung von Wein verwendet. Werden Schwefelschnitten vor dem Abzug im leeren Fass abgebrannt, so nimmt der daraufgepumpte Wein Schwefeldioxid auf. Dies war die übliche Schwefelungspraxis, bevor Kaliumpyrosulfit verwendet wurde.

2. Kaliumpyrosulfit (Kaliumdisulfit, Kaliummetabisulfit) $K_2S_2O_5$
Dieses weiße Pulver ist ein Salz der schwefligen Säure und nur zur Hälfte als SO_2 wirksam. Es reagiert nach der Formel:

$$K_2S_2O_5 \rightarrow 2\ SO_2 + K_2O$$

Aus 222 g Kaliumpyrosulfit entstehen 128 g SO_2, aber nur im sauren Bereich, nicht in wässriger Lösung. Daher kann Kaliumpyrosulfit nur im Wein oder Most SO_2 bilden, nicht aber ohne Säurezusatz zur Nasskonservierung von Holzfässern verwendet werden.

3. Unter Druck verflüssigtes SO_2
wird in Stahlflaschen zu 5, 10, 25 und 50 kg angeboten. Die Dosage der schwefligen Säure erfolgt über einen Dosierzylinder, beim Entspannen wird SO_2 gasförmig und kann sich im Wein lösen.

4. Kaliumhydrogensulfit (Lösung) zur Schwefelung von Maische Most und Wein

Stabilisierung
Klärung
Fehlerbehandlung

15.4 Schönungen

Mit Schönungsmitteln werden Weine aus verschiedensten Gründen behandelt. Einerseits sollen Weine, wenn sie an den Verbraucher abgegeben werden, so weit stabil sein, dass sie unterschiedlichen Lagerbedingungen und Temperaturschwankungen standhalten. Des Weiteren können Schönungsmittel auch zur Klärung anstelle von Filter oder Separatoren eingesetzt werden. Sollten Weine fehlerhaft sein, können Schönungsmittel zur Verringerung oder Beseitigung des Fehlgeruches bzw. -geschmacks eingesetzt werden.

15.4.1 Bentonitschönung

Zur Entfernung von thermolabilem Eiweiß werden in der Kellerwirtschaft meist Bentonite eingesetzt. Dies sind hochwertige Tonerden, bestehend aus Calcium-, Natrium- und Aluminiumsilikaten, die sich durch hohe Quellfähigkeit und Adsorptionsfähigkeit gegenüber gelösten Eiweißstoffen im Wein auszeichnen. Bentonit wird daher eingesetzt, um den Wein wärmestabil zu machen.
Untersuchungen haben gezeigt, dass unbehandelte Weine schon bei Temperaturen von 17–20 °C in wenigen Tagen Wärmetrübungen bilden können. Hauptsächlich entstehen diese bei Transport und Lagerung außerhalb der Produktionsstätten.

Abb. 85
Bentonitschönung.

Entscheidend für den Ausfall von Eiweiß ist die Wärmesumme. Hauptsächlich sind aber höhere Temperaturen (z. B. 30–40 °C) in den Sommermonaten für Flaschenweintrübungen verantwortlich.

Calciumbentonite: Sie sind niederquellfähig, geben Calcium an den Wein ab (leichter Entsäuerungseffekt).

Natriumbentonite: Hochquellfähig, geben Natrium an den Wein ab (Natriumabgabe).

Mischbentonite: Mittelquellfähig.

Für Weine mit hohem pH sind Mischbentonite besser geeignet, sie erzeugen aber auch größere Mengen an Schönungstrub.

Prüfung auf Eiweißstabilität (siehe auch Kap. 14.8.1)

Praktische Durchführung der Schönung

Die ermittelte Menge an Bentonit wird in die 10-fache Menge Wasser klumpenfrei eingerührt. Nach einer Vorquellzeit von 12 Stunden wird das überstehende Wasser abgehebert und der Bentonit mit der ca. 10-fachen Menge Wein verdünnt und aufgerührt. Die Bentonit-Wein-Mischung wird in den Behälter eingebracht und mit einem Propellerrührwerk gut durchmischt. Die Durchmischung muss intensiv sein, da sich Bentonit sehr leicht absetzt. Nach etwa 1 Stunde ist die Eiweißadsorption abgeschlossen. Bentonit benötigt zum Absetzen ca. 1 Woche, danach kann über grobe Schichten oder Kieselgur abfiltriert werden.

Zeitpunkt der Bentonitschönung

Die Bentonitbehandlung kann im Most oder im Wein durchgeführt werden. Eine frühe Behandlung bereits im Most bewirkt auch eine schnellere Mostklärung. Bentonit adsorbiert nicht nur Proteine, sondern auch Farb- und Geschmacksstoffe. Deshalb ist ein früher Behandlungszeitpunkt vorteilhaft. In der Praxis werden Moste aber meist nicht ganz ausgeschönt, weil Gärstockungen mangels Stickstoffverbindungen auftreten können. Die Behandlung im Wein sollte frühestens nach dem Abzug vom Geläger durchgeführt werden. Eine Schönung auf dem Geläger ist nicht zweckmäßig, da Bentonit sehr kräftig eingerührt werden muss und daher auch unerwünschter Trub wieder in Schwebe gebracht wird.

15.4.2 Blauschönung

Zur Entfernung von Eisen, Kupfer und anderen Metallen wird nach wie vor die Schönung mit Kaliumhexacyanoferrat eingesetzt. Erhöhte Metallgehalte können Ursache für Trübungen, Fehlgeschmack und Oxidationsneigung im Wein sein. Metalle werden in geringen Spuren nativ aufgenommen, jedoch sind erhöhte Gehalte meist durch Gerätschaften der Traubenübernahme, Armaturen, Pumpen, Filter, die nicht aus Edelstahl gefertigt wurden, verursacht. Eisenverbindungen mit Gerbstoffen des Weines werden als Schwarzer Bruch bezeichnet. Überhöhter Eisengehalt in Verbindung mit Phosphaten wird Weißer oder Grauer Bruch genannt.

Die Ermittlung des Bedarfs an gelbem Blutlaugensalz darf nur von Absolventen der Höheren Bundeslehranstalt Klosterneuburg, Bundesanstalten, Weinbauschulen und autorisierten Labors durchgeführt werden. Es sind von diesen Personen Aufzeichnungen zu führen. Nach erfolgter Behandlung ist eine Nachkontrolle vorgeschrieben. Überschönter Wein darf nur durch Verschnitt mit geeignetem Wein wiederhergestellt werden.

Durchführung der Schönung

Die ermittelte Menge an gelbem Blutlaugensalz wird in der 5-fachen Menge Wasser (Wichtig! Bei Wein sonst Blausäuregefahr!) gelöst und dem Wein direkt unter ständigem Rühren zugesetzt. Der Wein färbt sich bläulich, die Schönung flockt nach einigen Stunden aus und setzt sich im Regelfall ab. In besonders fein vorgeklärten Weinen erfolgt das Absetzen nur sehr schlecht. Abhilfe kann dann eine Beischönung mit 50–100 g/hl Bentonit oder eine leichte Kieselsol/Gelatineschönung (60 ml 15%iges Kieselsol/30 ml 20%ige Flüssiggelatine) bringen. Je nach Klärgrad kann der Wein 1–2 Wochen auf dem Blautrub verbleiben, danach soll er abgezogen werden. Die gesetzlich vorgeschriebene Nachkontrolle erfolgt vor dem Abzug der Schönung. Vor dem Inverkehrbringen muss blaugeschönter Wein frei von Blautrub sein, daher ist eine Filtration mit Entkeimungsschichten notwendig.

15.4.3 Komplexbildner (Ferroplex)

Während durch eine Blauschönung der Metallgehalt verringert wird, wird durch Zugabe von Komplexbildnern die Reaktion von Metallen mit den Inhaltsstoffen des Weines verhindert. Die Präparate sind Kombinationen von Gummiarabikum mit Zitronensäure. Diese Substanzen bewirken den Aufbau einer Schutzhülle, sodass eine Ausfällung von Kupfer oder Eisen verhindert wird. Metallmengen, die einem Blauschönungsbedarf von bis zu 7 g/hl entsprechen, können mit solchen Präparaten in Lösung gehalten werden.

Dosage: 50 g/hl

15.4.4 Kieselsol/Gelatineschönung

(Abb. 86) Die Schönung mit Kieselsol und Gelatine ist eine klassische Klärschönung. Hefetrübe Jungweine oder Weine mit Trübungen von anderen Weinbehandlungsmitteln können mittels Kieselsol/Gelatine geklärt werden.

Kieselsol

Kieselsol ist vor etwa fünf Jahrzehnten als Ersatzstoff für Tannin zugelassen worden. Es handelt sich um flüssige Kieselsäure (Siliciumdioxid), die bei pH-Werten des Weines eine negative Oberflächenladung aufweist. Es wird in Konzentrationen zu 15 und 30 % angeboten und durch Gefrieren unwirksam.

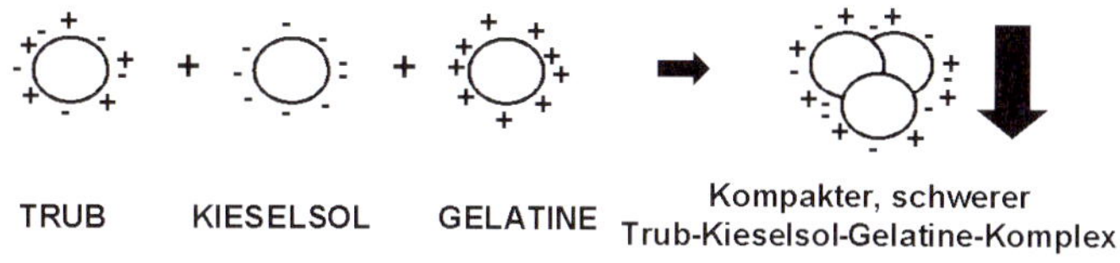

Abb. 86
Kieselsol und Gelatine.

Gelatine

Gelatine ist ein eiweißhaltiges Präparat, das durch Aufschluss von Knochen und Knorpeln erzeugt wird. Gelatine wird in fester (pulverisiert oder in Blättern) oder flüssiger Form in den Handel gebracht. Diese wird meist 20%ig angeboten und mittels SO_2 konserviert; ist die Packung jedoch angebrochen, beträgt die Haltbarkeit nur noch wenige Tage. Zur Gerbstoffverringerung werden in Weißwein Mengen zwischen 5 und 20 g/hl eingesetzt (bei Flüssiggelatine zwischen 25 und 100 ml/hl). Um die Auswirkung der Schönung genau abschätzen zu können, sollten Vorproben im Labormaßstab durchgeführt werden. Hierzu sind Verdünnungen der Originalpräparate im Verhältnis 1:10 ideal. Eine geschmackliche Veränderung in Richtung „samtig", „weich" kann bereits 1–2 Stunden nach erfolgter Zugabe festgestellt werden.

Wird feste Gelatine verwendet, so muss diese zuerst in 5-facher Wassermenge 20 Minuten vorgequollen werden. Danach werden wiederum 5 Teile heißes Wasser zugemischt und unter ständigem Rühren bei einer Temperatur von 45–50 °C gelöst. Die aufgelöste Gelatine wird mittels kräftiger Durchmischung im Wein verteilt. Die Weine sollten eine Temperatur von über 8 °C aufweisen.

Anwendungen

1. Kieselsol-Gelatine-Schönung zur Weinklärung

Dient vor allem im Jungwein zum Absetzen der Hefe und zur Verbesserung der Filtrierfähigkeit.

Der Bedarf zur Klärung liegt bei leichten Trübungen bei 60–80 ml Kieselsol (15%ig) und 30–40 ml Gelatine flüssig (20%ig) je hl Wein. Zur Entfernung stärkerer Trübungen werden bis zu 150 ml Kieselsol und 75 ml Gelatine verwendet.

2. Kieselsol-Gelatine-Schönung als Beischönung

Die Beischönung dient zum besseren Absetzen einer anderen Schönung, z. B.: Kohle-, Blau- oder Bentonitschönung. Dabei wird die Kieselsol 1–2 Tage nach der ursprünglichen Schönung in Mengen, wie sie etwa bei einer leichten Trübung eingesetzt werden, zugegeben.

3. Kieselsol-Gelatine-Schönung zur Gerbstoffkorrektur und Klärung

Wird zuerst Gelatine zugegeben, so kommt es zu einer Reaktion mit Gerbstoffen, danach mit Kieselsol zur Ausflockung und Klärung.

15.4.5 Eiweißhaltige Schönungsmittel

Zu dieser Gruppe gehören: Speisegelatine, Hausenblase, Kasein und Eiklar. Alle diese Schönungsmittel weisen bei weinüblichen pH-Werten eine positive Oberflächen-

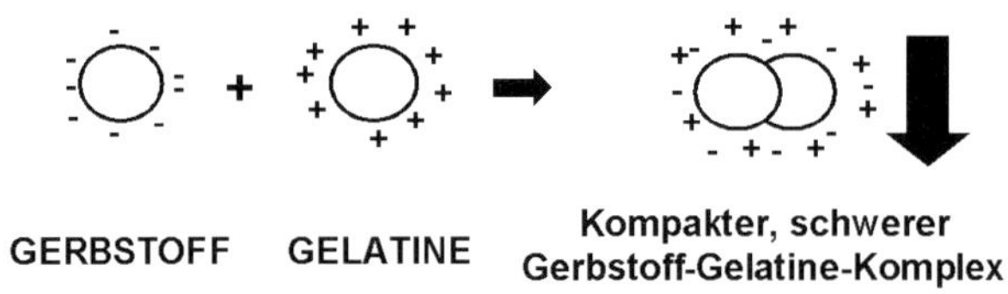

Abb. 87
Gerbstoff und Gelatine.

ladung (+) auf. Sie sind daher in der Lage, Gerbstoffe, die eine negative Ladung (–) aufweisen, zu binden. Bei sehr gerbstoffreichen Weinen bildet sich nach erfolgtem Zusatz eine Trübung, bestehend aus dem Koagulat der beiden Schönungspartner. Bei geringeren Gerbstoffgehalten ist nach erfolgtem Zusatz keine Reaktion ersichtlich, jedoch werden die Weine meist runder und samtiger.

VORSICHT: Bereits bentonitbehandelte eiweißstabile Weine können durch den Zusatz von eiweißhaltigen Schönungsmitteln wieder instabil werden.

Wird eine Behandlung mit Eiweißpräparaten durchgeführt, so muss der Wein vor der Abfüllung nochmals auf Bentonitbedarf geprüft werden.

Gelatine

Wird Gelatine allein eingesetzt, so reagiert sie bei höheren Gerbstoffgehalten mit (Abb. 87) Gerbstoffen. Es kommt zu einer Eiweiß-Gerbstoff-Reaktion und zur Bildung eines unlöslichen Eiweiß-Gerbstoff-Komplexes, wobei sich der größte Teil absetzt, geringe Mengen auch aufschwimmen können.

Hausenblase

Dieses klassische Klärschönungsmittel stammt von getrockneten Fischblasen von Hausen, Stör oder Wels. Der Gerbstoffkomplex wird nur wenig verändert. Die Schönung zieht auch bei tieferen Temperaturen und wurde früher hauptsächlich für die bessere Filtrierbarkeit der Weine vor der Abfüllung verwendet. Hausenblase wird in Form von Blättern, als Pulver oder Paste angeboten. Im Wein werden Mengen von 1–2 g/hl eingesetzt. Heute wird sie in Mischprodukten mit anderen Schönungsmitteln kombiniert und sorgt in diesem Zusammenhang für die Ausflockung und das Absetzen.

Kasein

Kasein ist ein Eiweißpräparat, das aus Magermilch gewonnen wird. Es reagiert mit Gerbstoffen, aber auch sehr stark mit Farbstoffen. Hochfärbigkeit bei Weißwein und Braunstich bei Rotwein können mit Kasein behandelt werden. Problematisch war in der Vergangenheit immer die Anwendung, da Kasein sehr leicht klumpenartige Flocken bildet, die sich im Wein nur sehr schwierig verteilen lassen.

Anwendung: Durch spezielle Aufbereitungsverfahren, wodurch das Kasein auf einen Trägerstoff (Zellulose) aufgebracht wird (z. B. „Vinpur", „Kellerpur"), kann man Kasein bei laufendem Rührwerk direkt in den Tank einstreuen, ohne dass es verklumpt. Eingesetzt wird je nach Art des Weines eine Dosierung zwischen 5 und 60 g/hl.

Eiklar
Für die Harmonisierung von Rotwein wird sehr gern Hühnereiweiß eingesetzt. Es ist wohl das älteste Schönungsmittel überhaupt. Es macht herbe Weine milder, kratzige Komponenten werden geglättet. Der Wirkstoff ist Albumin. Zur Schönung werden je nach erwünschtem Effekt zwischen 1 und 3 Eiklar/hl verwendet. Dabei wird das Eiklar vom Dotter getrennt und leicht zu Schnee geschlagen. Dieser wird in einer Teilmenge Wein eingerührt und mit der Gesamtmenge innig vermischt. Es entsteht ein Schönungstrub, der sich größtenteils absetzt, geringe Mengen können aber auch aufschwimmen. Nach 3–4 Tagen kann von der Schönung abgezogen werden.

15.4.6 PVPP

Polyvinylpolypyrrolidon (z. B. Polyclar AT) ist in der Wirkung spezifischer als eiweißhaltige Präparate. Es ist eine pulverisierte kreuzvernetzte Substanz, die ein sehr großes Adsorptionsvermögen gegenüber Gerbstoffen und Hochfärbigkeit aufweist. Je nach Dosage werden die Weine glatter, heller und geschmeidiger. Nimmt man zu viel, so wirkt der Wein sensorisch dünner, heller und „ausgezogen". PVPP verringert die Oxidationsfähigkeit von Weinen, dadurch wird die Farbe stabilisiert. Bei richtiger Anwendung wirken die Weine frischer als vor der Behandlung. In geringen Dosagen wird trotz merkbarer Gerbstoffverringerung das Weinaroma nicht angegriffen.

Anwendung
Das Präparat ist unlöslich. Man erzeugt eine Aufschlämmung im Verhältnis 1:10 und mischt diese bei laufendem Rührwerk in den Behälter. Nach dem Einrühren werden Farb- und Gerbstoffe adsorbiert und nach einigen Stunden setzt sich das Schönungsmittel vollständig ab. Für leichte Gerbstoff-Farbstoff-Korrekturen werden zwischen 15 und 40 g/hl eingesetzt, für gealterte hochfarbige Weine bis max. 80 g/hl (gesetzlicher Grenzwert). Zur Ermittlung der optimalen Anwendungsmenge soll auf jeden Fall ein Vorversuch durchgeführt werden. Bei diesem Schönungsmittel werden auch Testtabletten angeboten, um die optimale Menge ermitteln zu können. Nach einem Tag kann die Schönung durch Filtration wieder abgetrennt werden.

15.4.7 Mischprodukte

In den letzten Jahren werden gern fertige Mischungen der einzelnen Schönungskomponenten eingesetzt.
So hat sich etwa im Bereich der prophylaktischen Mostschönung die Kombination Gelatine/Kasein (Mostgelatine) sehr gut bewährt. Dabei werden vor allem bei starker mechanischer Beanspruchung der Maische zwischen 50 und 150 ml /hl zugesetzt. Zu beachten ist, dass Bentonit nicht gleichzeitig mit Gelatine verwendet werden soll, da sich deren Wirkung gegenseitig aufhebt. Sind im Most beide Schönungen vorgesehen, so sollte zwischen Mostgelatine und Bentonit ein zeitlicher Abstand von 4–6 Stunden liegen.
In den letzten Jahren wurden Mischprodukte auch zur Glättung der Weine vor der Flaschenfüllung eingesetzt. Vor allem trocken durchgegorene Weine zeigen nach einigen Monaten oft einen leicht bitteren Abgang, sodass eine Behandlung angebracht scheint. Knapp vor der Abfüllung sollte wegen der Gefahr der Einbringung von thermolabilem Eiweiß auf Gelatine verzichtet werden. Mit gutem Erfolg werden daher Kombinationsprodukte wie Sensovin oder Gerbinol super eingesetzt. Auch hier bieten die Hersteller Vorprobenkapseln an, um im Zuge eines Vorversuches die Wirkung zu testen.

Sensovin: Kombinationsprodukt Kasein/PVPP, in Mengen von 5–20 g/hl
Gerbinol super: Kombinationsprodukt Gelatine, Hausenblase, Milcheiweiß

15.4.8 Kupfersulfat

Kupfersulfat wird zur Entfernung von böckserartigen Fehltönen im Wein verwendet. Schwefelwasserstoff und andere schwefelhaltige, böckserverursachende Aromakomponenten werden mit Kupfersulfat chemisch gebunden. Der Geruch nach faulen Eiern und knoblauchartige Böckseraromen werden dadurch behoben.

Dies ist die Folge der Reaktion von Kupfer mit Schwefelwasserstoff:

$$H_2S + CuSO_4 \rightarrow CuS + H_2SO_4$$

Das gebildete Kupfersulfid ist unlöslich und fällt aus.

Da die Stärke der Reaktion nicht errechenbar ist, muss man davon ausgehen, dass nach einer Behandlung mehr oder weniger Kupferreste im Wein verbleiben. Zur Behandlung werden zwischen 0,2–1 g/hl Kupfersulfat eingesetzt. Beim Inverkehrbringen darf der Wein nicht mehr als 1 mg/l Kupferionen aufweisen.
Kupfersulfat ist als Pentahydrat ($CuSO_4 \times 5\ H_2O$) im Handel erhältlich. In dieser Form enthält es 25 % Reinkupfer, daher wird der Grenzwert für Kupfer erst ab einer Behandlung von 0,4 g/hl erreicht, vorausgesetzt, es fand kein sonstiger Kupfereintrag in den Wein durch Geräte oder Armaturen statt.

Durchführung der Behandlung

Die ermittelte Menge an Kupfersulfat wird genau eingewogen und in der 5-fachen Wassermenge gelöst. Danach wird die Kupfersulfatlösung direkt, unter kräftigem Durchmischen in den Wein eingebracht. Die Weine sollen vor der Behandlung blank sein, da eine Trübung die korrekte sensorische Beurteilung unmöglich macht. 1–2 Wochen nach der Behandlung soll der Kupfergehalt des Weins untersucht werden. Wenn auch der Grenzwert bei 1 mg/l Kupfer liegt, so ist in der Praxis ein Wert von unter max. 0,6 mg/l anzustreben, da ab diesem Gehalt bereits Trübungen auftreten können. Zur Entfernung von Kupfer wird die Blauschönung eingesetzt. Dabei ist zu beachten, dass Kupfer nur dann mit gelbem Blutlaugensalz reagiert, wenn auch noch Eisen vorhanden ist (mind. 2–3 mg/l).

15.4.9 Silberchlorid – Kupfercitrat

Silberchlorid wirkt nicht nur wie Kupfersulfat gegen H_2S-Böckser, sondern auch gegen Merkaptanverbindungen, die schon in wesentlich niedrigerer Konzentration unangenehm auffallen. Diese sind mit Kupfer nur schwer zu behandeln. Silberchlorid ist seit Herbst 2015 wieder erlaubt, was eine schonendere Behandlung empfindlicher Sorten bzw. älterer Böckser erlaubt. Die Höchstmenge beträgt 1 g/hl, der Rückstand an Silber muss im Wein unter 0,1 mg/l liegen. Der Vorteil dieses Behandlungsmittels ist, dass ein eventueller zu hoher Gehalt durch eine EK -Schichtenfiltration verringert werden kann und damit eine Blauschönung nicht zwingend notwendig sein muss. Kupferzitrat darf „insbesondere zur Beseitigung von Schwefel- Altwein- und Merkaptanböcksern" bis zu einer Höchstmenge von 10 mg/l Wein verwendet werden.

15.4.10 Kohleschönung

Die Wirkung von Aktivkohle ist im Wein oder Most sehr vielseitig. Sie kann Hochfärbigkeit verringern, aber auch unerwünschten Fehlgeschmack entfernen. Kohle ist ein Schönungsmittel mit sehr großer Oberflächenaktivität, 1 g Aktivkohle weist eine Adsorptionsfläche von bis zu 600 m² auf. Dadurch lässt sich auch die starke entschmackende und entfärbende Wirkung erklären. Demnach werden nicht nur Fehler entfernt, der Wein wird nach der Kohlebehandlung auch heller und dünner. Als Höchstmenge sind 100 g/hl zugelassen, eine Entfärbung von Rotwein ist nicht erlaubt.

Anwendung	Menge (g/hl)
Dumpfer Fassgeschmack	25–50
Faulgeschmack	20–50
Brauner Bruch	15–30
Hochfärbigkeit	20–80
Entschmackung	20–100
Traubenfäule/Mostbehandlung	30–80
Frostgeschmack/Mostbehandlung	10–100

Durchführung der Schönung

Die errechnete Menge an Aktivkohle wird in die 10-fache Wassermenge eingerührt, dann lässt man absetzen. Nach einigen Stunden kann das überstehende Wasser abgezogen werden. Die verbleibende Kohle wird mit Wein verdünnt und unter kräftigem Durchmischen in den Wein eingebracht. Aktivkohle reagiert innerhalb weniger Minuten. 2–3 Tage nach der Schönung soll über Filterschichten mittlerer Klärschärfe abgezogen werden. Zum besseren Absetzen kann einige Stunden nach eingebrachter Kohle als Beischönung Kieselsol/Gelatine gegeben werden.

15.4.11 Tannin

Tannin ist ein Gerbstoff, der im Wein eine negative Oberflächenladung aufweist. Tannin wurde ursprünglich statt Kieselsol zur Klärung verwendet. Da dieses wesentlich wirksamer und geschmacksneutraler (besonders für Weißweine) ist, wird Tannin zur Klärung kaum noch eingesetzt.

In den letzten Jahren kommen Tannine wieder verstärkt auf dem Markt. Es sind dies Produkte mit stark geschmackswirksamen Substanzen, die besonders im Rotwein zur Gerbstoffverstärkung und Erzielung eines samtigeren Weintyps eingesetzt werden. Auch Tannine mit Barriquegeschmack werden angeboten. Über die (ethische) Zulässigkeit dieses Einsatzes wird diskutiert.

15.4.12 Hefeschönung

Die Hefeschönung wird zum Auffrischen von Weinen mit Altersgeschmack verwendet. Die reduzierende Wirkung der Hefe verjüngt den Wein und macht ihn frischer. Verwendet wird frisches Geläger, das unmittelbar nach Gärende anfällt. Je nach Alterston nimmt man 10–15 l frische Hefe und rührt sie kräftig in den zu behandelnden Wein. Nach 1–2 Wochen wird abgezogen.

15.5 Säurekorrektur

Österreich liegt in der Weinbauzone B. Somit darf laut EU-Verordnung grundsätzlich nur eine Entsäuerung, aber keine Säuerung vorgenommen werden. In Jahren mit außergewöhnlichen (heißen) Witterungsbedingen kann vom Mitgliedsstaat aber eine Säuerung zugelassen werden (siehe 1.5.1.5).

15.5.1 Säureerhöhung

Ist die titrierbare Gesamtsäure in Weinen zu tief, schmecken sie unharmonisch, fade, ohne anregende Wirkung. Um zur Geschmacksharmonisierung einen stärkeren Säureeindruck zu erzielen, dürfen folgende Weinbehandlungsmittel eingesetzt werden:

15.5.1.1 Zitronensäure

Zitronensäure darf laut EU VO 606/2009 „zur Förderung des Ausbaus des Weines" bis zu einem Gesamtgehalt von 1,0 g/l zugesetzt werden und gilt nicht als Säuerung im eigentlichen Sinn. Von Natur aus enthalten Weine zwischen 0,2–0,3 g/l, bei Prädikatsweinen können die Werte auch höher liegen. Zitronensäure wirkt auch metallstabilisierend, allerdings erst bei höherem als dem zulässigen Gehalt. Durch Milchsäurebakterien wird Zitronensäure zu Diacetyl abgebaut (Butterton beim biologischen Säureabbau).

15.5.1.2 L-Ascorbinsäure (Vitamin C)

L-Ascorbinsäure ist ein starkes Reduktionsmittel mit saurem Geschmack. Es darf bis zu einer Höchstmenge von 150 mg/l zugesetzt werden. Die Gesamtsäure erhöht sich dabei auch um diesen Wert (siehe auch Kap. 15.9).

15.5.1.3 Metaweinsäure

Metaweinsäure besteht aus veresterter Weinsäure und wird zur Weinsteinstabilisierung verwendet, es wird die Kristallbildung verhindert. Die Wirkung ist wegen des langsamen Zerfalls zu Weinsäure zeitlich beschränkt und beträgt je nach Lagertemperatur 1/2–1 Jahr. Die erlaubte Höchstmenge beträgt 0,1 g/l; wird der Wein nur in Österreich in Verkehr gebracht, kann 0,2 g/l zugesetzt werden.

15.5.1.4 Kohlensäure

Kohlensäure erhöht ebenfalls den Säureeindruck. Bei geringem CO_2-Gehalt besitzt der Wein ca. 0,5 g/l, durch Zusatz von Kohlensäure kann bis auf 2 g/l erhöht werden.

15.5.1.5 Säuerung im Ausnahmejahr mit Zulassung

Die erlaubte Höchstmenge beträgt 2,5 g/l im Wein. Zugelassen ist die Verwendung von

- L (+)-Weinsäure
- L-Äpfelsäure
- DL-Äpfelsäure
- Milchsäure

Beim Zusatz von 1 g/l Weinsäure kommt es vorerst von einer Gesamtsäurezunahme von 1 g/l. Die Weinsäure kann aber wieder als Weinstein ausfallen – Stabilisierungsmaßnahmen sind erforderlich.

L-Äpfelsäure bleibt im Gegensatz zu Weinsäure in Lösung, auch ist ihre Säuerungskraft mit der Weinsäure vergleichbar. Da sie jedoch durch Bakterien zu Milchsäure abgebaut werden kann, besteht ein mikrobiologisches Risiko bzw. hohe Anforderungen an eine sterile Abfüllung.

Milchsäure ist mikrobiologisch stabil, hat allerdings eine etwas geringere Säuerungskraft.

15.5.1.6. Kationenaustauscher

Seit 2013 darf Wein auch mit Kationenaustauschern gesäuert werden, das Verfahren wird aber hierzulande so gut wie nicht angewendet.

15.5.2 Entsäuerung

Gesetzliche Bestimmungen

- Entsäuerungen können in Most und Jungwein in beliebiger Höhe vorgenommen werden, im (fertigen) Wein darf nur noch eine „Feinentsäuerung" um max. 1 ‰ erfolgen.
- Mindestgehalt an titrierbarer Säure bei Wein ohne Herkunft 3,5 g/l, bei allen anderen Weinen 4,0 g/l
- Der Weinsäuregehalt im fertigen Wein muss mind. 0,4 g/l betragen.
- Der Calciumgehalt darf max. 220 mg/l betragen.

15.5.2.1 Kalkentsäuerung

Die Kalkentsäuerung wird im Normalfall mittels kohlensaurem Kalk ($CaCO_3$) durchgeführt. Bei extrem hohen Säurewerten muss eventuell eine Doppelsalzentsäuerung oder die Verbesserte Doppelsalzentsäuerung angewandt werden.

Mostentsäuerung

Bei besonders hohen Säurewerten (ab ca. 12 g/l Gesamtsäure) ist eine Entsäuerung des Mostes zu empfehlen, da so eine radikale Entsäuerung im Wein vermieden werden kann. Dabei wird die Weinsäure durch die Anwendung von kohlensaurem Kalk verringert. Durch eine Entsäuerung des Mostes bleibt der Gehalt an Kalium höher als bei einer Entsäuerung des Weines.

Im Zuge der Gärung kommt es mit einem Teil der Weinsäure und Kalium zur Bildung des Salzes Kaliumhydrogentartrat, des Weinsteins. Durch die Alkoholbildung wird die ohnehin schlechte Löslichkeit geringer, es kommt zum Ausfall. Wird allerdings durch eine Entsäuerung die Weinsäure durch Calcium gebunden und entfernt, so verbleibt im fertigen Wein mehr Kalium. Dieses hat gute Pufferungseigenschaften – Weine schmecken trotz höheren Säuregehalts nicht zu sauer.

Nachteilig wirkt sich die pH-Wert-Erhöhung noch vor der Gärung aus. Je saurer die Gärung, desto reintöniger der Wein. Durch eine Mostentsäuerung steigt die Gefahr eines biologischen Säureabbaus. Der Abbau kann schon während der Gärung ablaufen, daher bleibt er oft unbemerkt. Also sollen Moste nicht auf Trinkstärke, sondern max. auf 9–10 g/l Gesamtsäure entsäuert werden.

Weinentsäuerung

Kleinere Säurekorrekturen werden im Weinstadium durchgeführt. Dabei ist zu beachten, dass der Wein bereits blank sein soll. Bei Anwendung von Kalk muss eine Wartefrist von 4–6 Wochen eingeplant werden.

Kalkentsäuerung

Chemismus:

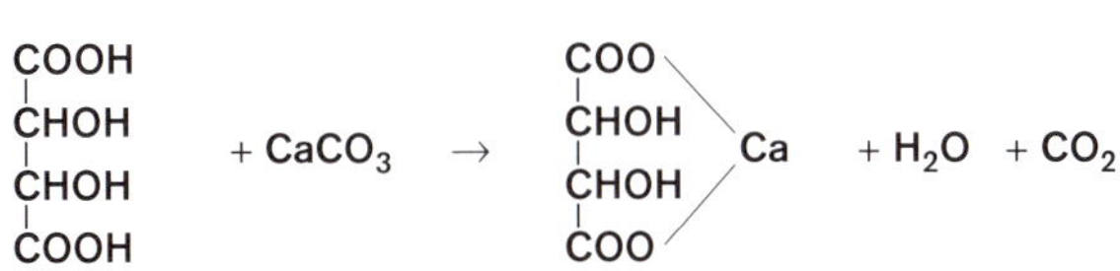

Weinsäure 100 g | Calciumcarbonat 67 g | Calciumtatrat | Wasser | Kohlensäure

100 g Säure reagieren mit 67 g Kalk, daher werden für die Entsäuerung von 1 g/l 67 g Kalk pro 100 l Wein/Most benötigt. Bei der Entsäuerung wird Kohlensäure frei, was insbesondere bei wärmeren Produkten zu starker Kohlensäureentwicklung und damit zum Überlaufen des Behälters führen kann. Bei starken Entsäuerungen sollte ein Steigraum zwischen 5 und 10 % belassen werden.
Soll die Entsäuerung auf ein trinkfertiges Maß erfolgen, muss gewährleistet sein, dass nicht danach ein biologischer Säureabbau stattfindet. Für die Praxis ist daher entscheidend, dass nur keimarme, bereits vorgeklärte Produkte entsäuert werden.

Niemals trübe, nicht abgezogene Weine entsäuern !

Entscheidend für die Entsäuerungsart ist der Gehalt an Weinsäure. Es ist anzuraten bei jedem Wein, der stärker (mehr als 1 ‰) entsäuert werden soll eine **Weinsäurebestimmung** durchführen zu lassen, um eine Überentsäuerung zu vermeiden. Halbquantitative Schnellbestimmungen mit Teststreifen reichen dafür nicht aus.

Mögliche Entsäuerungsformen und deren Berechnung

Für die Berechnung wichtige Bezeichnungen

T 1	Titrierbare Gesamtsäure vor der Entsäuerung (vorhandener Säuregehalt)
T 2	Titrierbare Gesamtsäure nach der Entsäuerung (erwünschter Säuregehalt)
E	Entsäuerung (= T 1 – T 2)
E_{max}	Max. mögliche Entsäuerung
W	Weinsäuregehalt
w	Gesetzlich erforderlicher Restweinsäuregehalt wird mit 0,5g/l in den folgenden Berechnungen angenommen
M	Gesamtmenge Wein oder Most
M_{DS}	Teilmenge zur Doppelsalzentsäuerung

Einfache Kalkentsäuerung

Entscheidend für die Auswahl dieser Entsäuerungsart ist, dass der Weinsäuregehalt um mind. 0,4 g/l (‰) höher als die gewünschte Entsäuerung ist.

Berechnung der max. möglichen Entsäuerung
$E_{max} = (W - w)$

Beispiel: Ein Wein hat 10 ‰ titrierbare Säure, bei einem Weinsäuregehalt von 2,5 g/l.
$E_{max} = (W - w) = 2{,}5 - 0{,}5 = 2{,}0$ g/l

Dieser Wein kann max. um 2 ‰ auf 8 g/l titrierbare Säure entsäuert werden. Ist dieser Wert ausreichend, kann die Berechnung der Kalkmenge erfolgen. Wird eine niedrigere Säure gewünscht, muss mittels Doppelsalzentsäuerung entsäuert werden.

Berechnung der Kalkmenge
Zur Entsäuerung um 1 ‰ werden 67g Entsäuerungskalk je Hektoliter benötigt.
Kalk (g) = $E \times M \times 0{,}67$

Beispiel: Eine Weinmenge von 1 000 l ist um 2 ‰ zu entsäuern.
Kalk = $2 \times 1000 \times 0{,}67 = 1340$ g = 1,34 kg

Durchführung
Die abgewogene Kalkmenge wird in der etwa 10-fachen Wassermenge gewaschen. Nach dem Absetzen wird das überstehende Wasser abgehebert, der Kalk mit Wein aufgerührt und in den Behälter eingebracht. Dabei muss für die entstehende Kohlensäure je nach Entsäuerungsvolumen ein Steigraum zwischen 5 und 10 % belassen werden. Danach sollen 4–6 Wochen Wartezeit eingehalten werden, damit das gebildete Calciumtartrat ausfallen kann.

Doppelsalzentsäuerung

Mit diesem Verfahren ist es möglich, unter bestimmten Voraussetzungen Weinsäure **und** Äpfelsäure zu gleichen Teilen zu entfernen. Dabei wird die errechnete Menge an Spezialkalk am besten in einem Bottich vorgelegt und die abgemessene Teilmenge Wein oder Most langsam unter ständigem Rühren zugepumpt. Die dabei entstehende Kohlensäure wird durch ständiges Rühren ausgetrieben. Dabei entstehen Doppelsalzkristalle, die anschließend vor dem Rückverschnitt mit der Restweinmenge vollständig abgetrennt werden müssen. Für dieses Verfahren ist es wichtig die Berechnungen und Arbeitsabläufe genau einzuhalten.

Berechnung der max. möglichen Entsäuerung
Auch hier muss zunächst festgestellt werden, ob bei den vorhandenen Säurewerten die Entsäuerung auf das gewünschte Maß möglich ist. Das Entsäuerungsmaximum ist in jedem Fall größer als bei der einfachen Kalkentsäuerung.

$$E_{max} = \frac{T1 \times (W - w)}{T1 - W}$$

Beispiel: 1 000 l Wein mit 10 ‰ titrierbarer Säure und 2,5 g/l Weinsäure

$$E_{max} = \frac{10 \times (2{,}5 - 0{,}5)}{10 - 2{,}5} = \frac{10 \times 2}{7{,}5} = 2{,}66$$

Der Wein kann mittels Doppelsalzentsäuerung um max. 2,7 g/l, also auf 7,3 ‰ entsäuert werden.

Berechnung der Teilmenge	*Beispiel*
$M_{DS} = M \times \frac{E}{T1} \times 1{,}1$	$M_{DS} = 1\,000 \times \frac{2{,}7}{10} \times 1{,}1 = 297$ l
Berechnung der Kalkmenge	*Beispiel*
E × M × 0,67 = g Kalk	Kalk = 2,7 × 1000 · 0.67 = 1809 g = 1,81 kg

Verbesserte Doppelsalzentsäuerung

Nicht jeder Wein kann mittels einfacher Doppelsalzentsäuerung auf den gewünschten Säuregrad eingestellt werden. Beim Verbesserten DS-Verfahren wird in der Teilmenge der Weinsäuregehalt auf das Maß der Äpfelsäure angehoben, somit können anschließend beide Säuren komplett aus der Teilmenge entfernt werden. Man kann damit praktisch jeden gewünschten Säuregehalt einstellen.
Im angeführten Beispiel kann durch normale Kalkentsäuerung auf 8,0, durch einfache Doppelsalzentsäuerung auf 7,4 g/l, entsäuert werden. Durch Anwendung des Verbesserten Verfahrens soll noch tiefer entsäuert werden, hier auf 6,5 g/l.

Berechnung der Teilmenge: wie bei der einfachen DS-Entsäuerung

Berechnung des Weinsäurezusatzes zur Teilmenge

$$W_{MDS} = E \times M \times \left[1 - \left(\frac{2W}{T1}\right)\right] \text{ g}$$

Beispiel

$$W_{MDS} = 3{,}5 \times 1000 \times \left[1 - \left(\frac{2 \times 2{,}5}{10}\right)\right] = 1750 \text{ g} = 1{,}75 \text{ kg}$$

Berechnung der Kalkmenge zur Verbesserten Doppelsalzentsäuerung

$$\text{Kalk} = 1{,}34 \times E \times M \times \left(1 - \frac{W}{T1}\right) \text{ g}$$

Beispiel

$$\text{Kalk} = 1{,}34 \times 3{,}5 \times 1000 \times \left(1 - \frac{2{,}5}{10}\right) = 3518 \text{ g} = 3{,}5 \text{ kg DS Kalk}$$

Praktische Durchführung der Doppelsalzentsäuerung

Die errechnete Spezialkalkmenge (Acidex, Neoanticid) wird in einem Behälter (Bottich) vorgelegt. Die bereits vorher abgemessene Teilmenge wird langsam, unter ständigem Rühren, direkt auf den trockenen Kalk gepumpt. Die Volumensmessung der Teilmenge kann nicht im Bottich erfolgen, da es durch die heftige Kohlensäureentwicklung zu starker Schaumbildung kommt. Der Rührvorgang muss so lange fortgesetzt werden, bis keine Kohlensäureentbindung mehr sichtbar ist. Unterbricht man vorzeitig, so kann es zum Absinken des pH-Wertes und damit zum Zerfall des Doppelsalzes kommen.

Bei der Verbesserten DS-Entsäuerung wird zusätzlich **nach** erfolgter Kohlensäureentwicklung die in einer kleinen Menge Wein (aus der Teilmenge stammend) gelöste Weinsäure zugesetzt, wobei wieder so lange gerührt wird, bis die Schaumentwicklung beendet ist.

Abtrennung

Danach erfolgt bei beiden Verfahren die Abtrennung des Doppelsalzes. Gelangen im Zuge des Rückverschnitts Doppelsalzkristalle in die Restmenge Wein, so zerfallen diese und verursachen dort eine normale Kalk(über)entsäuerung. Die einfachste Art der Abtrennung erfolgt durch Schichtenfilter mit eingebauten Trubrahmen. Der Filterapparat wird mit mehrmals verwendbaren Stützschichten oder groben Filterschichten gepackt, gewässert und anschließend erfolgt die Filtration der Teilmenge. Gut geeignet sind auch Kieselgurkombinate. Sie werden vor der Abtrennung mit Zellulose angeschwemmt und danach wird filtriert. Bei der Filtration ist darauf zu achten, dass die Teilmenge wieder möglichst vollständig in den Rückverschnitt gelangt, ansonsten stimmt der praktisch erreichte nicht mit dem errechneten Säurewert überein. Zum Leerdrücken des Filters darf keinesfalls Wein verwendet werden, sondern Gas (Druckluft, CO_2) oder Wasser. Ist keine der oben angeführten Filtrationsmöglichkeiten vorhanden, kann das Doppelsalz auch durch Absetzenlassen und anschließende Schichtenfiltration abgetrennt werden. Hiebei treten aber größere Weinverluste durch das unzureichende Absetzen der Kristalle auf.

Nach der einfachen Doppelsalzentsäuerung ist wie bei der normalen Kalkentsäuerung eine Wartezeit von 4–6 Wochen einzuhalten, diese entfällt beim Verbesserten DS-Verfahren.

Abb. 88
Anordnung zur einfachen Doppelsalzentsäuerung.

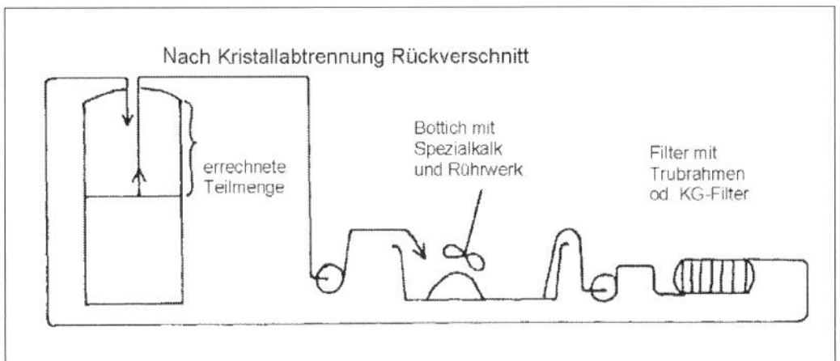

Abb. 89
Anordnung zur Verbesserten Doppelsalzentsäuerung.

Seit dem EU-Beitritt gehört Österreich zur Weinbauzone B, in der die Säuerung verboten ist. Ausnahmegenehmigungen können nur in Jahren mit zu geringer Säure erteilt werden. Durch das Verbot des Weinsäurezusatzes ist es erforderlich, zur Verbesserten Doppelsalzentsäuerung wie auch in Deutschland das Präparat Malicid einzusetzen. Malicid ist eine homogene Mischung aus DS-Kalk und Weinsäure. Die „Verbesserte Doppelsalzentsäuerung" wird in diesem Fall auch als „Erweiterte Doppelsalzentsäuerung" bezeichnet. Die Berechnungen zur „Erweiterten Doppelsalzentsäuerung" wurden in Deutschland von G. Würdig vorgenommen, sie unterscheiden sich im Ansatz von der Berechnung von H. Haushofer in Österreich. Das Ergebnis ist jedoch vergleichbar.

Berechnung der Teilmenge:
M_{DS}: Teilmenge:
E: Entsäuerung g/l
GS: Gesamtsäure g/l

$$M_{DS}\,\% = \frac{E \times 100}{GS - 2} \text{ in \% der Gesamtmenge}$$

Vorzulegende Kalkmenge: $M \times E \times 0{,}7$ g/l
(Das für die Neutralisation der zugesetzten Weinsäure erforderliche Calciumcarbonat ist bei Malicid bereits im Gemisch enthalten.)

Der Gemischzusatz zur überentsäuerten Teilmenge errechnet sich demnach als
$1{,}7 \times M \times [(E - W + w) - (E \times WS) / (GS - 2)]$ g/l
Das Vorgehen in der Praxis erfolgt wie bei der Verbesserten Doppelsalzentsäuerung mit Weinsäurezusatz, nur dass Weinsäure durch die berechnete Menge Malicid ersetzt wird. Im Einzelfall sind – geringfügige – Abweichungen möglich, insbesondere was die Restweinsäure betrifft, deren Wert hier auf 1 g/l festgelegt wurde.

Mögliche **Fehler bei der Doppelsalzentsäuerung**
- Rechnerisch wird davon ausgegangen, dass außer Weinsäure nur Äpfelsäure vorliegt. Wurde diese bereits (unbemerkt) ganz oder teilweise zu Milchsäure abgebaut, weicht das Ergebnis mehr oder weniger stark ab.
- Ungenaue Säure-/Weinsäurebestimmung
- Rechenfehler
- Wiege-/Messfehler

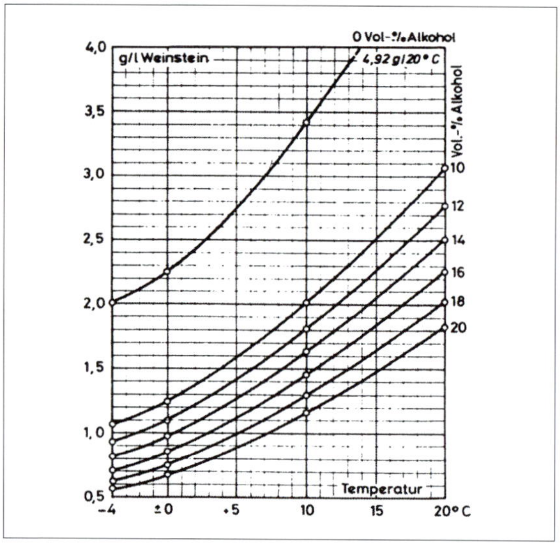

Abb. 90
Löslichkeit von Weinstein in Alkohol-Wasser-Modelllösungen von 0–20 Vol.-%.

- Mangelhaftes Mischen der Teilmenge mit dem Spezialkalk
- pH-Wert-Absenkung durch zu geringe CO_2-Austreibung
- Unvollständige Abtrennung des Doppelsalzes

15.5.2.2 Kaliumhydrogencarbonat (KHC)

Entsäuerung mit KHC

Nach der Zugabe dieses Mittels wird die vorhandene Weinsäure als Weinstein ausgefällt. Der Wein ist allerdings nach einer solchen Behandlung instabil gegenüber Weinsteinausscheidungen geworden. Die Berechnung erfolgt wie bei der Kalkentsäuerung. Um Wein um 1‰ zu entsäuern, benötigt man 67 g KHC/hl, der errechnete Säurewert wird aber erst nach vollständiger Auskristallisation des Kaliumhydrogentartrats erreicht und muss daher mittels Kühlung oder Kontaktverfahren stabilisiert werden. Mit diesem Mittel sollen nur Feinentsäuerungen bis zu 1 g/l durchgeführt werden. Der Calciumgehalt des Weins bleibt unverändert, es gibt daher keinerlei Probleme mit allfälligen Calciumgrenzwerten.

15.5.3 Entsäuerung durch Behandlung mit Bipolaren Membranen

Dieses ähnlich einer Elektrodialyse (siehe 15.6.6) funktionierende Verfahren ist seit 2013 zugelassen und entfernt selektiv Anionen mittels einer Kombination von anionendurchlässigen und bipolaren Membranen, was zu einer Verringerung der titrierbaren Säure führt, ein Restweinsäuregehalt von 1 g/l ist vorgeschrieben. Aufgrund der kostenaufwendigen Anlage ist das Verfahren bei uns nicht gebräuchlich.

15.6 Weinsteinstabilisierung

Weinstein (Kaliumhydrogentartrat) ist das saure Kaliumsalz der Weinsäure. Diese ist im Most übersättigt gelöst. Durch die Alkoholbildung bei der Gärung und bei Abkühlung wird die Löslichkeit verringert und Weinstein fällt aus. Dabei verringert sich der Weinsäuregehalt um bis zu 2 g/l. (Abb. 90)

Weinstein bildet sich besonders an rauen Flächen und durch Bewegung des Weines. Fässer mit dicken Weinsteinkrusten begünstigen Weinsteinausscheidung im Gegensatz zu glattwandigen Stahlbehältern. Bei durchschnittlichen Keller-

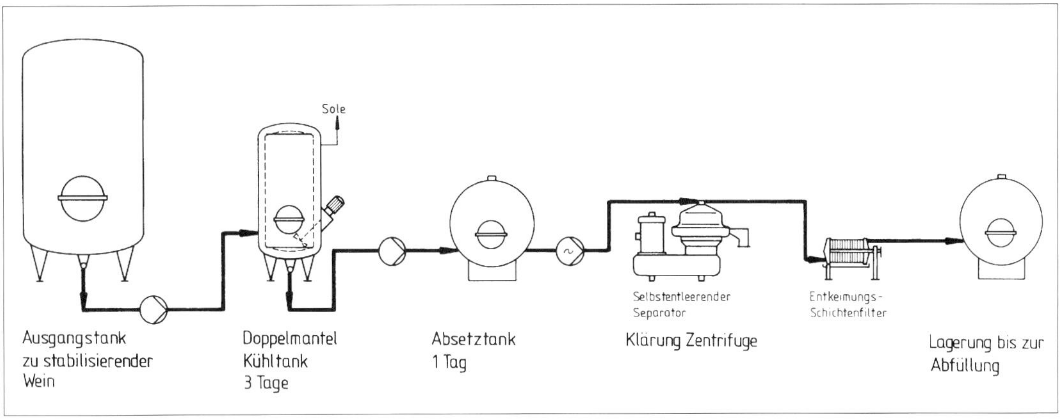

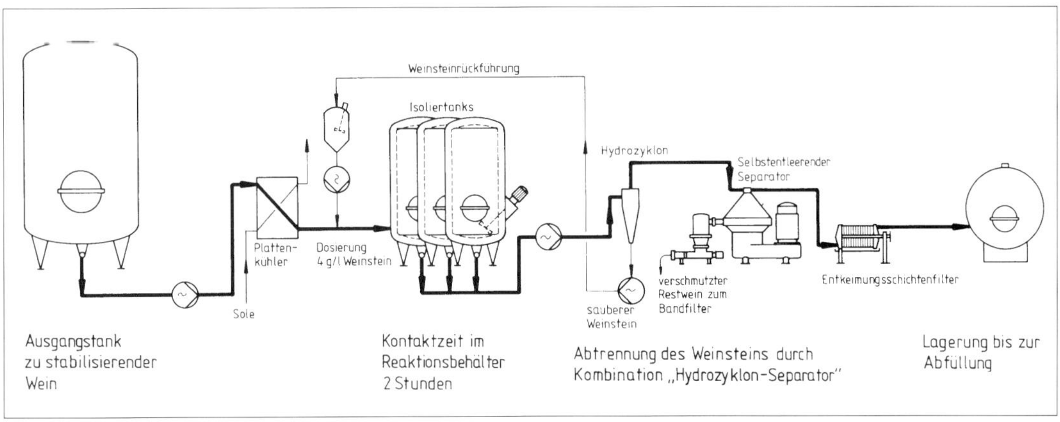

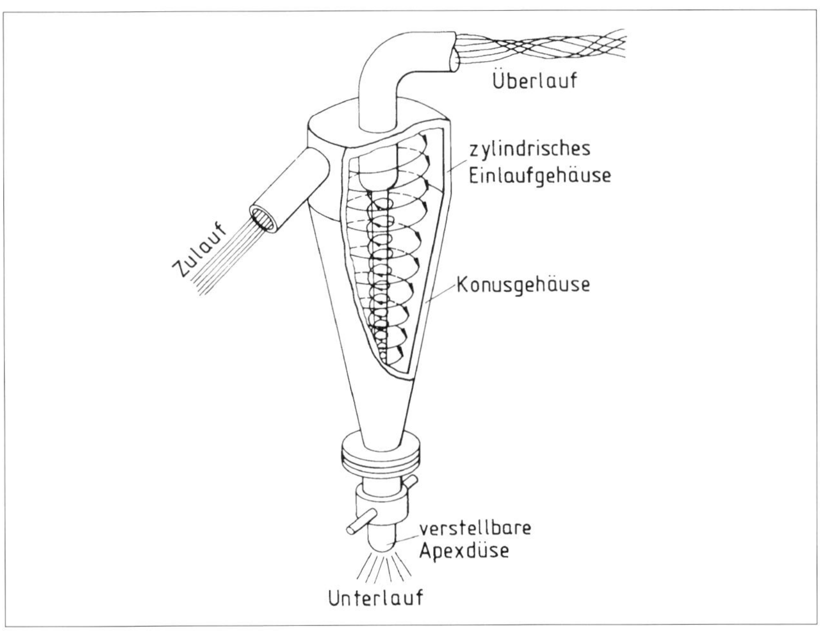

Abb. 91
Weinsteinstabilisierung durch Kühlung.

Abb. 92
Weinsteinstabilisierung durch Kontaktverfahren: Abtrennung der Kristalle mittels Hydrozyklon und Separator.

Abb. 93
Funktionsweise des Hydrozyklons.

temperaturen von 8–10 °C dauert die Weinsteinausscheidung ca. 2–3 Monate. Die Lagertemperatur ist zugleich die Stabilitätstemperatur. Wird der Wein in der Flasche ohne weitere Stabilisierungsmaßnahmen bei tieferen Temperaturen gelagert oder transportiert, ist mit neuerlichem Weinsteinausfall zu rechnen.
Auch der pH-Wert ist von großer Bedeutung. Je niedriger der pH-Wert, desto geringer ist der Weinsteinanteil. Weine unter pH 3 sind sehr stabil, das Maximum der Weinsteinbildung liegt bei pH 3,6–3,8.

Beim Weinsteinausfall verändert sich die Weinzusammensetzung: 1 g Weinsäure bildet mit 310 mg Kalium 1,25 g Weinstein.

1 g/l Weinsäure verringert den Gehalt an:	Titrierbarer Säure um 0,4 g/l
	Extrakt um 1,4 g/l
	Asche um 0,3 g/l

15.6.1 Weinsteinstabilisierung mittels Metaweinsäure

Metaweinsäure ist eine veresterte Form der Weinsäure, die über ihren Schmelzpunkt von 170 °C hinaus erhitzt wird. Sie ist sehr hygroskopisch und muss vor Feuchtigkeit geschützt werden. Durch Zusatz von 5–10 g/hl wird der Kristallaufbau zu Weinstein und auch zu Calciumtartrat gestört. Die Wirkung beträgt 6–12 Monate. Die Qualität wird durch den Veresterungsgrad bestimmt. Metaweinsäuren haben einen Veresterungsgrad von 38–42 %. Je höher der Veresterungsgrad, desto länger die Wirkung. Spezielle Metaweinsäuren enthalten Gummiarabikum, ein Polysaccharid, das zur Stabilisierung von Kristallen und Metallen beiträgt.
Anwendung: Metaweinsäure wird 2–3 Tage vor der Füllung in einer kleinen Teilmenge Wein aufgelöst und dem Wein beigemischt. Bei manchen Weinen entstehen Trübungen, die sich sehr rasch absetzen und dann auch die Filtrierbarkeit nicht wesentlich beeinträchtigen.

15.6.2 Weinsteinstabilisierung durch Gummiarabikum

Dieses Mittel erhöht den Kolloidgehalt im Wein und erschwert dadurch die Kristallisation des Weinsteins. Das Präparat ist haltbar und zerfällt nicht, muss aber zeitgerecht zugegeben werden, sonst können Filtrationsprobleme entstehen. Beliebt ist auch die gemeinsame Anwendung mit Metaweinsäure, um die Wirkung zu optimieren. Einige Kombipräparate werden angeboten.

15.6.3 Weinsteinstabilisierung durch Carboxymethylcellulose

Dieses Mittel zerfällt ebenfalls nicht und darf bis zu einem Grenzwert von 100 mg/l bei Wein und Schaum- und Perlwein eingesetzt werden.

15.6.4 Weinsteinstabilisierung durch Kühlung

(Abb. 91) Der Wein wird 1 Woche auf ca. – 4 °C gekühlt. Durch die Kühlung fällt Weinstein zur Gänze aus, es wird aber auch der Extraktgehalt vermindert.

Die Kühlung kann erfolgen mittels:	– Raumkühlung
	– Doppelmanteltanks mit Kühlsole
	– Kühlspiralen
	– Durchlaufkühler

15.6.5 Weinsteinstabilisierung durch das Kontaktverfahren

(Abb. 92 + 93) Bei diesem Verfahren wird feinst vermahlener Kontaktweinstein (Kalicontact) in einen auf 0° C gekühlten Wein eingerührt und in Schwebe gehalten. Die Impfkristalle regen den raschen Ausfall des in Lösung befindlichen Weinsteins an, sodass eine Stabilität nach 2–3 Stunden Kontaktzeit erfolgt ist. Der Kontaktweinstein und der neu entstandene Weinstein müssen aus dem kalten Wein entfernt werden, bevor dieser wieder erwärmt wird. Das Verfahren verbraucht weniger Kühlenergie als eine Langzeitstabilisierung, weil nur kurzzeitig gekühlt werden muss.

Die Abtrennung der Kristalle kann mittels Kieselgurfilter, Separator und/oder Hydrozyklon erfolgen.

15.6.6 Weinsteinstabilisierung durch Elektrodialyse

Die Anlage für die Elektrodialyse besteht aus vielen parallelen Kammern, die durch geeignete ionenselektive Membranen getrennt sind. Diese lassen aus dem Wein nur Kalium, Calcium und Weinsäure durchtreten. Durch Anlegen einer Spannung werden die Ionen aufgrund ihrer Ladung angezogen und werden auf der anderen Seite der Membran durch eine Spülflüssigkeit entfernt. Das Verfahren ist relativ aufwändig, die Kristallstabilität ist aber schnell erreicht. Da die Anlage relativ teuer ist, wird diese Maßnahme meist im Lohnverfahren durchgeführt – wenn überhaupt, da manchem Winzer der Wein danach zu ausgezogen vorkommt.

15.6.7 Calciumtartratstabilisierung

Calciumtartrat ist ohne Mikroskop optisch nicht von Weinstein zu unterscheiden. Es entsteht in Weinen mit überhöhtem Calciumgehalt. Durch späte Entsäuerung kann Calcium im Wein verbleiben und erst in der Flasche ausfallen. Aus diesem Grund sollen Weine bei Anwendung der Kalkentsäuerung mind. 6 Wochen vor der Abfüllung entsäuert werden. Im Zweifelsfall soll vor der Füllung eine Calciumbestimmung durchgeführt werden.

Stabile Weine haben unter 100 mg/l Ca^{++}, die gesetzliche Obergrenze beträgt 220 mg/l. Wird der natürliche Ausfall nicht abgewartet, so kann zur Ausfällung DL-Weinsäure, eine spezielle Form der Weinsäure verwendet werden. Zu diesem Zweck wird der Calciumgehalt bestimmt und danach die Menge für die Absenkung auf das stabile Maß von unter 100 mg/l berechnet. Für die Entfernung von 100 mg Ca werden 350 mg DL-Weinsäure benötigt.

Durch diese Maßnahme steigt der Säuregehalt. Die Calcium-DL-Tartratkristallisation ist vom Gehalt an natürlicher L(+)Weinsäure abhängig. Je niedriger der natürliche Weinsäuregehalt ist, um so langsamer erfolgt die Kristallisation. Weine unter 1,5 g/l Weinsäure sollten daher nicht mit DL-Weinsäure behandelt werden. Nach DL-Weinsäurezusatz soll eine Wartefrist von 14 Tagen eingehalten werden.

15.7 Kohlensäureeinstellung

Kohlensäure ist ein wesentliches Qualitätsmerkmal.
Bei trockenen, frischen Weißweinen ist die Anwesenheit von Kohlensäure für die Lebensdauer des Weines wichtig. Daher sollen alle Maßnahmen zur Erhaltung der Gärungskohlensäure getroffen werden. Das bedeutet kein unnötiges Ab- oder Umziehen des Weines; kühle Lagerung; keine überflüssigen Filtrationen. Der Kohlensäuregehalt beträgt nach der Gärung ca. 1,5–2 g CO_2/l.

Rotweine sollen wenig Kohlensäure aufweisen. Milde und Samtigkeit wird durch zu viel Kohlensäure gestört, die Gerbstoffe schmecken bitter. Optimal sind Werte von max. 0,2–0,4 g CO_2/l.

Der gesetzliche Grenzwert bei Stillweinen beträgt 2 g/l.

Die **Löslichkeit von Kohlensäure** hängt ab:
- von der Weintemperatur (je höher, desto geringere Löslichkeit)
- vom Druck (bei Stillweinen kein Druck, bei Sekt bis zu 7 bar)
- von der Weinzusammensetzung
  (Alkohol, Extrakt, Restzucker verringern die Löslichkeit)

15.7.1 Kohlensäurezusatz

Knapp vor der Abfüllung des Weines soll die Kohlensäure auf ein harmonisches Maß eingestellt werden. Je nach Weintyp können bis zu 1 g/l (= 1 kg/1000 l) zugesetzt werden. Die Kohlensäure wird in Stahlflaschen zu 6, 10 und 20 kg oder in Tanks angeboten. Sie wird vom Hersteller unter Druck verflüssigt.

Zusatz im Behälter

Die Kohlensäure wird über ein Reduzierventil, Schlauch und Fritte in den Wein dosiert. Die Menge kann durch Abwägen der Flasche ermittelt werden. Dabei ist achtzugeben, dass die Dosage langsam erfolgt und der Wein nicht über 13–14° C aufweist. Ist der Wein wärmer, kann die Kohlensäure kaum mehr gebunden werden.

Abb. 94
Dosierung von CO_2 zum Fasswein.

1 CO_2-Druckflasche
2 CO_2-Reduzierventil mit Manometer
3 CO_2-Druckschlauch
4 CO_2-Kerze (Frittestein)
5 Fass

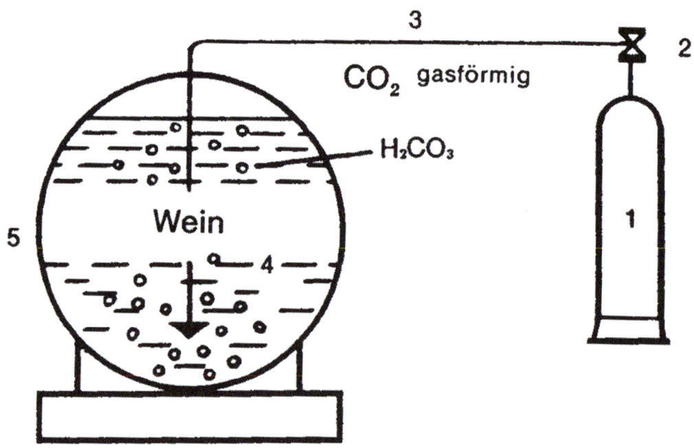

Zusatz kontinuierlich bei der Abfüllung

Kohlensäure kann auch während der Abfüllung im Durchfluss durch Einbringung in die Weinzuleitung oder durch Einbringung in den Füller zugesetzt werden. Dabei wird nach der letzten Filtration über ein Reduzierventil mittels Fritteneinsatz in der Zulaufleitung imprägniert. Probleme können sich bei Füllstillstand ergeben, da teilweise Überdosierung entstehen kann. Diese werden bei der Verwendung entsprechender angebotener automatischer Geräte (z. B. Carbofresh) vermieden.

15.7.2 Kohlensäureverringerung

Nach der Gärung und dem biologischen Säureabbau sind die Weine mit CO_2 übersättigt, Rotweine wirken kratzig und hart.

Möglichkeiten der Verringerung:
- Offenes Abziehen
- Umrühren
- Lagerung bei mehr als 15 °C

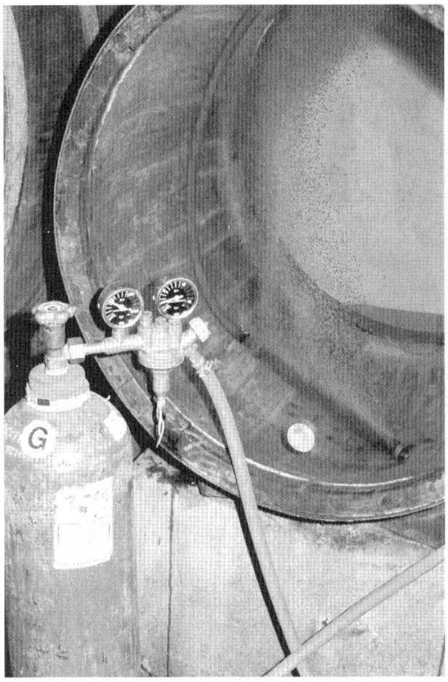

Abb. 95
Kohlensäureverringerung mit Stickstoff.

- Vakuumentgasung
- Verdrängung durch Begasung mit Fremdgas

Durch Bewegung (Abziehen, Umrühren) wird der Kohlensäuregehalt nur geringfügig verringert.
Vakuumentgasung kann nur in Druckbehältern erfolgen! Normale Tanks oder Fässer können durch das entstehende Vakuum verformt und damit zerstört werden. Mithilfe einer Vakuumpumpe oder Wasserstrahlpumpe kann CO_2 aus dem Wein gesaugt werden. Diese Methode ist wenig schonend, da auch Aroma verloren gehen kann; der SO_2-Gehalt wird stark verringert.

Begasung mit Stickstoff

Lebensmittelechter Stickstoff wird über eine Stickstoffarmatur (Reduzierventil und Doppeldruckmanometer) und einer Fritte in den Wein eingebracht. Dabei verringert sich durch den geringeren Partialdruck der Gehalt an Kohlensäure und Sauerstoff. Der Wein beginnt intensiv zu schäumen, daher soll ein Steigraum von 5–10 % belassen werden.
Die Menge des einzubringenden Stickstoffs richtet sich nach dem Kohlensäuregehalt und nach der Temperatur. Im Durchschnitt werden zwischen 0,3 und 1 l Normalstickstoff (Umgebungsdruck) je Liter Wein benötigt. Stickstoff wird in Stahlflaschen (Abb. 95) zu 20 l mit 200 bar angeboten. Der Inhalt einer Flasche beträgt daher 4000 l Normalstickstoff. Die Begasungsdauer beträgt zwischen 1 und 2 Stunden je 1000 l Wein. Sie ist abhängig von der Art der Lösung und von der Weintemperatur.

Begasung mit Luft

Die Begasung mittels gereinigter, ölfreier Druckluft hat einen ähnlichen Effekt wie die Stickstoffbegasung. Kohlensäure wird gegen Luft getauscht. Bei optimalem Zusatz kommt es zusätzlich zu einer Reifebeschleunigung.

15.8 Restsüßeverleihung

Moste der niedrigeren Qualitätsstufen gären üblicherweise trocken durch. Das bedeutet, dass nach der alkoholischen Gärung kein vergärbarer Restzucker vorhanden ist. Die verbleibenden 0,4 bis ca. 1,5 g/l reduzierender Zucker können von der Hefe nicht mehr vergoren werden. Solchen Weinen kann zur Harmonisierung eine Restsüße verliehen werden.

Süßung

Gesetzliche Vorschriften

Die Restzuckerverleihung ist unter dem Begriff **Süßung** in der EU-Verordnung Nr. 606/2009 geregelt:

- Eine Süßung des Weines ist mit Traubenmost, Konzentrat (Traubendicksaft) und rektifiziertem Traubenmostkonzentrat (RTK) zulässig.
- Bei Wein ohne Herkunft darf eine Süßung um max. 4 Vol.-% (das entspricht einem Restzuckergehalt von 68 g/l) vorgenommen werden.
- Bei Land- und Qualitätswein muss der Most oder das Konzentrat aus dem gleichen Weinbaugebiet stammen wie der Wein (RTK ausgenommen). Die Süßung darf bis zu einem maximalen Gesamtgehalt von 15 g/l vorgenommen werden.
- Bei den Qualitätsstufen Kabinett und Prädikatsweinen ist eine Restsüßeverleihung unzulässig. Ein vorhandener Restzucker darf nur im Wege einer Gärungsunterbrechung oder durch Verschnitt mit Wein mind. der gleichen Qualitätsstufe entstanden sein.

Beispiele

1. Restsüßeverleihung mittels Konzentrat

2000 l Qualitätswein sollen 3 g/l Restzucker verliehen werden. Das Konzentrat weist einen Zuckergehalt von 65 % auf. Wie viel Konzentrat wird benötigt?

Die Gesamtmenge Wein benötigt 2000 × 3 = 6000 g = 6,0 kg
1 kg Konzentrat enthält 65 % Zucker = 0,65 kg
Daher sind für 2000 l (6000 : 0,65 = 9230 g =) 9,23 kg Konzentrat notwendig.

2. Restsüßeverleihung mit Most

2000 l Qualitätswein sollen 3g/l Restzucker verliehen werden. Der Traubenmost hat eine Gradation von 15° KMW. Man kann davon ausgehen, dass ein solcher Most ca. 150 g Zucker/kg (oder /l, der Unterschied ist gering) aufweist.

Die Gesamtmenge Wein benötigt 2000 × 3 = 6000 g = 6,0 kg
1 kg Most enthält 15 % Zucker = 0,15 kg
Daher sind für 2 000 l (6000 : 0,15 = 40 000 g =) 40 kg Most notwendig.
Most mit 15° KMW hat eine Dichte von ca. 1,075. 1 l wiegt 1,075 kg. 40 kg Most entsprechen daher 37,2 l.

Traubenmost kann haltbar gemacht werden durch:

- **Pasteurisation**
- **Stummschwefelung**
- **Einfrieren**

Durch die Anwendung von Traubenmost kommt es zu einer Verringerung des Alkoholgehaltes. Bei Verleihung höherer Restsüße kann der Wein je nach Zuckerkonzentration des Mostes einen „mostigen" Charakter bekommen.

Berechnung der Alkoholabnahme durch Mischungsrechnung
Der Ausgangswein hat einen vorhandenen Alkoholgehalt von 12 Vol.-%. Um wie viel verringert sich dieser durch Zusatz von 37,2 l Most?

$$(2\,000 - 37{,}2) \times 12 \quad + \quad 37{,}2 \times 0 = 2\,000 \times x$$
$$23\,553{,}6 = 2\,000 \times x$$
$$x = \frac{23\,590{,}8}{2\,000}$$
$$x = 11{,}80$$

Der Alkoholgehalt wird auf 11,8 Vol.-% verringert.

15.9 L-Ascorbinsäure (Vitamin C)

Eigenschaften und Wirkung
L-Ascorbinsäure ist ein starkes Reduktionsmittel. Sie ist imstande im Wein enthaltenen Sauerstoff aufzunehmen. L-Ascorbinsäure wird dabei zur Dehydroascorbinsäure oxidiert und hemmt die Oxidation, der Wein wirkt frischer. Voraussetzung dafür ist ein Mindestgehalt von 35 mg/l freier SO_2.
L-Ascorbinsäure darf bis zu einem Wert von 150 mg/l zugesetzt werden, meist werden 100 mg/l verwendet.
Nach dem Zusatz kann allerdings die freie schweflige Säure mit jodometrischen Methoden nicht mehr bestimmt werden, außer durch spezielle Probenvorbereitung. Daher wird Vitamin C auch sehr knapp vor der Füllung eingesetzt, wenn der SO_2-Gehalt bereits eingestellt ist.
Positiv wirkt sich Vitamin C bei allen jugendlichen Weintypen aus, bei überlagerten Weinen kann es eine Auffrischung bewirken. Besonders gut wirkt Vitamin C auf Grüner Veltliner, Müller-Thurgau, Muskatellersorten und Weine mit geringem Säuregehalt. Die Weine bleiben auch länger jugendlich. Eher negativ wirkt Vitamin C bei schweren Weißweinen wie Burgunder, Traminer, Ruländer sowie bei Rotweinen.

15.10 Verschnitt

Das Verschneiden ist im § 6 des österreichischen Weingesetzes geregelt:

(4) Erzeugnisse, die nicht verfälscht wurden, aber infolge

1. Einwirkung von Kleinlebewesen (kranke Erzeugnisse).
2. chemischer oder physikalischer Vorgänge oder Aufnahme fremder Stoffe (fehlerhafte Erzeugnisse) oder
3. eines Mangels oder Übermaßes an einem für den Wohlgeschmack der Erzeugnisse wesentlichen Inhaltsstoffes (mangelhafte Erzeugnisse) so nachteilig verändert sind, dass sie von der normalen Beschaffenheit der Erzeugnisse abweichen,

dürfen zu ihrer Wiederherstellung mit anderen Erzeugnissen verschnitten werden (wiederherstellbare Erzeugnisse). Der Verschnitt darf jedoch nur dann in Verkehr gebracht werden, wenn er die nachteiligen Eigenschaften überhaupt nicht mehr oder nur in einem nicht beanstandbaren Ausmaß aufweist.

(5) Bei Erzeugnissen ist das Verschneiden verboten, wenn auch nur ein für den Verschnitt bestimmter Anteil verfälscht, nachgemacht, gesundheitsschädlich oder verdorben ist.

Verschnittberechnungen

Zur genauen Durchführung von Verschnitten ist es notwendig, eine Berechnung durchzuführen. Dabei bedient man sich des Verschnittkreuzes oder der Mischungsrechnung.
Natürlich sollen mögliche Varianten vorher im Labormaßstab kostmäßig erprobt werden. Die Auswirkung eines Verschnittes auf analytische Werte kann errechnet werden.

Verschnittkreuz

Dabei wird die Differenz der Inhaltsstoffe zweier oder mehrerer Weine gegenübergestellt und mittels Verhältnisrechnung (Proportion) das Ergebnis ermittelt.

Beispiel

Wein A hat 12,0 Vol.-%, Wein B hat 13,5 Vol.-%. In welchen Anteilen müssen die beiden verschnitten werden, um auf 12,3 Vol.-% zu kommen?

Wein A 12 ╲ ╱ 1,2 .... Man benötigt 1,2 Teile von A

12,3

Wein B 13,5 ╱ ╲ 0,3 .... und 0,3 Teile von B

Gesamtzahl der Teile = 1,5

In diesem Beispiel sollen 1000 l Gesamtverschnitt entstehen.

Proportion:

$$1000 : x = 1{,}5 : 1{,}2$$

$$x : 1000 = 1{,}2 : 1{,}5$$

$$x = \frac{1{,}2 \times 1000}{1{,}5}$$

$$x = 800$$

Es werden 800 l Wein A und 200 l Wein B benötigt.
Bei größeren Differenzen besser mit Gewichtsprozent rechnen, nicht mit Vol.-%.

Mischungsrechnung

Das Prinzip der Mischungsrechnung geht davon aus, dass immer Mengen mit dem Gehalt an Inhaltsstoffen multipliziert werden. Die Auflösung erfolgt mittels einfacher Gleichung.

$$\text{Wein A} + \text{Wein B} = \text{Wein AB}$$

$$\text{Menge} \times \text{Gehalt A} + \text{Menge} \times \text{Gehalt B} = \text{Menge} \times \text{Gehalt}$$

Beispiele

800 l Wein A mit 12,0 % Alkohol sollen mit 200 l Wein B mit 13,5 % Alkohol verschnitten werden. Wie hoch ist der Alkohol des Weines AB (1 000 l)?

$$800 \times 12 + 200 \times 13{,}5 = 1000 \times x$$

$$9600 + 2700 = 1000 \times x$$

$$x = \frac{12\,300}{1000}$$

$$x = 12{,}3$$

Der Alkoholgehalt beträgt 12,3 Vol.-%.

Wein A, 1000 l, hat einen Säurewert von 8,0 g/l. Wein B hat 6,0 g/l. Wie viel Anteil muss aus Wein A entnommen und mit Wein B ergänzt werden, um auf einen Säurewert von 7,3 zu kommen?

$$\text{Wein A} + \text{Wein B} = \text{Wein AB}$$

$$(1000 - x) \times 8{,}0 + x \times 6{,}0 = 1000 \times 7{,}3$$

$$8000 - 8\,x + 6\,x = 7300$$

$$2\,x = 8000 - 7300$$

$$x = \frac{700}{2}$$

$$x = 350$$

Es müssen 350 l A entnommen und durch B ersetzt werden.

Probe:

$$650 \times 8 + 350 \times 6 = 1000 \cdot 7{,}3$$

$$5200 + 2100 = 7300$$

$$7300 = 7300$$

15.11 Alkoholreduzierung

Seit August 2009 darf in der EU der Alkoholgehalt von nicht angereichertem Wein um 20 % gesenkt werden. Mehrere subtraktive Verfahren sind dazu geeignet, während die additive Variante – Wasserzusatz – nicht erlaubt ist. Meist sind diese aber auch für den Wein belastend, sodass nur eine Teilmenge behandelt wird. Grundsätzlich ist anzumerken, das sich die Flüchtigkeit der Ester bei geringerem Alkohol erhöht, während die unterschiedlichen Alkoholgehalte selbst sensorisch eher schlecht differenziert werden können. Angestrebt wird der sogenannte „Sweet Spot", das ist der Alkoholgehalt, bei dem der Wein die größte Harmonie zwischen Fruchtigkeit und Körperreichtum aufweist.

An Verfahren stehen zur Verfügung:

- **Vakuumdestillation**
  Durch das Vakuum wird der Siedepukt herabgesetzt. So kann durch die so ermöglichte niedrige Arbeitstemperatur von 20–30 °C vermieden werden, dass durch die Destillation Aromen nennenswert zerstört oder das unerwünschte HMF (Hydroxymethylfurfural) gebildet wird.

- **Schleuderkegelkolonne** (Spinning Cone Column)
  Dieses Gerät führt eine hocheffiziente Gegenstromdestillation durch und wird in der Lebensmittelindustrie vor allem zur Aromagewinnung herangezogen. Durch trichterförmige, rotierende Kegel strömt das Produkt in sehr dünner Schicht von oben nach unten, während das in der Gegenrichtung strömende Extraktionsgas Aromen oder Alkohol sehr rasch entfernt. Der Vorteil der Anlage ist die Effizienz und Produktschonung, der Nachteil die Größe des Geräts und dessen Anschaffungskosten.

- **Membrankontaktor**
  Das Herzstück des Geräts ist eine hydrophobe Spezialmembran, die ursprünglich für das Gasmanagement in Flüssigkeiten, im Wein also zur Einstellung des Gehalts an CO_2 oder Sauerstoff entwickelt wurde. Zur Entalkoholisierung wird der zu behandelnde Wein nicht mit Gas, sondern mit Wasser im Gegenstrom gefahren, dieses reichert sich aufgrund des niedrigeren osmotischen Patential mit Alkohol an. Es wird so lange im Kreislauf gepumpt, bis der gewünschte Alkoholgehalt erreicht ist.

- **Umkehrosmose und Destillationstechnik**
  Dieses Verfahren läuft zweistufig ab: Zuerst wird per Umkehrosmose Wasser und Alkohol aus dem Wein entfernt. Aus diesem Gemisch wird dann der Alkohol abdestilliert, das verbleibende Wasser wird dem Wein wieder zugegeben.

Um im Most den Gesamtalkoholgehalt zu reduzieren existiert eine Kombination aus Ultra- und Nanofiltration als Verfahren zur Reduzierung des Zuckergehaltes (Redux®). Es ist jedoch eher anfällig und hat sich bis jetzt nicht bewährt, zumal ja auch das sensorische Ergebnis im fertigen Wein schwierig vorauszusagen ist.

16 Weinklärung und Filtration

- Wodurch lässt sich die Spontanklärung unterstützen?
- Nach welchen Wirkungsmechanismen funktioniert die Filtration?
- Welche Filtermaterialien stehen heute zur Verfügung?
- Wie kann Trub aufgearbeitet werden?

Nach Ende der alkoholischen Gärung soll der Wein (außer bei speziellem Weinausbau wie „Sur lie") rasch geklärt werden. Hefe, Fruchtfleisch, Eiweiß, Weinstein können den Wein noch längere Zeit trüb halten. Die Entwicklung von z. B. säureabbauenden Bakterien ist leichter möglich als im blanken Wein. Auch wegen der Gefahr der Entstehung von Böcksern sollen die Jungweine möglichst frühzeitig geklärt werden. Trubstoffe überdecken das Weinaroma, trübe Weine probieren sich weniger duftig, als blanke; Trubstoffe sind – im negativen Sinn – schmeckbar!

Eine frühe Klärung macht den Wein nicht besser, verhindert aber, dass er schlechter wird.

Nur wenn der Most sehr sauber geklärt wurde, besteht jetzt die Möglichkeit einer weiteren Lagerung auf der (sauberen!) Feinhefe, was der Langlebigkeit der Weine durchaus zuträglich ist.

16.1 Selbstklärung (Spontanklärung)
16.2 Schönungen (siehe Kap. 15 Weinbehandlung)
16.3 Klärung mittels Separator
16.4 Filtration

16.1 Selbstklärung (Spontanklärung)

Durch das unterschiedliche spezifische Gewicht von Flüssigkeit und Feststoffen kommt es durch die Schwerkraft zum Absetzen der Trubstoffe. Eine zufriedenstellende Selbstklärung findet nur unter optimalen Voraussetzungen statt. Wünschenswert wäre ein Klärung innerhalb 2–4 Wochen nach Gärende. Leider klären sich Weine meist viel langsamer, sodass die moderne Kellerwirtschaft in fast allen Bereichen Klärhilfen anwendet.

Förderliche Faktoren für die Selbstklärung

- **Tiefer pH-Wert:** Je saurer der Wein, desto rascher erfolgt die Klärung. pH-Bereiche von unter 3,3 sind förderlich. Dies gilt auch für Schönungen.
- **Wenig Feintrub:** Je mehr Feintrub, desto schlechter die Klärung. Trauben- und Maischetransport sollen schonend, ohne musende Wirkung erfolgen. Rebler, Maischepumpe und Presse sollen wenig Feintrub erzeugen.
- **Gute Mostvorklärung:** Bereits vor der alkoholischen Gärung soll die größte Menge an Trub abgetrennt werden. Eine Bentonitschönung im Most verringert nicht nur den Eiweißgehalt, sondern auch den Feintrubanteil.
- **Lagerung in Kleinbehältnissen:** Behälterwände ziehen Trub an.
- **Raue innere Behälteroberfläche:** Ausscheidung von Weinstein wird gefördert.
- **Bewegung:** Erschütterung des Weines fördert den Ausfall von Weinstein.
- **Schwefelung:** Hemmt die Vermehrung von Mikroorganismen.
- **Durchgegorener Wein:** Hst kein Zuckerrest mehr vorhanden, setzt sich die Hefe leichter ab.

– **Verhinderung des biologischen Säureabbaus**
– **Dosierte Lüftung im Zuge des Abziehens**

16.2 Schönungen (siehe Kap. 15)

16.3 Klärung mittels Separator

Separatoren (Zentrifugen, Klärschleudern) werden zum Abtrennen schwer filtrierbarer Trubstoffe aus flüssigen Medien verwendet. Anstatt der Schwerkraft bei der Selbstklärung wirkt hierbei die Zentrifugalkraft.
Arbeitsprinzip: Der trübe Wein wird zentral in den Separator mittels Pumpe eingebracht, wird auf Umdrehungsgeschwindigkeit beschleunigt und strömt durch Bohrungen an einem bestimmten Radius im Tellerpaket nach oben. Von diesem Bereich ausgehend wandern die (schwereren) Trubstoffe durch die Fliehkraft an der Unterseite der Teller nach außen, der geklärte (leichtere) Wein fließt nach innen.

Entleerung
– **Geschlossener oder Kammerseparator:** Ist der Schlammraum voll, muss die Klärung abgebrochen, der Separator geöffnet und entleert werden.
– **Selbstentleerender Separator:** Der angesammelte Trub wird durch periodisches kurzzeitiges Öffnen der Kammer abgeschleudert, nachdem der Weinzulauf gestoppt wurde. Man unterscheidet zwischen Voll- und Teilentleerung, bei der nur zehntelsekundenlang geöffnet wird. Das Entleerungsintervall wird durch Zeitsteuerung oder Regelung anhand der Trubgehaltmessung des Weins festgelegt.

Das Öffnen und Schließen der Kammer erfolgt durch Wasserdruck, sodass ein Wasserleitungsanschluss notwendig ist. Ebenso ist eine ausreichend starke Stromzuleitung und Absicherung (z. B. 32 A) erforderlich.

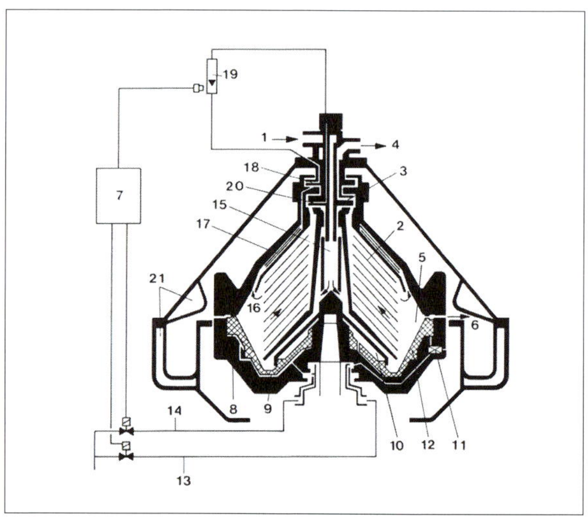

Abb. 96
Funktions- und Konstruktionsmerkmale von Separatoren.

1 Zulauf
2 Teller
3 Greifer
4 Ablauf
5 Feststoffraum
6 Feststoffausstoß
7 Steuergerät
8 Äußere Schließkammer
9 Innere Schließkammer
10 Öffnungskammer
11 Ringventil
12 Kolbenschieber
13 Öffnungswasser
14 Schließwasser
15 Soft-Stream-Einlauf
16 Eintritt der Fühlerflüssigkeit in den Tellerbereich
17 Klärteller für Fühlerflüssigkeit
18 Steuergreifer
19 Durchflusswächter
20 Steuergreifer
21 Kühlkammer

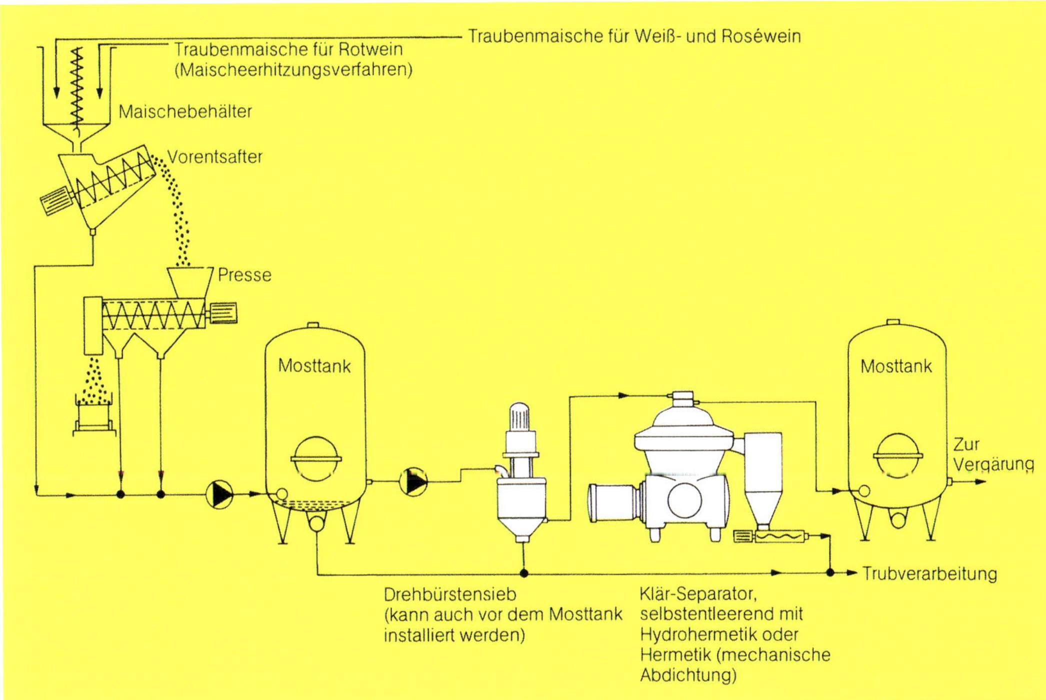

Abb. 97
Fließschema Mostvorklärung.

Faktoren für die Zentrifugalklärung

- **Trommeldrehzahl:** Je höher, desto besser ist die Klärwirkung.
- **Trommelradius:** Je größer, desto besser ist die Klärung.
- **Verweilzeit:** Je länger der Wein durch den Separator fließt, desto höher ist die Klärleistung.
- **Dichteunterschied:** Je größer die Differenz der spezifischen Gewichte zwischen Flüssigkeit und den Trubteilchen ist, desto höher ist die Klärleistung.
- **Viskosität:** Dickflüssige Weine sind schwieriger zu klären.

Abb. 98
Separator mit Riemenantrieb.

Abb. 98a
Separator. Erkennbar die dünnen Messleitungen zur Festlegung der Entleerung.

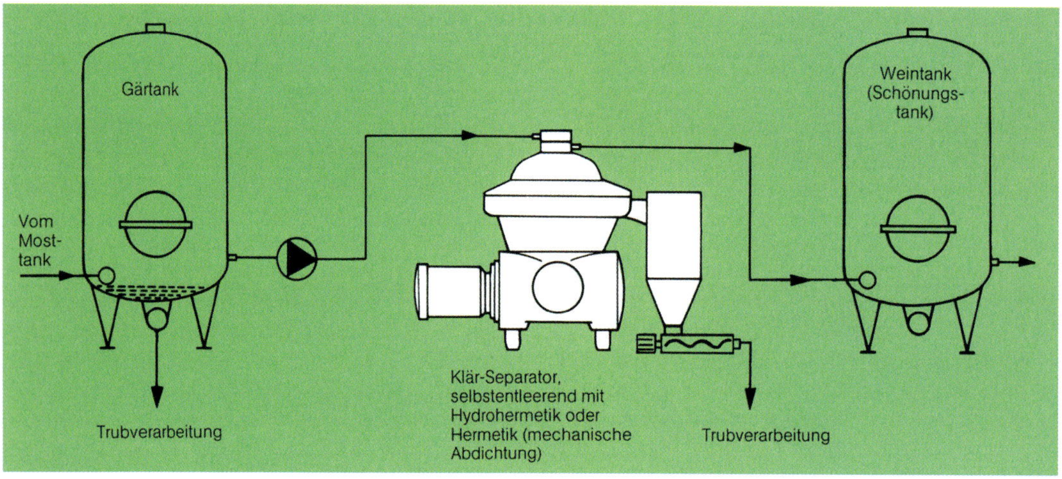

Abb. 99
Fließschema Jungweinklärung.

Anwendung

1. Vorklären von Mosten: Anstatt der zeitaufwendigen Spontanklärung des Mostes wird vor allem im Großbetrieb separiert. Dabei kann im Zuge der Einlagerung in den Gärbehälter gleichzeitig die Vorklärung vorgenommen werden. Bei der Mostvorklärung muss dem Separator ein Drehbürstensieb vorgeschaltet sein, um größere Feststoffe wie Kerne oder Beerenhäute vor dem Separator abzutrennen.

2. Jungweinklärung: Nach der Gärung befinden sich große Mengen an Hefetrub im Wein. Üblicherweise werden Weine, die separiert werden sollen, nicht aufgefüllt, sondern innerhalb von 2–3 Tagen nach Gärende über den Separator abgezogen. In dieser Zeit kann durch den hohen CO_2-Gehalt im Behälter noch keine Oxidation erfolgen. Das Auffüllen der Behälter geschieht erst nach dem Separieren. Von Vorteil ist die Tatsache, dass der Wein nicht auf der Hefe geschwefelt werden muss, sondern erst nach der Abtrennung. Diese Arbeitsweise hat sich sehr bewährt, da die Böckserneigung stark verringert wird.
Auch ein Separieren vor der Einleitung des biologischen Säureabbaues (v. a. mit Starterkulturen) bringt meist einen reintönigeren Verlauf.

3. Gärungsunterbrechung: Durch Einsatz eines Separators kann der Großteil der Hefe wirtschaftlich und ohne Qualitätsverlust abgetrennt werden. Für eine effiziente Gärungsunterbrechung ist es notwendig, anschließend kräftig zu schwefeln (ca. 100 mg/l SO_2) und den Wein mittels Filtration (Kieselgur oder Schichten) zu klären.

4. Hochleistungs-Klärseparation: Derartige Separatoren zeichnen sich durch eine enorme Trennschärfe im Bereich von 0,5 µm aus (Polierseparatoren). Sie können auch im Entkeimungsbereich arbeiten und finden in Großbetrieben Anwendung.

16.4 Filtration

Unter Filtration versteht man die Abtrennung aller festen Stoffe aus Flüssigkeiten mit Hilfe eines Filters. Die Flüssigkeit läuft durch, die Trubstoffe werden zurückgehalten. Je nach Porengröße des Filters werden nur grobe oder auch feinste Trubstoffe abgetrennt. Voraussetzung für eine erfolgreiche Filtration ist, dass der Wein die jeweilige Filterreife erreicht hat. Ist der Wein für die jeweilige Filtrationsart noch zu trüb, wird die Filtration sehr bald abgebrochen werden müssen, da die Leistung innerhalb kurzer Zeit extrem nachlässt.

16.4.1 Wirkungsmechanismen bei der Filtration

Siebwirkung
Die Poren des Filtermittels sind kleiner als die Trubstoffe, die dadurch an der Oberfläche (mechanisch) zurückgehalten werden.

Tiefenwirkung
Ab einer Dicke von ca. 4 mm spricht man von Tiefenfiltern. Man unterscheidet:
- **Mechanische Tiefenwirkung:** In der Tiefe der Filterschicht oder des Kieselgurkuchens setzen sich die Trubstoffe aufgrund der Form und Größe fest und werden abgetrennt.
- **Adsorptive Tiefenwirkung:** Durch die unterschiedliche elektrische Ladung von Filterfasern und Trubstoffen werden diese angezogen und bleiben an den Fasern haften. Dafür ist auch eine gewisse Strömungsgeschwindigkeit erforderlich. Wird diese nicht eingehalten, zu hoher Druck angewendet oder ist die Adsorptionskapazität erschöpft, so gehen die Trubpartikel durch den Filter durch („Durchschlagen" der Schichten).

16.4.2 Filtermaterialien

Zellulose
Die Filterschichten bestehen aus 50–70 % Zellulose, die aus Holz gewonnen wird. Der geschmackliche Einfluss auf den Wein ist sehr gering. Zellulose hat eine relativ durchlässige Struktur mit geringer Klärwirkung.
Nicht in Form einer Filterschicht, sondern als Ersatz für Kieselgur ist mittlerweile ein Produkt aus reiner Zellulose (Cellufluxx®) auf dem Markt.

Kieselgur
Sie wird aus Ablagerungen von Meeresalgen im Tagbau gewonnen und besteht aus 85–90 % Silizium und 4–10 % Aluminiumoxid. Je nach der Herkunft gibt es Unterschiede in Reinheit, Form, Farbe und Klärgrad. Kieselgur besteht aus stabilen Teilchen, die sich unter Druck bei der Filtration nicht verformen lassen und dadurch Stützung und Durchlässigkeit des Filterkuchens gewährleisten. In reiner Form bei der Kieselgur- und Vakuumdrehfiltration verwendet, ist Kieselgur ist auch Bestandteil von Filterschichten und wird als Trägermaterial bei manchen Weinbehandlungsmitteln (z. B. Sulfidex) eingesetzt. Je nach Mischung wird zwischen grober, mittlerer und feiner Kieselgur unterschieden. Die Einteilung bezieht sich auf den Klärgrad.

Perlit
Perlit ist ein Filterhilfsstoff aus vulkanischem Gestein mit glasartiger Struktur und besteht aus Aluminiumsilikat. Die Filterwirkung ist geringer als bei Kieselgur. Perlit

ist aber auch billiger und wird hauptsächlich bei Produkten verwendet, an die nicht so hohe Anforderungen an den Klärgrad gestellt werden.

FILTRATIONSARTEN BEI WEIN

16.4.3 Kieselgurfiltration – Anschwemmfiltration

Bei der Kieselgurfiltration wird Wein im Durchfluss mit Kieselgur versetzt, um unmittelbar danach auf geeigneten Siebflächen gemeinsam mit den Trubstoffen einen Filterkuchen zu bilden und abgetrennt zu werden. Die moderne Kieselgurfiltration erfolgt mit Kieselgurkombinaten. Sie bestehen aus einer Zulaufpumpe (Kreiselpumpe), einem Filtrationsteil und einem Dosierbehälter mit Dosierpumpe. Im Filtrationsteil sind die Filterelemente aus feinem Stahlgewebe (Dressengewebe) gefertigt. Auf diesen wird der Filterkuchen gebildet. Entscheidend für den Erfolg der Filtration ist die richtige Menge an Kieselgur. Man rechnet mit einem Aufwand von 1–5 kg Gur je 1000 l Wein, abhängig vom Trubgehalt des zu filtrierenden Weines.

Wird Filterzellulose (Cellufluxx®) verwendet, so rechnet man nach zweifacher Voranschwemmung mit 400 und 800 g/m² Filterfläche mit einer laufenden Dosierung mit 0,1 bis 1,2 kg je 1000 l, je nach Filterfeinheit.

Kieselgurbedarf

Anwendung	kg Kieselgur pro 1000 l
Gärungsunterbrechung	5–7
Nach dem Absetzen der Hefe	4–5
Nach dem Absetzen von Schönungen	1–2
Traubensaft	3–4

Abb. 100 Kieselgurfilter mit horizontal eingebauten Klärelementen.

1 Schaltkasten
2 Pumpe
3 Einlauf von Most oder Jungwein und Weiterleitung zum Filter
4 Dosierpumpe
5 Vorratsbehälter für Kieselgur
6 Dosiergerät
7 Kieselgurfilter
8 Klärelemente
9 Kippvorrichtung
10 Führungsschiene
11 Restfiltration
12 Ablauf von Filtrat
13 Leitung zum Vorratsbehälter
14 Schauglas
15 Entlüftung und CO_2-Anschluss

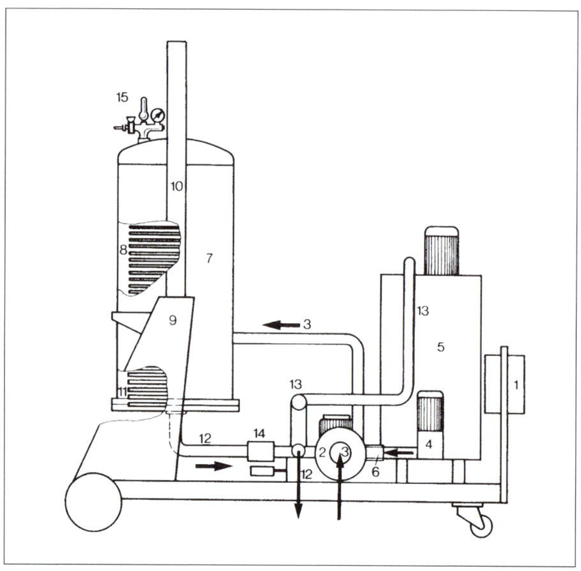

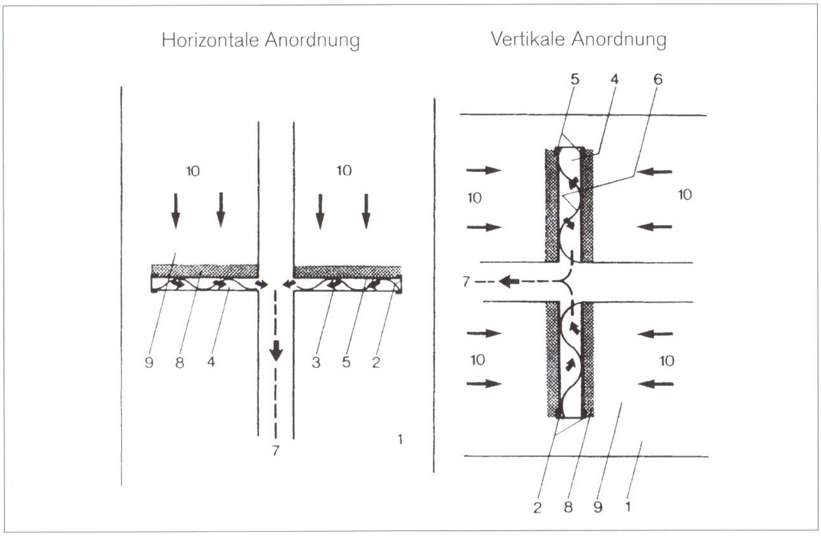

Abb. 101
Anordnung
der Filtersiebe.

1 Filtergehäuse
2 Klärelement
3 Edelstahlboden
4 Sammelraum für Filtrat
5 Edelstahlgeflecht
6 Unterstützung des Edelstahlgeflechts
7 Zentraler Ablauf für Filtrat
8 Voranschwemmung mit grober Gur
9 Ablagerung der feinen Gur
10 Zuleitung des Unfiltrats

Abb. 102
Kieselgurfilter
mit vertikalen
Filterelementen.

Funktionsweise
Zu Beginn der Filtration wird eine Voranschwemmung gemacht. Dabei wird Zellulose die für gute Filterwirkung sorgt, durch Rundpumpen auf das Dressengewebe aufgebracht. Die Voranschwemmung ist beendet, wenn die gesamte eingebrachte Zellulose im Filterteil und der verwendete Wein blank ist. Nach der Voranschwemmung kann die Kieselgurfiltration beginnen. In den Dosierbehälter wird die errechnete Kieselgurmenge eingebracht, die jetzt durch die Dosierpumpe kontinuierlich dem Wein in der Zulaufleitung zugesetzt wird. Im Zuge der Filtration wächst der Filterkuchen kontinuierlich an und vergrößert damit die Filteroberfläche. Wird genügend Gur verwendet, gibt es kaum einen Druckanstieg.

Filtrierunterbrechung

Soll die Filtration unterbrochen werden, wird das Zu- und Ablaufventil geschlossen, jedoch ein Kreislauf über die Filterfläche aufrechterhalten, sonst könnte insbesondere bei vertikalen Siebelementen der Filterkuchen abrutschen und der nächste Wein einige Zeit trüb durchlaufen.
Je nach Bauart wird zwischen vertikalen oder horizontalen Siebflächen unterschieden. Letztere haben sich in der Praxis besser bewährt. Ist die Filtration beendet, wird der Filter geöffnet und der Kuchen abgeschabt. Bei größeren Filtern erfolgt eine automatische Trocken- oder Nassaustragung.

16.4.4 Schichtenfiltration

Filterschichten sind Tiefenfilter, vergleichbar mit einem labyrinthartigen, äußerst engmaschigen Raumsieb mit feinsten, zahllos verästelten Kanälen – insgesamt ergeben sie ein Hohlraumvolumen von 70–80 %. Die zu filtrierende Flüssigkeit durchströmt die unzähligen Kanäle relativ langsam. Trubteilchen und Mikroorganismen werden auf dem langen Weg durch dieses feine Labyrinth sowohl mechanisch festgehalten, als auch durch die elektrostatische Wirkung (Zetapotenzial) an die Fasern adsorptiv gebunden.

Die Filterschichten werden aus hochreinen, sorgfältig aufbereiteten Zellstoffen, Kieselguren und Perlitesorten hergestellt. Ladungsmodifizierende Behandlung und Zusätze in präziser Abstimmung sorgen für ein ausgewogenes Verhältnis zwischen Siebwirkung und Adsorptionskraft.

Bestandteile eines Schichtenfilters

- **Weineinlaufventil:** befindet sich meist unten auf der Stirnplatte
- **Stirnplatte:** mit oder ohne Filterfunktion
- **Filterplatten:** aus Edelstahl (Lochblechplatte) oder Kunststoff (Rippenplatte)
- **Spindel:** zum Zusammenschrauben
- **Entlüftungshähne:** an Ein- und Auslaufseite; oben
- **Manometer:** an Ein- und Auslaufseite; zum Ablesen des Differenzdrucks
- **Tropfwanne**
- **Filtergestell**
- **Umleitkammer:** zur Teilung des Filterapparats in eine Vor- und Feinfiltrationszone

Filterplatten
Die Anzahl der Filterplatten legt die Filterfläche und die Leistung eines Filters fest.

Man unterscheidet:

- **Rippenplatte:** Zumeist aus Kunststoff: Die Flüssigkeit strömt aus dem Auslassfenster entlang der Rippen.
- **Lochblechplatte:** Aus Edelstahl: Die Flüssigkeit kann aus dem Platteninneren über die ganze Fläche durch die Öffnungen fließen.

Die Seitenlänge der (quadratischen) Filterplatten gibt die Größe der Schicht vor, üblich sind:

20 × 20 cm
30 × 30 cm
40 × 40 cm
60 × 60 cm
100 × 100 cm
140 × 140 cm

Selten sind Rundformate mit 20–40 cm Durchmesser.

Abb. 103
Schichtenfilter mit Umleitkammer.

Abb. 104
Filterplatte aus Kunststoff.

Abb. 105
Filterplatte aus Edelstahl.

Abb. 106
Schema der Weinfiltration im Schichtenfilter.

1 Filtereingang
2 Eingangsventil
3 Trubseite
4 Trubfilterplatte
5 Filterschicht
6 Glanzfilterplatte
7 Glanzseite
8 Ausgangsventil
9 Filterausgang

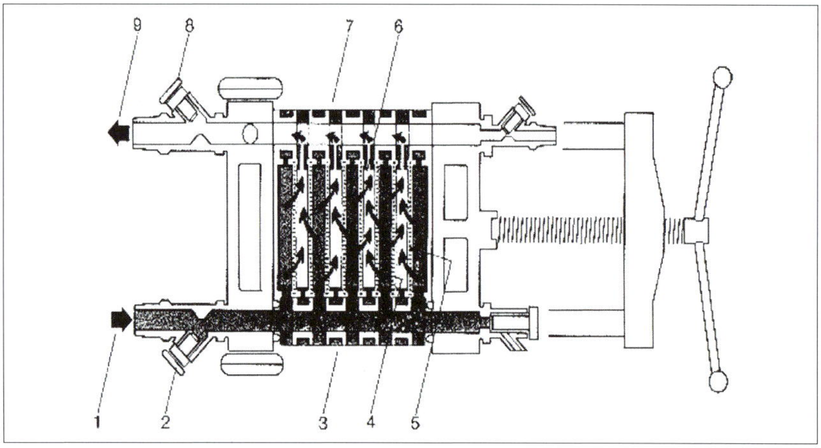

Packen eines Schichtenfilters

Trubseite, Klarseite

Filterschichten müssen so eingelegt werden, dass die grobe Seite der Filterschicht mit dem Unfiltrat angeströmt wird. Man ermittelt die erste Trubplatte und legt an beiden Seiten der Platte die raue Seite der Filterschichten an. Die nächste Platte sammelt das Filtrat. An dieser Klar-, Filtrat- oder Feinplatte müssen die faserverstärkten (glatten) Seiten zweier Schichten anliegen. Aus dieser Anordnung ergibt sich automatisch ein wechselseitiges Einlegen der Schichten. Aus hygienischen Gründen immer die gleichen Filterplatten als Trub- oder Klarplatte verwenden. Die Dichtungen an den Augen müssen nach dem Zusammenschrauben sicher abdichten; wird zu stark gespannt, wird die Strömung an den Platten behindert und das Trubaufnahmevolumen verkleinert.

Schichtenarten

Jeder Hersteller teilt seine Schichten in Grob-, Fein- und Entkeimungs- oder Sterilschichten ein. Man unterscheidet bei der Filtration grundsätzlich zwischen Mengenleistung und Klärschärfe.

Grobe Schichten: große Mengenleistung, geringe Klärschärfe
Feine Schichten: große Klärschärfe, geringere Mengenleistung

Abb. 107
Seitz-Filtertabelle.

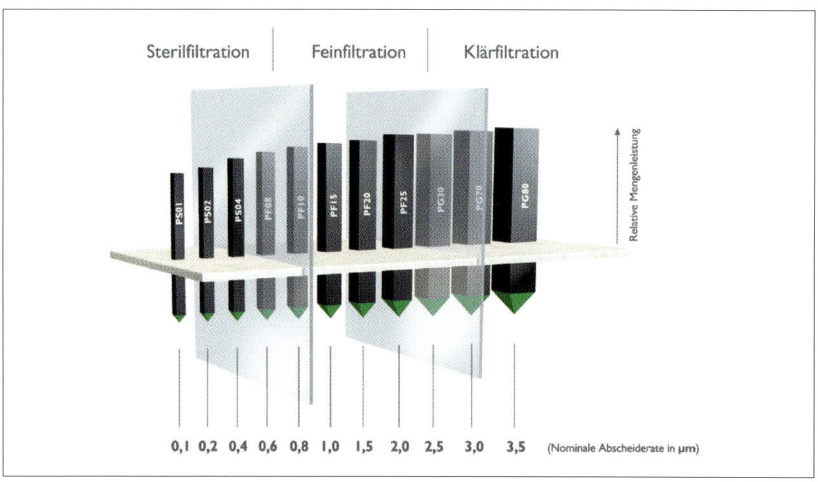

Schichtenleistung Empfohlene Durchflussmengen je Filterschichte

Schichtenformat	Grob- und Feinfiltration	Entkeimungsfiltration
20 × 20 cm	25 l/h	15 l/h
40 × 40 cm	100 l/h	50 l/h
Differenzdruck (zwischen Filterein- und -ausgang)	max. 3 bar	max. 1,5 bar

Vergleich Filterschichten diverse Anbieter

		Preziso	Pall Seitz-Schenk	Filtrox	Begerow	Carlson XE	CUNO Standard	CUNO High Tension
Flaschen-füllung	Mikrobiologisch gefährdete Weine	PS 01	EKS	AF Steril 140	Steril S 100	XE 1700 H	90 S 2	150 HT
	Restsüße Weine	PS 02	EK 1	Af Steril 130	Steril S	XE 1200 H	90 S	
	Trockene Weine	PS 04	EK	AF Steril 110	Steril 60	XE 900 H	70 C	080 HT
	Trockene, stabile (Rot-)Weine	PF 08	KS 80	AF 101H	KDS 15	XE 400 H		
Einlagerung von Fasswein	Mikrobiologisch gefährdete Weine nach BSA	PF 10	K 100	AF 101H	KD	XE 375 H	50 S/50 C	050 HT
	Trockene Weine	PF 15	K 150	AF 100	KD 10	XE 280 H		
2. Abstich nach Schönung	Nach Blau-schönung Kieselol-Gelatine	PF 20	K 200	AF 71 H	BM	XE 200 H		
		PF 25	K 250	AF 41 H	KD 5	XE 150 H	30 S/30 C	015 HT
	Nach Bentonit-schönung	PG 30	K 300	AF 20	UK	XE 90 H		
1. Abstich nach Absetzen der Hefe	Leicht hefetrübe Weine	PG 70	K 700	AF 15	KD 3	XE 50H	10S/10 S	008 HT
		PG 80	K 800	AF 9	K 2	XE 20 H	05 C/05 S	003 HT

„Durchschlagen"

Je nach Filtrationsaufgabe muss die passende Filterschicht gewählt werden. Durch zu hohe Wein-(Trub-)Menge oder Durchflussgeschwindigkeit kann es zu einer Überlastung und dem „Durchschlagen" kommen. Dabei ist die Trubaufnahmekapazität der Filterschicht erschöpft, der Wein läuft entweder sichtbar trüb durch oder es werden (bei Entkeimungsfiltration) die Hefen und Bakterien nicht mehr zurückgehalten.

Im Zuge der abschließenden Filtration vor/bei der Füllung müssen folgende Kriterien eingehalten werden:

- Maximale Durchflussrate je nach Hersteller von 300–400 l/m² und Stunde
- Maximaler Differenzdruck zwischen Ein- und Auslauf 1,5 bar
- Entlüften und luftblasenfrei filtrieren
- Keine Druckstöße
- Keine Filtrationsunterbrechungen

Abb. 108 Membrankerzenfiltrationsanlage.

Filtermodule

Eine Sonderform der Tiefenfiltration mit Schichten ist die Verwendung von eigenen Filtermodulen. Sie stellen ein geschlossenes System dar, anstatt der Filterplatten und -schichten werden vorgefertigte Filtermodule in einen (druckfesten) Kessel eingesetzt.

Vorteile:

- Kein Lufteinfluss
- Längere Standzeiten durch mögliche SO_2-Konservierung
- Geringe Rüstzeiten

Nachteil:

- Fixe Modulgrößen bedingen entsprechende Mengenausnützung, um kostenmäßig ökonomisch zu arbeiten

16.4.5 Membranfiltration

Sie ist eine Oberflächen- oder Siebfiltration mit nur geringer Aufnahmekapazität für Trubpartikel. Deshalb muss einem Membranfilter ein Vorfilter vorgeschaltet sein, ansonsten kommt es sehr rasch zur Verblockung. Bei der Membranfiltration kann im Gegensatz zur Schichtenfiltration durch eine definierte maximale Porengröße gewährleistet werden, dass Hefen und Bakterien zurückgehalten werden. Wird richtig vorfiltriert, können Membranfilterkerzen eine lange Lebensdauer haben.

Porenweiten der Membranen		Größe von Mikrooganismen	
Vorfilterkerze	1,2 µm		
Filterkerze für Hefen	0,65 µm	Hefen	2,5 µm
Filterkerze für Bakterienrückhaltung	0,45 µm	Essigsäurebakterien	0,5–1 µm
Cross-Flow-Filter-Membran	0,2 µm	Milchsäurebakterien	0,4–1,5 µm

Vorteile der Membranfiltration:

- Filtrationssicherheit
- Tropffreiheit und geringe Produktverluste
- Verschnittfreie Filtration
- Leichte Umstellung von Rot- auf Weißwein
- Geringe Rüstzeiten, einfaches „Handling"
- Regenerierbar
- Überprüfbarkeit der Rückhalterate

Nachteile:

- Sehr trubstoffempfindlich, daher ist Vorfiltration wichtig
- Teuer, daher ist richtige Wartung und Filtration wichtig für eine lange Standzeit und gute Ausnützung

Abb. 109
Anwendungsbeispiele.

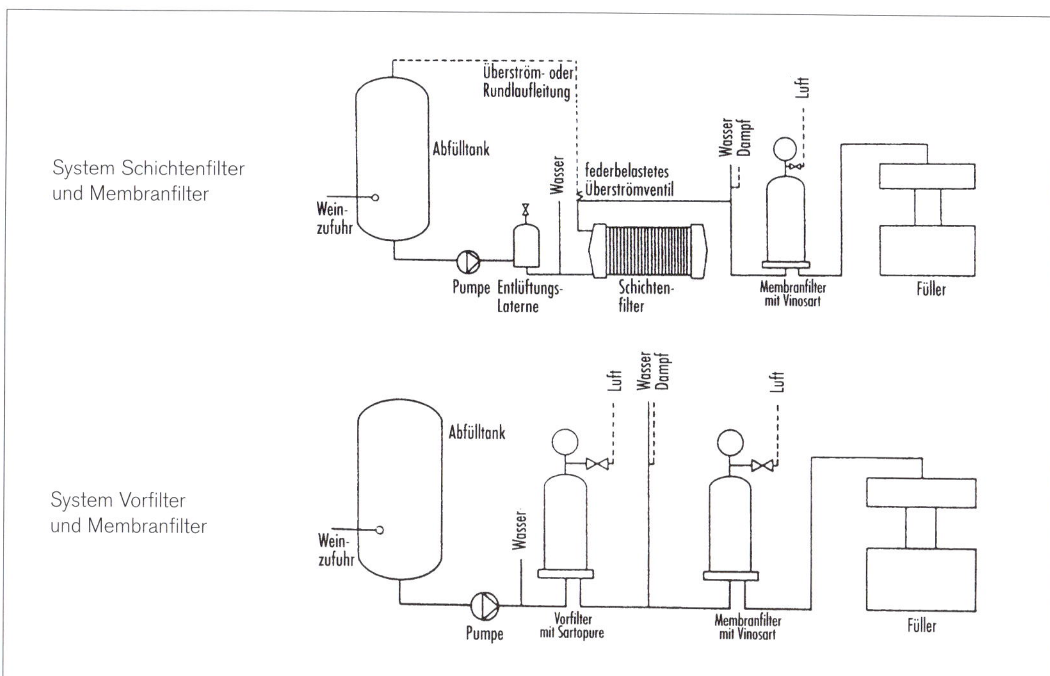

Aufbau

Die Membranen, meist werden 2 verwendet, eine gröbere und eine feinere, sind zwischen Stützgeweben eingebaut. Zur Vergrößerung der Filtrationsfläche wird die Membran in Falten in eine Kunststoffpatrone eingelegt (plissiert). Die Filterkerze wird in das Edelstahlgehäuse eingesetzt, hat meist einen Bajonettverschluss zur Fixierung und 2 O-Ringe zur Abdichtung.

Überprüfung der Filterkerze

Vor der Filtration kann die Membran überprüft werden. Verschiedene Möglichkeiten stehen zur Verfügung:
- Dichtheitstest
- Diffusionstest
- Bubble-Point-Test (Forward-Flow-Test)

Bei allen drei Möglichkeiten wird die Luftdurchlässigkeit einer mit Wasser benetzten Membrankerze überprüft. Je nach Testart darf es dabei nur zu einem bestimmten Druckabfall bzw. Luftdurchgang innerhalb einer bestimmten Zeit kommen. Druck und Dauer sind von der jeweiligen Membran abhängig und vom Hersteller festgelegt. Da der Luftdurchtritt von der Porengröße abhängig ist, kann so der Zustand der Membran beurteilt werden und ob die Filtrationssicherheit gegeben ist. Bei größeren Anlagen ist der Einsatz von Testgeräten rentabel, sie führen diese Kontrolle automatisch durch und drucken ein Messprotokoll aus.

Arbeitsweise

Der Wein läuft von der Außenseite ins Innere der Kerze und wird über den Fuß abgeleitet. Während bei der Sterilfiltration mittels Filterschichten der Differenzdruck bei max. 1,5 bar liegen darf, kann er bei der Membranfiltration bis zu 5 bar betragen. Zur Regenerierung und Aufbewahrung der Membran halten Sie sich an die (unterschiedlichen) Angaben der Hersteller.

Cross-Flow-Filtration (Tangentialfluss-Filtration)

Die Cross-Flow-Filtration ist eine Sonderform der Membranfiltration. Zumeist werden Hohlfasermodule mit einer Porenweite von 0,2 µm verwendet. Das Unfiltrat wird durch die Hohlfasern gepumpt, die Membran somit tangential (crossflow) angeströmt, im Gegensatz zur senkrechten normalen Anströmung bei allen anderen Filtrationsarten. Die sich auf der Membran ablagernden Trubstoffe bilden eine Deckschicht, die ab einer gewissen Dicke wieder vom Flüssigkeitsstrom mitgenommen wird. Ein Verblocken wird somit verhindert, das Unfiltrat konzentriert sich mit den Trubstoffen aber immer weiter auf. Hier sind durch die Membranart und Konsistenz des Trubes Grenzen gesetzt, es kann aber gärtrüber Wein entkeimungsfiltriert werden. Für die Filtrationsleistung ist eine entsprechende Abstimmung der Pumpenleistung und des Überströmungsverhältnisses mit der Membran notwendig.

Vorteile:
- Filtration auch bei starkem Trübungsgrad möglich
- In einem Arbeitsgang EK-Klärschärfe
- Geringes Totvolumen, kein Filtervorlauf
- Frühzeitige Klärung möglich (Most, Gärungsunterbrechung bei Prädikatsweinen)
- Geschmacklich kein Unterschied zu konventioneller Klärung
- Keine Filterhilfsmittel notwendig, keine Entsorgung

Abb. 111
Crossflowanlage.

Abb. 111a
Kleine Crossflowanlage für 300 l/h Modul, Pumpe, Retentatbehälter, Steuerung

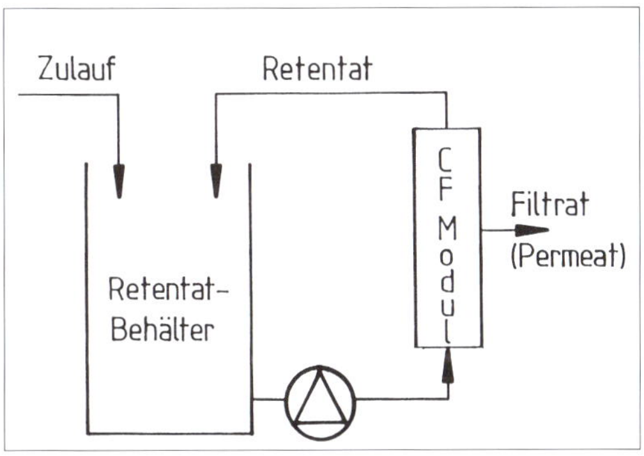

Abb. 110
Arbeitsprinzip Cross-Flow-Filter.

Nachteile:
- geringe Flächenleistung (ca. 65 l/m^{2}h)
- hohe Anschaffungskosten

Der hohe Preis für leistungsfähige Anlagen beschränkt die Anschaffung auf größere Betriebe. Für Kleinbetriebe hat sich aber die Lohnfiltration als wirtschaftliche, schnelle und problemlose Klärmethode mittlerweile bewährt.

Seit einem Jahrzehnt ist die Cross-Flow-Filtration im Weinbereich eingeführt. Waren anfangs durch mangelnde Erfahrungen die Anlagen mit verschiedenen Fehlern behaftet, die starke Produkterwärmung, Hochfärbigkeit und Schädigung des Aromas zur Folge hatten, kann man heute mit optimierten Geräten arbeiten, die keine übermäßige Belastung für den Wein bedeuten. Durch das Rundpumpen wird der Wein zwar belastet und braucht wieder einige Zeit zur Erholung. Dies bedeutet aber nicht wirklich einen Nachteil, wenn man bedenkt, dass für den gleichen Klärgrad bei konventioneller Filtration mind. 3 Arbeitsschritte notwendig sind, die dreimal eine Belastung und ebenfalls notwendige Erholungszeit für den Wein bedeuten.
Nach wie vor wird daran gearbeitet, die Leistungsfähigkeit der Membranen zu verbessern, was nach wie vor der (teure) Schwachpunkt ist.
Überlegenswert ist beim Einsatz dieser Filtration nur, ob eine so scharfe Klärung für die Stabilität des Weines im jeweiligen Fall notwendig ist.

Abb. 112
Tuchfilter-Hefefilter TF 630 (Schenk).

Die Produktpumpe erzeugt einen Druck von 12 bar, je nach Anzahl der Filterrahmen (20–60) ergeben sich 168–488 l Trubraum.

16.4.6 Hefetrubfilter

Bei der Qualitätsweinproduktion ist ein immer stärkerer Anstieg der Trubfraktionen zu verzeichnen. Mostvorklärung, rascher Abzug vom Geläger, Schönungstrub bringen beachtliche Mengen an „Abfallwein". Daher hat die Trubverarbeitung heute auch schon für kleinere Betriebe erhöhte Bedeutung. Besonders bei Spezialitäten wie hochwertigen Prädikatsweinen amortisiert sich die Anschaffung eines Trubfilters sehr bald.

Aufbau

Trubfilter bestehen aus Trubrahmen, die mit Filtertüchern überzogen sind. In die Filterrahmen wird Trub mittels Pumpe eingebracht und anschließend mit Druckluft

Abb. 113
Vakuumdrehfilter mit Anschwemmung.

unter Anwendung von Drucken bis zu 12 bar filtriert. Nach einigen Stunden wird der Filter geöffnet und die Trubstoffe werden fast trocken ausgetragen.
Hefepresswein darf laut Weingesetz nur zur industriellen Verwertung verwendet werden.

16.4.7 Variosan-Verfahren® (Erbslöh)

Der Trubfilter ist bei diesem Verfahren mit speziellen monofilen Tüchern ausgestattet, die sehr leicht zu reinigen sind. In Kombination mit darauf abgestimmter Filtercellulose (und richtiger Dosierung) ist die Trubfiltration bereits in ca. 2 Stunden abgeschlossen, die trockenen Trubplatten fallen beim Öffnen einfach heraus.

16.4.8 Vakuumdrehfilter

Vakuumdrehfilter sind rotierende Filter, die nach dem Prinzip der Kieselgurfiltration arbeiten. Dabei wird vor Beginn der Filtration auf dem Filtergewebe eine 6–10 cm dicke Schicht aus Kieselgur und Perliten angeschwemmt, über die nachfolgend der Trubwein angesaugt wird. Die Trubschicht wird kontinuierlich abgeschabt und trocken ausgetragen. Zur Erzeugung des Vakuums werden 1–2 Vakuumpumpen eingesetzt.
Vakuumdrehfilter können sowohl für die Most- als auch für die Weintrubverwertung eingesetzt werden.

Abb. 113a
Filtrationswirkung des Trubfilters: von links Trubwein mit Filtermittel, trüber Wein, blankfiltrierter Wein in Glas und Kolben.

17 Flaschenfüllung

- Wie wird der Wein füllfertig gemacht?
- Was ist für eine erfolgreiche Flaschenreinigung nötig?
- Wie kann steril abgefüllt werden?
- Welche Verschlüsse stehen heute zur Auswahl?
- Was muss am Etikett angegeben werden?

Ca. 20 % der österreichischen Produzenten füllen in Flaschen ab, das sind etwa 4300 leistungsfähige Betriebe. Der relativ geringe Prozentsatz zeigt bereits, dass viele den dafür notwendigen Aufwand nicht in Kauf nehmen wollen oder können. Schließlich muss der Wein so stabil sein, dass in der Flasche keine unerwünschten Ausscheidungen und Veränderungen stattfinden. Zahlreiche Punkte sind dabei zu berücksichtigen und zu entscheiden. Andererseits kann die Identifizierung mit dem eigenen Produkt nur durch die Präsentation des eigenen Flaschenweines erfolgen. Kostengünstige Alternativen gerade für kleinere Betriebe stellen Lohnabfüllung oder Gemeinschaftsanlagen dar.

17.1 Maßnahmen vor der Füllung

Sensorische Beurteilung

Weine sollten einige Wochen vor der Abfüllung kritisch beurteilt werden. Der Wein muss die für die Qualitätsstufe und Sorte übliche Eigenart aufweisen und frei von Fehlern sein. Zu diesem Zweck ist es notwendig, den Wein an einem neutralen Ort kritisch zu prüfen und vielleicht auch Kunden oder Vertrauenspersonen in Entscheidungen über noch notwendige Weinbehandlungen einzubeziehen. Ein geschmacklich nicht entsprechender Wein sollte nicht voreilig in die Flasche gefüllt werden, schließlich können nach der Füllung keine Korrekturen mehr vorgenommen werden.

SO_2-Einstellung

Weine sollen längere Zeit vor der Füllung einen konstanten SO_2-Spiegel aufweisen. Da je nach Anlage mit einem Verlust von 5–10 mg SO_2/l gerechnet werden muss, ist eine Einstellung auf 30–50 mg/l freie schweflige Säure zu empfehlen. Je nach dem Termin des voraussichtlichen Inverkehrbringens kann auch ein geringfügig höherer Wert angestrebt werden. Weine, die nicht stabil sind, sollten nicht abgefüllt werden. Sie können in der Flasche sehr leicht aldehydig und oxidativ werden.

Überprüfung auf Eiweißstabilität

Weine sollen vor der Füllung einem Wärmetest unterzogen werden. Dabei wird die Probe im Wärmeschrank oder Wasserbad bei 70 °C über 2–3 Stunden hindurch erwärmt und danach auf Trübung kontrolliert. Im Zweifelsfall wird die Probe abgekühlt und nach einem Tag am Boden der Probeflasche oder des Reagenzglases auf eventuelle Ausflockungen geprüft. Hat sich die Weinprobe eingetrübt, muss eine Bentonitschönung durchgeführt werden.

Überprüfung auf Metalle (Fe, Cu)
Eisen und Kupfer sind die häufigsten Ursachen von Metalltrübungen in Flaschenweinen. Die Blauschönung kann bei genauer Anwendung Metalle exakt entfernen. Üblicherweise wird sie erst ab einem Bedarf von 4 g/hl Kaliumhexacyanoferrat angewendet. Unter diesem Bedarfswert wird sie nur bei zu hohem Kupfergehalt durchgeführt. Wenn auch der gesetzliche Grenzwert 1 mg/l beträgt, kann Kupfer bereits ab 0,5 mg/l eine Trübung verursachen.
In jedem Fall muss die Untersuchung von einer autorisierten Stelle durchgeführt werden. Die Blauschönung sollte spätestens 14 Tage vor der Füllung vorgenommen werden. Die Weine sind nach einer Blauschönung mittels Sterilschichten zu filtrieren (siehe auch Kap. 15.4.3).

Weinsteinstabilität
Kaliumhydrogentartrat (Weinstein) kann bei ungünstigen Voraussetzungen bereits einige Tage nach der Füllung ausfallen. Vorbeugend wirkt die Anwendung von Metaweinsäure in Mengen von 5–10 g/hl oder die Anwendung von Kälte (siehe auch Kap. 15.6).

Entsäuerung – Calciumstabilität
Soll der Wein vor der Füllung noch entsäuert werden, so ist bei der Anwendung von kohlensaurem Kalk zu bedenken, dass die vollständige Auskristallisation des Calcium-Weinsäuresalzes (Calciumtartrat) zwischen 4 und 6 Wochen betragen kann. Eine zu frühe Füllung kann einen Ausfall von Calciumtartrat in der Flasche bewirken. Der gesetzliche Grenzwert für Calcium beträgt 220 mg/l, Wein ist aber erst ab einem Gehalt unter 100 mg/l stabil.

Säurezusatz?
Eine Säuerung ist nur zulässig, wenn sie für diesen Jahrgang zugelassen wurde (siehe Kap. 6.6.2). Ein Zusatz von Zitronensäure gilt nicht als Säuerung, ist aber mit einem Gesamtgehalt im Wein von 1 g/l begrenzt.

Reinheit
Weine sollten nur im klaren Zustand, nach entsprechender Vorfiltration mittels Kieselgur oder Vorklärschichten, abgefüllt werden. Füllt man trübe Weine ab, so ist ein rascher Anstieg des Differenzdruckes im Schichtenfilter zu erwarten. Dadurch kann sich die Qualität des Filtrates verschlechtern, Bakterien und Hefen können vom Filter nicht mehr vollständig zurückgehalten werden. Darüber hinaus ist das dann notwendige Wechseln der Filterschichten während der Abfüllung äußerst zeitaufwendig.

Wird der Wein zur Erlangung der staatlichen Prüfnummer eingereicht, dürfen am Wein ab diesem Zeitpunkt keine Veränderungen mehr vorgenommen werden. Verboten sind insbesondere: ein nachfolgender Verschnitt, Zuckerrestverleihung, Entsäuerung und Schönungen. Zulässig sind lediglich Pflegemaßnahmen wie Filtration, Nachschwefelung, Metaweinsäure- und Vitamin-C-Zusatz sowie Änderungen des CO_2-Gehaltes.

Einige Tage vor der Füllung, wenn der Fülltermin schon fixiert wurde, sind folgende Maßnahmen durchzuführen:

– Sensorische Prüfung
– Einstellung eines passenden Kohlensäuregehalts
– Metaweinsäurezusatz
– Nachschwefelung

Ein sensorisch nicht entsprechender Wein sollte nicht voreilig abgefüllt werden. Weinfehler oder Krankheiten müssen vor der Füllung entfernt werden. Der Wein muss füllreif sein.

17.2 Der Füllzeitpunkt

Einfluss auf den Füllzeitpunkt haben:
Der Ausbau des Weines: Der Fülltermin soll so gewählt werden, dass der Wein in der Flasche den Höhepunkt seiner Entwicklung erreicht. Dieser Zeitpunkt liegt bei fruchtigen Weißweinen bereits im Bereich von 1–3 Monaten nach der Vergärung. Je höher die Prädikatsstufe, desto später wird im Allgemeinen die Flaschenreife erreicht. Schwere Rotweine mit entsprechendem Gerbstoffpotenzial benötigen wesentlich mehr Zeit zur Harmonisierung.
Die Stabilisierungsmaßnahmen: Stabilisierungsmaßnahmen müssen rechtzeitig vorgenommen werden.
Die Lagerbehälter: Holzfässer erlauben eine schnellere Weinreifung durch stärkeren Sauerstoffeinfluss. Bei Edelstahl-, Kunststoff- oder Betontanks kann bzw. muss der Füllzeitpunkt auch später gewählt werden.
Der Flaschenverschluss: Der Naturkork gibt durch die Kompression im Flaschenhals noch etwas Sauerstoff an den Wein ab, was zur Reifung beiträgt. Wird eine Alternative wie z. B. ein Drehverschluss verwendet, so kommt es zu keiner bzw. zu einer wesentlich langsameren Entwicklung in der Flasche. Der Wein sollte somit erst mit entsprechender Reife gefüllt werden.

Entscheidend für die Wahl des Füllzeitpunktes muss der sensorische Eindruck des Weines sein.

17.3 Der Behälter

17.3.1 Die Glasflasche

Die Glasflasche ist nach wie vor der gängigste Behälter für qualitativ hochwertigen Wein, der an den Letztverbraucher gelangt. Sie bietet die günstigsten Voraussetzungen für die neutrale, gasdichte Weinlagerung auch über längere Zeit. In den letzten Jahren haben auch andere Verpackungen (Tetrapak, Kunststoffflaschen, Aludosen) an Bedeutung gewonnen, sind aber nur für kurzfristigere Lagerung geeignet. Flaschen werden bei ihrer Herstellung oberflächenvergütet. Dazu werden spezielle Kunststoffmischungen auf die Glasoberfläche gesprüht.

Flaschengrößen
0,125 l; 0,25 l; 0,375 l; 0,5 l; 0,75 l; 1 l; 1,5 l; 2 l; Sonderflaschen

Abb. 114
Gängige Flaschenformen.

Flaschenfarben

Weiß (farblos): Zeigt den Wein, bietet aber schlechten Lichtschutz.
Grün: Verschiedenste Grüntöne werden angeboten; je dunkler der Farbton, desto besser ist der Schutz gegen UV-Strahlung.
Braun: Bietet den besten Schutz gegen Lichteinfluss.

Flaschenformen

In Österreich werden hauptsächlich die in Abb. 114 gezeigten Flaschenformen verwendet.

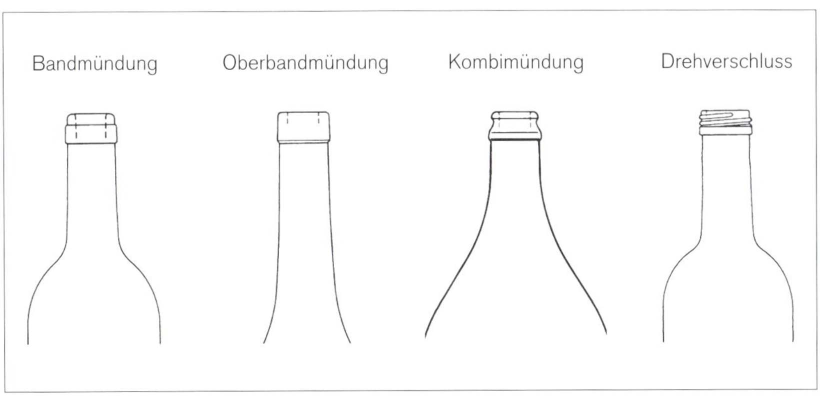

Abb. 115
Vielfalt der Flaschenmündungen.

Sonderflaschen

Damit sich der Wein von der Herkunft oder vom Betrieb her von anderen unterscheidet und einen hohen Wiedererkennungswert besitzt, haben sich Flaschen mit bestimmten Formen oder Emblemen etabliert. Diese sind geschützt und dürfen nur mit dem jeweiligen Einverständnis (Abgabe) verwendet werden.
In den letzten Jahren sind z. B. eigene Flaschenformen für die einzelnen Weinbauregionen entwickelt worden (Steiermark-, Niederösterreich- und Burgenlandflasche). Bei allen Flaschen mit Emblemen muss jedoch bedacht werden, dass auch das Etikett genau ausgerichtet positioniert werden muss, was nicht mit jeder Maschine möglich ist und dann Handarbeit nötig macht.

Mündungen

Die gängigen Flaschenformen werden mit verschiedenen Mündungen erzeugt. Man unterscheidet Bandmündung (Oberbandmündung), Kronenkorkmündung (CC-Mündung), Kombimündung, Drehverschlussmündung.

17.3.2 Bag-In-Box

Die Verwendung dieser Behältervariante hat sich nicht nur bei Schankanlagen gut eingeführt. Beim Ausschenken kommt der in einen speziellen Kunststoffsack abgefüllte (restliche) Wein nicht wie in einer Flasche deutlich mit Luft in Berührung, da sich das „Plastiksackerl" einfach zusammenzieht. Somit ist über einen gewissen Zeitraum auch das letzte Glas Wein aromatisch in Ordnung. Auch im Freizeitbereich wird diese Füllvariante immer beliebter – für 1,5 l Wein muss man ca. 0,7 kg Glas mitschleppen, bei Bag-In-Box nicht einmal 0,1 kg.

Abb. 116a
Bag-in-Box-Füllanlage.

Abb. 116
Schematische Darstellung eines Einweichrades.

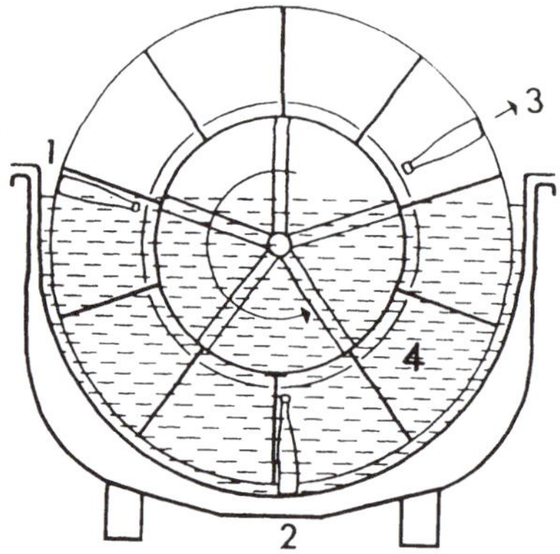

Das Einweichrad garantiert eine vollständige Füllung und Entleerung der Flaschen.

1 Einlegen der Flaschen
2 Spülvorgang
3 Flaschenentnahme
4 Lauge: 0,5–1 %

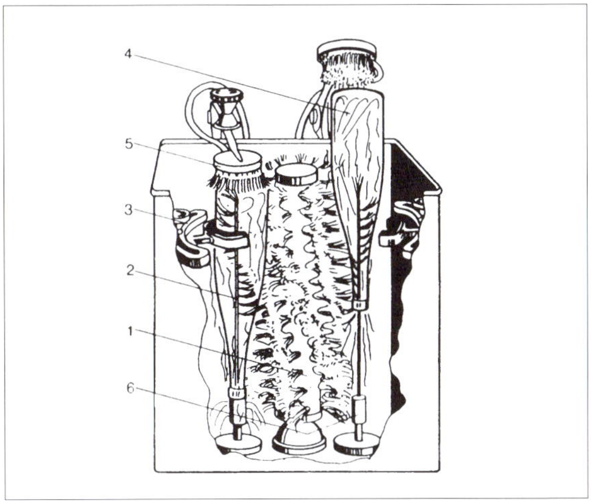

Abb. 117
Flaschenreinigung in einer 2-stelligen Bürstenwaschmaschine.

1 Flaschenaußenbürste
2 Flascheninnenbürste
3 Seitenhalterung
4 Einsetzen der Flasche
5 Wasserzufuhr über Bodenbürste
6 Einstellung auf Flaschenhöhe

17.3.3 Aludosen

Einerseits ist es einem Traditionalisten natürlich zuwider, wenn das Kulturgut Wein in Aludosen angeboten wird. Andererseits hat sich das Konsumverhalten der Verbraucher geändert, genauso wie die möglichen Lokalitäten, wo ein Produkt genossen wird. Auf einer Open-Air-Veranstaltung ist z. B. ein „Roter" in der Dose leichter zu verkaufen als ein G´spritzer im Glas – der heute aus sicherheitstechnischen Gründen so oft gar nicht mehr zugelassen wird.
Auf die speziellen Anforderungen der Dosenabfüllung braucht hier nicht eingegangen werden, betrifft es doch nur wenige dafür ausgerüstete Betriebe.

1 Flaschenaufgabe
2 Separate Restentleerung
3 Vorspritzung
4 Vorüberrieselung außen
5 Laugetauchbad
6 Scherbenkanal
7 Lauge 1 – Überschwallung
8 Etikettenaustrag
9 Lauge – Spritzung innen und außen
10 Lauge – Spritzung innen gekühlt
11 Warmwasser-Zwischenspritzung innen
12 Warmwasserspritzung innen und außen
13 Kaltwasserspritzung innen und außen
14 Frischwasserspritzung innen und außen
15 Gelenkte Schwadenführung
16 Flaschenabgabe

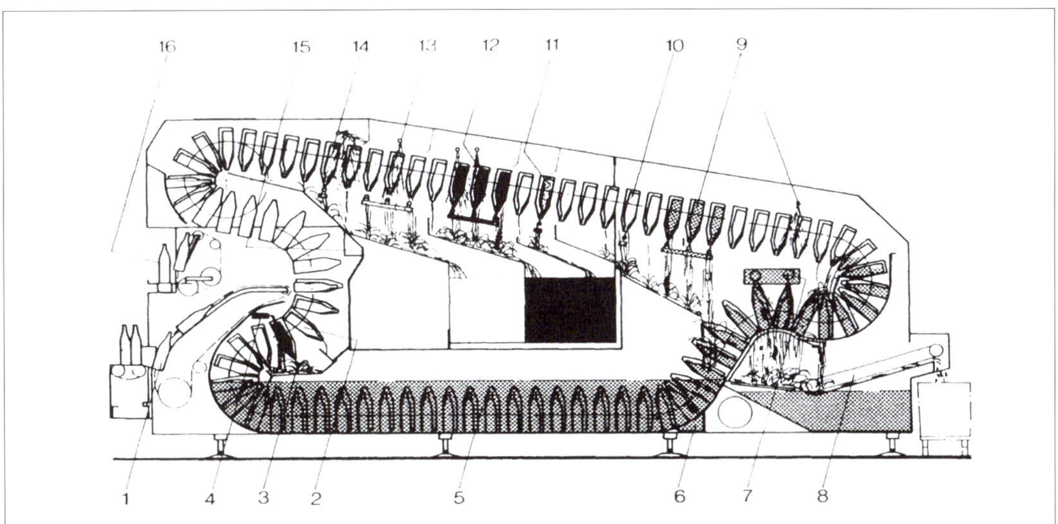

Abb. 118
Schematische Darstellung einer vollautomatischen Flaschenreinigungsmaschine (Leistung: 8500 Flaschen/h).

17.4 Flaschenreinigung

Bei der Verwendung von gebrauchten Weinflaschen sind eine gründliche Reinigung und Desinfektion die Voraussetzung für einen qualitativ einwandfreien Wein in der Flasche. Ansonsten ist durch eine Vielzahl von schädlichen Mikroorganismen wie Schimmelpilzen, Essigsäurebakterien, Hefen ein rascher Qualitätsabfall (Nachgärung, Säureabbau etc.) zu erwarten.

17.4.1 Aufbewahrung von Leergut

Leergut soll bei der Rücknahme nach Flaschengröße, -farbe, -form und -zustand sortiert werden. Dabei ist zu beachten, dass die Flaschen nicht längere Zeit der prallen Sonne ausgesetzt werden sollen. Durch die UV-Strahlung des Sonnenlichts kommt es zur Veränderung an der Flaschenoberfläche. Etiketten und Weinreste „brennen" sich fest, dadurch wird die Reinigung erschwert. Bei sehr niedrigen Lagertemperaturen in den Wintermonaten kommt es durch große Temperatursprünge zu vermehrtem Flaschenbruch. Ideal wäre ein sofortiges Ausspülen der geleerten Flaschen. Dadurch könnte die Flaschenreinigung wesentlich einfacher gestaltet werden.

17.4.2 Flaschenweiche

Um die Reinigung von gebrauchten Flaschen zu erleichtern, sollen sie lange genug eingeweicht werden. Ein leichtes Ablösen der Etiketten ist erst ab Einweichtemperaturen von 60–70 °C zu erwarten. Wird die Flasche kälter eingeweicht, so muss die Einweichzeit verlängert werden. In Einweichrädern und vollautomatischen Waschmaschinen rechnet man bei 70 °C mit Einweichzeiten von 5–15 Minuten.
Wesentlich für den Erfolg der Reinigung ist einerseits die Konzentration der Waschlauge – je nach Härtegrad und Angabe des Herstellers des Reinigungsmittels sollte sie 1–2%ig sein. Andererseits sollte durch Bewegung mehrmals neue Lauge an den Schmutz gelangen, da nur so ein komplettes Durchweichen möglich ist.

Das Einweichen erfolgt in Kleinbetrieben meist in Bottichen oder Einweichtrögen. Praktisch ist die Verwendung eines Einweichrades. Je nach Ausführung ist es mit Elektromotor oder Handkurbel ausgestattet. Der Einweichbehälter ist mit Waschlauge befüllt, die Flaschen werden kompakt in die jeweiligen Einweichkammern geschichtet. Durch periodisches Drehen des Rades wird die Flasche mit Weichlauge befüllt und untergetaucht. Die Einweichräder sind meist mit Elektroheizstab, seltener mit Dampf zu beheizen.

17.4.3 Technik der Flaschenreinigung

Je nach Handhabung unterscheidet man die Flaschenreinigungsmaschinen:
- Handwaschmaschinen – nur für Einzelflaschen
- Halbautomatische Flaschenwaschmaschinen: 1-, 2-, oder mehrstellig

In beiden Fällen wird die Flasche über eine rotierende Bürste gestülpt und einige Sekunden gebürstet. Die Bürsten bestehen aus Kunststoff und unterliegen einer starken Abnützung. Außerdem sind sie lange feucht und stellen einen mikrobiologisch gefährlichen Keimträger dar. Sie sollten daher regelmäßig erneuert werden.

- Vollautomatische, bürstenlose Flaschenreinigung. Von einem Förderband kommen die Flaschen in die reihenweise angeordneten Becher. Zunächst passieren sie einige Minuten (je nach Bandgeschwindigkeit) die heiße Weichlauge. Danach laufen die Flaschen kopfüber durch mehrere Hochdruckheißlaugenzonen bis zur Reinwasserausspritzung.

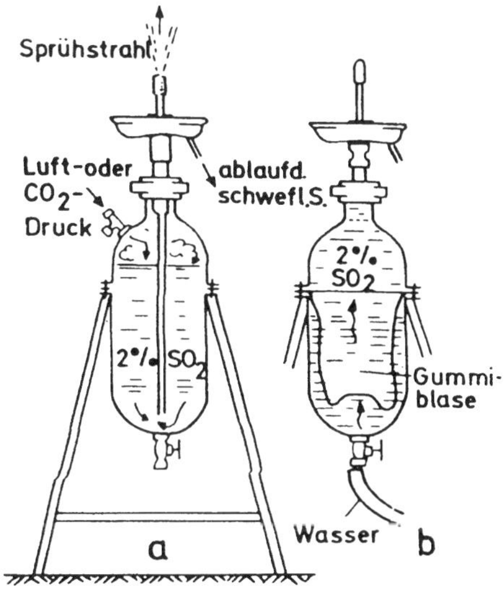

Abb. 119
Flaschenschwefler Sterilo (Leistung bis zu 600 Flaschen/h).

Der Betrieb erfolgt durch Gasdruck (a) oder Wasserdruck (b).

Derartige Flaschenwaschmaschinen können auch mit einer Sterilisierungzone und einer anschließenden Sterilwasserausspritzung ausgestattet sein. In diesem Falle benötigt man im kontinuierlichen Betrieb vor der (sofortigen) Abfüllung keine weitere Flaschensterilisierung.

Lohnwaschen

Nachdem der Ankauf einer vollautomatischen Flaschenreinigungsmaschine sehr kostspielig ist, ist die Reinigung der Weinflaschen in einer Gemeinschaftsanlage oder durch Lohnbetriebe überlegenswert. Vorteilhaft wirkt sich dabei die optimale Ausnutzung der Maschine und die Aufteilung der Kosten auf mehrere Betriebe aus. Die Reinigung kostet derzeit 0,09 – 0,12 €/Flasche. Auch der An- und Abtransport von Flaschen kann von den Lohnbetrieben übernommen werden.

Abb. 120
Sprühsterilisator.

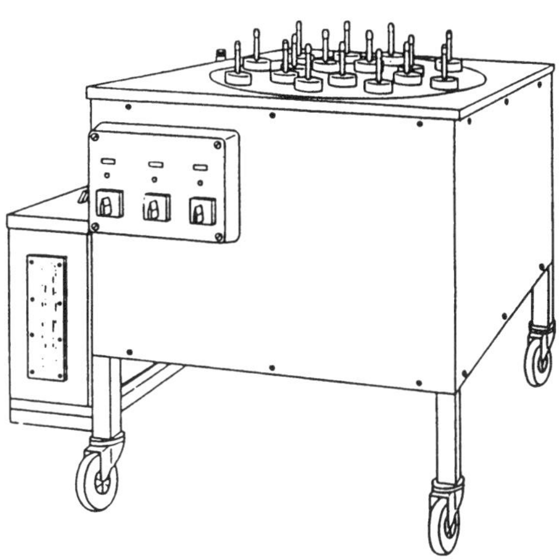

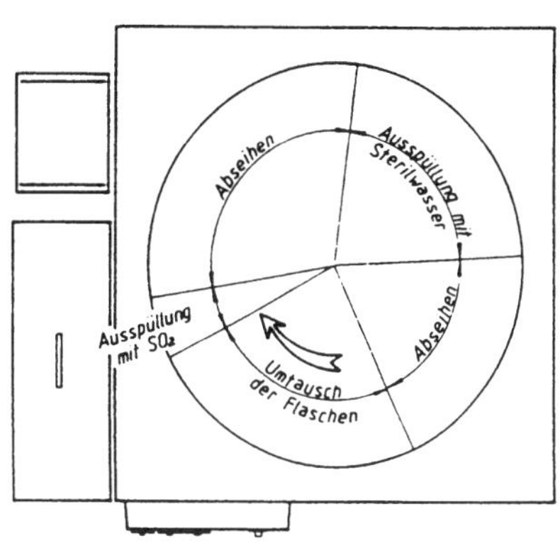

Funktionsschema

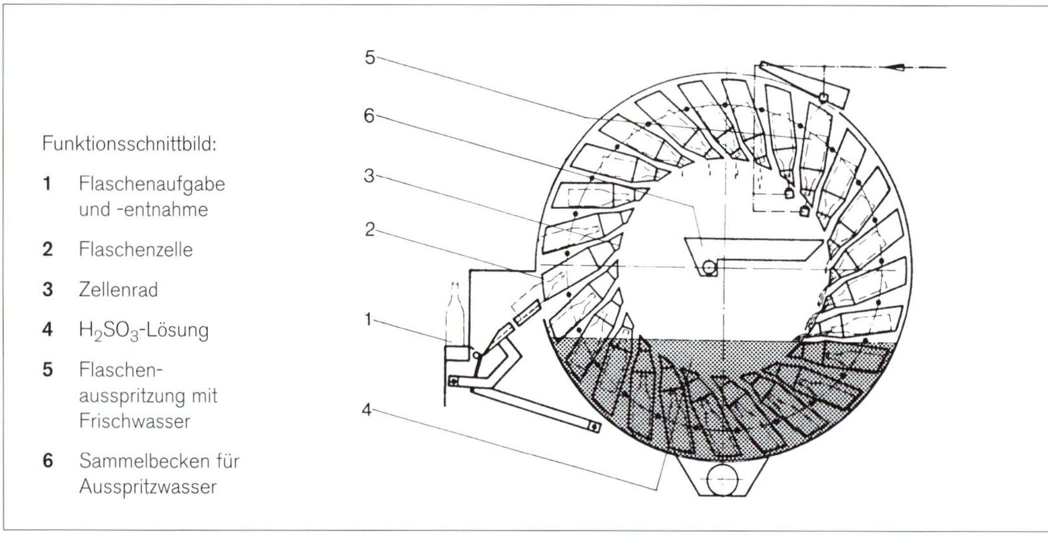

Abb. 121 Tauchbadsterilisator.

17.5 Flaschensterilisation

Gereinigte Flaschen sollen zwar optisch rein sein, jedoch sind sie noch lange nicht keimfrei. Im Zuge einer kaltsterilen Abfüllung muss beachtet werden, dass alle Materialien, die mit dem sterilfiltrierten Wein in Berührung kommen, ebenfalls sterilisiert werden. Aus diesem Grund ist eine Flaschensterilisation besonders bei mikrobiologisch gefährdeten Weinen äußerst notwendig.

Neuglas Neuglas braucht nicht sterilisiert zu werden solange die Folie der Palettenverpackung unverletzt ist, gilt es als „hüttensteril“ angeboten. Eine 100%ige Sauberkeit und Sterilität wird aber nicht garantiert. Zumindest eine Ausspritzung mit sterilfiltriertem Wasser sollte erfolgen.

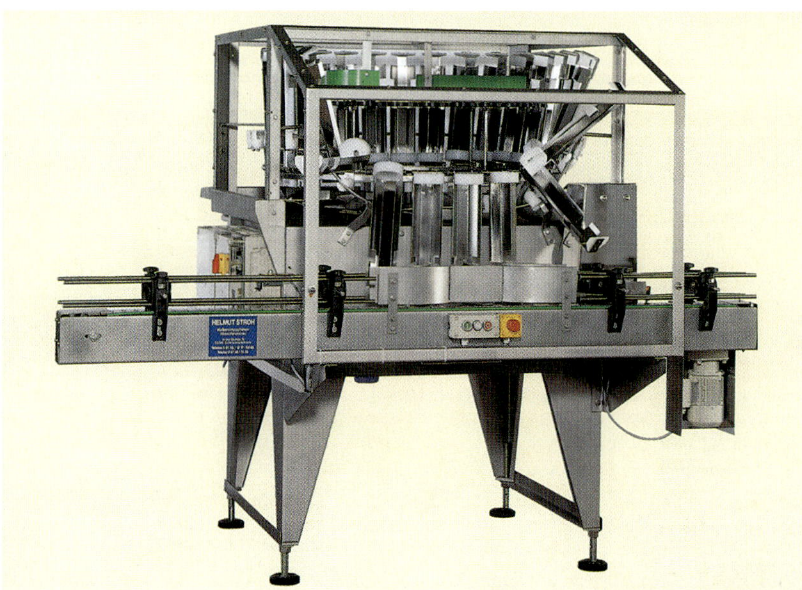

Abb. 122 Rinser (Stundenleistung 8000 Flaschen/h).

Diese vollautomatische Flaschensterilisiermaschine arbeitet taktweise. Die Flaschen werden über den Zulauftransporter in die Aufnahmeschalen befördert und um 180° gedreht. In der Stillstandsphase wird jede Flasche je 2-mal mit Sterilmittel und 2-mal mit Frischwasser ausgespritzt.

Gebrauchtglas

Bei Gebrauchtglas sollte zwischen Reinigung und Sterilisation nur wenige Tage liegen, da es sonst wieder zu einer stärkeren Verkeimung kommen kann.

Die Möglichkeiten der Sterilisation sind:
- Sprühsterilisation
- Tauchbadsterilisation

Als Mittel werden angewendet:
- SO_2 (als 2%ige Lösung oder als Gas)
- H_2O_2 (Wasserstoffperoxid, auch in Kombinationen)
- Peressigsäure
- Ozon
- Heißdampf (manchmal auch nur teilentkeimend)

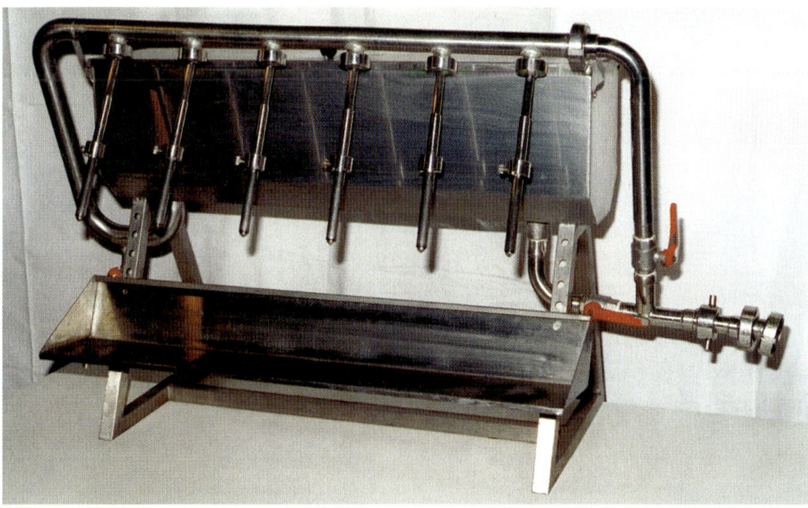

Abb. 123
Reihenfüller (Stundenleistung 600–800 Flaschen/h).

Abb. 124
Vollautomatischer Ausspritz-, Sterilisier-, Begasungs-, Füll- und Verkorkblock zum Sterilisieren der Flaschen, anschließendem Begasen mit Schutzgas, drucklosem Befüllen und Verkorken mit Naturkorken.

Die Sterilisationswirkung ist bei:
- **SO_2:** konzentrationsabhängig
- **allen anderen:** kontaktzeitabhängig

Daraus ist ersichtlich, dass bei Sprühsterilisation, wenn die Kontaktzeit nicht sicher gewährleistet werden kann, nach wie vor SO_2 von Vorteil ist.

Technik der Sterilisation

Handschwefelgeräte für Kleinbetriebe

Im Kleinbetrieb ist die Ausschwefelung (Sprühsterilisation) mit 2%iger schwefliger Säure gebräuchlich. Vorteilhaft ist die Tatsache, dass Restmengen von SO_2 in der Flasche verbleiben können.

- Eine schon feuchte Flasche bringt bessere Wirkung der SO_2-Lösung.
- Bei 0,75-l-Flaschen eine Austropfzeit von ca. 30 Minuten einhalten.
- Danach kann sich der SO_2-Wert des Weines um 5–10 mg/l erhöhen, dies muss berücksichtigt werden.
- Bei kleineren Flaschen ist eine längere Wartezeit einzuhalten.

Abb. 125 Füll- und Verschließblock mit Gegendruckfüller auch zum Füllen von Sekt und Perlwein.

Halbautomatische Sprühsterilisatoren
Die Leistung solcher Geräte beträgt 900–1800 Flaschen/Stunde. Dabei werden die Flaschen auf drehbare Sprühköpfe gesteckt und zuerst mit dem Sterilisationsmittel, danach mit Sterilwasser ausgespritzt. Dadurch können die Flaschen nach einigen Sekunden Austropfzeit sofort, ohne Erhöhung des SO_2-Wertes gefüllt werden.

Vollautomatische Tauchbadsterilisation
Dabei werden die Flaschen ähnlich wie bei Waschmaschinen in Förderbecher eingebracht und anschließend ins Sterilisationsbad getaucht. Nach einer Kontaktzeit von ca. 5 Minuten wird die Flasche mit Wasser ausgespritzt und durch ein Förderband auf möglichst kurzem Weg zum Füller geführt.

Vollautomatische Flaschensterilisation mittels Rinser
Mittels Einlaufschnecke werden die Flaschen in die Aufnahmeschalen befördert, um 180° gedreht und mit Sterilmittel ausgespritzt. Die Einwirkzeit beträgt 11 Sekunden, die Frischwasserspritz- und Austropfzeit beträgt 12 Sekunden. Auch Dampfsterilisation ist möglich. Bei Rinsern bleibt die Flaschenaußenseite trocken.

17.6 Flaschenfülleinrichtungen

Die Art der Abfüllung bestimmt auch die mögliche Stundenleistung. Man unterscheidet:
- **Füllung im Handbetrieb:** Stundenleistung von 500–600 Flaschen/Stunde: Mit 2-stelligem Steffel- oder Glockenhahn wird abwechselnd je eine Flasche befüllt.
- **Halbautomatische Füllung:** Stundenleistung 800–1400 Flaschen/Stunde: Die Füllung erfolgt mittels Rund- oder Reihenfüller, die Flaschen werden von Hand angesteckt und abgenommen.
- **Vollautomatische Abfüllung:** Der Flaschentransport zwischen den einzelnen Geräten erfolgt maschinell. Je nach Betriebsgröße und Automatisierungsgrad werden entweder im einfachsten Fall die Leerflaschen einzeln auf ein Förderband gestellt und die gefüllten Flaschen abgenommen oder bei vollster Automatisierung die Neuglaspalette hingestellt und die Palette mit den fertig etikettierten und kartonierten Flaschen ins Lager transportiert. Die Leistungen der Füllmaschine reichen von 1800 bis über 20000 Flaschen/Stunde. Alle anderen Geräteleistungen (z. B. Entpacker, Sterilisator/Rinser, Verkorker, Etikettierer, Einpacker, Palettierer) müssen darauf abgestimmt und höher sein. Je weiter in der Reihenfolge die Maschine vom Füller entfernt ist, desto mehr Leistung ist erforderlich (115–130 %).

17.7 Fülltechnik

Nach der Fülltechnik wird unterschieden zwischen:
- Maßfüller (sind in der Weinwirtschaft wenig gebräuchlich)
- Höhenfüller (Niveaufüller)
- Unterdruckfüller
- Normaldruckfüller
- Gegendruckfüller (Sie sind neben der Weinabfüllung auch für kohlenaäurehältige Produkte wie Sekt geeignet.)

Lohnabfüllung
Aufgrund der hohen Investitionen für die Errichtung und Wartung einer eigenen Füllanlage (Füllhalle, Flaschenreinigung, Flaschensterilisation, Abfüllung und Etikettierung) gehen viele Winzer dazu über, ihren Wein im Lohnverfahren abfüllen zu lassen. Die Abfüllanlagen können fix installiert sein oder der Lohnfüller kommt mit der mobilen Anlage vor den Lagerkeller des betreffenden Winzers. Meist wird Neuglas verwendet, je nach Anlage kann auch gleich etikettiert werden. Die Kosten einer Lohnfüllung betragen derzeit 0,12 €/Flasche.

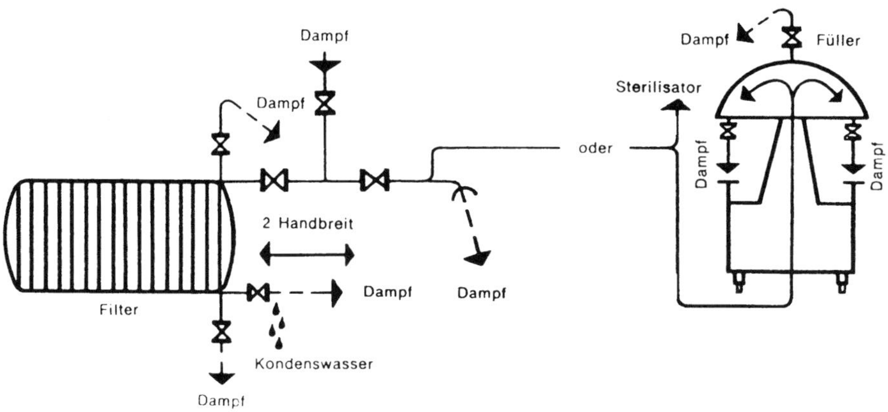

Abb. 126
Sterilisierung von Filter und Füller mittels Dampf.

Sterilfüllung
Die sterile Abfüllung ist eine Grundvoraussetzung für die Haltbarkeit des zukünftigen Flaschenweines. Besonders gefährdet für mikrobiologische Veränderungen sind warm gelagerte Weine mit geringem Alkohol, Zuckerrest und hohem pH-Wert. Die häufigsten mikrobiologischen Trübungen auf der Flasche entstehen durch Hefe und Milchsäurebakterien. Daher ist es notwendig, die Füllung auch steril durchzuführen, das bedeutet, alle Komponenten steril zu machen.

Möglichkeiten:

1. Kaltsterilfüllung
Bei der Kaltsterilfüllung darf der Wein nach der letzten Filtration (Sterilfiltration) nur mit keimfreien Materialien in Berührung kommen, da Reinfektionen auftreten könnten. Aus diesem Grund müssen vor der Abfüllung Filter, Verbindungsleitung Filterfüller, Füller, Verschließer, Korke und Flaschen sterilisiert werden.

Voraussetzungen für kaltsterile Abfüllung
- Hygienisch sauberer Füllraum (Fliesen), ohne Luftzug
- Keimarmes, blankes Produkt (bereits im Lagerkeller EK-vorfiltriert)
- Maximaler Differenzdruck am Schichtenfilter: 1,5 bar
- Maximale Durchflussleistung Schichtenfilter: 300–400 l/m²/h
- Druckstöße vermeiden; Entlüften der Zulaufleitungen
- Keine Filtrationsunterbrechung
- Flaschensterilisation (besonders bei Altglas)
- Verwendung von sterilisierten Korken
- Korkschlosssterilisierung
- Sterilisierung von Filter und Füller

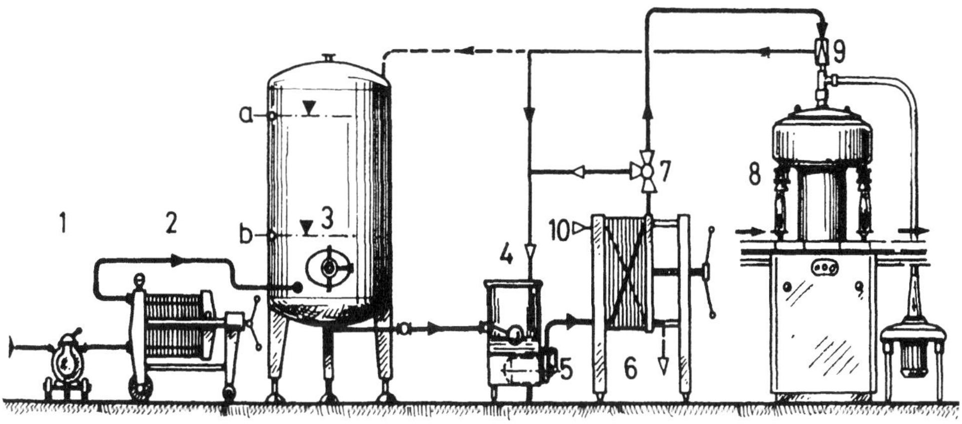

1	Pumpe	6	Plattenerhitzer
2	Filter	7	Dreiweghahn
3	Abfülltank	8	Füller
4	Zwischengefäß	9	Rücklauf
5	Pumpe	10	Heißwasser

Abb. 127 Schematische Darstellung einer Heißabfüllung.

Die Sterilisation der Füllanlage wird am besten mit Dampf oder Heißwasser durchgeführt. Durch Heißdampf oder Heißwasser (beide mind. 95 °C) werden die Filter und Füllerteile erhitzt. Darauf befindliche Keime werden abgetötet. Eine Sterilisation ist auch mittels schwefliger Säure (2%ig) oder durch chlor- oder peroxidhaltige Entkeimungsmittel möglich. Bei diesen ist darauf zu achten, dass nach erfolgter Sterilisation lange genug mit keimfreiem Wasser nachgespült wird, um Chemikalienreste aus Filter und Füller zu entfernen.

Der Dämpfvorgang

- Filter mit EK-Schichten packen.
- Dampf über einen Dreiweghahn ausgangsseitig von oben einbringen, damit das Kondenswasser abfließen kann.
- Beim Dämpfen werden alle Hähne und Ventile geöffnet.
- Ab dem Zeitpunkt zu dem Dampf aus allen Ventilen mit 95 °C austritt, soll 20 Minuten gedämpft werden. Die Ventile und Hähne sollen so weit geöffnet sein, dass Dampf handbreit ausströmt.
- Gleichzeitig wird mittels Dreiweghahn in Richtung Füller gedämpft.
- Auch beim Füller müssen alle Füllventile geöffnet sein.
- Unmittelbar vor dem Ende des Dämpfens werden alle Hähne geschlossen, bis auf ein Ventil auf der Zulaufseite des Filters; dadurch kann Luft nachströmen.
- Danach wird der Filter von der Einlaufseite bis zur Geschmacksneutralität gewässert.

Wird zur Abfüllung ein (steriler) Membrankerzenfilter verwendet, so kann auf ein Dämpfen des vorgeschalteten Schichtenfilters verzichtet werden.

2. Heißfüllung

Bei der Heißfüllung wird Wein auf 60–65 °C erhitzt und mit dieser Temperatur in die Flasche gefüllt. Dabei kann auf ein Sterilisieren der Anlage und Flaschen verzichtet werden, denn der heiße Wein ist gleichzeitig Sterilisationsmedium. Alle Mikroorganismen, die mit dem heißen Produkt in Berührung kommen, werden durch den warmen Alkohol abgetötet. Ab 13 Vol.-% Alkohol genügt eine Weintemperatur von 55 °C in der Flasche. Die Erhitzung erfolgt über einen Plattenwärmeaustauscher. Bei der Abfüllung muss beachtet werden, dass sich das Volumen des Weines in der Flasche bei der Abkühlung verkleinert und dadurch zu wenig Wein in der Flasche sein könnte. Deshalb soll bei Heißabfüllung ein sehr hohes Füllniveau eingestellt werden.

Rotweine reagieren durchweg positiv auf eine Heißfüllung, sie werden schneller trinkreif. Mikrobiologische Probleme durch Säureabbau können nach einer Heißfüllung praktisch ausgeschlossen werden. Bei Weißweinen kommt es zu stärkeren CO_2-Verlusten. Die Wirkung von Metaweinsäure wird durch die Weinerhitzung sehr beeinträchtigt. Füllt man heiß, so soll hochveresterte Metaweinsäure eingesetzt werden.

Bei der Anordnung zur Heißfüllung wird zuerst filtriert und unmittelbar vor der Abfüllung erhitzt. Es ist dabei notwendig, den Wein vollständig vom thermolabilen Eiweiß befreit zu haben, da dieses ansonsten in der Flasche ausfallen könnte. Wird zuerst erhitzt und dann filtriert, dann ist bei der Anwendung von Filterplatten aus Kunststoff Vorsicht geboten. Der Wein könnte einen Kunststoff- oder Gummigeschmack bekommen. Edelstahlplatten sind problemlos.

Pasteurisation in der Flasche

Anstatt der Heißfüllung kann auch eine Pasteurisation in der Flasche vorgenommen werden. Wichtig ist, dass die Weine eiweißfrei sein müssen. Durch die starke Temperaturerhöhung kommt es zur Ausdehnung des Weines, ein entsprechender Leerraum muss daher vorhanden sein und schon bei der Füllung berücksichtigt werden.

17.7.1 CO_2-Dosierung

Kohlensäure verleiht dem Wein eine Spritzigkeit und Frische, die bei jungen Weinen sehr geschätzt wird. Die Löslichkeit der CO_2 ist sehr temperaturabhängig, sodass in warmen Kellern nicht die gewünschte Menge im Wein vorhanden sein kann. Eine sehr bewährte Methode ist mittlerweile, die CO_2 während der Füllung direkt in die Füllleitung einzubringen, sodass sie nicht mehr entweichen kann. Dafür gibt es sowohl automatische Anlagen wie Carbofresh® oder auch einfache selbst konstruierte Varianten, die dann mehr Steuerungsaufwand bedeuten.

Abb. 128
CO_2-Zusatz im Durchfluss

17.8 Der Flaschenverschluss

Mehrere Varianten stehen heute zur Auswahl:
- Naturkork
- Presskork
- Kunststoffstopfen („Kunststoffkork" ist zwar nicht korrekt, aber gebräuchlich.)
- Kronenkork
- Drehverschluss

17.8.1 Der Naturkork

Nach wie vor hat der Naturkork das beste Image, gerade bei hochwertigen Weinen erwartet der Kunde durchaus einen – auch entsprechend hochwertigen – Korken.

Abb. 129 a
Vierbackenschloss.

Abb. 129 b
Die verschiedenen Korkarten.

Von links nach rechts:
Presskork
Zweischeibenkork
Naturkork 38 mm
Kunststoffstopfen
Naturkork 45 mm

Vorteile:
Neben dem guten Image ist die hohe Elastizität – wichtig bei größeren Flaschentoleranzen zu nennen, die von keinem anderen Verschluss erreicht wird. Ein zusätzlicher Punkt ist der leichte Sauerstoffeintrag in den Wein, aus den Korkzellen durch die Kompression im Flaschenhals entweicht und zur Reifung beiträgt. Ansonsten ist der Kork nur wenig durchlässig, das „Atmen" ist weitgehend ein Irrglaube.

Nachteile:
Neben dem im Vergleich zu anderen Verschlüssen höheren Preis sind nach wie vor Korkgeschmack und Ausläuferneigung die Hauptprobleme.
Die Korken werden heute – bedruckt, fertig beschichtet und mit eingestellter Korkfeuchtigkeit – in verschweißten Säcken „weinsteril" abgepackt geliefert und sind gebrauchsfertig. Das frühere Einweichen über Nacht (für Sterilfüllung in 1,5%iger SO_2-Lösung) entfällt und spart einen zusätzlichen Arbeitsgang. Dennoch ist zu berücksichtigen, dass die Korken etwas härter sind und höhere Anforderungen an die Wartung und Qualität des Korkschlosses stellen (am besten Vierbackenschloss). Angebrochene nicht verbrauchte Säcke müssen nachsterilisert werden, mit 1/8 l 2%iger SO_2-Lösung, besser mit etwas gasförmiger SO_2.

Verarbeitung

Um das Risiko des Korkgeschmacks möglichst gering zu halten, sind – neben dem Einkauf guter Qualität – folgende Punkte zu beachten.

- **Lagertemperatur:** Nicht unter 10 °C; Wasser entweicht aus dem Kork, er wird hart und unelastisch. Auch nicht bei solchen Temperaturen füllen!
  Je länger gelagert wird, desto mehr trocknen die Korken auch aus, werden härter und sind schwerer zu verarbeiten.
- **Lagerdauer:** Verarbeitung innerhalb von 3 Monaten ist das Ziel. Auch bei guter Lagerung haben die Korken nach 6 Monaten Feuchtigkeit und damit Elastizität verloren. Sie sollten dann beim Lieferanten nachbehandelt und nachsterilisiert werden.
- **Beschichtung:** Braucht einige Zeit zum Aushärten. Zeitgerecht bestellen, nicht sofort nach der Lieferung verwenden. Achtung bei Heißfüllung!
- **Verkorker:** Gute Wartung – keine Grate, die den Kork aufschlitzen und so Ausläufer hervorrufen. Vorherige Verschleißkontrolle mit 20 Korken!
  Bei Sterilfüllung mit (Alkohol-)Spray regelmäßig nachsterilisieren. Kurz dabei abstellen – Alkohol kann die Korkbeschichtung beschädigen! Eine Korkschlossheizung soll auf 75–80 °C eingestellt sein. Ist die Temperatur zu hoch, wird die Beschichtung verletzt. Überprüfen mit Kontaktthermometer.
- **Füllhöhe:** Wichtig ist ein Abstand vom Kork in der Flasche bei 20° von 15 mm. Bei einem 45er Kork bedeutet das eine Füllhöhe von 60 mm. Pro Grad unter 20 °C ist der Abstand um 0,5 mm zu vergrößern.
- **Druckreduzierung:** Sehr wichtig, um Ausläufer und Korkgeschmack zu verhindern. Dazu dienen entweder CO_2-Überschichtung nach dem Füllvorgang oder Vorevakuierung.
- **Stehzeit:** Nach 1 Min. hat sich der Kork wieder auf 93 % seines Volumens ausgedehnt. Wird die Flasche zu früh umgelegt, kann er unterspült werden. Das bedeutet größere Kontaktfläche (Korkgeschmack) und mögliche Ausläuferneigung. Vor allem ohne Druckreduzierung wären wenigstens 20 Min. Stehzeit nötig, 24 Stunden optimal.
- **Flaschenlagerung:** Warme Lagerung erhöht nachweisbar die Tendenz zu stär-

kerer Auslaugung des Korks – und damit Korkgeschmack. Dabei spielt es keine Rolle, ob die Flasche steht oder liegt.

17.8.2 Presskork

Die kostengünstige Alternative des Naturkorks, wobei zu bedenken ist, dass das Ausgangsmaterial zumeist aus dem Rest der Naturkorkproduktion – mit höherer Keimbelastung – und 30–50 % Leim besteht. Der Presskork weist einen höheren Druckwiderstand auf, der zwar den Anpressdruck erhöht, aber auch das Korkschloss belastet. Auch durch den Leimanteil ist das Risiko der Abgabe muffiger Töne an den Wein erhöht, darum erscheint diese Verschlussvariante nur für kurze Lagerung geeignet, sofern nicht eine ausreichende Reinigung vorgenommen wird. Derzeit scheint die Methode der Extraktion mit superkritischem CO_2 Erfolg versprechend.

17.8.3 Kunststoffstopfen

Der Einsatz von Kunststoffstopfen wird hauptsächlich mit der Vermeidung des Korkgeschmacks begründet. Die Erfahrungen des letzten Jahrzehnts zeigen, dass manche Kunststoffe – wenn auch lebensmittelrechtlich unbedenklich – leichte Aromabeeinträchtigungen bringen. Dazu kommt noch eine zeitlich begrenzte Haltbarkeit von ca. zwei Jahren, da der Kunststoff mehr Sauerstoff durchlässt als ein Naturkork. Bei Premiumprodukten wird heute die Einsatzdauer bereits auf 5–6 Jahre ausgedehnt.

17.8.4 Kronenkork

Er ist bei der Literware und gerade in der Gastronomie beliebt, da leicht zu handhaben und kostengünstig. Bei sehr langer Lagerung kann es jedoch passieren, dass der Wein durch das Dichtplättchen (Presskork oder Kunststoff) durchtritt und dann durch Korrosion am Kronenkork einen Metallböckser verursacht.

17.8.5 Drehverschluss

In der Schweiz hat dieser Verschluss seit Jahrzehnten Tradition. Mittlerweile werden auch in Österreich über 90 % der Neuglasflaschen mit Schraubmündung bestellt, womit Österreich einen deutlich höheren Anteil als die umliegenden Länder hat. Bei Rotweinen hat sich der Drehverschluss zur Hälfte etabliert. Groß ist auch mittlerweile die angebotene Palette an Ausführungen. Neben den klassischen Kapseln, die von außen angerollt werden, gibt es nobel aussehende Kapseln mit Innengewinde, die außen glatt sind. Sie müssen zuerst auf das Flaschengewinde gedreht und dann angerollt werden. Diese Lösungen haben das Ziel, das Billigimage des Schraubverschlusses loszuwerden – was auch gut gelingt.

17.9 Flaschenlagerung

Bei der Abfüllung erleidet der Wein einen Füllschock, von dem er sich einige Wochen erholen muss. Doch nicht nur deswegen, sondern auch um eine Nachreifung in der Flasche zu erlangen, wird der Wein gelagert.

In manchen Ländern hat die Flaschenreifung bei Rotwein große Bedeutung, so ist für manche Weine nicht nur die Lagerdauer im Fass, sondern auch in der Flasche vorgeschrieben und kann bis zu 3 Jahren betragen.

Anforderungen an den Lagerraum:

- Gleichmäßige Lagertemperatur, Weißwein 10–12 °C, Rotwein bis 15 °C

Abb. 130
Automatischer Kapselanroller.

Abb. 131
Schrumpftunnel.

Abb. 132
Handschrumpfer.

- Trocken
- Nähe zur Abfüllanlage und zum Versand sind günstig.
- Nicht zu kalt (5 °C), sonst ist vermehrter Weinsteinausfall möglich.

Je wärmer die Lagerung erfolgt, desto rascher ist die Entwicklung und Alterung des Weines.

Bei der Wahl der Art der Flaschenaufbewahrung ist gute Raumausnützung und möglichst geringe Manipulation das Ziel. Vor allem Großbetriebe lagern den Wein bereits fertig adjustiert und in Kartons verpackt.

Möglichkeiten der Aufbewahrung sind:
- **Gemauerte Flaschenboxen aus Ziegel, Bimsstein, Beton:** Sehr arbeitsaufwendig, die Raumaufteilung ist nicht veränderbar.
- **Transportable Flaschenbox:** Aus feuerverzinktem Eisen, Stoßhöhe 1,5 m, für einfachen oder Doppelstoß
- **Paletten mit Aufsetzrahmen:** Mit einem oder 2 Rahmen können sie ca. 250 oder 500 Bouteillen aufnehmen und mit Hubstapler aufeinandergestellt werden. Die Rahmen können bei Nichtgebrauch platzsparend zusammengelegt werden.
- **Gitterboxpalette:** Aus Metallgitter, zusammenlegbar: Je nach Ausführung können 450–600 Bouteillen oder 300–400 1-l-Flaschen gelagert werden.
- **Palette:** Die fertig etikettierten Flaschen sind bereits in Kartons verpackt. Ein trockener (klimatisierter) Lagerraum ist notwendig! Stapelhöhe bis 4 Paletten.

Pro m^3 Raum können ca. 700 0,75-l-Flaschen oder 230 Doppelliterflaschen bei einer Stoßhöhe von 1,5 m gelagert werden.

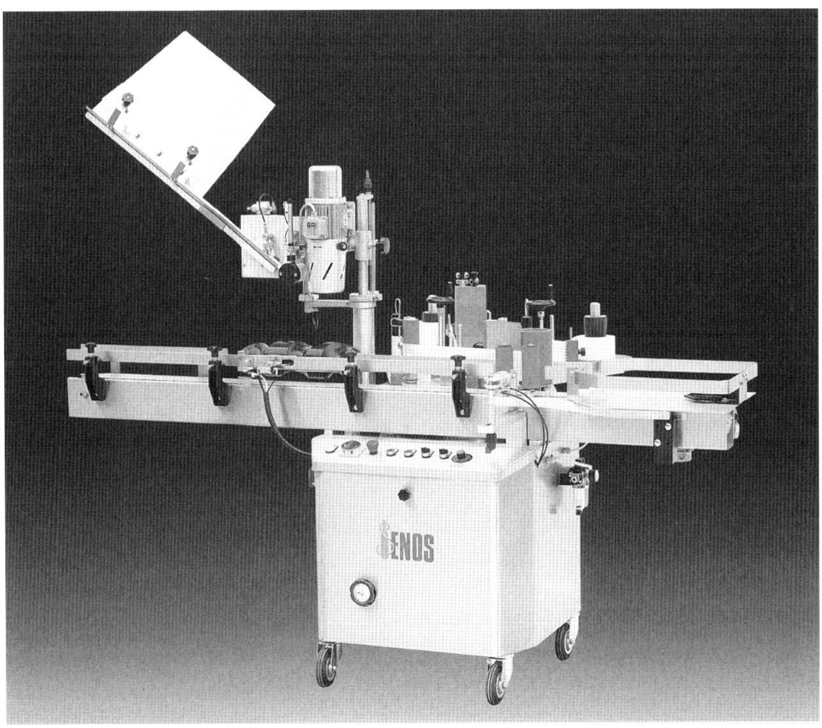

Abb. 133
Vollautomatische Etikettiermaschine für Selbstklebeetiketten.

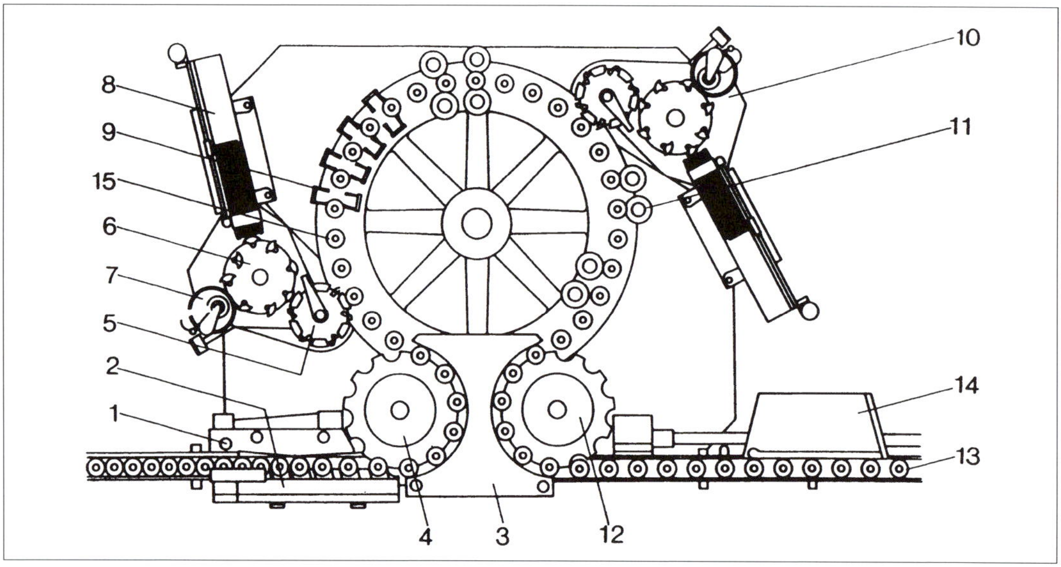

Abb. 134
Funktionsschnittbild einer Rundlaufetikettiermaschine.

1 Sperrstern
2 Einteilschnecke
3 Führungsbogen
4 Einlaufstern
5 Greiferzylinder
6 Palettenkarussell
7 Leimwalze
8 Etikettenbehälter
9 Anbürststrecke
10 Rückenetikettieraggregat
11 Anrollstrecke
12 Auslaufstern
13 Flaschentransportband
14 Verdrängertisch
15 Flaschenteller

17.10 Versandfertigmachen

17.10.1 Die Flaschenausstattung

Die Ausstattung (Adjustierung) der Weinflasche soll mehrere Aufgaben erfüllen:

- **Information über den Wein:** Zum Teil gesetzlich vorgeschriebene Angaben, aber auch zusätzliche Informationen können sich auf der Flasche befinden, wie Besonderheiten der Sorte oder der Produktion, Eignung zu welchen Speisen, Trinktemperatur, Auszeichnungen …
- **Blickfang:** Die ganze Erscheinung soll die Flasche aus dem Angebot aller (im Regal) hervorheben, auf den Kunden (welche Zielgruppe?) muss sie ansprechend (sympathisch) wirken.
- **„Visitenkarte" des Betriebes:** Der Betriebsstil wird (unterbewusst) vermittelt, ein Markenzeichen hilft bei der Wiedererkennung.

Zur Ausstattung zählen Flaschenkapsel, Etikett, zusätzliche Aufkleber (z. B. Medaillen, Spargelwein, Salon Österreichischer Wein etc.) und mögliche Anhänger.

Die Flaschenkapsel

Sie kann aus Zinn-, Aluminium oder Kunststoff sein. Sie werden maschinell angerollt oder bei Kunststoffschrumpfkapseln durch Hitze angeschrumpft.

(Abb. 130–132)

Die Banderole ist bei Qualitäts- und Prädikatswein vorgeschrieben.

Sie ist üblicherweise in der Kapsel integriert. Wird keine verwendet, muss ein kreisrunder Banderolenaufkleber auf der Flaschenmündung angebracht werden, der beim Öffnen zerstört wird.

Das Etikett

Dieses kann verschieden ausgeführt und angebracht werden: Vorder- und Rückenetikett, Halsschleife bei 2-l- oder 1-l-Flaschen, Etiketten mit Sonderformen (z. B. zweigeteilt, schräg verlaufend).
Alle gesetzlich vorgeschriebenen Angaben müssen im gleichen Sichtbereich sein, das heißt nur in einer Ausrichtung der Schrift (horizontal oder vertikal) und auf einem Etikett (vorne oder hinten) (siehe auch Kap. 17.11).

Etikettiervorrichtungen

Leimetiketten

Die traditionelle Methode, Papieretiketten mit Leim zu versehen und an der Flasche anzubringen, erlaubt eine große Auswahl an Papierarten und Strukturen. Das Etikett ist leicht wieder abwaschbar und wird bei großen Flaschenchargen aufgrund der geringeren Kosten nach wie vor bevorzugt.

Selbstklebeetiketten

Der Wegfall von Rüst- und Reinigungszeiten im Vergleich zu Leimetikettierern ist ein Vorteil der Selbstkleber. Schnell lässt sich auch von einem Etikett zum anderen durch einfaches Austauschen der Rolle wechseln. Auch notfalls nur eine Flasche lässt sich schnell und ohne „Patzerei" versandfertig machen. Das angenehmere Arbeiten hat aber auch seinen (höheren) Preis. Bei Retourglas ist allerdings das Abwaschen schwieriger als bei der Verwendung von Leimetiketten.

Etikettendruck

Das Grund- oder Lageretikett wird in großer Auflage mit den gleichbleibenden Elementen (Gesamtgestaltung, Betriebsname etc.) hergestellt. Darauf folgt dann der chargenweise Eindruck mit den jeweils sich ändernden Daten (Sorte, Jahrgang, Alkohol, Prüf- bzw. Losnummer etc.). Dieser erfolgt entweder in einer Druckerei, bei größeren Füllanlagen kann dies aber auch durch eine Druckstation direkt beim Etikettiervorgang erfolgen, wobei das Problem wegfällt, zu wenig oder zu viel Eindrucke bestellt zu haben.
Gerade bei kleineren Betrieben und geringeren Chargengrößen wird heute gern die Möglichkeit von Selbstklebeetiketten genützt, den jeweiligen Eindruck mit eigenem PC selbst zu gestalten und mittels kleiner Transferfolien-Eindruckstation in genauer Menge vorzunehmen.

Das **Aufbringen der Etiketten** kann erfolgen:
- Von Hand aus (Handleimer)
- Mit Schnelletikettierern; dies sind Handapparate
  Mit einer Stundenleistung von ca. 600 Flaschen
- Mit halb- und vollautomatischen Etikettiermaschinen

Werden Flaschen mit speziellen Emblemen verwendet, so ist zu bedenken, dass eine Positioniereinrichtung beim Gerät vorhanden sein muss, damit das Etikett auch genau ausgerichtet geklebt wird.
Zum Etikettieren sollte die Flasche trocken sein und Raumtemperatur haben, um Schwitzwasser und damit eine Verletzung des Etiketts beim Einschichten der Flaschen zu vermeiden.

Eine voll adjustierte und gewickelte Flasche kann nur in trockenen Räumen längere Zeit gelagert werden. Steht kein trockener Lagerraum zur Verfügung, dürfen die Flaschen erst unmittelbar vor dem Versand etikettiert werden.

Qualitätsstufen – Zusammenfassung (laut österr. Weingesetz 2009 idgF 2016)

Absichtsmeldung Anreicherung Ertragsbegrenzung	QUALITÄTSSTUFE – Mindestzuckergehalt in ° KMW – Mindestalkoholgehalt im Wein		Losnummer, Prüfnummer, Banderole, Sorten- bzw. Jahrgangsangabe
	WEIN ab 10,6° KMW (6 Vol.-%) 8,5 Vol.-% Alkohol	– Max. „Österreich" als Herkunftsangabe (Ausnahme bei Bergwein die „Weinbauregion")	Nicht erlaubt
Ertragsbegrenzung – 9 000 kg/ha = **6 750 l Wein/ha**	WEIN mit Sorte oder Jahrgang	– Keine Rebsorte mit geschützter Ursprungsbezeichnung	typisch, fehlerfrei, titr. Säure mind. 4 g/l; Sorte- u. Jahrgangsangabe **nicht verpflichtend (außer Heuriger)**
Ertragsbegrenzung	LANDWEIN 14° KMW (8,7 Vol.-%) 8,5 Vol.-% Alkohol	– Max. Weinbauregion als Herkunftsangabe – Darf nur aus Qualitätsrebsorten erzeugt werden	
Ertragsbegrenzung	QUALITÄTSWEIN 15° KMW (9,5 Vol.-%) 9 Vol.-% Alkohol	– Max. Weinbaugebiet als Herkunftsangabe – Darf nur aus Qualitätsrebsorten erzeugt werden – Angabe von Sorte, Jahrgang und kleinere Herkunftsangaben als Weinbaugebiet nicht verpflichtend	Staatliche Prüfnummer notwendig (Nr. ersetzt Los- oder Chargennummer); Banderolenpflicht
Keine Anreicherung	KABINETT 17° KMW höchstens 13,0 Vol.-% Alkohol	– Bestimmungen wie bei Qualitätswein – Angabe von Sorte, Jahrgang und kleinere Herkunftsangaben als Weinbaugebiet nicht verpflichtend	
Absichtsmeldung	SPÄTLESE 19° KMW 5 Vol.-% Alkohol	– Ernte von vollreifen Trauben – Vollernterlese möglich	
	AUSLESE 21° KMW 5 Vol.-% Alkohol	– Ausgelesene Trauben	
	BEERENAUSLESE 25° KMW 5 Vol.-% Alkohol	– Überreife und/oder edelfaule Beeren	
	TROCKENBEEREN-AUSLESE, RUSTER AUSBRUCH 30° KMW 5 Vol.-% Alkohol	– Größtenteils edelfaule bzw. weitgehend eingeschrumpfte Beeren – Aus Freistadt Rust: Ruster Ausbruch	
	EISWEIN 25° KMW 5 Vol.-% Alkohol	– Beeren müssen bei der Ernte und Verarbeitung gefroren sein – Vollernterlese möglich	
	STROHWEIN 25° KMW 5 Vol.-% Alkohol	– Mind. 3 Monate Lagerung auf Stroh oder Schilf oder auf Schnüren aufgehängt (mind. 2 Mo. Ab 30° KMW)	

Vertikale Balken (von links nach rechts):

- Absichtsmeldung (ab Spätlese)
- Keine Anreicherung (ab Kabinett)
- Ertragsbegrenzung – 9 000 kg/ha = **6 750 l Wein/ha** (ab Wein mit Sorte oder Jahrgang)
- Losnummer (Chargennummer) nur bei Verbringung aus Österreich (alle Stufen)
- typisch, fehlerfrei, titr. Säure mind. 4 g/l (ab Wein mit Sorte oder Jahrgang)
- Nicht erlaubt (Wein) / Sorte- u. Jahrgangsangabe **nicht verpflichtend (außer Heuriger)** (ab Wein mit Sorte oder Jahrgang)
- Staatliche Prüfnummer notwendig (Nr. ersetzt Los- oder Chargennummer) (ab Qualitätswein)
- Banderolenpflicht (ab Qualitätswein)

17.10.2 Verpackung und Versand

Flaschenwickelpapier
Dieses wird vor allem zu Geschenkzwecken, besonders zu Weihnachten, eingesetzt und in verschiedenen Farben, mit oder ohne Firmenaufdruck, verwendet.

Je nach Beanspruchung, Stückzahl und Bestimmungsort werden verschiedene Versandbehältnisse eingesetzt.

Jede Verpackung muss bei den zu erwartenden Beanspruchungen die Flaschen vor Bruch wirkungsvoll schützen können. Daher muss gewissenhaft verpackt werden, um finanziellen Schaden zu vermeiden.

Bahnbehälter für den Bahnversand: 500–600 Stück 0,75-l-Flaschen Kapazität
Großcontainer: Werden oft bei gemeinschaftlichen Lieferungen genützt.
Kunststoffkisten: Sie haben eine Aufnahme für 12 Stück 1-l- oder 6 Stück 2-l-Flaschen. Praktisch bei Selbstlieferung, gut zu stapeln und zu transportieren, stabil.
Kartons: Sie werden in Größen für 1–24 Flaschen angeboten.

- Leichte (dünnere) Versionen sind für Selbstlieferung und -abholung geeignet.
- Stabilere (Export-) Kartons haben dickeres Papier und Zwischenlagen, sodass jede Flasche einzeln verpackt ist.
- Geschenkkartons haben besonders die vorteilhafte Präsentation des Produktes als Ziel, die Schutzwirkung ist oft nur gering.

Holzkisten: In manchen Ländern als 12er- oder-24er Kiste die klassische Lieferform, sie hat bei uns ebenfalls eher Tradition als besonderes Geschenk.
Tragtaschen: Durch die Möglichkeit des Bedruckens bieten sie ebenfalls eine einfache Möglichkeit, für den Betrieb zu werben.

Nicht nur die Flasche, auch die Verpackung ist ein wichtiger Werbeträger. Durch entsprechende Gestaltung sollte man diese Gelegenheit auch nützen.

17.11 Weinbezeichnungen

Der abgefüllte Wein muss richtig bezeichnet werden, damit der Konsument sich über das Produkt vor dem Öffnen der Flasche informieren kann. Dazu muss die Etikettenbeschriftung sowohl den Bestimmungen im österreichischen Weingesetz als auch verschiedenen (EU-)Verordnungen entsprechen.

(Tabelle Seite 221)

Den ersten Eindruck des Weines vermittelt das Etikett. „Im gleichen Sichtbereich" sind – abhängig von der Qualitätsstufe – einige Angaben verpflichtend anzuführen bzw. verboten, andere können wahlweise gemacht werden. Der „Sichtbereich" kann horizonal oder vertikal positioniert werden.

Bei Qualitätswein, Kabinett- und Prädikatswein ist die Angabe von Sorte, Jahrgang und kleinere Herkunftsangabe als Weinbaugebiet nicht verpflichtend.

Sind Schriftgrößen vorgeschrieben, gelten bei Mischungen von Groß- und Kleinbuchstaben die Oberlängen der Kleinbuchstaben als Maßstab z. B. k, b, l, t usw. Verschnörkelte Anfangs- und Endbuchstaben bleiben unberücksichtigt.

Etikettenbeschriftung

Hinweise auf den Restzuckergehalt

Bezeichnung	Gramm Zucker/Liter	Bemerkungen
Trocken, Extratrocken, Für Diabetiker geeignet	bis 4 g/l	unabhängig vom Säuregehalt
Trocken	bis 9 g/l	bis höchstens 9 g/l Zucker und wenn der Säuregehalt höchstens 2 g/l niedriger ist als der Restzuckergehalt
Halbtrocken	bis 12 g/l bis 18 g/l	wenn trocken nicht erfüllt wenn der Säuregehalt höchstens 10 g/l niedriger ist als der Restzucker
Lieblich	über 12 bis 45 g/l	
Süß	ab 45 g/l	

WEIN

Verpflichtende Angaben im Musteretikett und vorgeschriebene Schriftgrößen

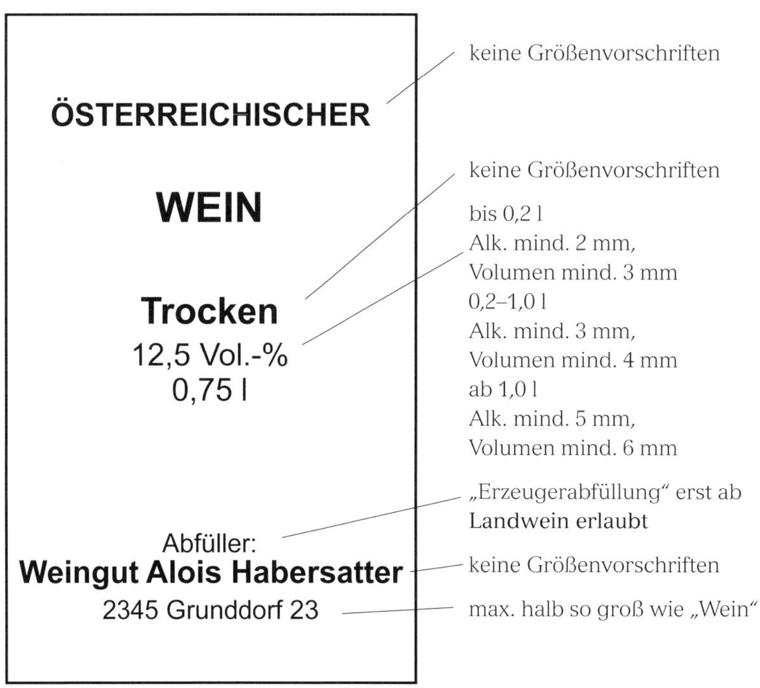

Verboten

- Herkunftsangabe (Ausnahme „Österreich“ und bei Bergwein die Weinbauregion)
- eine Sortenangabe (Ausnahme Rebsortenwein)
- eine Jahrgangsangabe (Ausnahme bei „Heuriger“, Rebsortenwein)
- Banderole darf nicht verwendet werden
- staatliche Prüfnummer

Analysenwerte

- Mostgewicht mind. 10,6° KMW (entspricht 6 Vol.-% Gesamtalkohol)
- vorhandener Alkoholgehalt mind. 8,5 Vol.-%
- Angabe des vorhandenen Alkoholgehalts in 0,5 Vol.-% Schritten (10,5, 11,0, 11,5 ...)
- Säuregehalt mind. 3,5 g/l
- max. 1,08 g/l flüchtige Säure bei Weiß- und Rosé, max. 1,2 g/l bei Rotwein

Erlaubte Angaben bei Wein

- Rot-, Weiß-, Roséwein
- Marke
- Die Angaben dürfen nicht irreführend sein.

LANDWEIN

Verpflichtende Angaben im Musteretikett – Normalschrift
Erlaubte Angaben im Musteretikett – Kursivschrift

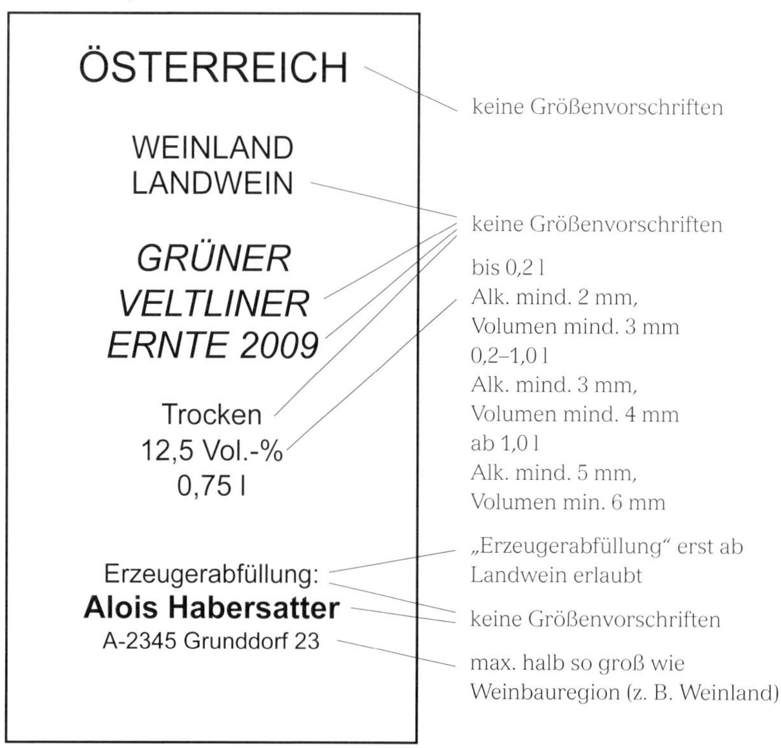

Verboten

- jede nähere Herkunftsangabe
  (z. B. „Weinviertel“ darf nicht verwendet werden)
- Banderole
- staatliche Prüfnummer

Analysenwerte

- Mostgewicht mind. 14° KMW
- vorhandener Alkoholgehalt mind. 8,5 Vol.-%
- Säuregehalt mind. 4,0 g/l

- max. 9000 kg/ha Ertrag
- flüchtige Säure wie Wein

QUALITÄTSWEIN

Verpflichtende Angaben im Musteretikett – Normalschrift
Erlaubte Angaben im Musteretikett – Kursivschrift

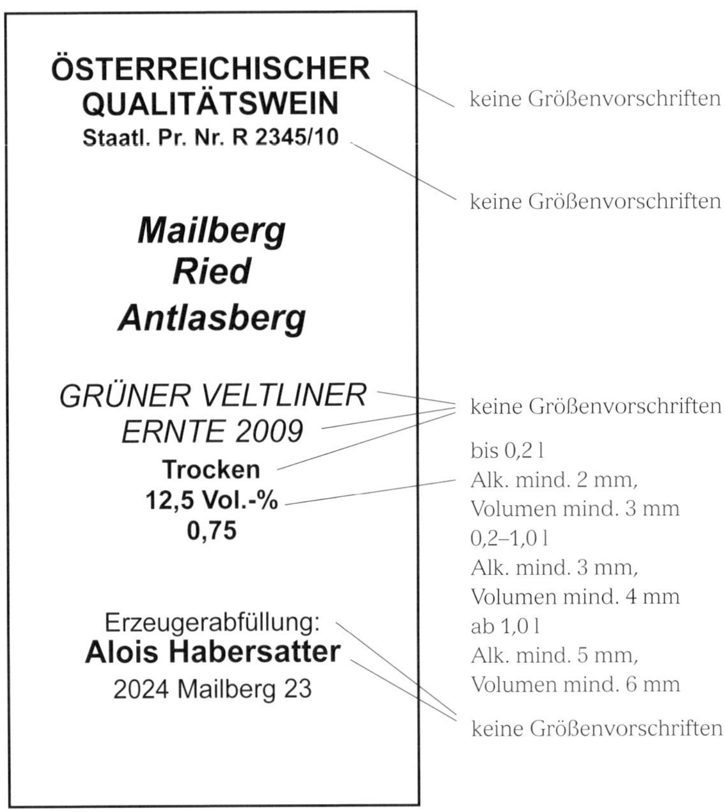

Analysenwerte

- Mostgewicht mind. 15° KMW
- vorhandener Alkoholgehalt mind. 9 Vol.-%
- Säuregehalt mind. 4,0 g/l
- max. 1,08 g/l flüchtige Säure bei Weiß- und Roséwein, max. 1,2 g/l bei Rotwein

- Banderolenpflicht
- Staatliche Prüfnummer ist Pflicht.
- max. 9000 kg/ha Ertrag

Erlaubte Angaben bei Qualitätswein

- Riede, nur in Verbindung mit dem Ortsnamen, z. B. Kremser Sandgrube
- Weiß-, Rot-, Roséwein
- Rebsorte. 1 Sorte (85 %-Regel) oder 2 (100 %)

KABINETT

Verpflichtende Angaben im Musteretikett – Normalschrift

Erlaubte Angaben im Musteretikett – Kursivschrift

ÖSTERREICHISCHER WEINVIERTLER – keine Größenvorschriften

QUALITÄTSWEIN

KABINETT

Staatl. Pr. Nr. R 2345/09 – keine Größenvorschriften

Mailberg

Ried

Antlasberg

GRÜNER VELTLINER – keine Größenvorschriften

ERNTE 2000

Trocken

12,5 Vol.-% – bis 0,2 l Alk. mind. 2 mm, Volumen mind. 3 mm; 0,2–1,0 l Alk. mind. 3 mm, Volumen mind. 4 mm; ab 1,0 l Alk. mind. 5 mm, Volumen mind. 6 mm

0,75 l

Erzeugerabfüllung: – keine Größenvorschriften

Alois Habersatter

2024 Mailberg 23

Analysenwerte

- Mostgewicht mind. 17° KMW
- Vorhandener Alkohol mind. 9 Vol.-%
- Gesamtalkohol höchstens 13 Vol.-%
- Restzucker max. 9 g/l
- Mind. 4,0 g/l Säure
- Keine Anreicherung und Süßung
- Banderolenpflicht
- Max. 9000 kg/ha Ertrag
- Staatliche Prüfnummer

Von der Website www.Bundeskellereiinspektion.at kann der „Leitfaden für die Bezeichnungsvorschriften für Etiketten" heruntergeladen werden. Er umfasste bei Drucklegung 88 Seiten und führt für jedes Erzeugnis an, welche Angaben am Etikett verpflichtend, zusätzlich erlaubt oder verboten sind.

Den Anschein einer nicht vorhandenen eingetragenen Herkunftsbezeichnung bei den Verbrauchern zu erwecken, ist zu vermeiden, wenn Zusatzbezeichnungen am Etikett vorgesehen sind. Darauf wird bei der Begutachtung heute großes Augenmerk gerichtet, denn schließlich könnte das als Konsumententäuschung gewertet werden.

18 Weinfehler

- Wie sind einzelne Weinfehler zu erkennen?
- Wodurch entstehen sie?
- Wie können Weinfehler vermieden oder behoben werden?

Aus verschiedenen Gründen kann sich ein Wein fehlerhaft präsentieren. In einem solchen Fall ist es wichtig, das Problem schnell zu erkennen und dann darauf gezielt zu reagieren.

18.1 Frostgeschmack

Aussehen: *hochfarbig, rostig, gelbbraun, orangerot*
Geruch: *eigentümlich, grasig, firnig, schwarze Brotrinde*
Geschmack: *grasig-süßlich, widerlich*

Ursache
Unter der Einwirkung von Frost auf unreife Trauben kommt es durch Zerstörung der Zellverbände in den Beeren zu negativen Veränderungen. Die Trauben verfärben sich braun bis violett, das Traubengewicht verringert sich. Durch die Einwirkung von Frühfrösten (meist Anfang Oktober) kann in Jahren mit verzögerter Reifeentwicklung das ganze Traubengut geschädigt werden. Frosteinwirkung ist bereits im Most sensorisch erkennbar.

Vorbeugung
Frostgeschmack tritt auch auf, wenn Trauben frieren, die verschieden weit entwickelt sind. Befinden sich am Stock unreife Geiztrauben oder Trauben aus verspätet ausgetriebenen Hirntrieben, so sind diese auszulesen und zu verwerfen.

Behandlung
Most: mittels Aktivkohle; je nach Intensität zwischen 10–100 g/hl.
Wein: mittels Blauschönung; durch die feine Flockenbildung bei der Blauschönung wird auch Frostgeschmack entfernt. Der Bedarf richtet sich nach dem Metallgehalt.

18.2 Schimmelgeschmack

Aussehen: *unauffällig, hochfarbig*
Geruch: *scharf, muffig, schimmelig, das Sortenaroma ist maskiert, Essig*
Geschmack: *dumpf, ekelerregend*

Ursache
Schimmelpilze gedeihen auf allen zuckerhältigen Medien, besonders auf aufgeplatzten Trauben bereits im Weingarten. Aber auch im Keller können Schimmelpilze durch mangelhafte Hygiene besonders auf Most, aber auch auf Weinresten gedeihen. Besonders gefürchtet ist der Schimmelbefall auf Weinstein in Holzfässern. Die Schimmelpilze wachsen nicht nur auf der Weinsteinoberfläche, sondern können auch in das Fassholz eindringen. Einmal befallen, gibt dieses trotz oberflächlicher Schimmelentfernung immer wieder dumpfe Töne an den Wein ab. Solcherart befallene Fässer soll man keinesfalls wiederverwenden, sondern aus dem Keller entfernen.

Vorbeugung
Reinigung aller mit Most und Wein in Kontakt kommenden Gerätschaften sowohl vor als auch nach der Benützung. Geruchsneutrale und trockene Lagerung von Schläuchen, Filterschichten und Weinbehandlungsmitteln. Für gute Belüftung der Kellerräume sorgen; Hygiene im Weinkeller; gewissenhafte Konservierung der Holzfässer; Entfernung von Weinsteinresten in Tanks.

Behandlung
Eine Behandlung kann mittels Aktivkohle (Entschmackungskohle) erfolgen. Dabei werden allerdings auch positive Aromakomponenten entfernt. Anwendungsmenge je nach Intensität zwischen 10 und 100 g/hl.

18.3 Kahmigwerden

Aussehen: *weiße Kahmhaut auf der Weinoberfläche*
Geruch: *muffig*
Geschmack: *dünn, leer, schal, ranzige Butter, essigsauer*

Ursache
Kahmhefen gedeihen auf der Weinoberfläche bei Vorhandensein von Sauerstoff. Sie bilden eine weiße Haut und veratmen Alkohol zu Essigsäure und CO_2. Zusätzlich fungiert die gebildete Kahmhaut als Trägersubstanz für Essigsäurebakterien, die sich unter Einfluss von Luftsauerstoff ebenfalls rasant vermehren können. Weine mit Alkoholgehalten unter 12 Vol.-% und Weine mit geringem SO_2-Gehalt neigen unter einer Luftblase sehr leicht zum Kahmigwerden.

Vorbeugung
Regelmäßiges Auffüllen der Weinbehälter oder Überlagerung der Weine mit Inertgas (Stickstoff, CO_2); Verwenden von Silikonstopfen; regelmäßige Kontrolle des SO_2-Gehalts.

Behandlung
Einstellen des SO_2-Gehalts auf 30–50 mg/l; auffüllen.
Ist ein Wein bzw. ein Behälter kahmig geworden, so ist der Behälter vorsichtig aufzufüllen, damit die aufschwimmende Kahmhefe überlaufen kann. Bei Holzfässern kann die Kahmdecke am Holz haften, zur Entfernung wird eine Kahmbürste eingesetzt.

18.4 Aldehydgeschmack, Luftgeschmack

Aussehen: *fahl, hochfarbig, stumpf*
Geruch: *schal, aldehydig, oxidativ, sherryartig, nach Apfel oder Dörrobst*
Geschmack: *sherryartig, fade*

Ursache
Verstärkter Luftzutritt und zu geringer SO_2-Gehalt.

Vorbeugung
Regelmäßige Kontrolle des SO_2-Gehalts, Spundvollhalten oder Überlagerung der Behälter mit Inertgas (Stickstoff oder CO_2).

Behandlung
Kräftige Nachschwefelung mit 50–80 mg/l SO_2; nach einigen Tagen Kontrolle der freien SO_2, wenn notwendig nochmalige Nachschwefelung, so lange, bis der Gehalt an freier SO_2 konstant bleibt. Zwangsläufig steigt dadurch auch die gesamte schweflige Säure an.

18.5 Hochfärbigkeit, Braunstich, Brauner Bruch, Schwarzer Bruch

Aussehen: *gelborangerot, braunrot, braune Flocken, Braunfärbung an der Oberfläche, mit schwarzem Tee vergleichbar*
Geruch: *rahn, Nuss, Birne, Brotrinde, Dörrobst*
Geschmack: *Nusston, schal, ölig, leer*

Ursache
Starker Luftzutritt verursacht Oxidationsschäden. Die Bräunungsanfälligkeit ist abhängig vom Gehalt an Polyphenolen.

Vorbeugung
Schutz vor Oxidation: Behälter vollfüllen oder mit Inertgas überlagern, Wein nicht längere Zeit ohne dem ausreichenden freien SO_2-Gehalt lagern.

Behandlung
Nachschwefelung auf 35–50 mg/l freies SO_2; danach in kurzen Abständen kontrollieren, ob der SO_2-Gehalt konstant bleibt.

18.6 Essigstich, flüchtige Säure

Aussehen: *hochfarbig, gelegentlich feine, schleimige Kahmhaut, leicht trüb*
Geruch: *säuerlich nach Essig, stechend*
Geschmack: *sauer-scharf*

Ursache
Die Bildung von flüchtigen Säuren erfolgt vor allem durch Essigsäurebakterien, die Luftsauerstoff zur Vermehrung benötigen. Schon vor der alkoholischen Gärung können sie unter günstigen Voraussetzungen bereits im Weingarten Essig bilden (Trauben bei der Übernahme auch geruchlich prüfen!). Maischen sind stärker gefährdet als Moste, weil sie mehr Sauerstoff enthalten. Nach der Gärung steht Alkohol als Substrat für die Essigbildung reichlich zur Verfügung. Unvollständig befüllte Weinbehälter begünstigen die Essigbildung (siehe auch „Kahmigwerden"). Neben

Essig- sind auch Milchsäurebakterien und Hefen (vor allem wilde Hefen) Produzenten von flüchtigen Säuren.

Vorbeugung
Nur gesunde Trauben verwenden. Bereits stichiges Ausgangsmaterial kann keinen hochwertigen Wein ergeben. Wenn notwendig, angestochene Traubenteile aussortieren und verwerfen. Im Verarbeitungsbetrieb zählt regelmäßige Reinigung und Desinfektion als wichtigste Maßnahme, besonders während der Traubenverarbeitung. Eine Maischeschwefelung unterbindet die Bakterienentwicklung, rasches Angären verdrängt den Sauerstoff aus dem Medium.

Behandlung
Der Essigstich gehört zu den gefährlichsten Weinkrankheiten. Eine Fehlerbehebung ist nur in leichten Fällen durch Verschnitt möglich. Dabei ist es notwendig den fehlerhaften Wein vor dem Verschnitt einer Sterilfiltration zu unterziehen, damit Essigsäurebakterien und Hefen entfernt werden.
Eine technische Möglichkeit zur Entfernung von Essigsäure besteht in der Anwendung von Ionenaustauschern in Kombination mit Umkehrosmose. Dieses Verfahren ist aber derzeit nicht zugelassen.

18.7 Böckser

Aussehen: *unauffällig*
Geruch: *faule Eier, verbrannter Gummi, Kohl, Zwiebel, Knoblauch*
Geschmack: *breit, faul, käsig, Kohl, Faulgeschmack*

Ursache
Das Weinaroma setzt sich aus ca. 800–1000 verschiedenen Einzelkomponenten zusammen, wozu auch schwefelhältige Aromakomponenten gehören. Sie werden hauptsächlich während der Gärung gebildet. Treten sie durch verschiedene Einflüsse stärker auf, so spricht man vom Böckser.
Verstärktes Auftreten ist festzustellen bei:
- Später Anwendung von Netzschwefel im Weingarten
- Hohen Trubgehalten im Most durch fehlende Entschleimung (auch Gerbstoffböckser)
- Starker Maischeschwefelung
- Mangel an Vitaminen
- Abtropfender Schwefeleinschlag bei der Trockenkonservierung
- Reaktion von Metallen und Säuren mit dem Wein (Metallböckser)

Vorbeugung
Da der Böckser sehr komplexe Ursachen hat, ist eine 100%ige Vermeidung nicht möglich. Sehr wohl gibt es aber einige technologische Schritte zur Minimierung des Risikos:
- Einhaltung der Karenzzeiten bei Spritzmitteln
- sparsamer Umgang mit SO_2 vor der Gärung
- Trubreduzierung durch scharfe Entschleimung (sehr wichtig)
- Vermeidung hoher Flüssigkeitssäulen während der Gärung
- kontrollierte Gärung (geringe Gärintensität, niedrige Gärtemperatur)
- rascher Abzug vom Geläger
- vollständige Jungweinklärung durch Separator, Kieselgur- oder Schichtenfilter

Behandlung
Tritt Böckser auf, so soll der Wein zunächst geklärt werden, da der Fehlgeruch auch sehr stark an den Trubstoffen haftet. Wichtig ist eine frühzeitige Behandlung, da Böckser leicht zu entfernen sind, wenn sie noch jung sind. Empfehlenswert ist daher die Böckserbehandlung gleich nach der Jungweinklärung.
Möglichkeiten:
- Lüften (siehe auch Kap. 15.1 Offenes Abziehen)
- Schwefeln
- Behandlung mit Kupfersulfat
- Behandlung mit Kupferzitrat
- Behandlung mit Silberchlorid

18.8 Untypische Alterungsnote (UTA)

Aussehen: *blass, wasserhell*
Geruch: *stumpf, unsauber, Naphthalinnote, Mottenkugel, Seife, Foxton, nasse Handtücher*
Geschmack: *bitter, gerbend, am Gaumen haftend*

Ursache
Der Fehler tritt bei Weißwein auf, als Leitsubstanz wurde das 2-Aminoacetophenon identifiziert. Liegt dessen Gehalt im Jungwein bereits bei 0,5 mg/l muss man in Folge mit diesem Fehler rechnen. Stärkeres Auftreten ist bei Rebenstress durch Trockenheit, Überbehang und Mangelernährung (insbesondere im Zusammenhang mit Grasmulch bzw. Dauerbegrünung) festzustellen. Sehr hohe Schwefelung bei der Verarbeitung verstärkt ebenfalls die UTA-Neigung.

Vorbeugung
Am wichtigsten ist das Vermeiden einer Überbelastung der Weinrebe durch Trockenheit und Nährstoffmangel. In Trockengebieten ist daher die Anlage einer Dauerbegrünung genau zu überdenken, eine Ertragsregulierung ist sehr wichtig; maßvolle Schwefelung bei der Verarbeitung.

Behandlung
In Deutschland werden bereits Testsets angeboten, um die Neigung zu UTA zu beurteilen. Eine Zugabe von bis zu 150 mg/l Ascorbinsäure vor oder kurz nach der Schwefelung scheint die Bildung von UTA zu verhindern, sollte aber nicht einfach prophylaktisch erfolgen. Liegt der Fehler im Wein bereits vor, ist eine Behebung kaum mehr möglich. Die Schönung mit frischer Weinhefe und Umgären wirken nur leicht verbessernd.

18.9 Zähwerden, Lindwerden

Aussehen: *leicht trüb, CO_2-Bläschen bleiben stecken, beim Ausgießen Fäden ziehend, dickflüssig, schleimig*
Geruch: *breit, oxidativ, essigstichig, krautig, unsauber*
Geschmack: *fade, lind, unsauber, viskos, schleimig, nicht frisch, der Sortencharakter ist maskiert*

Ursache
Milchsäurebakterien können neben Äpfelsäure auch Zucker in viskositätserhöhende

Polysaccharide umwandeln. Zu den wichtigsten Schleimbildnern zählen Pediokokken und Lactobacillusstämme. Sie entwickeln sich vor allem bei hohen pH-Werten über 3,5 und bei einer Lagerung des Weines auf dem Geläger.

Vorbeugung
Nach der Gärung soll geschwefelt werden. Soll ein biologischer Säureabbau durchgeführt werden, so wird erst nach dem Ende des Säureabbaus geschwefelt, geklärt und sterilfiltriert. Restsüße Weine sollten keinem Säureabbau unterzogen werden. Im Zuge der Abfüllung ist auf peinlichste Einhaltung der Kriterien für Sterilfüllung zu achten. Membranfilter erhöhen die Sicherheit, keimfrei zu füllen.

Behandlung
Zähe Weine sollten so rasch wie möglich abgezogen werden. Bei starker Schleimbildung sollten sie über einen Besen, eine Brause oder ein Reißrohr geführt werden. Die Weine sollen anschließend stark geschwefelt und über Vorklär- und Entkeimungsschichten filtriert werden. Üblicherweise liegt der Gesamtsäuregehalt solcher Weine sehr tief. Ein Verschnitt mit säurereicheren Weinen bewirkt meist eine Geschmacksverbesserung.

18.10 Mäuseln

Aussehen: *matt*
Geruch: *dumpf, oxidativ, häufig essigstichig*
Geschmack: *lang anhaltender, kratziger, an Mäuseharn erinnernder Abgang; Mäuseln ist oft erst einige Sekunden nach dem Schlucken bzw. Ausspucken zu bemerken.*

Ursache
Mäuseln tritt sehr leicht bei Weinen mit verzögerter Gärung auf. Meist ist auch Säurearmut der Grund. Sehr oft findet man diesen Fehler auch in Obstweinen (z. B. Erdbeer- und Ribiselweine). In der Literatur werden als Verursacher einerseits Bakterien (Lactobacillus brevis und Lactobacillus cellobiosus) und andererseits Hefestämme (Brettanomyces) angeführt.

Vorbeugung
Schwefelung von Maische oder Most, rasche Klärung und Schwefelung des Jungweines.

Behandlung
Gegen leichtes Mäuseln hilft der Zusatz von schwefliger Säure. Hierbei soll auch kurzfristig auf einen höheren SO_2-Wert (z. B. 70 mg/l) gegangen werden. Bei stärkerem Mäuseln ist noch höher zu schwefeln. Oft verschwindet das Mäuseln, wenn der Wein einige Wochen mit 100–120 mg/l SO_2 liegt. Danach muss allerdings mittels Vorversuchen ein geeigneter Verschnittpartner mit weniger SO_2 ausgewählt werden. Auch eine Schönung mit Aktivkohle (10–20 g/hl) oder frischer Weinhefe (5 l/hl) wirkt vorteilhaft.

18.11 Käseln

Aussehen: *unauffällig*
Geruch: *käseartig*
Geschmack: *Faulgeschmack durch Lichteinwirkung*

Ursache
Käseln wird auch immer wieder als „Lichtgeschmack" bezeichnet, wobei klar erscheint, dass Licht nicht schmecken kann. Jedoch ist die Herkunft des Fehlers damit gut beschrieben. Durch Einwirkung von Tageslicht und Kunstlicht (wenn auch weniger intensiv) ändert sich der Geschmack des Weines. Gefährdet sind insbesondere Weine in weißen Glasflaschen. Besser geschützt sind Weine in UV-undurchlässigerem Grün- und Braunglas. Doch kann es auch hier, wenn auch in wesentlich geringerem Maß, zu Geruchs- und Geschmacksveränderungen kommen. Stark käseln können Weine mit hohem Eiweißgehalt.

Vorbeugung
Dunkle Lagerung, Verwendung von Grün- oder Braunglas

Behandlung
Käselnde Weine können wie Böckser mit Kupfersulfat oder Silberchlorid behandelt werden.

18.12 Pferdeschweiß, Pferdeton, Pferdestall

Aussehen: *unauffällig*
Geruch: *süßlich-scharf, schweißig, teerig, an Pferdeschweiß erinnernd*
Geschmack: *bitumenartig, speckig-animalisch, essigsauer*

Ursache
Als Ursache werden Stoffwechselprodukte (flüchtige Phenole) von Hefen der Gattung Brettanomyces angesehen. Sie wirken in geringen Mengen positiv aromafördernd (Geruch nach Gewürznelke, rauchig), in höheren Konzentrationen werden sie als Weinfehler empfunden. Der Gehalt an flüchtigen Phenolen ist in Rotweinen höher als in Weißweinen. Brettanomyces-Hefen können sich bei geringen Mengen an Zucker vermehren. Selbst Zucker aus dem Fassholz (z. B. Cellobiose) können als Stoffwechselgrundlage dienen. Verstärktes Auftreten dieses Weinfehlers ist beim Barriqueausbau festzustellen. Bei geringen SO_2-Gehalten (unter 20 mg/l, während und nach dem biologischen Säureabbau) entwickeln sich die Hefen über längere Zeit.

Vorbeugung
Eine wesentliche Vorraussetzung zur Vermeidung stellt eine ordentliche Betriebshygiene dar; regelmäßige Reinigung und Desinfektion der Traubenübernahme. Brettanomyces-Hefen sind SO_2-empfindlich, ab 40 mg/l freier schwefliger Säure tritt eine verstärkte Hemmung der Entwicklung ein. Gebrauchte, leer stehende Barriques sind gründlich zu reinigen und mit SO_2-Gas (Schwefeleinschlag) zu konservieren.

Behandlung
Bei Auftreten dieses Fehlers soll sofort abgezogen und mit Sterilschichten geklärt werden. Eine Verbesserung durch Weinbehandlungsmittel ist nicht zu erwarten. In einigen Extremfällen jedoch konnte durch eiweißhaltige Schönungsmittel (Eiklar, Kasein, PVPP, Gelatine) eine leichte Verbesserung des Geschmacksbildes erreicht werden. Vorversuche sind allerdings dringend anzuraten.

18.13 Geranienton

Aussehen: *unauffällig*
Geruch: *erdig, blumig nach Pelargonien*
Geschmack: *bitter, Pelargonien*

Ursache
Sorbinsäure ist in Österreich als Konservierungsmittel für Tafelwein bis zu einer Menge von 200 mg/l zugelassen. Diese Menge wirkt in Kombination mit SO_2 gegen Hefen und Schimmelpilze. Zu geringe Wirkung zeigt das Mittel gegen Milchsäure- und Essigsäurebakterien. Tritt verstärktes Bakterienwachstum auf, so kann ein Abbau zu Sorbinol (Geruch nach Geranien, Pelargonien, auch Veilchen) stattfinden. Schon sehr geringe Mengen an Sorbinsäure (Verschleppung in Filter und Füllanlagen, sorbinsäurehältiger Wein in den Poren eines Holzfasses) können zu diesem Fehler führen.

Vorbeugung
Verzicht auf Sorbinsäure, keimarme Füllung; oft wird im Kellereibetrieb Most mittels Sorbinsäure (Kaliumsorbattabletten) in der Gärung gehemmt. Derart konservierter Most ist zwar nicht verkehrsfähig, wird aber gern für Betriebs- und Familienangehörige produziert. Werden Holzfässer damit befüllt, dürfen sie nicht mehr für die Weinerzeugung verwendet werden. Mostreste dürfen nicht mit normalem Wein oder Most verschnitten werden. Chemisch konservierter Most darf nicht zur Restzuckerverleihung verwendet werden.

Behandlung
Eine Fehlerbehebung ist nicht möglich.

18.14 Filter-, Papiergeschmack

Aussehen: *unauffällig, hell*
Geruch: *pappig, staubig, chemisch*
Geschmack: *pappig, fade, fremdartig*

Ursache
Eine zu geringe Wassermenge wurde zum Wässern der Filterschichten verwendet.

Vorbeugung
Filterschichten müssen vor der Weinfiltration ausreichend gewässert werden. Der gepackte Filter wird dabei mit ca. 20–50 l Wasser je 40 × 40 cm Schicht, bis zum Erreichen eines neutralen Geschmacks des auslaufenden Wassers gespült. Bei Filtrationsbeginn sollen einige Liter Wein (bis zur Geschmacksneutralität) abgetrennt werden.

Behandlung
Der Geschmack nach Filterschichten nimmt mit der Zeit ab und wird nach einigen Wochen vom Weinaroma überdeckt.

18.15 Medizinalton, Lösungsmittelton, Styrolgeschmack, Mineralölgeschmack

Aussehen: *unauffällig*
Geruch: *scharf, stechend, Diesel, Aceton, Lack, Kunststoff, Gummi, Jodoform*
Geschmack: *chemisch, scharf, weinfremd, Jodoform*

Ursache
Wein kann sehr vielen Fremdeinflüssen unterliegen. Fehler werden sehr oft durch falsch gelagerte Schönungsmittel in den Wein eingebracht. Die Lagerung von Bentonit, Aktivkohle, Kieselgur, Filterschichten usw. darf nur in trockenen, geruchsneutralen Räumen erfolgen. Dies gilt auch für Groß- und Einzelhändler von Weinbehandlungsmitteln. Pflanzenschutzmittel, Waschmittel etc. können Gerüche abgeben, die vom Schönungsmittel aufgenommen und so auf den Wein übertragen werden. Metallbehälter, die nicht aus Edelstahl gefertigt wurden, und Betonzisternen werden üblicherweise mit Zwei-Komponenten-Lacken gestrichen. Solche Lacke bestehen aus Farbe und Härter. Nach dem Anstrich muss der Lack einige Wochen aushärten. Befüllt man zu früh, so kommt es zu einem Lösungsmittelgeruch im Most oder Wein. Styrolgeschmack kann bei Polystyroltanks auftreten. Nach der Herstellung der Tanks muss genügend Zeitabstand zwischen der Polymerisation von Styrol und der Befüllung der Tanks sein. Wird zu früh befüllt, kann Styrol an den Wein abgegeben werden.

Vorbeugung
Öle, Lacke, Lösungsmittel müssen von Weinbehältern ferngehalten werden; geruchsneutrale und trockene Lagerung von Weinbehandlungsmitteln; zeitgerechte Bestellung und Herstellung von Kunststoffbehältern.

Behandlung
Ist der Fehler in nur geringem Maß aufgetreten, kann verschnitten werden. Tritt der Fehler stark in Erscheinung, ist der Wein nur noch zu verwerfen.

18.16 Holzton, Fassgeschmack („Neuerl“)

Aussehen: *hochfarbig, bräunlich gelb*
Geruch: *holzig, herb-streng, Tischlereiton, nach Fassholz*
Geschmack: *kratzig, Sägespäne, Lohe, Holzgeschmack, grünlich sauer*

Ursache
Das für Fässer üblicherweise verwendete Eichenholz, aber auch Akazienholz gibt an den ersten Most bzw. Wein einen adstringierenden, leicht bitteren Geschmack ab. Durch eine Toastung und der damit verbundenen Veränderung der Holzbestandteile kann dies ein feines Röstaroma, bei der Barriquelagerung erwünscht, ergeben (siehe auch Kap. 11). Will man jedoch den Wein ohne Geschmackseinfluss lagern, muss das neue Fass vorbehandelt werden, um die Gerbstoffe zu entfernen. Man nennt diesen Vorgang „Weingrünmachen“.

Vorbeugung
Behandlung der Fässer mit Dampf und spezieller Lösung (z. B. Gerbstoffina)

Behandlung

Nach Vorprobenansatz Schönung mit Kohle und Gelatine

18.17 Schwefelsäurefirn („Altl“)

Aussehen: *unauffällig*
Geruch: *hart*
Geschmack: *hart-sauer, „Rau- und Langwerden“ der Zähne*

Ursache
Leer stehende Holzfässer müssen konserviert werden. Bei der Trockenkonservierung entsteht durch das Abbrennen von Schwefelschnitten Schwefeldioxid (Schwefeleinschlag). Durch oftmaliges Einschlaggeben wird SO_2 teilweise zu Schwefelsäure oxidiert, die bei Neubefüllung mit Most oder Wein gründlich entfernt werden muss.

Vorbeugung
Das über einen längeren Zeitraum trockenkonservierte Fass sollte, bevor es mit Most oder Wein befüllt wird, 1–2 Tage mit Wasser gefüllt werden. Schwefelsäurereste, die in das Fassholz eingedrungen sind, werden so herausgelöst.

Behandlung
Eine Entsäuerung des Weines mildert zwar den sauren Geschmack, kann aber den Weinfehler nicht gänzlich beseitigen. Aktivkohle kann den Fehler mildern.

18.18 Korkgeschmack

Aussehen: *unauffällig*
Geruch: *dumpf, muffig, modrig, stumpf, Sortenaroma maskiert*
Geschmack: *dumpf, chemisch, schimmelig*

Ursache
Als chemische Leitsubstanz für den Korkgeschmack wird 2,4,6 Trichloranisol (TCA) angesehen. Da Chlor mitbeteiligt ist, nimmt man an, dass die Waschung mit Chlor schuld an dem Korkgeschmack sei. Neuerdings wird zur Bleichung und Desinfektion der Korke daher Wasserstoffsuperoxid verwendet. Entscheidend für das Entstehen des Korkgeschmacks ist die Entwicklung von Schimmelpilzen während des Wachstums und der Lagerung der geernteten Korkrinde. Sie können dem Kork einen Mufftton verleihen, der später in den Wein übergeht.

Vorbeugung
Wenn auch bei der Verkorkung einige Maßnahmen zur Minimierung des Risikos möglich sind (siehe auch Kap. 17.8), kann Korkgeschmack leider nicht hundertprozentig ausgeschlossen werden. Tolerierbar ist eine Korkgeschmackshäufigkeit von unter 2 %.

18.19 Hefe-, Bakterientrübung

Aussehen: *opalisierend, trüb, grober Trub, Gasbläschen, Schaumrand*
Geruch: *gärig, mostig, stechend nach Kohlensäure, estrig*
Geschmack: *spritzig, prickelnd, spitz, unharmonisch*

Ursache
Nach unsteriler Abfüllung können sich bei günstigen Voraussetzungen Hefen und/oder Bakterien in der Flasche vermehren. Besonders leicht entwickelt sich Hefe bei Weinen mit Alkoholgehalt unter 13 Vol.-% und dem Vorhandensein von vergärbarem Restzucker.

Vorbeugung
Durchführung einer Sterilfiltration, Einstellung eines konstanten SO_2-Gehaltes von 40–50 mg/l; gewissenhafte Sterilisation aller Gerätschaften wie Filter, Schläuche, Leitungen, Füller und Korker.

Behandlung
Nach Entleerung der Flaschen Vor- und Sterilfiltration, Nachschwefelung.

18.20 Eiweißtrübung

Aussehen: *Eiweiß: schleierartig, graue Streifen, in verdünnter Säure nicht löslich*
Geruch: *unauffällig*
Geschmack: *breit, unsauber*

Ursache
Weine, die noch thermolabiles Eiweiß enthalten, können bereits ab Temperaturen von 20 °C zur Flaschentrübung neigen. Die Wärmeeinwirkung denaturiert lösliche Proteine, sie werden unlöslich und bilden einen weißen Niederschlag.

Vorbeugung
Weine müssen vor der Abfüllung vom thermolabilen Eiweiß befreit werden. Die Kontrolle erfolgt über einen Wärmetest (siehe Bentonitschönung).

Behandlung
Eiweißtrübe Weine werden bentonitbehandelt und anschließend blankfiltriert.

18.21 Pinking

Erstmalig bei Sauvignon Blanc aus Neuseeland beschrieben ist mittlerweile dieser Fehler auch bei uns bekannt. Bei sehr reduktivem Arbeiten sind manche Rotweinfarbstoffe ungefärbt. Durch den unvermeidbaren Sauerstoffeintrag bei der Füllung oxidieren diese Anthocyane auf und werden rot. Der Effekt: eine leichte Rosafärbung, die nicht nur Sauvignon blanc, sondern auch z. B. Ruländer oder Chardonnay betrifft.

Abb. 135
Pinking bei Sauvignon Blanc.

19 Traubensaftproduktion

- Welche gesetzlichen Bestimmungen gibt es für Traubensaft?
- Welche Traubenqualität ist für guten Traubensaft notwendig?
- Wie wird der Saft erfolgreich verarbeitet?

Traubensaft stellt eine Bereicherung der Angebotspalette für den Winzer dar und erfüllt auch die steigende Nachfrage der Kunden nach einem gesunden, natürlichen und alkoholfreien Getränk.

19.1 Gesetzliche Bestimmungen

In der EU-Verordnung 1308/2013 ist Traubensaft definiert als „gärfähiges Erzeugnis, das so behandelt wurde, dass es zum Verbrauch in unverändertem Zustand geeignet ist und aus frischen Weintrauben, Traubenmost oder durch Rückverdünnung von konzentriertem Traubenmost oder konzentriertem Traubensaft gewonnen worden ist. Ein vorhandener Alkoholgehalt von bis zu 1 Vol.-% wird geduldet."

Die österreichischen Rechtsbestimmungen für die Traubensaftproduktion findet man im Lebensmittelgesetz (mit Codex alimentarius austriacus).

Einige gesetzliche Grenzwerte:
- flüchtige Säure (berechnet als Essigsäure) max. 0,4 g/l
- Gesamt-SO_2 höchstens 10 mg/l
- relative Dichte (20/20) mind. 1,055
- Ethanol höchstens 3 g/l (lt. Codex)

Der Zusatz von L-Ascorbinsäure (ohne Grenzwert, meist 80–120 mg/l) und Zitronensäure bis 3 g/l ist erlaubt. Blauschönung und der Zusatz von Sorbinsäure und Zucker sind verboten!

Kein SO_2-Zusatz!

Die Produktion von Traubensaft unterscheidet sich von der Weinproduktion im Wesentlichen dadurch, dass hier ein Produkt erzeugt wird, das anfälliger gegenüber Oxidationen und Mikroorganismen ist, aber auf den Einsatz von SO_2 verzichtet werden muss. Der fehlende Schutz kann nur durch schnelles und sauberes Arbeiten wettgemacht werden.

19.2 Anforderungen an die Traubenqualität

Die Traubenqualität ist entscheidend für einen guten Saft, egal ob er im Lohnverfahren oder selbst produziert wurde.
Nur absolut gesundes Traubenmaterial ist geeignet, da verletzte und gefaulte Trauben zu stärkerer Enzymtätigkeit und damit zu mehr Bräunung neigen, des Weiteren

wird ein höherer Wert an flüchtiger Säure das Resultat sein. Verschimmelte Trauben weisen einen erhöhten Gehalt an Patulin auf, einem Mycotoxin (Pilzgift), dessen gesetzlich zugelassener Höchstwert 50 mg/l beträgt.

Lesezeitpunkt

Die Gradation sollte bei 13–15° KMW, der Gesamtsäuregehalt bei 8–13 g/l liegen. Anzustreben ist ein ZuckerSäure-Verhältnis von 10–12 : 1, damit ein harmonischer und nicht zu süßer Geschmackseindruck erreicht werden kann. Erreicht man dieses Verhältnis, so ist grundsätzlich jede Sorte für die Produktion geeignet.

19.3 Verarbeitung

Um ein Angären des Saftes leichter verhindern zu können, sollte man die kühlen Morgenstunden zur Lese nutzen und auf eine Maischestandzeit verzichten. Die Zeit vom Maischen bis zur Füllung sollte 24 Stunden nicht übersteigen, sinnvollerweise führt man daher nur die Behandlungen durch, die für die Stabilität des Traubensaftes unbedingt notwendig sind – Pektinabbau, Eiweißstabilisierung, Klärschönung, Pasteurisation, eventuell Entsäuerung und Weinsteinstabilisierung. Um Bräunungen durch Oxidation einzuschränken, kann zusätzlich mit Kohlensäure überschichtet werden.

Pektinasen

Durch enzymatischen Pektinabbau wird die Selbstklärung und Filtration beschleunigt sowie die Gefahr einer Pektintrübung in der Flasche vermieden. Die übliche Einwirkzeit von 3–4 Stunden bei mind. 10 °C kann verringert werden, wenn man die Enzymdosierung erhöht.

Bentonitbehandlung

Um eine Eiweißtrübung bei der späteren Mosterhitzung zu vermeiden, ist eine Entfernung des thermolabilen Eiweißes nötig. Eine Vorprobe dauert 1–2 Stunden, kann während der Zeit des Pektinabbaus erfolgen und ist unbedingt anzuraten. Die Bentonitzugabe beendet die Enzymtätigkeit.

Klärung

Eventuell kann man eine Kieselsol-Gelatineschönung (80–150 ml/l 15%iges Kieselsol, 6–15 g/hl Gelatine), die den Kläreffekt und die Filtrationsleistung verbessert, vornehmen. Nach 8–12 Stunden wird mittels Filtration der klare Saft gewonnen.

Lagerung

Muss der filtrierte Traubensaft vor der Füllung gelagert werden, so soll die Temperatur möglichst niedrig (unter 10 °C) sein und sterile Nirotanks verwendet werden. Kann man nicht steril lagern, so ist sofort zu füllen!

Weinstein-stabilisierung

Will man diesen Schritt sparen, so ist ein entsprechender Hinweis am Etikett auf den natürlichen Vorgang des Weinsteinausfalles günstig. Für die Stabilisierung muss der Saft zwei Tage bei 0–2 °C gekühlt, mit Impfkristallen versetzt und gerührt werden.

Pasteurisation

Der Saft muss mikrobiologisch stabilisiert werden, dazu sind nur physikalische Verfahren erlaubt, am geeignetsten erscheint die Pasteurisation.
Zwischen zwei Verfahren kann gewählt werden:

- **Kaltabfüllung** mit anschließender Pasteurisation: Dabei wird der Saft in Flaschen gefüllt und anschließend 20 Minuten auf 75 °C erhitzt. Für kleine Mengen kann dafür ein Kessel verwendet werden, Großbetriebe setzen

Abb. 136
Baumannglocke.

Berieselungspasteure ein. Wichtig ist ein freier Kopfraum von mind. 3,5 Vol.-% für die Wärmeausdehnung des Saftes. Langsame, schrittweise Abkühlung der Flaschen vermeidet Glasbruch.

- **Heißabfüllung:** Bis ca. 150 l/h eignet sich die Süßmostglocke (Baumann-Glocke: ein Doppelmantelgefäß, das in einen mit Wasser gefüllten beheizbaren Wasserkessel gehängt wird). Größere Traubensaftmengen werden mittels Plattenwärmeaustauschers erhitzt.

HERSTELLUNG VON TRAUBENSAFT

gesunde Traube
↓
rebeln/maischen

		↓
		hochkurzzeiterhitzen
		↓
		abkühlen
		↓
		Pekt. Enzyme
↓	↓	↓
pressen	pressen	pressen
↓	↓	↓
sieben	Pekt. Enzyme	abkühlen
↓	↓	↓
erhitzen	Bentonit	(Bentonit)
↓	↓	↓
abkühlen	Kieselsol/Gelatine	Kieselsol/Gelatine
↓	↓	↓
absetzen	filtrieren	filtrieren
↓	↓	↓
pasteurisieren	pasteurisieren	pasteurisieren
↓	↓	↓
füllen	füllen	füllen
↓	↓	↓
abkühlen	abkühlen	abkühlen
↓	↓	↓
naturtrüber Traubensaft	**weißer Traubensaft**	**roter Traubensaft**

20 Perlwein, Schaumwein

- Wie kann Perlwein hergestellt werden?
- Wie ist die Schaumweinherstellung gesetzlich geregelt?
- Welche Herstellungsverfahren gibt es?
- Was ist das Besondere an der Flaschengärung?

Die Produktion von Perlwein oder Schaumwein kann eine Bereicherung der eigenen Angebotspalette darstellen, unterliegt jedoch zusätzlichen gesetzlichen Regelungen.

20.1 Perlwein – Gesetzliche Bestimmungen

Das österreichische Weingesetz verweist im § 14 für „Perlwein“ und „Perlwein mit zugesetzter Kohlensäure“ auf die in der Verordnung (EG) 1493/99 Anhang I Z 17 und 18 festgelegten Herstellungsvorschriften und die Behandlungsverfahren (die gleichen wie für Wein).

Geforderte Werte

- Vorhandener Alkoholgehalt: mind. 7 Vol.-%
- Gesamtalkoholgehalt: mind. 9 Vol.-%
- Überdruck: mind. 1 bar, höchstens 2,5 bar
- Füllung: in Behältnisse mit max. 60 l

„Perlwein“ erhält seinen Kohlensäuredruck durch Gärung.
Bei „Perlwein mit zugesetzter Kohlensäure“ kann CO_2 ganz oder teilweise zugesetzt werden.

20.2 Perlweinherstellung

Der Perlwein war früher als billiger Schaumwein gedacht, wobei vor allem kleinere, charakterarme Weiß- und Rotweine verarbeitet wurden und das Angebot gering war. Dies hat sich in den letzten Jahren aus mehreren Gründen geändert. Einerseits wurde Perlwein mit weniger Kohlensäure, im Stil des italienischen „Prosecco“, zum Modegetränk, andererseits wurde der gestiegenen Nachfrage von der Produktion auch aus wirtschaftlichen Gründen gern nachgekommen, da erst ab 3 bar Überdruck Sektsteuer zu entrichten ist. Allerdings darf der Flaschenverschluss nicht wie bei Schaumwein durch einen Drahtkorb (Agraffe) fixiert sein, was zur Entwicklung neuer Verschlussvarianten (Dreh- oder Abreißverschluss, Schrumpffolie) geführt hat.
Als Möglichkeiten zum Errreichen des CO_2-Überdrucks von 1–2,5 bar stehen zur Auswahl:

- **Ausgangsmaterial Most:** Erste Gärung („Méthode rurale“, wenig üblich)
- **Ausgangsmaterial Wein:** Zweite Gärung
  Imprägnierung (ohne Gärung)

Üblicherweise wird bei vorgeklärten, geschönten Weinen mit max. 11 Vol.-% Alkohol im Drucktank mit Zuckerzusatz eine zweite Gärung durchgeführt, entweder beim gewünschten Zuckerrest (jedoch bei max. 2,5 bar Kohlensäureüberdruck) abgestoppt oder es wird überhaupt nur die für den Druckaufbau notwendige Zuckermenge zugegeben. Dann wird auf –3 bis –4 °C abgekühlt, um Weinstein auszuscheiden und eventuell Nachimprägnierungen vorzunehmen.

20.3 Schaumwein – Gesetzliche Bestimmungen

- Schaumwein darf unter der Bezeichnung **„Sekt"** oder **„Qualitätsschaumwein b. A."** in Verkehr gebracht werden, wenn er erstens ausschließlich aus Qualitätsrebsorten bereitet wurde und zweitens in Aussehen, Geruch und Geschmack frei von Fehlern ist.

- Qualitätsschaumwein b. A. darf in der Weinbauregion des betreffenden Weinbaugebietes und in daran angrenzenden Weinbauregionen hergestellt werden.

- Angabe von Rebsorten („wenn sie für die Art des Erzeugnisses bestimmend sind")
  - **Eine Sorte:** Anteil mind. 85 %
  - **Zwei oder drei Sorten:** Anteil 100 %, Angabe in absteigender Reihenfolge der Anteile

  Fülldosage oder Versanddosage werden dabei nicht berücksichtigt.

- Bei Bezeichnung als „Flaschengärung": Herstellungsdauer mind. 9 Monate

- Bei Qualitätsschaumwein und Qualitätsschaumwein b. A.:
  Die Dauer der Gärung und Lagerung auf der Hefe („Nichttrennung vom Trub") mind. 90 Tage oder mind. 30 Tage in Behältnissen mit Rührvorrichtung. (EU VO 606/2009)

Mit der VO 365/2016 wurde die neue österreichische „Sektpyramide" ins Leben gerufen, die für Sekt mit geschützter Ursprungsbezeichnung (g. U.) die qualitative Einstufung als „Klassik", „Reserve" und „Große Reserve" festlegt. Die Unterschiede resultieren aus den unterschiedlichen Lese- und Verarbeitungsanforderungen sowie der Lagerzeit.

	Schaumwein	Qualitätssekt	Qualitätssekt b. A.
Vorhandener Alkoholgehalt min.	9,5	10,0	10,0
Überdruck min.	3 bar	3,5 bar	3,5 bar
Freie SO_2 max.	–	–	35
Gesamt-SO_2 max. Bei Verkauf in Ö	235 275	185 225	185 225
Gärung und Lagerung auf der Hefe min. – bei Tankgärung – bei Flaschengärung	keine –	90 (30) Tage 90 Tage	90 (30) Tage 90 Tage
Herstelldauer im Betrieb mind. – bei Tankgärung – bei Flaschengärung	keine –	6 Monate 9 Monate	6 Monate 9 Monate

Die Bezeichnungen „Champagner“ und „Winzersekt“ dürfen für österreichische Produkte nicht verwendet werden!

Wird Schaumwein zusätzlich mit CO_2 versetzt, so ist dies am Etikett anzugeben.

Hauersekt

In Österreich darf für Qualitätsschaumwein b.A. die Bezeichnung „Hauersekt“ unter folgenden Voraussetzungen verwendet werden:
- Der Weinbaubetrieb hat die Trauben (Qualitätsweinrebsorten) und den daraus hergestellten Wein im eigenen Betrieb gewonnen.
- Traditionelle Flaschengärung.
- Ab dem Zeitpunkt der Bereitung der Cuvée-Lagerung auf der Hefe mind. 9 Monate lang ununterbrochen im selben Betrieb.
- Trubabtrennung durch Degorgieren.
- Lohnversektung (Weinbaubetrieb darf aus gewerberechtlichen Gründen keinen Schaumwein erzeugen.)
- Vermarktung durch den Weinbaubetrieb, der die Trauben zu Wein verarbeitet hat.
- Die Bedingungen und Bezeichnungsvorschriften für Qualitätsschaumwein b. A. müssen erfüllt werden:
    - Der Name des Weinbaugebietes muss zusätzlich am Kork aufscheinen.
    - Kleinere geografische Angaben als Weinbaugebiet sind erlaubt.
    - „Hauersekt“ gilt auch für Erzeugergemeinschaften.
    - Die Bezeichnung „Winzersekt“ ist nur deutschem Sekt b. A. vorbehalten.

20.4 Die Schaumweinherstellung

Geschichte

Bereits seit 1530 sind schäumende Weine bekannt („Blanquette de Limoux“ im Südwesten Frankreichs), die aber durch einmalige Vergärung, der „Méthode rurale“, entstanden sind. Als erstes Zeugnis für den „vin mousseux“ in der Champagne kann man ein 1674 erschienenes Buch werten, das beschreibt, wie Trauben absichtlich unreif gelesen werden, um zu „mousse“ zu gelangen. Dies wird von „einigen auf die schiefe Bahn Geratenen“ bevorzugt, doch „sollte man sich nicht auf diesen Wein verlassen, der immer in Raserei ist und unaufhörlich in seinem Gehäuse in Gärung bleibt“.

Fälschlicherweise wird die „Erfindung“ des Sektes gern dem franz. Benediktinerpater Dom Perignon (1639–1715) aus der Abtei von Hautvilliers zugeschrieben, der dort seit 1668 57 Jahre als Verwalter und Leiter des Kellers verdienstvoll gewirkt hat. Von ihm wird überzeugend überliefert, dass er Trauben aus verschiedenen Lagen probiert und nach Geschmack Cuvées zusammengestellt hat. Dies hat zu Weinen hoher Qualität geführt. Ebenso ist durch seine strengen Lese- und Keltervorschriften die Herstellung von hellen Clarettweinen möglich gemacht worden.

Für viele Winzer ist es interessant, aufgrund der gestiegenen Nachfrage ihre Produktpalette mit Sekt zu erweitern.
Herstellung und Vermarktung von Schaumwein sind, wie alle versetzten Weine, gewerbescheinpflichtig, müssen in dafür reservierten Räumen stattfinden und sind weingesetzlich sowie steuerrechtlich besonders geregelt.
Weinbauliche Selbstvermarkter dürfen ihren Schaum- oder Perlwein nach der derzeitigen Regelung nur von einem gewerblichen Betrieb im Lohnverfahren herstellen lassen (siehe oben).

20.4.1 Der Sektgrundwein

Sektgrundwein soll besonders gerbstoffarm sein, dementsprechend ist eine rasche und schonende Verarbeitung besonders wichtig. In der Champagne gibt es spezielle Vorschriften, wie viel Most aus den Trauben gewonnen werden darf, auch ist dort Ganztraubenpressung üblich.

Anforderungen

- **Alkoholgehalt** unter 11 Vol.-%
  Durch die 2. Gärung erhöht er sich nochmals um 1–1,5 Vol.-%; Sekte mit hohem Alkohol schmecken unharmonisch und brandig.
- **Extrakt** ca. 17–20 g/l, selten darüber
  Extraktarme Sekte perlen länger, da höhere CO_2 sich besser löst.
- **Red. Zucker** unter 1 g/l
  Wenn er höher ist, muss dies beim Ansatz berücksichtigt werden.
- **Säure** mind. 7,5 g/l
  Man toleriert eher zu viel als zu wenig Säure.
- **SO_2-Gehalt** gesamt unter 100 mg/l, frei max. 35 mg/l
  Da nach der 2. Gärung nochmals eine Schwefelung mit 70–100 mg/l erfolgt, sollte der SO_2-Gehalt so niedrig wie möglich sein.
- **Phenolgehalt:** Weißwein: 200 mg/l
  Rotwein: 300 mg/l
  Vor allem die flavonoiden Phenole wirken sich negativ aus:
  - Der fertige Sekt schmeckt rau.
  - Er wird hochfarbig bei niedrigen SO_2-Gehalten.
  - Das Mousseux und der Geruch werden beeinträchtigt.
  - Mögliche Maskenbildung verursacht Probleme bei der Produktion.
    Eine einfache Beurteilung ist mit dem ***pH-7-Test nach Schanderl*** möglich: Der Wein wird mit Lauge auf pH 7 eingestellt und dann werden ein paar Tropfen konz. Fe(III)Chlorid zugegeben. Färbt sich der Wein dunkel, ist er in dieser Form nicht zur Versektung geeignet (Gerbstoffentfernung mit Gelatine, PVPP, eventuell Kasein, Blauschönung).
- **Schwermetallgehalt** soll niedrig sein.
  Höhere Konzentrationen können Gärschwierigkeiten und schnelleres Altern verursachen; entfernen durch Blauschönung.
- **Eiweißstabilität**
  Fertig geschönte Weine sind für die Zusammenstellung der Cuvée besser beurteilbar, dies ist günstiger, als erst die fertige Cuvée zu behandeln und möglicherweise unerwartete Veränderungen in Kauf nehmen zu müssen.
- Kein Grundwein mit UTA! Ein guter Ausgangsmost ist notwendig!

Produktion des Grundweins

Um diese Anforderungen zu erfüllen, empfiehlt sich für die Verarbeitung folgende Vorgehensweise:

- Gesundes Traubenmaterial verwenden, max. Kabinettbereich.
- Rasch und schonend verarbeiten, eventuell Ganztraubenpressung.
- Der Most sollte nur vom Vorlauf und der 1. Pressung verwendet werden.
- Geringe Schwefelung der Trauben bzw. der Maische.
- Keine Mostentsäuerung (Gefahr des biologischen Säureabbaus!).
- Reinhefezusatz (weniger SO_2-Bedarf).
- Früher Abstich.

- Stabilisierung von Eiweiß, Metallen und möglichst scharfe Vorklärung.
- Wenig freie schweflige Säure (15–25 mg/l).

Je besser der Grundwein vorbereitet und stabilisiert ist, desto problemloser und besser verläuft die zweite Gärung.

20.4.2 Schaumweinherstellungsverfahren

Flaschengärverfahren	Transvasierverfahren	Tankgärverfahren	Imprägnierverfahren für Perlwein
Grundwein (Cuvée)	Grundwein	Grundwein	Grundwein
↓	↓	↓	↓
+ Zucker + Schaumweinhefe	+ Zucker + Schaumweinhefe	+ Zucker + Schaumweinhefe	+ CO_2
↓	↓	↓	
Flaschenfüllung	Flaschenfüllung	Drucktank	
↓	↓	↓	
2. Gärung	2. Gärung	2. Gärung	
↓	↓	↓	
Reifen in der Flasche	Reifen in der Flasche	Reifen im Tank	
↓			
Rütteln			
↓	↓		
Degorgieren (Enthefen) Gefrierlösung −25°C	Entleeren unter Gegendruck in Sammelbehälter		
	↓	↓	
	Filtrieren	Filtrieren	
↓	↓	↓	↓
Dosage	Dosage	Dosage	Dosage
	↓	↓	↓
	Flaschenfüllung bei 0 bis −4 °C	Flaschenfüllung bei 0 bis −4 °C	Flaschenfüllung bei 0 bis −4 °C
↓	↓	↓	
Verkorken	Verkorken	Verkorken	Verschließen
↓	↓	↓	
Lagerung zur Harmonisierung	Lagerung zur Harmonisierung	Lagerung zur Harmonisierung	
↓	↓	↓	↓
Sekt (Schaumwein) „Flaschengärung“	**Sekt (Schaumwein) „Flaschengärung“**	**Sekt (Schaumwein)**	**Perlwein**

Grundsätzlich kann man sagen, dass mit allen Gärverfahren bei fachlich richtiger Durchführung hochwertiger Schaumwein erzeugt werden kann. Für die Qualität entscheidend sind ein guter Grundwein und lange Lagerzeit auf der Hefe. Aus Weinresten kann kein guter Sekt entstehen!

Tankgärung

Dies ist die schnellste und preiswerteste Methode zur Herstellung von Sekt, wenn sie unter optimalen Bedingungen durchgeführt wird.

Sie bietet einige Vorteile:
- Ständige Kontrolle des gesamten Gebindes ist möglich.
- Behandlungen der Cuvée sind jederzeit möglich.
- Einfache Temperatursteuerung während der Gärung.
- Die Rückgewinnung von CO_2 zur Perlweinbereitung ist möglich.

Die Lagerdauer kann durch Rührwerke verkürzt werden, auch ist die Oxidationsstabilität durch gezielte Behandlung leichter – und damit schneller – zu erreichen. Bei zu kurz gelagertem Schaumwein muss man aber Abstriche in der sonst erreichbaren Qualität machen. Auch scheitert die Produktion von kleinen, exklusiven, hochwertigen Cuvées in der Regel an der Tankgröße (bei österreichischen Versektern ca. 4700 l Mindestmenge).

Transvasierverfahren

Diese Methode verbindet die Vorteile der Flaschengärung mit großtechnischer Enthefung und damit Entfall des Rüttelns. Nach der automatischen Entleerung in einen Sammeltank erfolgen die Fertigstellung des Sektes (Filtration, Dosage) und die Abfüllung.

Die Vorteile:
- Rohsektbehandlung ist gezielt möglich.
- Keine Ausfälle durch Maskenbildung, der Sekt ist wirklich blank.
- Der fertig gefüllte Sekt ist bei allen Flaschen gleich.

Gegenüber der Flaschengärung erfordert diese Methode einen wesentlich größeren maschinellen Aufwand.

Flaschengärverfahren

Dies ist die klassische Methode der Champagne. (Die Bezeichnung „Méthode Champenoise" ist nur noch für Schaumweine, die aus diesem Gebiet stammen, zugelassen.)

Der Vorteil dieses Verfahrens:
- Intensiver Hefekontakt
- Vermeiden von Lufteinfluss, da das Produkt bis zur Konsumation die Flasche nicht mehr verlässt.
- Auch Kleinstmengen können versektet werden.

Aufgrund des größeren Arbeitsaufwandes zur Entfernung der Hefe gilt das Verfahren als kostenaufwendiger im Vergleich zur Tankgärung, dafür entfällt die Anschaffung und Wartung von Drucktanks.

20.4.3 Vorgangsweise bei der Flaschengärung

Der fertiggestellte Grundwein wird mit Hefe (ca. 4 %) und Zucker für die 2. Gärung versetzt (Fülldosage, Tirage). Zusätzlich werden teilweise Rüttelhilfen (auf Cellulose- oder Bentonitbasis) und Nährsalze zugegeben. Die gefüllten Flaschen werden mit Kronenkork verschlossen, selten mit Naturkork.

Hefeauswahl Die Anforderungen an Sekthefen sind vielfältig:

- gute Vermehrungsgeschwindigkeit
- vollständige Vergärung des Zuckers
- gute Zellmasseausbeute
- Verträglichkeit gegen Alkohol, SO_2, elementaren Schwefel, Gerbstoff, Schwermetalle, kein SO_2-Bildner, kein Böckserbildner
- temperaturtolerant
- druckverträglich
- Autolyseneigung

Gerne wird der Hefestamm *Saccharomyces bayanus* verwendet, der größere Alkohol- und SO_2-Verträglichkeit aufweist. Vorteilhaft sind auch Kaltgärhefen bei entsprechenden Kellerbedingungen. Auch agglomerierende Hefen, die sich leichter absetzen, bzw. Immobilisate werden eingesetzt.

Zucker Der Zuckerzusatz muss im Hinblick auf das zu erwartende Produkt erfolgen. Schaumwein muss mind. 3 bar, Qualitätsschaumwein 3,5 bar Überdruck aufweisen. Um 1 bar Druck zu erzeugen, werden 4–4,3 g/l Zucker zugesetzt. Man muss hier exakt zwischen Druck und Überdruck unterscheiden. Will man z. B. Sekt mit 5 bar Überdruck erzeugen, so entspricht das 6 bar absolutem Druck (somit 6×4 g/l = 24 g/l Zuckerzusatz vor der 2. Gärung). Enthält der Grundwein noch unvergorenen Zucker, so ist dieser zu berücksichtigen. Durch die Fülldosage darf der Gesamtalkohol auch nicht mehr als um 1,5 Vol.-% angehoben werden.

Flaschen Aus Gründen der Beanspruchung (Kratzer, Kerbwirkung) findet Flaschengärung üblicherweise in schweren Flaschen (1100 g) statt. Die Normalflasche hat 850–880 g, die Leichtflasche mit 550–650 g wird zur Füllung von Tanksekt eingesetzt und mitunter aus Schutz und Dekorationsgründen mit Kunststoffschrumpffolie überzogen (Sleeve-Technik).

Flaschengrößen Flaschengärung findet in 0,75 und 1,5 l, selten in 3 l statt. Darunter und darüber wird umgefüllt.

Inhalt		
1/1 Flasche	0,75 l	
2 Flaschen	1,5 l	Magnum
4 Flaschen	3 l	Doppelmagnum
6 Flaschen	4,5 l	Rehobeam
8 Flaschen	6 l	Methusalem
12 Flaschen	9 l	Salmanassar
16 Flaschen	12 l	Balthasar
20 Flaschen	15 l	Nebukadnezar
24 Flaschen	20 l	Melchior

Bei den Sektflaschen verwendet man aus Sicherheitsgründen grundsätzlich neues Glas. Schon kleine Kratzer können die Stabilität der Flasche deutlich herabsetzen. Die Mundstücke der 0,75 l Schaumweinflaschen können, wie die nachfolgende Abbildung zeigt, verschieden ausgeführt sein.

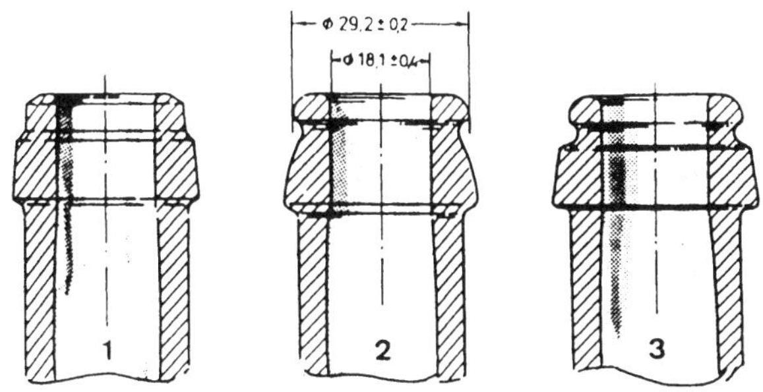

Abb. 136
Mundstücke der 0,75 l Schaumweinflaschen.

Gärung

Günstig ist, wenn die Hefen am Beginn eine gute Starttemperatur von 15–18 °C haben. Die weitere Gärung kann in kühleren Räumen durchgeführt werden, um Säureabbau zu vermeiden. Um die Arbeitskosten der Umlagerung zu umgehen, wird heute meist mit ausgesuchten Kaltgärhefen gearbeitet, die schon mit niedriger Starttemperatur zurande kommen. Da es in der Flasche zu keiner großen Erwärmung kommt, rechnet man mit einer etwas längeren Gärdauer von ca. 4–5 Wochen.

Lagerung auf der Hefe

Dieser Schritt ist der wertbestimmende Teil der Sektproduktion. Neben der reduzierenden Wirkung der Hefe auf den Sekt und damit dem Schutz vor unerwünschter Alterung und Oxidation kommt es zu weiteren Effekten:

- **Mousseux:** Die gebildete Gärungskohlensäure wird in den Sekt immer besser eingebunden. Je länger gelagert wird, desto feinperliger und lang anhaltender ist das „Mousseux", die Kohlensäureentbindung im Glas. Nur kurze Zeit gelagerte Sekte sind grobperlig, schäumen stark auf und moussieren nur kurze Zeit.
- **Hefeautolyse:** Durch teilweisen Zerfall der Hefezellen kommt es zu einem Übergang von Aminosäuren in den Sekt. Bereits nach einem Monat können sich hier stabile Verhältnisse eingestellt haben, die Mengen sind eher gering (16–20 mg/l). Durch öfteres „Aufschlagen" der Flaschen kann man diesen Effekt fördern.
- **Reifung:** Durch verschiedene chemische Umsetzungen kommt es zur geschmacklichen Abrundung.

  Dabei laufen im Wesentlichen 3 Vorgänge ab:
  1. Esterbildung: *Aus Carbonsäuren (vor allem Essigsäure, Milchsäure) und Alkoholen (Ethanol, höhere Alkohole): Die Ester sind flüchtig und prägen das Geruchs- und Geschmacksbild.*
  2. Phenolische Verbindungen: *Durch Oxidation, Kondensation und Reaktion mit Eiweiß fallen sie zum Teil aus, der Sekt wird glatter und runder.*
  3. Kolloide: *Vornehmlich Polysaccharide: Teilweise gibt es eine Zunahme durch Autolyse der Hefe, teilweise werden sie unlöslich. Daraus resultieren weniger Schutzkolloidwirkung und Einstellung des Löslichkeitsgleichgewichts für den Weinsteinausfall.*

  Diese Veränderungen sind, obwohl geschmacklich wichtig, mengenmäßig sehr gering und haben keine Auswirkungen auf die Analysedaten.

Um die Bezeichnung „Flaschengärung" verwenden zu können, muss die Herstelldauer insgesamt 9 Monate betragen.

Je länger der Schaumwein auf der Hefe gelagert wird, desto besser und feiner perlt er im Glas!

Rütteln (Remouage) Bevor die Flaschen auf das Rüttelpult kommen, wird der Inhalt kräftig durchmischt („aufgeschlagen"), damit sich die festsitzende Hefe von der Glaswand löst. Die jetzt gleichmäßig eingetrübten Flaschen werden dann von Hand mit dem Kopf nach unten in die Löcher der Rüttelpulte („Pupitres") gesteckt. Die Stellung ist zuerst sehr flach und wird im Laufe des Rüttelvorgangs immer steiler, bis am Ende die Flaschen fast senkrecht stehen.

Nach dem Aufstecken bleiben die Flaschen während der ersten 6–8 Tage ruhig auf dem Pult. Die vorher aufgewirbelte Hefe soll sich absetzen. Vor dem Aufrütteln ist zu prüfen, ob der Sekt glanzhell ist, sich die Hefe vollkommen abgesetzt hat und keine Hefenester („Masken") mehr an der Wand kleben. Danach beginnt das Rütteln nach dem in Abb. 137 angeführten Schema. Der Zweck liegt darin, die Hefe zuerst zu einem „Faden" zusammenzusetzen und diesen dann – ohne ihn abreißen zu lassen – in einer schraubenförmigen Bewegung bis zum Flaschenverschluss rutschen zu lassen. Dazu sind ein Impuls und die Drehung nötig. Der Rüttelvorgang ist dann beendet, wenn das Hefedepot fest auf dem Kronenkork lagert und der Sekt glanzhell geworden ist.

Rütteldauer Eine gute Arbeitskraft schafft 24–40 000 Flaschen am Tag. Das traditionelle händische Rütteln am Pult dauert ungefähr 3 Wochen und stellt den arbeitsaufwendigsten Teil der Produktion dar.

(Abb. 139 + 140) *Daher fehlt es nicht an Entwicklungen, um nicht jede Flasche einzeln bewegen zu müssen und Kosten zu sparen. Die Flaschen werden in Gitterboxen mit ca. 500 Stück Fassungsvermögen geschichtet und – je nach Konstruktion – händisch oder maschinell bewegt. Untersuchungen haben ergeben, dass die Hefe bereits 15 Minuten nach dem Rüttelimpuls ihre Gleitbewegung wieder beendet hat. Bei gut vorbereiteten Grundweinen und gut absetzenden (agglomerierenden) Hefen kann so bei entsprechender Maschinenprogrammierung das Rütteln schon nach 2 Tagen beendet sein.*

Enthefen (Degorieren) – Dosagelikör Die Flaschenmündungen werden in eine Kühlsole getaucht, damit das Hefedepot und der Flaschenhals vereisen. Die Temperatur der Kühlsole bewegt sich zwischen –20° und –35 °C. Der Kronenkork wird entfernt, der herausschießende Hefe-Eis-Pfropfen aufgefangen und verworfen. Danach wird zur Einstellung der gewünschten Restsüße der Dosagelikör („Versanddosage") zugegeben, der üblicherweise auch SO_2 zur Abbindung des entstandenen Acetaldehyds enthält. Dann wird mit Sekt auf das Füllniveau aufgefüllt. Bei Sekten ohne Dosage wird dies gern am Etikett vermerkt („pas dosage").

(Abb. 141 + 142) Das Vorkühlen vor dem Degorgieren ist zweckmäßig, denn die Kohlensäure ist besser gebunden, die Druckverluste sind geringer und das Einfrieren geht schneller. Bei Großbetrieben wird der Degorgierprozess und die Dosage vollautomatisch durchgeführt.
Beim sogenannten „Warmdegorgieren" ohne Einfrieren kommt es zu einem etwas höheren Trübungsgrad und – abhängig vom Degorgeur – zu mehr Mengenverlust.

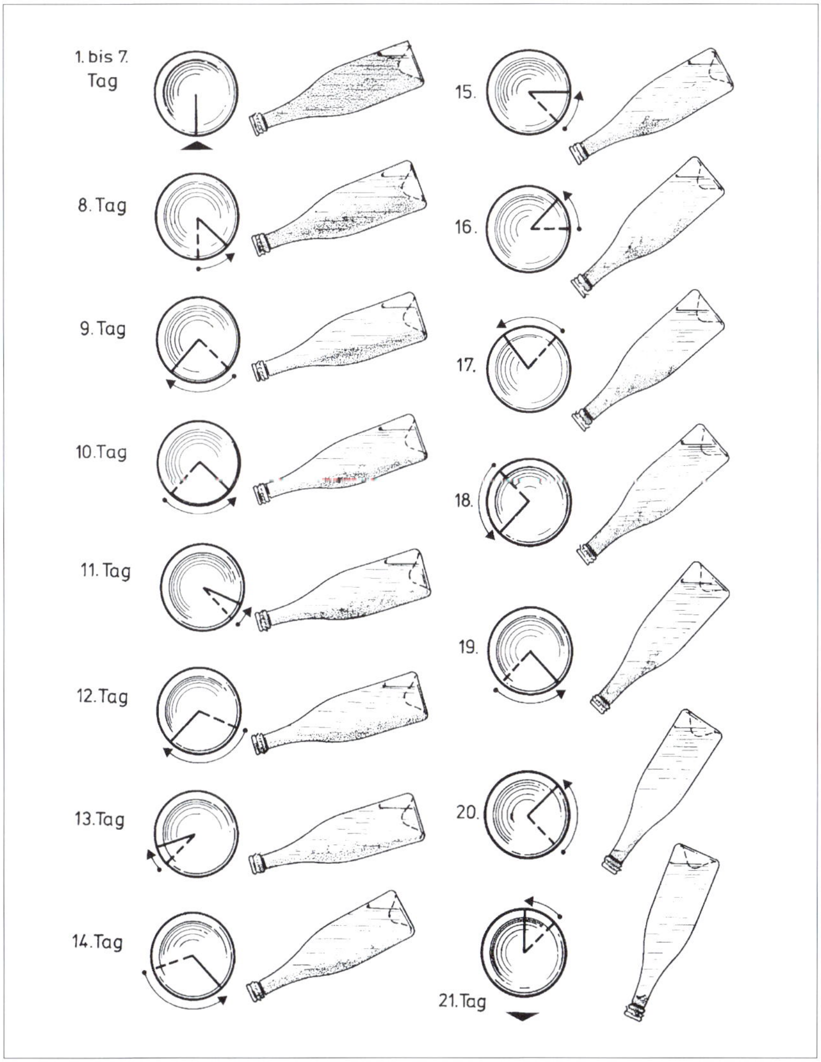

Abb. 138
Schematische Darstellung des Rüttelvorgangs. Nach 3 Wochen ist die Hefe im Flaschenhals und der Sekt blank.

Abb. 139
Rüttelpulte.

Abb. 140
Hefe in der Sektflasche.

Abb. 141
Rüttelmaschinen.

Abb. 142
Eispfropf in der Flasche.

Der Eispfropf ist gut sichtbar.

Restzuckergehalt

0–6 g/l	extra brut, extra herb
weniger als 15 g/l	brut, herb
12–20 g/l	extra trocken oder extra dry
17–35 g/l	trocken, dry oder sec
33–50 g/l	halbtrocken
mehr als 50 g/l	mild

Verschließen

Als Verschluss hat sich der Kombikork aus Agglomeratteil und 2 Naturkorkscheiben bewährt, bei dem die Flasche auch ohne Probleme stehend gelagert werden kann. Kunststoffverschlüsse sind relativ durchlässig, es kommt daher mit der Zeit zu Oxidation und einem Entweichen der Kohlensäure.
Zum Festhalten des Verschlusses wird dieser mit einem Drahtkörbchen (Agraffe) fixiert.

Ist der Schaumwein einmal fertiggestellt, so soll er nach einer kurzen Lagerzeit zur Harmonisierung mit der Dosage konsumiert werden. Durch Lagern erfolgt jetzt kein Qualitätszuwachs mehr.

Abb. 143
Halbautomatische Degorgieranlage, auch zum Warmdegorgieren geeignet.

21 Sonstige Weine, Likörwein

- Welche Getränke außer aromatisiertem Wein fallen in diese Kategorie?
- Woraus können Likörweine produziert werden?
- Wie wird Wermut hergestellt?

Neben dem „klassischen" Weiß- und Rotwein gibt es zahlreiche Weine und weinhaltige Getränke, denen durch besondere Verfahren bestimmte Geschmackswirkungen verliehen wurden. Diese Behandlungen gehen über die von Normalweinen wesentlich hinaus und sind meist an den Besitz eines Gewerbescheins gebunden. Einige dieser Produkte werden hier angeführt:

21.1 Aromatisierter Wein (Wein-Aperitif)
21.2 Aromatisiertes, weinhaltiges Getränk (z. B. Pfirsichspritzer, Sangria)
21.3 Aromatisierter, weinhaltiger Cocktail
21.4 Entalkoholisierter Wein
21.5 Weinhaltiges Getränk (z. B. Gespritzter)
21.6 Likörwein
21.7 Herstellung von Wermutweinen

21.1 Aromatisierter Wein

Ein Getränk, das aus Wein gewonnen wurde, dessen Alkoholgehalt mind. 14,5 Vol.-%, jedoch weniger als 22,0 Vol.-% beträgt und das aromatisiert wurde; Traubenmost, teilweise gegorener Traubenmost oder Zucker darf, Alkohol muss zugesetzt werden; der Grundweinanteil muss mind. 75 % betragen.

21.1.1 Wermut oder Wermutwein

Aromatisierter Wein. Sein charakteristisches Aroma wird durch die „verpflichtende" Verwendung geeigneter, insbesondere aus Artemisia-Arten gewonnener Stoffe, erzielt. Die Süßung ist nur mit karamellisiertem Zucker, Saccharose, Traubenmost, RTK und konzentriertem Traubenmost erlaubt (siehe auch Kap. 21.7).

21.2 Aromatisiertes, weinhaltiges Getränk

Ein Getränk, das aus Wein gewonnen wurde, dessen Alkoholgehalt mind. 7,0 Vol.-%, jedoch weniger als 14,5 Vol.-% beträgt und das aromatisiert wurde; darüber hinaus dürfen Traubenmost, teilweise gegorener Traubenmost, Fruchtsaft, Kohlensäure oder Zucker zugesetzt werden. Der Grundweinanteil muss mind. 50 % betragen, Alkoholzusatz ist verboten.

21.3 Aromatisierter, weinhaltiger Cocktail (Weincocktail)

Ein Getränk, das aus Wein gewonnen wurde, dessen Alkoholgehalt mind. 1,2 Vol.-%, jedoch weniger als 7,0 Vol.-% beträgt und das aromatisiert wurde; darüber hinaus dürfen Traubenmost, teilweise gegorener Traubenmost, Kohlensäure oder Zucker zugesetzt werden. Der Grundweinanteil muss mind. 50 % betragen, Alkoholzusatz ist verboten.

21.4 Entalkoholisierter Wein

Darunter ist ein Getränk aus Wein-, Land- oder Qualitätswein zu verstehen, dessen Alkoholgehalt im Wege einer geeigneten und schonenden Entgeistung auf 0,5 Vol.-% oder weniger abgesenkt wurde. Zur Herbeiführung eines Gehalts an unvergorenem Zucker bis zu einer Menge von höchstens 60 g/l dürfen Traubenmost, konzentrierter Traubenmost, Zucker oder Traubendicksaft zugesetzt werden. Des Weiteren ist der Zusatz von Kohlensäure und eine Aromatisierung gestattet. Die gesamte schweflige Säure darf 50 mg/l nicht überschreiten.

21.4.1 Alkoholarmer Wein

Ein Getränk, das entweder wie entalkoholisierter Wein oder durch Verschnitt von entalkoholisiertem Wein mit Tafel-, Land- oder Qualitätswein hergestellt wurde und dessen Alkoholgehalt mehr als 0,5 Vol.-%, höchstens jedoch 5,0 Vol.-% beträgt; der Gehalt an unvergorenem Zucker, CO_2-Zusatz und Aromatisierung ist wie bei entalkoholisiertem Wein geregelt.

21.5 Weinhaltiges Getränk

Ein Getränk, das aus allen Weinbauerzeugnissen mit Ausnahme aromatisierter Getränke erzeugt werden kann; es muss mind. 50 % Wein enthalten, eine Gärung darf nicht stattgefunden haben. Es darf Zucker, Traubenmost, Traubensaft oder konzentrierter Traubensaft sowie Wasser (Mineral- oder Trinkwasser) zugesetzt werden. Eine Aromatisierung ist verboten.

Gespritzer

Eine Sonderform ist der „Gespritzte" („Gspritzter", „Spritzer"). Die Bezeichnung darf anstelle „Weinhaltiges Getränk" verwendet werden, wenn das Produkt zu mind. 50 % aus Wein (nur Qualitätsweinrebsorten) und höchstens zu 50 % aus Sodawasser besteht. Der vorhandene Alkoholgehalt muss mind. 4,5 Vol.-% betragen, ein Zusatz von Kohlensäure ist erlaubt.

21.6 Likörwein

Likörwein wird aus teilweise gegorenem Traubenmost, Wein oder einer Mischung dieser Erzeugnisse mit einem natürlichem Alkoholgehalt von mind. 12 Vol.-% unter Verwendung von neutralem Alkohol bzw. Destillat aus Weinbauerzeugnissen, Traubenmost (auch angegoren), konzentrierter Traubenmost (auch rektifiziert) und Karamell hergestellt. Die Süßung mit konzentriertem Traubenmost ist möglich, wenn das Ausgangsprodukt nicht angereichert wurde. Der vorhandene Alkohol beträgt 15–22 Vol.-%, der Gesamtalkohol mind. 17,5 Vol.-%, Gesamt-SO_2 max. 150 mg/l bzw. 200 mg/l, wenn der Restzucker über 5 g/l beträgt. Für Qualitätslikörweine bestimmter Anbaugebiete (z. B. Portwein, Madeira ...) bestehen besondere Regelungen.

Likörweine können hergestellt werden aus:

- **Rosinen und Most**
- **frischem Most und Alkohol** (Samos, Portwein, Madeira, Sherry)
  Dabei wird die Gärung beim gewünschten Restzuckergehalt durch Alkoholzusatz unterbrochen bzw. erst danach auf den Alkoholgehalt eingestellt.
- **eingedicktem Most und Alkohol** (Marsala, Malaga)
  Üblicherweise wird der Most vor der Gärung eingekocht, was ihm einen gewissen Karamellgeschmack verleiht.

21.7 Herstellung von Wermutweinen

Wermutwein
Die Qualität hängt hauptsächlich vom Grundwein und dem Kräutergemisch ab. Seine Heimat liegt in Piemont (Turin).

Grundwein
Der Grundwein ist ein alkoholreicher, neutraler, alter, wenig geschwefelter Wein mit niedriger Säure (5–7 g/l). Fehlerhafte, kranke Weine sind schlecht geeignet, da sie ihre Fehler dem Wermut mitteilen und mit der Dauer der Lagerung der negative Einfluss immer größer wird.

Kräutergemisch
Die Zusammenstellung enthält bis zu 30 Komponenten und ist meist ein Herstellergeheimnis. Es kommt dabei nicht nur auf die Zahl und Menge der Kräuter an, sondern ebenso auf den Wuchsstandort, den Erntezeitpunkt, das Alter und die Art der Gewinnung. Ohne Erfahrung ist es günstiger, fertige Mischungen zu verwenden, da Eigenrezepte selten zum gewünschten Erfolg führen.
In den Mischungen sind meist folgende Kräuter enthalten: Italienisches Wermutkraut (Alpenwermut ist zu bitter), Zimt, Koriander, Enzian, Kalmus, Tausendguldenkraut, Nelken, Orangenschalen, Holunderblüten, Muskatnuss, Scharfgarbenblüten, Veilchenwurzel, Melisse, Salbei, Senfmehl, Tonkabohnen u. a. m.

Extraktion (Ausziehen) der Kräuter

- **Mazeration:** Eine gut geeignete Methode, bei der man pro kg Kräutermischung mit 10 l 40–50%igem Alkohol aufgießt, ein bis zwei Tage stehen lässt und dann abseiht.
- **Perkolation:** Das bessere Verfahren, bei dem Kräuter in ein feinmaschiges Sieb (Tuch) gefüllt und im Durchlaufverfahren mit 50%igem Alkohol extrahiert werden. Dieses Verfahren liefert das geschmacklich beste Produkt, erfordert aber eine erhöhte Kräutermenge.
- Ungeeignet oder schlecht geeignet sind nicht nur alle Verfahren, die zu scharf auslaugen (Erwärmen, Alkoholgehalt über 50 Vol.-%, zu langes Extrahieren), sondern auch das Auslaugen im Wein oder im gärenden Most, weil dadurch die Geschmacksbildung nicht vorherbestimmbar ist.

22 Wein- und Obstbranderzeugung

- Welche gesetzlichen Bestimmungen gibt es für die einzelnen Produkte und deren Besteuerung?
- Wie soll beim Einmaischen vorgegangen werden?
- Was ist beim Destillieren zu beachten, welche Möglichkeiten gibt es?
- Wie macht man die Produkte trinkfertig?

Durch die Herstellung von Wein- und Obstdestillaten soll einerseits ein zusätzlicher Nebenerwerb geschaffen, andererseits sollen damit gewisse Nebenprodukte in der Landwirtschaft verwertet werden. Für qualitativ hochwertige Destillate lässt sich ein guter Preis erzielen.

22.1 Gesetzliche Grundlagen

In Österreich gelten das Alkoholsteuergesetz 1995 idgF, die EU-Verordnung (EWG) Nr. 110/2008 und der österreichische Lebensmittelcodex (Kapitel B23).
Die Herstellung von Wein- und Obstdestillaten erfolgt durch 22.1.1 Abfindungsbrennerei oder 22.1.2 Verschlussbrennerei.

22.1.1 Abfindungsbrennerei

Der Abfindungsberechtigte darf pro Kalenderjahr 100 l (100%igen) Alkohol steuerbegünstigt (6,48E/lA) erzeugen. Darüber hinaus ist er berechtigt, jährlich weitere 100 l Alkohol zu einem höheren Steuersatz (10,80 E/lA) herzustellen.

Jene Landwirte, die über ein 300-l-Brennrecht verfügen, dürfen dieses Brennrecht voll ausüben und haben ein Zusatzkontingent von 100 l Alkohol zum erhöhten Steuersatz.

Die neuen Hausbedarfsbestimmungen sehen für den landwirtschaftlichen Abfindungsbrenner eine Freimenge Branntwein vor, die zwischen 15 l und 27 l Alkohol liegt (abhängig von der Anzahl der Haushaltsangehörigen, in Tirol und Vorarlberg bis max. 51 l Alkohol).

Im Wesentlichen dürfen neben allen selbst gewonnenen Obstrohstoffen wie Früchten heimischer Arten von Kern-, Stein- und Beerenobst, wild wachsenden Beeren und Wurzeln auch andere Produkte, die dem Weingesetz unterliegen, destilliert werden (auch aufgezuckerte Beerenobstweine). Die Herstellung von Alkohol aus Getreide und Halmrüben unterliegt einer Sonderregelung.

Der unter Abfindung hergestellte Alkohol (einschließlich der alkoholsteuerfreien Hausbedarfsmenge) darf veräußert werden:
– An Letztverbraucher in Kleingebinden.
– An Gast- und Schankgewerbetreibende.

– Zur Weiterveräußerung im Gast- und Schankbetrieb.
– An Inhaber eines Alkohollagers.

Zur Herstellung von Alkohol sind einfache Brenngeräte bzw. Brenngeräte mit Verstärkerkolonnen bis max. 3 Böden und 1 Dephlegmator erlaubt. Der Antrag auf Zulassung eines neuen Brenngeräts ist beim zuständigen Zollamt schriftlich einzubringen.

Für die Vollziehung dieses Alkoholsteuergesetzes sind die Zollämter zuständig. Die notwendige Abfindungsanmeldung muss der Abfindungsbrenner elektronisch auf der Homepage des Finanzministeriums: www.bmf.gv.at/service/formulare (Formulare: VST 3 für die Erfassung der Grunddaten, VST 4 für die Anmeldung der Alkoholerstellung) durchführen. Bereits 5 Stunden (innerhalb der Öffnungszeiten) nach der Meldung kann mit dem Destillieren begonnen werden. Die Anmeldung gilt als Steuererklärung und ist gebührenfrei. Außerdem muss der Abfindungsbrenner ein Maischeüberwachungsbuch führen, in dem Aufzeichnungen über Maischebehälter und zu brennende Maische festgehalten werden.
Für jeden alkoholbildenden Stoff gibt es einen bundeseinheitlichen Ausbeutesatz, z. B. wird für 100 l Birnenmaische eine Ausbeute (laut Tabelle) von 3 l (100%igem) Alkohol berechnet. Werden Wein oder andere gegorene Getränke angemeldet und ist kein Untersuchungszeugnis angeschlossen, so gelten für Wein 10 l Alkohol und für andere gegorene Getränke 6 l Alkohol als Ausbeutesatz.

Die Brenndauer (Gesamtbrennzeit) ist zwischen 0 und 24 Uhr frei wählbar. Die Summe der Maischemengen wird dabei mit einer vom Füllraum der Brennblase abhängigen Faktor multipliziert, die Brenndauer wird auf volle Stunden aufgerundet.

Die anfallende Alkoholsteuer sowie die Brenndauer werden automatisch berechnet.

22.1.2 Verschlussbrennerei

Innerhalb der Verschlussbrennereien unterscheidet man die Verschlussbrenner mit eingeschränkter Anlagensicherung von den herkömmlichen Verschlussbrennereien. Bei einer Verschlussbrennerei wird der gesamte Alkohol amtlich erfasst, wobei die Brennanlage mit Ausnahme der Maischeneinfüllöffnung unter Verschluss gelegt ist. Für Inhaber einer Verschlussbrennerei mit einer Jahreserzeugung bis zu 400 l Alkohol gilt der ermäßigte Steuersatz von € 5,4/l Alkohol. In anderen Verschlussbrennereien gilt der Normalsteuersatz von € 10,– /l Alkohol.

22.2 Einmaischen und Maischebehandlung

Rohstoffe

Für die Herstellung qualitativer, guter Brände eignen sich nur vollreife, saubere, gesunde Rohstoffe, die dadurch auch einen hohen Zuckergehalt und ein ausgeprägtes sortentypisches Aroma aufweisen.

„Nur was ich in den Maischebehälter hineingebe, kann auch wieder herauskommen."

Einmaischen Vor dem Einmaischen ist Kernobst zu reinigen und gründlich (z. B. mit Rätzmühle, mit Futtermuser oder Stössel) zu zerkleinern. Steinobst wird nur gequetscht oder angerissen. Es ist zu beachten, dass möglichst keine Kerne (Steine) zerschlagen werden. Diese enthalten Amygdalin, das während der Gärung enzymatisch zu Bittermandelöl und zu giftiger Blausäure umgewandelt wird (Steingeschmack im Destillat!).

Maischezusätze

Reinzuchthefe

Der Zusatz von Reinzuchthefe in einer Menge von 20–30 g/hl erfolgt sofort nach der Zerkleinerung des Obstes und soll für eine zügige und reintönige Vergärung sorgen.

Reinhefe

Säurezusatz

Durch eine rasche und richtige Ansäuerung der Maische werden Mikroorganismen unterdrückt, die die Maische negativ beeinflussen können; so wird die Hefe begünstigt. Die zuzugebende Menge richtet sich nach dem pH-Wert, welcher zwischen 2,8 und 3,2 liegen sollte.

Säurezusatz

Pro 100 l Maische können folgende Säuremengen gegeben werden:

- 50–110 ml einer 96%igen Schwefelsäure (Vorsicht: Immer Säure ins Wasser geben, nicht umgekehrt!) in 20-facher Wassermenge verdünnen.
- 100–500 g Milchsäure (80%ig)
- 160 ml Phosphorsäure (84%ig)

Enzymzugabe

Pektolytische Enzyme führen zu einer Verflüssigung der Maische und damit zu einer besseren Vergärung. Die Zugabe erfolgt laut Herstellerangabe und sollte aus mikrobiologischer Sicht erst nach dem Säureschutz erfolgen.

Enzymzugabe

Gärsalze

Eine Zugabe von Hefenährsalzen in Form von Diammonphosphat oder Ammonsulfat, Thiamin, Hefezellwände oder inaktivierte Hefen ist generell zu empfehlen, ist aber nur bei Extrembedingungen (z. B. Ebereschen) notwendig.

Gärsalze

Wasser

Bei sehr trockenen Maischen (z. B. Trester) kann die Zugabe von warmem Wasser die Hohlräume ausfüllen und für die Hefe genügend Flüssigkeit zum Vergären schaffen.

Wasser

Spezielle Verarbeitungshinweise

Kernobst: Besonders bei Birnen sollte ein Säureschutz angewendet werden. Die Sorte Williams-Christ-Birne gibt ein intensives, feines Aroma.

Steinobst: Einmaischen ohne Stiele und Blätter, ein Säureschutz ist besonders bei säurearmer Rohware (Süßkirsche) wichtig. Das Obst wird vollreif bzw. etwas überreif eingemaischt.

Beerenobst: Besonders auf die leichte Verderblichkeit der Früchte achten!

Traubenbrand

Weintrauben: Sie sollen im Qualitätsweinbereich liegen und müssen gerebelt werden. Besonders intensiv ist z. B. die Sorte Gewürztraminer. Unbedingt nicht gefaultes Material verwenden und eventuell ansäuern und enzymieren, Tresterkuchen während der Gärung 1–2-mal unterstoßen und sofort nach der Gärung destillieren. Mit Verstärkereinrichtungen langsam destillieren. Bukettreiche Sorten zeigen Finesse. Meist

Traubenbrand

sind sie eher neutral mit leichter weiniger Note und können mittels Fasslagerung qualitativ verbessert werden. Der Zusatz von Holzchips ist nicht gestattet.

Tresterbrand, „Treberner“

Tresterbrand, „Treberner“

Trester: Nur frische Trester von reifen Trauben eignen sich für Tresterbrand. Meist werden Weißweinsorten verwendet und die Maische nicht so stark ausgepresst. Trester einstampfen und ca. 20 % Wasser zusetzen. Ein schneller Gärbeginn ist wichtig, nach der Gärung schnell abdestillieren. In die Brennblase sollte etwas Wasser zugegeben werden, um ein Anbrennen zu verhindern, ab ca. 65 Vol.-% auf Nachlauf schalten. Die Alkoholausbeuten liegen bei ca. 3–6 l Alk/hl Trester.

Weinbrand

Weinbrand

Wein: Ungeschwefelte Trauben im Qualitätsweinbereich verwenden; Wein nicht vom Geläger ziehen, weil der Hefeanteil dem Destillat Körper und schwerflüchtige Aromakomponenten verleiht. Biologischen Säureabbau vermeiden und möglichst rasch nach der Gärung destillieren.

Gelägerbrand, Hefebrand

Gelägerbrand, Hefebrand

Geläger: Es soll frisch, gesund sein und gut riechen. Die Ausbeuten reichen bis 10 l Alk/hl. Die Qualität ist von Weinqualität, Traubensorte und Hefezustand abhängig. Ein Wasserzusatz in die Brennblase, um Anbrennen zu verhindern, sowie Antischaummittel und rasches Brennen mit Verstärkereinrichtungen sind anzuraten. Schwerflüchtige Hefeöle schwimmen öfter auf dem Nachlauf, auch ein wenig beim Mittellauf. Sie sind wichtig für das typische Gelägerbrandaroma.

Maischebehälter und Gärung

Es gelten die gleichen Grundsätze wie bei der Weinbereitung. Der Gärbehälter sollte leicht zu befüllen und zu entleeren sein, eine große Öffnung ist von Vorteil. Der Behälter soll innerhalb von 2 Tagen befüllt werden können. Einmal umrühren zu Beginn der Gärung ist günstig. Die Gärdauer kann bis zu 4 Wochen betragen. Wichtig ist die zulässige Bestimmung des Gärendes, welche mit Clinitest-Tabletten erfolgen kann.

Lagerung vergorener Maische

Eine nicht immer zu vermeidende und in manchen Fällen auch ratsame Maischelagerung sollte mit spundvoll gefülltem Behälter – kühl und luftdicht verschlossen – erfolgen.

22.3 Brenngeräte

- Einfache Brenngeräte
- Geräte mit Verstärkereinrichtung

Einfache Brenngeräte bestehen im Wesentlichen aus:
- Brennblase
- Helm
- Geistrohr
- Kühler

Als Werkstoff kommen hauptsächlich Kupfer und Nirosta infrage. Flüchtige Schwefelwasserstoffe gehen mit Kupfer nichtflüchtige Verbindungen ein, die im Rückstand der Destillation verbleiben. Ein Kühler aus Nirosta unterbindet die giftige Grünspanbildung. Daher ist eine notwendige Kombination von Blase, Helm und Verstärkereinrichtung aus Kupfer und Geistrohr und Kühler aus Edelstahl zu empfehlen.

Brennblase: Man verwendet fast nur noch Wasserbadbrenngeräte, bei denen die Feuerung zuerst das Wasserbad erhitzt und dieses dann die Wärme an die Maische weitergibt. Dadurch kann die Maische nicht so leicht anbrennen. Aus Sicherheitsgründen sollten ein Überdruckventil und ein Manometer angebracht sein. Die Art der Befeuerung erfolgt meist durch Festbrennstoffe, aber auch Öl- und Gasheizung sind ebenso üblich wie elektrische Beheizung. Ein neuer Brennkessel sollte bereits mit einem Schlempeabfluss versehen sein.

Helm: Günstig ist ein angebrachtes Schauglas. Bei neueren Geräten sind bestimmte Verstärkungseinrichtungen wie Destillationsstufen oder Dephlegmator im Helm inkludiert.

Geist- oder Steigrohr: Es ist die Verbindung zwischen Helm und Kühler.

Kühler: Der Kühler hat die Aufgabe, den übersteigenden Dampf zu verflüssigen. Das Destillat muss kalt ablaufen, um Alkoholverluste zu vermeiden. Es gibt verschiedene Arten wie Teller-, Röhren- und Schlangenkühler. Das Kühlerende kann mit einer Alkoholvorlage zur laufenden Alkoholbestimmung versehen werden.

22.4 Destillationstechnik

Durch die Destillation der Maische soll der darin enthaltene Alkohol zusammen mit den erwünschten Geruchs- und Geschmacksstoffen von den nichtflüchtigen Bestandteilen abgetrennt und im Destillat angereichert werden. Aber es werden auch alle geschmacksschädigenden Stoffe aus Nebengärungen wie z. B. Essigester, Fettsäuren sowie freie schweflige Säure überdestilliert.
Die Hauptbestandteile sind Ethylalkohol (Siedepunkt um 78 °C) und Wasser (Siedepunkt 100 °C). Beide verdampfen beim Erhitzen gleichzeitig und in bestimmten Mengenverhältnissen.

22.4.1 Raubrand (oder Erster Brand)

Man versteht darunter das Abdestillieren der Maische bis fast zur vollständigen Entgeistung. Dabei sind folgende Grundsätze zu beachten:
- Die Blasenfüllung erfolgt zu 3/4 bis zu 4/5, um ein Überschäumen zu vermeiden. Ein Antischaummittel auf Silikonbasis soll verwendet werden.
- Beim Brennen von Hefegeläger wegen des starken Schäumens nur zu 2/3 befüllen und sehr langsam abbrennen.
- Bei dicken Maischen ist ein Wasserzusatz günstig.
- Kessel flott befüllen, Kesselrand abwischen.
- Zügig abtreiben.

– Der durchschnittliche Alkoholgehalt des Raubrandes beträgt je nach Maischeart 20–40 Vol.-%.
– Es wird so lange destilliert, bis der Raubrand mit ca. 5–10 Vol.-% abrinnt.
– Die Brenndauer des Raubrands beträgt je nach Blasengröße und Heizmedium ca. 0,5 bis 3 Stunden.
– 100 l Maische ergeben je nach Maischeart ca. 15–25 l Raubrand.
– Der Raubrand ist trüb und schmeckt unharmonisch.
– Fehler sind schon im Raubrand erkennbar.
– Geruchs- und Geschmackskorrekturen bereits jetzt durchführen, wobei eine Verdünnung auf 20–25 Vol.-% unbedingt notwendig ist.
– 3–4 Raubrände ergeben einen Kessel zum Feinbrennen.

22.4.2 Feinbrand (oder Lutterbrand)

Bei diesem zweiten Brenndurchgang kann einerseits der Alkoholgehalt verstärkt werden, der wichtigere Effekt ist aber, dass andererseits durch eine Aufteilung in **Vorlauf**, **Mittellauf** und **Nachlauf** eine Verfeinerung des Aromas durch Abtrennung der schlechten Geruchs- und Geschmacksstoffe erfolgt. Die Dauer des Feinbrandes kann bis zu fünf Stunden betragen.

Reinigung!

Vor dem Feinbrennen sind Brennblase, Helm, Steigrohr und Kühler gründlich zu reinigen. Die Reinigung kann durch Wasserdampf erfolgen. Hartnäckige Schmutzreste werden regelmäßig mit Lauge (0,5–2 %) und anschließender Säurebehandlung (1–2 %) entfernt.

Vorlauf

– Zu Beginn laufen die besonders leicht flüchtigen und unangenehmen Stoffe wie Aldehyde, Methylalkohol und Essigester ab.
– Vorlauf hat einen brennend scharfen Geruch und Geschmack.
– Die durchschnittliche Menge beträgt 0,5–2 l je 100 l Raubrand.
– Die Abtrennung soll exakt durch Auffangen von einzelnen kleinen Chargen und sensorische Beurteilung erfolgen.
– Der Vorlauf kann nicht zu Genusszwecken verwendet werden.

Mittellauf

– Es ist der eigentliche Trinkbranntwein, das „Herzstück".
– Entscheidend ist ein langsames Brennen, damit alle Geruchs- und Geschmacksstoffe überdestillieren können.
– Das Destillat soll „wie ein Faden" über die Alkoholvorlage abrinnen; der durchschnittliche Alkoholgehalt beträgt je nach Ausgangsprodukt 70–65 Vol.-%.
– Man erhält ca. 25–30 l Mittellauf je 100 l Raubrand.
– Der Alkoholgehalt sinkt mit dem Brennverlauf langsam ab.
– Wichtig ist jetzt der Zeitpunkt der Umstellung auf den Nachlauf.
– Der Übergang auf den Nachlauf erfolgt relativ rasch, daher ist ein gesondertes Auffangen dieser Fraktionen unbedingt notwendig.

Nachlauf

– Die Umstellung erfolgt durch Kosten und mit Hilfe des Alkoholgehalts. Üblicherweise liegt der Nachlaufabtrennzeitpunkt (N-Punkt) bei der Gleichstromdestillation zwischen 75–60 Vol.-%, bei der Gegenstromdestillation je nach Verstärkungsgrad zwischen 85–70 Vol.-%.
– Ein zu spätes Umstellen auf Nachlauf äußert sich durch einen faden, fauligen Geschmack nach Fusel und Fettsäuren, den sogenannten „Blasengeschmack".
– Der Nachlauf wird trüb und färbt sich leicht blau ein.

- Der Nachlauf kann sehr rasch abgetrieben werden.
- Es wird ca. auf 50 Vol.-% Alkohol herunterdestilliert.
- Die Nachlaufmenge beträgt ca. 10–15 l je 100 l Raubrand.

Die Zugabe der gesammelten Nachläufe zum nächsten Feinbrennen soll vermieden werden, da dadurch die negativen Inhaltsstoffe (z. B. Methanol) immer mehr konzentriert werden. Sinnvoller ist es, alle Nachläufe zu sammeln, auf 20 Vol.-% mit Wasser zu verdünnen und mit Aktivkohle zu behandeln. Zum Schluss wird unter reichlicher Vor- und Nachlaufabscheidung nochmals destilliert. In wenigen Fällen erreicht man dadurch ein qualitativ minderwertiges, eher neutrales, aber noch verwertbares Destillat. Meist gelingt die Geschmacksneutralität des Nachlaufes jedoch nicht. Es sollte daher überlegt werden, ob es nicht sinnvoller ist, die Destillation nach dem N-Punkt abzubrechen.

22.5 Lagerung und Trinkfertigmachen

Lagerung des Destillats

Der Mittellauf sollte nach der Destillation noch entsprechend lange gelagert werden. Dadurch verliert er den scharfen und unharmonischen Geschmack und gewinnt an Aroma.
Der Schnaps wird hochprozentig (unverdünnt), kühl und dunkel gelagert. Wärme und etwas Luftzutritt fördern den Reifungsprozess, ein Lichteinfluss soll vermieden werden. Die Lagerdauer sollte je nach Anteil an Nachlaufkomponenten zwischen 2 und 12 Monaten betragen.

Zur Lagerung eignen sich:
- Glasbehälter
- Steingutgefäße
- Edelstahlbehälter
- Holzfässer

§

Weinbrand in Fässern ab 1000 l Inhalt muss mind. 12 Monate, in kleineren Gebinden mind. 6 Monate gelagert werden. Am besten eignet sich Limousin-Eiche mit mittlerer Toastung. Bei Erstbefüllung reichen 3–4 Monate, bei gebrauchten Fässern sind 1–2 Jahre nötig. Zusätze und „Typage" sind nur bei Weinbrand zulässig.
Soll Schnaps durch Holz eine spezielle Note bekommen, so können zur Lagerung kleine Holzfässer z. B. aus Eiche oder Kirschholz verwendet werden. Dadurch verändert sich der Brand in Farbe, Geruch und Geschmack.

Trinkfertigmachen

Das Destillat mit einem Alkoholgehalt von 65–80 Vol.-% soll für den Genuss auf 38–42 Vol.-% verdünnt werden. Dadurch kommen die fruchttypischen Aromen und Geschmacksstoffe am besten zur Geltung. Die optimale Trinkstärke ist bei jedem Destillat durch sensorisches Testen zu ermitteln. Jedes Destillat entfaltet bei einem anderen Alkoholgehalt am besten seine Aromavielfalt. Auch das Mundgefühl variiert je nach Trinkstärke.

§

Gesetzlich ist für österreichischen Qualitätsobstbrand und Gelägerbrand ein Mindestalkoholgehalt von 38 Vol.-%, für österreichischen Qualitätsweinbrand von 36 Vol.-% und für österreichischen Qualitätstresterbrand von 37,5 Vol.-% vorgesehen.
Die Einstellung des Alkoholgehaltes muss genau erfolgen, weil auf dem Etikett der Alkoholgehalt mit ± 0,3 Vol.-% Toleranz angegeben werden muss.

Das Trinkfertigmachen (Mildemachen) erfolgt entweder mit destilliertem oder enthärtetem (kalkfreiem) Wasser. Da sich die Dichte von Alkohol-Wasser-Mischungen mit der Temperatur sehr verändert, muss diese genau berücksichtigt werden.

Vorgang
- Genaue Bestimmung der Destillatmenge in Litern
- Genaue Ermittlung des Alkoholgehaltes mit einer geeichten Alkoholspindel
- Bestimmung der Temperatur des Destillates und entsprechende Berücksichtigung mit Hilfe der Temperaturkorrekturtabelle (siehe auch Kap. 22.8.2).
- Steht keine Temperaturkorrekturtabelle zur Verfügung, muss das Destillat auf die Eichtemperatur der Alkoholspindel eingestellt werden.
- Ermittlung des notwendigen Wasserzusatzes anhand der Verschnitttabelle (nicht durch Mischungsrechnung) (siehe auch Kap. 22.8.1).
- Die errechnete Wassermenge ist mit dem Destillat gut zu durchmischen, wodurch es zu einer Erwärmung des Flüssigkeit kommt.
- Trotz der Verwendung von destilliertem oder enthärtetem Wasser ist eine Trübung nicht auszuschließen.
- Aus Sicherheitsgründen ist die errechnete Wassermenge etwas abzurunden, um nicht unter den gewünschten Alkoholgehalt zu kommen.
- Eine abschließende Alkoholkontrolle ist unbedingt notwendig.

Verdünnungsbeispiel

32 l Traubenbrand
68 Vol.-% scheinbarer Alkoholgehalt bei 10 °C, Verdünnung auf 42 Vol.-% erwünscht. Wie viele Liter destilliertes Wasser müssen zugesetzt werden?
Laut Tabelle beträgt der wahre Alkoholgehalt 71,2 Vol.-%.
Laut Tabelle sind für 100 l Destillat von 71,2 Vol.-% auf 42 Vol.-% 72,2 l Wasser notwendig.
Daher benötigt man für 32 l Traubenbrand: (71,2 × 32) : 100 = 23,1 l dest. H_2O – abgerundet 22 l Wasser.

22.6 Kühlen, Filtration und Füllung

Die auftretende Trübung durch die Verdünnung auf Trinkstärke wird durch die Verschiebung der Löslichkeit verschiedener Inhaltsstoffe, wie z. B. Fuselöle verursacht. Durch eine Kühllagerung des Destillats und eine anschließende Filtration wird die Trübung entfernt.

Vorgang
- Kühllagerung des verdünnten Destillats auf –2 °C bis 2 °C (günstig im Winter) ungefähr 10 Stunden lang; je tiefer die Temperatur, desto kürzer kann die Zeit sein.
- Filtration des Branntweins bei diesen tiefen Temperaturen mit geeignetem Feinfilter.
- Abfüllung des Brandes bei Zimmertemperatur (Schnaps dehnt sich bei Temperaturerhöhung aus) in eine verkaufsfähige Flasche.
- Auf eine entsprechende Ausstattung (Adjustierung) der Flasche ist zu achten.

22.7 Fehler bei der Branntweinerzeugung

Die meisten Fehler sind auf mangelhafte Sorgfalt bei der Erzeugung zurückzuführen und äußern sich hauptsächlich in Form von Geruchsfehlern:
- Verwendung von nicht geeigneten Rohstoffen.

- Fehler beim Einmaischen, ungenügende Sorgfalt bei der Gärführung.
- Zu langes Lagern nach der Gärung.
- Fehler beim Rau- und Feinbrennen.
- Falsches Trinkfertigmachen des Destillats.
- Mangelhafte Sauberkeit.

Eine Fehlerbehandlung sollte schon im Raubrand durchgeführt werden. Verschiedene Fehler wie Faultöne, Essigstich, Acroleinstich, Steingeschmack, Vorlauffehler, Trübung und schweflige Säure sind, wenn überhaupt, meist nur schwer zu entfernen und bringen keine qualitativ hochwertigen Brände hervor.

Chemische, analytische und sensorische Anforderungen §

Diese sind für jedes einzelne Produkt, wie z. B. Weinbrand, Weinbrandverschnitt, Qualitätsfruchtbrand, im österreichischen Lebensmittelbuch (Codex, Kapitel B 23 „Spirituosen") definiert.
Die richtige Bezeichnung der Schnäpse laut Lebensmittelkennzeichnungsverordnung und Abfindungsanmeldung ist wichtig.

Trinkkultur

Man sollte nicht den Fehler begehen, Destillate zu kalt zu trinken. Ein fehlerfreier, sauberer Brand kann durchaus bei 15–17 °C in einem geeigneten Glas genossen werden. Dadurch kommt das Aroma, der Geschmack und der Charakter des Schnapses voll zur Geltung.

Abb. 144
Destillationsvorlage.

Abb. 145
Schnapsgläser.

22.8 Tabellen und Abfindungsanmeldung

22.8.1 Mischtabelle zur Herstellung schwächerer Branntweine aus alkoholreicheren durch Wasserzusatz

Alkoholgehalt des stärkeren Branntweines in Raumprozent	Gewünschter Alkoholgehalt des verdünnten Branntweines in Raumprozent								
	35	36	37	38	39	40	41	42	43
	Liter Wasser, die auf 100 Liter Branntwein mit dem nebenstehenden Alkoholgehalt zuzusetzen sind, um ihn auf oben stehenden Alkoholgehalt zu verdünnen								
80	132,8	126,4	120,4	114,6	109,2	104,0	99,1	94,3	89,7
78	126,8	120,5	114,7	109,1	103,7	98,7	93,9	89,2	84,8
76	120,8	114,7	109,0	103,5	98,3	93,4	88,7	84,2	79,9
74	114,8	108,8	103,3	97,9	92,9	88,1	83,5	79,2	74,9
72	108,8	103,0	97,6	92,4	87,5	82,9	78,4	74,2	70,0
70	102,8	97,2	91,8	86,8	82,1	77,6	73,2	69,1	65,1
69	99,8	94,3	89,1	84,1	79,4	75,0	70,7	66,6	62,7
68	96,8	91,4	86,2	81,3	76,7	72,3	68,1	64,1	60,2
67	93,8	88,5	83,4	78,6	74,0	69,7	65,5	61,6	57,8
66	90,9	85,6	80,6	75,9	71,4	67,1	63,0	59,1	55,4
65	87,9	82,7	77,8	73,1	68,7	64,5	60,4	56,6	52,9
64	84,9	79,8	75,0	70,3	66,0	61,9	57,8	54,1	50,4
63	81,9	76,9	72,2	67,6	63,3	59,3	55,3	51,6	48,0
62	79,0	74,0	69,4	64,9	60,7	56,7	52,8	49,2	45,6
61	76,0	71,1	66,5	62,1	58,0	54,1	50,2	46,7	43,1
60	73,0	68,2	63,7	59,4	55,3	51,5	47,7	44,2	40,7
59	70,1	65,4	60,9	56,7	52,7	48,9	45,2	41,7	38,3
58	67,1	62,5	58,1	53,9	50,0	46,3	42,6	39,2	35,9
57	64,1	59,6	55,3	51,2	47,3	43,7	40,1	36,7	33,5
56	61,2	56,7	52,5	48,5	44,7	41,1	37,6	34,3	31,1
55	58,2	53,8	49,7	45,8	42,0	38,4	35,0	31,8	28,7
54	55,2	50,9	46,9	43,0	39,3	35,8	32,5	29,3	26,3
53	52,3	48,0	44,1	40,3	36,7	33,2	30,0	26,8	23,9
52	49,4	45,2	41,3	37,6	34,1	30,7	27,5	24,4	21,5
51	46,4	42,3	38,5	34,9	31,4	28,1	24,9	21,9	19,1
50	43,5	39,5	35,7	32,2	28,8	25,5	22,4	19,5	16,7
49	40,6	36,7	33,0	29,5	26,2	23,0	19,9	17,1	14,3
48	37,6	33,8	30,2	26,8	23,5	20,4	17,4	14,6	11,9
47	34,7	31,0	27,4	24,1	20,9	17,8	14,9	12,1	9,5
46	31,8	28,2	24,7	21,4	18,3	15,3	12,4	9,7	7,1
45	28,9	25,3	22,0	18,7	15,7	12,7	9,9	7,3	4,7
44	26,0	22,4	19,2	16,0	13,0	10,1	7,4	4,9	2,4
43	23,1	19,6	16,4	13,3	10,4	7,6	5,0	2,5	
42	20,2	16,8	13,7	10,7	7,8	5,1	2,6		
41	17,3	14,0	10,9	8,0	5,1	2,6			
40	14,4	11,2	8,2	5,3	2,6				
39	11,5	8,4	5,5	2,7					
38	8,6	5,6	2,8						
37	5,7	2,8							
36	2,9								

Alkoholgehalt des stärkeren Branntweines in Raumprozent	Gewünschter Alkoholgehalt des verdünnten Branntweines in Raumprozent								
	44	**45**	**46**	**47**	**48**	**49**	**50**	**51**	**52**
	Liter Wasser, die auf 100 Liter Branntwein mit dem nebenstehenden Alkoholgehalt zuzusetzen sind, um ihn auf oben stehenden Alkoholgehalt zu verdünnen								
80	85,5	81,3	77,4	73,5	70,0	66,4	63,1	59,9	56,7
79	83,1	79,0	75,1	71,3	67,8	64,3	61,0	57,8	54,7
78	80,6	76,6	72,8	69,0	65,5	62,1	58,8	55,7	52,6
77	78,2	74,2	70,5	66,7	63,3	59,9	56,7	53,6	50,6
76	75,8	71,9	68,2	64,5	61,1	57,8	54,6	51,5	48,6
75	73,4	69,5	65,9	62,2	58,9	55,6	52,4	49,4	46,5
74	71,0	67,1	63,6	60,0	56,7	53,4	50,3	47,3	44,4
73	68,6	64,8	61,3	57,7	54,5	51,2	48,2	45,2	42,4
72	66,2	62,5	59,0	55,5	52,3	49,1	46,1	43,2	40,4
71	63,8	60,1	56,7	53,2	50,0	46,9	43,9	41,1	38,3
70	61,4	57,7	54,4	50,9	47,8	44,7	41,8	39,0	36,2
69	59,0	55,4	52,1	48,7	45,6	42,6	39,7	36,9	34,2
68	56,6	53,0	49,8	46,5	43,4	40,4	37,6	34,8	32,2
67	54,2	50,7	47,5	44,2	41,2	38,3	35,5	32,8	30,2
66	51,9	48,4	45,2	42,0	39,0	36,2	33,4	30,8	28,2
65	49,5	46,1	42,9	39,8	36,8	34,0	31,3	28,7	26,1
64	47,1	43,7	40,6	37,5	34,6	31,8	29,2	26,6	24,1
63	44,7	41,4	38,3	35,3	32,4	29,7	27,1	24,5	22,0
62	42,3	39,1	36,1	33,1	30,3	27,6	25,0	22,5	20,0
61	39,9	36,8	33,8	30,8	28,1	25,4	22,9	20,4	18,0
60	37,5	34,5	31,5	28,6	25,9	23,3	20,8	18,3	16,0
59	35,2	32,2	29,3	26,4	23,8	21,2	18,7	16,3	14,0
58	32,8	29,8	27,0	24,2	21,6	19,0	16,6	14,2	12,0
57	30,4	27,5	24,7	22,0	19,4	16,9	14,5	12,2	10,0
56	28,1	25,2	22,5	19,8	17,2	14,8	12,4	10,2	8,0
55	25,7	22,9	20,2	17,5	15,1	12,6	10,3	8,1	6,0
54	23,3	20,6	17,9	15,3	12,9	10,5	8,2	6,1	4,0
53	21,0	18,3	15,6	13,1	10,7	8,4	6,2	4,1	2,0
52	18,7	16,0	13,4	10,9	8,6	6,3	4,2	2,0	
51	16,3	13,7	11,1	8,7	6,4	4,3	2 1		
50	14,0	11,4	8,9	6,5	4,3	2,2			
49	11,7	9,1	6,7	4,4	2,2				
48	9,3	6,8	4,5	2,2					
47	7,0	4,5	2,3						
46	4,7	2,3							
45	2,3								

22.8.2 Tabelle zur Bestimmung des wirklichen Alkoholgehalts in Volumenprozenten für Alkoholometer mit 20 °C Eichtemperatur

(Volumenkonzentration bei 20 °C)

Abgelesene Grade am Alkoholometer	Temperaturgrade nach Celsius									
	5	6	7	8	9	10	11	12	13	14
35	41,1	40,7	40,3	39,9	39,5	39,1	38,7	38,3	37,9	37,4
36	42,1	41,7	41,3	40,9	40,5	40,1	39,7	39,3	38,8	38,4
37	43,1	42,7	42,3	41,9	41,5	41,1	40,6	40,2	39,8	39,4
38	44,0	43,6	43,2	42,8	42,4	42,0	41,6	41,2	40,8	40,4
39	45,0	44,6	44,2	43,8	43,4	43,0	42,6	42,2	41,8	41,4
40	45,9	45,5	45,1	44,8	44,4	44,0	43,6	43,2	42,8	42,4
41	46,9	46,5	46,1	45,7	45,3	44,9	44,5	44,2	43,8	43,4
42	47,8	47,4	47,1	46,7	46,3	45,9	45,5	45,1	44,7	44,4
43	48,8	48,4	48,0	47,6	47,3	46,9	46,5	46,1	45,7	45,3
44	49,7	49,3	49,0	48,6	48,2	47,8	47,5	47,1	46,7	46,3
45	50,7	50,3	49,9	49,6	49,2	48,8	48,4	48,1	47,7	47,3
46	51,6	51,3	50,9	50,5	50,2	49,8	49,4	49,0	48,7	48,3
47	52,6	52,2	51,8	51,5	51,1	50,7	50,4	50,0	49,6	49,3
48	53,5	53,2	52,8	52,4	52,1	51,7	51,4	51,0	50,6	50,2
49	54,5	54,1	53,8	53,4	53,1	52,7	52,3	52,0	51,6	51,2
50	55,4	55,1	54,7	54,4	54,0	53,7	53,3	52,9	52,6	52,2
51	56,4	56,1	55,7	55,3	55,0	54,6	54,3	53,9	53,6	53,2
52	57,4	57,0	56,7	56,3	56,0	55,6	55,3	54,9	54,5	54,2
53	58,3	58,0	57,6	57,3	56,9	56,6	56,2	55,9	55,5	55,2
54	59,3	58,9	58,6	58,3	57,9	57,6	57,2	56,9	56,5	56,1
55	60,2	59,9	59,6	59,2	58,9	58,5	58,2	57,8	57,5	57,1
56	61,2	60,9	60,5	60,2	59,9	59,4	59,2	58,8	58,5	58,1
57	62,2	61,8	61,5	61,2	60,8	60,5	60,1	59,8	59,5	59,1
58	63,1	62,8	62,5	62,1	61,8	61,5	61,1	60,8	60,4	60,1
59	64,1	63,8	63,4	63,1	62,8	62,4	62,1	61,8	61,4	61,1
60	65,1	64,7	64,4	64,1	63,8	63,4	63,1	62,7	62,4	62,1
61	66,0	65,7	65,4	65,1	64,7	64,4	64,1	63,7	63,4	63,1
62	67,0	66,7	66,4	66,0	65,7	65,4	65,0	64,7	64,4	64,0
63	68,0	67,7	67,3	67,0	66,7	66,3	66,0	65,7	65,4	65,0
64	68,9	68,6	68,3	68,0	67,7	67,3	67,0	66,7	66,3	66,0
65	69,9	69,6	69,3	68,9	68,6	68,3	68,0	67,7	67,3	67,0
66	70,9	70,6	70,2	69,9	69,6	69,3	69,0	68,6	68,3	68,0
67	71,8	71,5	71,2	70,9	70,6	70,3	69,9	69,6	69,3	69,0
68	72,8	72,5	72,2	71,9	71,5	71,2	70,9	70,6	70,3	70,0
69	73,8	73,5	73,1	72,8	72,5	72,2	71,9	71,6	71,3	70,9
70	74,7	74,4	74,1	73,8	73,5	73,2	72,9	72,6	72,2	71,9

Temperaturgrade nach Celsius										
15	**16**	**17**	**18**	**19**	**20**	**21**	**22**	**23**	**24**	**25**
37,0	36,6	36,2	35,8	35,4	35,0	34,6	34,2	33,8	33,4	33,0
38,0	37,6	37,2	36,8	36,4	36,0	35,6	35,2	34,8	34,4	34,0
39,0	38,6	38,2	37,8	37,4	37,0	36,6	36,2	35,8	35,4	35,0
40,0	39,6	39,2	38,8	38,4	38,0	37,6	37,2	36,8	36,4	36,0
41,0	40,6	40,2	39,8	39,4	39,0	38,6	38,2	37,8	37,4	37,0
42,0	41,6	41,2	40,8	40,4	40,0	39,6	39,2	38,8	38,4	38,0
43,0	42,6	42,2	41,8	41,4	41,0	40,6	40,2	39,8	39,4	39,0
44,0	43,6	43,2	42,8	42,4	42,0	41,6	41,2	40,8	40,4	40,0
44,9	44,6	44,2	43,8	43,4	43,0	42,6	42,2	41,8	41,4	41,0
45,9	45,5	45,2	44,8	44,4	44,0	43,6	43,2	42,8	42,4	42,0
46,9	46,5	46,2	45,8	45,4	45,0	44,6	44,2	44,8	44,4	43,1
47,9	47,5	47,1	46,8	46,4	46,0	45,6	45,2	44,8	44,5	44,1
48,9	48,5	48,1	47,8	47,4	47,0	46,6	46,2	45,9	45,5	45,1
49,9	49,5	49,1	48,8	48,4	48,0	47,6	47,2	46,9	46,5	46,1
50,9	50,5	50,1	49,7	49,4	49,0	48,6	48,2	47,9	47,5	47,1
51,8	51,5	51,1	50,7	50,4	50,0	49,6	49,3	48,9	48,5	48,1
52,8	52,5	52,1	51,7	51,4	51,0	50,6	50,3	49,9	49,5	49,1
53,8	53,5	53,1	52,7	52,4	52,0	51,6	51,3	50,9	50,5	50,2
54,8	54,4	54,1	53,7	53,4	53,0	52,6	52,3	51,9	51,5	51,2
55,8	55,4	55,1	54,7	54,4	54,0	53,6	53,3	52,9	52,5	52,2
56,8	56,4	56,1	55,7	55,4	55,0	54,6	54,3	53,9	53,6	53,2
57,8	57,4	57,1	56,7	56,4	56,0	55,6	55,3	54,9	54,6	54,2
58,8	58,4	58,1	57,7	57,4	57,0	56,6	56,3	55,9	55,6	55,2
59,7	59,4	59,1	58,7	58,4	58,0	57,6	57,3	56,9	56,6	56,2
60,7	60,4	60,0	59,7	59,3	59,0	58,6	58,3	57,9	57,6	57,2
61,7	61,4	61,0	60,7	60,3	60,0	59,7	59,3	58,9	58,6	58,2
62,7	62,4	62,0	61,7	61,3	61,0	60,7	60,3	60,0	59,6	59,3
63,7	63,4	63,0	62,7	62,3	62,0	61,7	61,3	61,0	60,6	60,3
64,7	64,4	64,0	63,7	63,3	63,0	62,7	62,3	62,0	61,6	61,3
65,7	65,3	65,0	64,7	64,3	64,0	63,7	63,3	63,0	62,6	62,3
66,7	66,3	66,0	65,7	65,3	65,0	64,7	64,3	64,0	63,6	63,3
67,7	67,3	67,0	66,7	66,3	66,0	65,7	65,3	65,0	64,6	64,3
68,6	68,3	68,0	67,7	67,3	67,0	66,7	66,3	66,0	65,7	65,3
69,6	69,3	69,0	68,7	68,3	68,0	67,7	67,3	67,0	66,7	66,3
70,6	70,3	70,0	69,7	69,3	69,0	68,7	68,3	68,0	67,7	67,3
71,6	71,3	71,0	70,6	70,3	70,0	69,7	69,3	69,0	68,7	68,4

22.8.3 Abfindungsanmeldung

Lokales Speichern | Importieren von Formulardaten

Nr. /

Zutreffendes bitte ankreuzen!

An das Zollamt

ZOLLAMT EINGANG

Anmeldung zur Alkoholherstellung gemäß § 62 Alkoholsteuergesetz (AlkStG)

1. Angaben zur Person der oder des Abfindungsberechtigten

Nachname	Vorname	Versicherungsnummer	Geburtsdatum (TTMMJJ)
Vulgo	E-Mail	Telefon (tagsüber erreichbar)	
Als Verantwortliche(r) für (Firma, Schule, Verein)			
Ordentlicher Wohnsitz, Sitz Postleitzahl	Ort	Straße/Gasse/Platz, Hausnummer	
Ort der Alkoholherstellung Postleitzahl	Ort	Straße/Gasse/Platz, Hausnummer	

2. Angaben über das einfache Brenngerät

EigentümerIn des Brenngerätes Nachname	Vorname		
E-Mail	Telefon (tagsüber erreichbar)		
Als Verantwortliche(r) für (Firma, Schule, Verein)			
Ordentlicher Wohnsitz, Sitz Postleitzahl	Ort	Straße/Gasse/Platz, Hausnummer	
Rauminhalt der Brennblase in Liter	Füllraum der Brennblase in Liter	Konstante A	Konstante B

3. Angaben über die beantragte Alkoholherstellung

Zu verarbeitende Stoffe	Maische-menge in hl	Ausbeute-satz in %	Alkohol-menge l A	Vorratsgefäße laut Überwachungsbuch			
				Stk.	Bezeichnung	Rauminhalt pro Behältnis	laufende Nr.

Summe ____ **Summe** ____

Die angegebenen Stoffe sind selbst gewonnen und enthalten keine Zusätze, die die Alkoholausbeute erhöhen.
Ich habe die wild wachsenden Beeren und Wurzeln selbst gesammelt oder in meinem Auftrag sammeln lassen.

VSt 4-PDF Bundesministerium für Finanzen

VSt 4, Seite 1, Version vom 24.03.2014

BMF BUNDESMINISTERIUM FÜR FINANZEN www.bmf.gv.at

Abb. 146
Muster einer Abfindungsanmeldung.

4. Angaben zum Brennrecht

☐ Ich bin InhaberIn eines 300-Liter-Brennrechtes

☐ Ich bin InhaberIn eines 300-Liter-Brennrechtes mit Zukaufsrecht

☐ Ich bin InhaberIn eines Getreidebrennrechtes

☐ Ich bin InhaberIn eines Halmrübenbrennrechtes

5. Angaben über die steuerfreie Hausbrandmenge

☐ Ich bin LandwirtIn und bestreite aus der Bewirtschaftung des land- und forstwirtschaftlichen Betriebes zu einem erheblichen Teil meinen und den Lebensunterhalt meiner Familie.

☐ Ich beanspruche eine steuerfreie Hausbrandmenge.

☐ Ich beanspruche zusätzlich eine steuerfreie Hausbrandmenge für folgende Haushaltsangehörige:

Zuname	Vorname	Versicherungsnummer	Geburtsdatum (TTMMJJ)

Haushaltsangehörige (vollendetes 19. Lebensjahr!) gemäß § 70 Alkoholsteuergesetz sind:

1. andere Angehörige als Ehegattin oder als Ehegatten, die die Voraussetzungen für Dienstnehmer erfüllen oder für deren Rechnung der land- und forstwirtschaftliche Betrieb geführt wird,
2. Dienstnehmer, die ohne Unterbrechung mindestens 6 Monate im land- und forstwirtschaftlichen Betrieb hauptberuflich beschäftigt sind,
3. Personen, denen der Abfindungsberechtigte aufgrund eines land- und forstwirtschaftlichen Ausgedingevertrages freie Verköstigung zu leisten hat,

wenn sie mit der oder dem Abfindungsberechtigten am Sitz des land- und forstwirtschaftlichen Betriebes im gemeinsamen Haushalt leben und nicht zur Herstellung von Alkohol unter Abfindung zugelassen sind.

Die aktuellen Unterlagen zum Nachweis meiner Angaben

☐ liegen beim Zollamt auf.

☐ werden bei Bedarf nachgereicht.

☐ liegen dem Antrag bei.

Datum und Unterschrift der oder des Abfindungsberechtigten

23 Rechtliche Bestimmungen

- Welche Erzeugnisse umfasst die Europäische Agrarmarktordnung?
- Was wird durch das Österreichische Weingesetz geregelt?
- Welche Unterschiede gibt es zu Weinen aus biologischem Anbau?
- Was regeln die einzelnen Buschenschankgesetze der Bundesländer?

23.1 bis 23.7 Weinproduktion
23.8 Steuerliche Bestimmungen
23.9 Kellerwirtschaftliche Aufzeichnungen
23.10 Buschenschankgesetz

Durch den Beitritt zur Europäischen Union hat sich die weinrechtliche Situation geändert. Neu ist „Wein ohne geschützte Ursprungsbezeichnung oder geografische Angabe" der den Begriff Tafelwein ersetzt. Wahlweise darf auch Rebsorte oder Jahrgang angegeben werden, sofern bestimmte Qualitätskriterien eingehalten werden. Waren bis 1995 das österreichische Weingesetz und die Verordnungen des Bundesministeriums für Land- und Forstwirtschaft maßgeblich, so kommt jetzt dem EG-Recht gegenüber dem österreichischen Recht der Vorrang zu. Bei einem etwaigen Widerspruch zwischen EG-Recht und innerstaatlichem Recht ist Letzteres von den heimischen Behörden nicht anzuwenden. Auf dem Weinsektor hat die EU mittlerweile durch zahlreiche Verordnungen das Weinrecht in den Mitgliedsstaaten harmonisiert. Für innerstaatliche Sondervorschriften besteht daher nur ein knapper Spielraum, für Wein ohne geschützte Ursprungsangabe sind sie nicht möglich.

Herkunftslandprinzip

Zusätzlich gilt das Herkunftslandprinzip: Entspricht das Produkt den Bestimmungen des Erzeugerstaates, so ist es im Bestimmungsland als verkehrsfähig anzusehen, auch wenn die inländischen Regelungen abweichen.

Bestimmungen, die das Inverkehrbringen von österreichischem Wein betreffen, sind in mehreren Gesetzeswerken zu finden.

23.1 Weingesetz
23.2 EU-Verordnungen
23.3 Lebensmittelgesetz
23.4 Lebensmittelbuch
23.5 Lebensmittelhygieneverordnung
23.6 Erläuterungen zum Weingesetz
23.7 Wein aus biologischem Anbau

23.1 Weingesetz

Das **österreichische Weingesetz 2009 (WeinG)** regelt das Inverkehrbringen von Wein nur in dem Umfang, als nicht ohnehin Vorschriften der EG, insbesondere EG-Verordnungen, vorliegen. Auf diese wird auch im Einzelnen verwiesen. Von der Regelung durch das Weingesetz werden ausdrücklich ausgenommen: Traubensaft, konzentrierter Traubensaft und Weinessig. Diese sind durch das Lebensmittelgesetz 1975 geregelt. Ausschließlich im österreichischen Weingesetz geregelt sind, da diesbezügliche EG-Verordnungen fehlen: Obstwein, weinhaltige Getränke, entalkoholisierter und alkoholarmer Wein.

EU-Verordnungen

23.2 EU-Verordnungen

Von den EU-Verordnungen stellt die Europäische Agrarmaktordnung 1308/2013 die Grundlage dar, in der die frühere Weinmarktordnung aufgegangen ist. Mit der Durchführungsverordnung 606/2009 zur EU-VO 479/2008 sind nun alle Regelwerke vorhanden. Sie enthalten unter anderem Bestimmungen über önologische Verfahren und Behandlungen, Bezeichnungen, Aufmachung und Schutz und definieren die einzelnen Erzeugnisse.

23.3 Lebensmittelsicherheits- und Verbraucherschutzgesetz

Neben den beiden vorher genannten Rechtsgrundlagen ist in einigen Bereichen das seit 2006 neue **Lebensmittelsicherheits- und Verbraucherschutzgesetz** bestimmend. Es vereint sowohl das alte Lebensmittelgesetz als auch die Regelungen des Lebensmittelkodex und der HygieneVO und verweist auf die relevanten EU-Bestimmungen. Es regelt die Grundsätze und Anforderungen an Lebensmittel, Wasser für den menschlichen Gebrauch, Gebrauchsgegenstände und kosmetische Mittel. **LMSVG**

Unternehmer haben bestimmte Richtlinien zur Gewährleistung der Produktsicherheit gegenüber dem Konsumenten zu erstellen und einzuhalten **(HACCP-Konzept)** sowie auf der jeweiligen Produktions-, Verarbeitungs- und Vertriebsstufe die **Rückverfolgbarkeit** sicherzustellen.

Das **österreichische Lebensmittelbuch** (Codex Alimentarius Austriacus, **„Codex"**) legt die Richtlinien für Herstellung und Begutachtung von Lebensmitteln fest. Es gilt als ein objektiviertes Sachverständigengutachten und gliedert sich in den allgemeinen (Kapitel A1–A9) und besonderen Teil (Kapitel B 1–34) der die Inhaltsstoffe der Produkte genau definiert, wie z. B. Destillate oder Traubensaft. **ÖLMB**

23.4 Das Österreichische Weingesetz 2009

Das Weingesetz ist in sechs Teile gegliedert, wobei vorweg im § 1 der Anwendungsbereich in Bezug auf die EU-Verordnungen angeführt ist.

1. Teil Herstellung und Verkehrsfähigkeit

In § 2 ist das **„Inverkehrbringen"** definiert, darunter wird das Gewinnen, Herstellen, Behandeln, Lagern, Abfüllen, Verpacken, Bezeichnen, Ankündigen, Feilhalten, Verkaufen, Befördern, Werben, Ein- und Ausführen, sowie jedes Überlassen an andere verstanden, **sofern es zu Erwerbszwecken oder für Zwecke der Gemeinschaftversorgung geschieht**. **Inverkehrbringen**

Des Weiteren erfolgen einige Definitionen, darunter auch für weinhaltige Getränke, entalkoholisierten Wein und alkoholarmen Wein.

In § 3 bis 5 wird auf die entsprechenden EU-Vorschriften in Bezug auf **önologische Verfahren und Behandlungen** und **Alkoholerhöhung** (Anreicherung) verwiesen. Festgelegt ist hier die in Österreich gültige Grenze für die Anreicherung von Qualitätswein: Weißwein auf max. 13,5 Vol.-%, Rotwein max. 14,5 Vol.-% Gesamtalkoholgehalt. **Weinbehandlung**

§ 5 verweist auf die Süßung (Restzuckerverleihung) laut EG-Recht: bis zu 4 Vol.-% (68 g/l). Österr. Qualitäts- und Landwein darf mit max. 15 g/l gesüßt werden.

§ 7: **Traubenmost** und **Sturm** dürfen zwischen 1. August und 31. Dezember des Erntejahres in Verkehr gebracht werden.

§ 8: **Wein ohne geschützte Ursprungsbezeichnung** oder geografische Angabe (früher Tafelwein) ist in der Europäischen Agrarmarktordnung 1308/2013 definiert. Die Angabe von Sorte oder Jahrgang ist nun möglich. Dann müssen aber höhere Anforderungen, dem Landwein vergleichbar, erfüllt werden: Fehlerfreiheit, Hektarhöchstmenge, Gesamtsäure 4 g/l, keine Sorte mit geografischer Angabe. **Qualitätsstufen**

§ 9 **Landwein:** Dieser Name wird in Österreich statt der in der EU-Verordnung vorgesehenen Bezeichnung „Wein mit geschützter geografischer Angabe" (g.g.A.)

beibehalten. Wein darf unter der Bezeichnung „Landwein" in Verkehr gebracht werden, wenn er mind. 14 °KMW aufgewiesen hat, aus Qualitätsweinrebsorten bereitet wurde und die typische Eigenart aufweist, aus einer einzigen Weinbauregion stammt und fehlerfrei ist.

§ 10 **Qualitätswein:** Diese Bezeichnung ersetzt das in der Marktordnung vorgesehene „Wein mit geschützter Ursprungsbezeichnung" (g.U.). Herkunft und Mindestwerte (15 °KMW, Trauben aus einem Weinbaugebiet) sind hier wie auch die Anforderungen für „Kabinett" definiert.

Auch auf die Regelungen für DAC in § 34 wird hier verwiesen.

§ 11 **Prädikatswein:** siehe Kapitel 9

§ 14 regelt die Herstellung von entalkoholisiertem und alkoholarmem Wein.

§ 16–18 definieren **Versuchswein** und Großversuch sowie gesundheitsschädliche, verfälschte, nachgemachte und verkehrsunfähige Erzeugnisse.

§ 19–28 regeln **Bezeichnung und Aufmachung**, sie dürfen nicht zur Irreführung des Konsumenten führen.

Herkunft

Die wichtigen Bestimmungen über die **geografischen Angaben** sind in § 21 festgelegt. Wein der ausschließlich aus inländischen Trauben und in Österreich hergestellt wurde, muss mit einer Bezeichnung (Österreich etc.) auf die Herkunft hinweisen, nähere Angaben sind nur ab „Qualitätswein" erlaubt.

Diese können sein:
- Weinbauregionen
- Weinbaugebiete (bestimmte Anbaugebiete, „b. A.")
- Großlagen
- Gemeinden (Gemeindeteile)
- Rieden oder Weinbaufluren in Verbindung mit dem Namen der Gemeinde

Die Bundesländer NÖ und Burgenland, in denen die einzelnen Weinbaugebiete liegen, gelten auch selbst als eigenes Weinbaugebiet. Dies hat den Vorteil, dass Weinverschnitte aus mehreren Gebieten die Bezeichnung nicht verlieren.

„Weinland", „Bergland"

Es gibt nun 3 Weinbauregionen: „Weinland" (Burgenland, Niederösterreich und Wien) „Bergland" (Kärnten, Oberösterreich, Salzburg, Tirol, Vorarlberg), Steirerland (Steiermark).

Sonstige Vorschriften

§ 23 legt die **Hektarhöchstmengen** für Prädikats-, Qualitäts- oder Landwein mit 9000 kg Trauben oder 6750 l Wein fest, sofern nicht jahrgangsmäßig vom BMLF eine Ausnahmeregelung getroffen wird. Die **staatliche Prüfnummer** ist dazu bestimmt, österreichischen Qualitätswein, Prädikatswein, zu kennzeichnen, im § 25 ist das Verfahren dafür geregelt. Laut § 29 hat jeder Erzeuger von Trauben, aus denen Wein gewonnen wurde, zum 30. November die **Ernte- und Erzeugungsmeldung** und zum 31. August die vorhandene Menge an Wein **(Bestandsmeldung)** spätestens 2 Wochen später zu melden. Im Inland in Flaschen abgefüllter Qualitätswein muss mit einer Banderole versehen sein (§ 30). §§ 31–34 behandeln die Führung des Kellerbuches, Aufbewahrung von Stoffen, weinhaltige Getränke.

2. Teil

In den §§ 35–45 sind das Inverkehrbringen und die Bezeichnung von Obstwein komplett geregelt. (Entsprechende EG-Vorschriften sind nicht vorhanden.)

Weinkontrolle

3. Teil

§ § 46–56 definieren die Aufgabe der Bundeskellereiinspektion und den Personenkreis, Nachschau, Probenentnahme, Beschlagnahme und deren Folgen, Untersuchung von Proben und Entschädigung sowie die Aufgaben der Untersuchungsanstalten.

4. Teil

Verstöße gegen das Weingesetz werden mit Strafe bedroht. In diesem Teil werden **gerichtlich strafbare Handlungen, Verwaltungsübertretungen** und die rechtlichen Konsequenzen definiert.

Strafbestimmungen

5.–6. Teil

Förderung der Weinwirtschaft, Datenverkehr- und Gebührenbefreiung sowie Übergangsbestimmungen:

Übergangsregelung

Vermarktete oder etikettierte Weine, die den 31. Juli 2009 geltenden Bestimmungen entsprachen, dürfen bis zur Erschöpfung der Bestände bis 31. Dezember 2010 in Verkehr gebracht werden.

23.5 Wein aus biologischem Anbau

Die Kontrolle zur Einhaltung der biologischen Produktionsstandards wird durch die Verordnungen VO (EG) 834/2007 bzw. VO (EG) 889/2008 geregelt. Im August 2012 trat die „Europäische Durchführungsverordnung zur ökologischen Weinbereitung" (203/2012) in Kraft, die nun auch die Verarbeitung von Trauben aus biologischem Weinbau berücksichtigt. Der Einsatz von önologischen Produkten bei Biowein ist in der VO (EG) 834/2007 (Bio-Verordnung) und im Österreichischen Lebensmittelbuch im Codexkapitel A8 geregelt.

- Ca. die Hälfte aller Zusatzstoffe und Methoden, die bei der konventionellen Weinbereitung erlaubt sind, sind auch bei der biologischen Weinproduktion zugelassen.
- Alle Zusatzstoffe natürlicher Herkunft sind erlaubt, während potenziell gefährliche, nichtessentielle und synthetische Stoffe verboten oder, wenn keine Alternativen bestehen, nur bedingt erlaubt sind." Der Grenzwert an SO_2 für alle Weinarten (rot, weiß und rosé), deren Restzuckergehalt unter 2 g/l (Summe aus Glukose und Fruktose) liegt, liegt um 50 mg/l tiefer als beim konventionellen Wein.
- Für alle anderen Weine liegt der SO_2-Grenzwert 30 mg/l tiefer.
- Energieintensive physikalische Verfahren, die in Bezug auf die tatsächliche Beschaffenheit des Weines irreführen, sind verboten. Verboten sind deshalb die teilweise Konzentrierung durch Kälte, die teilweise Entalkoholisierung, die Entschwefelung durch physikalische Verfahren, die Behandlung durch Elektrodialyse und die Behandlung mit Kationenaustauschern.
- Außerdem sind bestimmte Verfahren nur bedingt erlaubt, so darf die thermische Behandlung 70 °C nicht übersteigen.
- Bei der Filtration darf die Rückhalterate nicht unter 0,2 µm liegen (Ultra- und Nano-Filtrierung sind nicht erlaubt)."

Interessensverbände für Bioprodukte (z. B. „BIO-Austria") haben eigene Produktionsrichtlinien erstellt, an die sich die Mitglieder halten müssen. Die speziellen Regelungen können verschiedene Bereiche betreffen, wie z. B. Anreicherung, Art der Entsäuerung, erlaubte Behandlungsmittel und Behälter.

23.6 Steuerliche Bestimmungen

Die wichtigsten Bestimmungen für den Weinverkauf betreffen die Mehrwertsteuer, da keine Getränkesteuer mehr zu entrichten ist.

Mehrwertsteuer Das Bundesgesetz über die Mehrwertsteuer ist seit 1. 1. 1973 in Kraft, die letzte Novellierung gilt seit 1. 1. 2016. Sie stellt eine sogenannte kostenneutrale Umsatzbesteuerung dar. Beim buchführenden Landwirt errechnet sich die abzuführende Mehrwertsteuer aus den Aufzeichnungen der Buchführung. Beim nichtbuchführenden (pauschalierten) Landwirt beträgt der Vorsteuerabzug pauschal 10 %. Für Betriebe, die beim Verkauf von weinbaulichen Produkten den 13%igen Steuersatz verwenden, ergibt sich gegenüber dem Finanzamt keine Zahllast, da Vorsteuer und Mehrwertsteuer jeweils 13 % betragen.

Steuersatz 10 %
Anzuwenden bei: Weintrauben, Maische, Most, Sturm, Speisen (Buschenschank) und Lebensmitteln (Bauernmarkt)

Steuersatz 13 %
Anzuwenden bei: selbsterzeugtem Wein (sofern nicht im Buschenschank abgesetzt) sowie für den Eigenverbrauch dieses Weines

Steuersatz 20 %
Anzuwenden bei: allen zugekauften Produkten wie Trauben, Maische, Most, Sturm, Wein sowie für im Buschenschank abgesetzten Most; Sturm und Wein eigener Erzeugung, Mineralwasser, Fruchtsäfte u. a.
Bei einem pauschalierten Betrieb entfällt die Umsatzsteuerverrechnung mit dem Finanzamt. Als Bemessungsgrundlage diente früher ein amtlich festgesetzter Eigenverbrauchswert. Heute orientiert sich das Finanzamt am üblichen Fassweinpreis. Dieser liegt derzeit bei 35–50 Cent.
Die Menge des Eigenverbrauches orientiert sich an der jeweiligen betrieblichen Situation und muss plausibel und nachvollziehbar sein.

Anmerkung: Der Eigenverbrauch ist mit dem jeweils zutreffenden Steuersatz zu versteuern (10 %, 13 % bzw. 20 %). Als Bemessungsgrundlage dient ein amtlich festgesetzter Eigenverbrauchswert.

Die Mehrwertsteuer ist jeweils vom Nettobetrag einschließlich aller Abgaben und Steuern zu berechnen. Beträgt der Rechnungsbetrag mehr als 150,– € ist die MWSt. betragsmäßig auszuweisen. Ist der Rechnungsbetrag kleiner als 150,– € muss der enthaltene Mehrwertsteuersatz angegeben werden. Betriebe mit einem letztjährigen Gesamtumsatz von mehr als 22 000,– € zahlen monatlich bis zum 15. des dem Abrechnungszeitraum folgenden übernächsten Kalendermonats die Zahllast an das Finanzamt ein.

23.7 Kellerwirtschaftliche Aufzeichnungen

Kellerbuch Laut § 31 des österreichischen Weingesetzes ist jeder, der Erzeugnisse in Verkehr bringt, verpflichtet, Ein- und Ausgangsbücher zu führen (Kellerbuch). Ebenso sind auch Aufzeichnungen über Laboranalysen zu führen und auch über die Vermittlung von Handelsgeschäften (Sensal).
Die Aufzeichnungen sind so zu führen, dass eine ordnungsgemäße Kontrolle möglich ist, wobei Buchhaltungsunterlagen, wenn sie den obigen Anforderungen entsprechen, dazu verwendet werden können.

Die Verwendung eines der heute zahlreich angebotenen Kellerbuchprogramme am Computer ist nicht nur gesetzlich anerkannt und zeitgemäß, sondern auch arbeits-

und zeitsparend. Neben den notwendigen Mengenaufzeichnungen können damit Rechnungen geschrieben und automatisch verbucht werden, der eigene Bestand ist immer aktualisiert und überschaubar. Die Berechnung der monatlich fälligen Mehrwertsteuer sowie die jährliche Umsatzsteuererklärung bedeuten wenig zusätzlichen Arbeitsaufwand. Je nach Programm gibt es vielfache zusätzliche Nutzungsmöglichkeiten (z. B. Werbeaussendungen anhand der Kundenkartei).

Führt man handschriftliche Aufzeichnungen, so ist die Verwendung des gesetzlich entsprechenden Kellerbuchs vorgeschrieben (roter Ordner, Agrarverlag). Hat man ein Computerprogramm, so sind aktuelle Ausdrucke im Kellerbuchordner abzulegen.

Jährlich am 31. Dezember ist ein Abschluss durchzuführen.
Die Ernte ist bis 30. November des Erntejahres einzutragen;
alle anderen Weinbewegungen sind innerhalb von 40 Tagen aufzuzeichnen.

Transportschein

Beim Transport von Wein und „Weinbauerzeugnissen" sind laut § 34 Weingesetz Begleitpapiere vorgeschrieben. Diese sind unterschiedlich, abhängig ob die Behältergröße über oder unter 60 l liegt. Ausnahmen gibt es für den Traubentransport des Produzenten während der Lese, die Beförderung von Trestern und Weintrub und den Transport zwischen zwei eigenen Betriebsstätten innerhalb einer oder zweier benachbarter Gemeinden.

23.8 Buschenschankbestimmungen

Die Bestimmungen über den Buschenschank sind Landesgesetze, die in den einzelnen Bundesländern unterschiedlich sind.

Als Beispiel soll das **„Niederösterreichische Buschenschankgesetz"** in seinen wichtigsten Bestimmungen dargestellt werden. Es ist seit 1974 in Kraft, wurde zuletzt am 13. März 1997 geändert und beinhaltet 14 Paragrafen.

§ 1 Besitzer von Weingärten und Obstgärten sind berechtigt, nach Maßgabe der Bestimmungen dieses Gesetzes Wein und Obstwein, Trauben- und Obstmost sowie Trauben- und Obstsaft aus eigener Fechsung sowie selbst gebrannte geistige Getränke entgeltlich auszuschenken (Buschenschank, „Heuriger").

§ 2 Ausgeschenkt werden dürfen:
1. Wein, Sturm, Traubenmost und Traubensaft, ausgenommen versetzte Weine.
2. Obstwein (Obstmost), hergestellt durch begonnene oder vollendete alkoholische Gärung des Saftes oder der Maische von frischen Äpfeln, Birnen oder Beerenobst oder einem Gemenge dieser Obstarten sowie Obstsaft aus Äpfeln, Birnen oder Beerenobst.
3. Selbst gebrannte geistige Getränke.

§ 3 1. Den Buschenschank dürfen nur die im § 1 genannten Personen ausüben.
2. Das Recht des Buschenschenkers (gemäß Gewerbeordnung 1994) auf Zukauf von höchstens 1500 l Wein oder 2000 kg Trauben pro Hektar bewirtschafteter Betriebsfläche (Weinbau) und Kalenderjahr wird durch dieses Gesetz nicht berührt.
3. Der Buschenschenker darf heimischen, haltbar gemachten Traubensaft zukaufen. Das Ausmaß des Zukaufs darf jene vergleichbare Menge an Traubennicht übersteigen, die, gemessen an der eigenen Fechsung, nicht für die Erzeugung

von Wein, sonstigen alkoholhaltigen Produkten, Most oder Sturm verwendet wird.
4. Der Zukauf von nicht haltbar gemachtem Traubensaft, Most, Pressobst, Obstsaft oder Obstwein (Obstmost) ist nicht zulässig.

Auszüge aus weiteren Bestimmungen:

- Alle im § 2 genannten Getränke müssen in Niederösterreich erzeugt worden sein.
- Buschenschank darf nur in der Gemeinde der Erzeugungsstätte ausgeübt wer-den.
- Es darf höchstens drei Monate ununterbrochen ausgeschenkt werden; anschließend muss mind. vier Wochen geschlossen werden.
- Der Buschenschenker muss spätestens zwei Wochen vor Beginn des Ausschanks diesen bei der Gemeinde des Ausschankortes anmelden.
- Die Gemeinde kann den Buschenschank jederzeit untersagen.
- Zwischen 24 und 6 Uhr ist der Ausschank und das Verweilen der Gäste in den Ausschankräumen untersagt. Die Halten von Spielen und das Abhalten von Tanzveranstaltungen ist im Buschenschank nicht gestattet.
- Bei der Ausübung des Buschenschankes ist der Ausschank von Mineralwasser, Sodawasser sowie von höchstens zwei Sorten eines alkoholfreien, kohlesäurehaltigen Erfrischungsgetränks zulässig.
- Des Weiteren ist die Verabreichung von kalten Speisen mit Ausnahme von Süßwaren gestattet. An Mehlspeisen dürfen jedoch Grammel- und Schmergebäck, Bauern- und Schmerkrapfen, Prügelkrapfen, Pofesen sowie nach typischen bäuerlichen Rezepten hergestellte Obstkuchen aus eigener Erzeugung verabreicht bzw. verkauft werden.
- Das ortsübliche Buschenschankzeichen müssen und dürfen nur Buschenschenker verwenden.

Im **„Steiermärkischen Buschenschankgesetz“**, das sinngemäß im Wesentlichen gleich ist, werden im Frühjahr 2001 einige Bestimmungen geändert, die dem Schutz des typischen steirischen Buschenschank dienen sollen.

- Buschenschank darf nur in einem Weinbaugebiet ausgeübt werden und hat so zuerfolgen, dass der ursprüngliche Charakter eines bäuerlichen steirischen Buschenschanks gewahrt bleibt. Die Ausübung ist von 8 bis 24 Uhr gestattet.
- Aktive Kellerwirtschaft muss zumindest durch den Weinausbau im eigenen Betrieb erfolgen (kein Gewerbebetrieb).
- Die Bezeichnung „Buschenschank“ ist den Weinbuschenschenkern vorbehalten (ansonsten „Mostbuschenschank“).
- Der Traubenzukauf bei Ernteausfall wird der eigenen Ernte gleichgestellt.
- Alle selbst erzeugten Produkte aus Wein- und Obstgärten können angeboten werden.
- Der Speisenkatalog ist vereinfacht: alles aus bäuerlichen Produkten einschließlich Wein- und Salzgebäck sowie Salzmandeln und Erdnüsse. Keine warmen Speisen mit Ausnahme von gebratenen oder gekochten Edelkastanien.
- Der Zukauf von Getränken ist eingeschränkt auf Fruchtsäfte, Mineralwasser, Sodawasser, Milch und Milchprodukte inländischer Herkunft.

Das **„Wiener Buschenschankgesetz“** verpflichtet zum Ausschank mind. eines nichtalkoholischen Getränks, das nicht teurer sein darf als das billigste kalte alkoholische Getränk und extra ausgezeichnet werden muss, auch ist die Anzahl von kohlensäurehaltigen Getränken unbegrenzt.

In der **Gewerbeordnung 1994** (letzte Novelle 2015) sind die Land- und Forstwirtschaft sowie deren Nebengewerbe definiert.
Ohne Gewerbeberechtigung sind möglich:
- Der **Zukauf** im Umfang von 2000 kg Trauben bzw. 1500 l Wein pro ha bewirtschafteter Betriebsfläche. Davon abweichend ist in der Steiermark ein Zukauf von 3000 kg möglich, wenn die gesamte Menge aus dem Weinbaugebiet stammt, in dem der Zukaufbetrieb liegt.
- **Sekt** aus eigenem Grundwein darf verkauft werden, wenn er von einem gewerblichen Sekterzeuger im Lohnverfahren hergestellt wurde („Hauersekt", siehe auch Kap. 20).
- **Buschenschankbuffet:** Werden andere als die im jeweiligen Landes-Buschenschankgesetz festgelegten Speisen verabreicht, bedarf es keiner Konzessionsprüfung mehr. An Stelle der früheren Buffetkonzession tritt nun ein bloßes Anmeldungsgewerbe ohne Befähigungsnachweis.

Für die jeweils aktuellen gesetzlichen Regelungen ist einerseits für Weinbelange ein Besuch auf der Website www.Bundeskellereiinspektion.at ergiebig, von der sich viele einschlägige Bestimmungen herunterladen lassen.

Für alle anderen gesetzlichen Bestimmungen in Österreich und der EU ist die Website des Rechtsinformationssystems des Bundes ris.bka.gv.at das geeignete Nachschlagewerk.

24 HACCP, Zertifizierung, Betriebshygiene

- Was ist der Zweck des HACCP-Konzepts?
- Welche Gefahrenquellen können beim Wein möglich sein?
- Wie können die kritischen Kontrollpunkte ermittelt werden?
- Wodurch kann für gute Hygiene gesorgt werden?

Seit 2006 fasst das Lebensmittelsicherheits- und Verbraucherschutzgesetz die früheren Regelungen aus Lebensmittelgesetz, Hygieneverordnung und weiteren Gesetzen zusammen. Unternehmer haben bestimmte Richtlinien zur Gewährleistung der Produktsicherheit gegenüber dem Konsumenten zu erstellen und einzuhalten (HACCP-Konzept) sowie auf der jeweiligen Produktions-, Verarbeitungs- und Vertriebsstufe die Rückverfolgbarkeit sicherzustellen.

Was heißt HACCP? Die Abkürzung steht für „Hazard Analysis And Critical Control Points“ und bedeutet wörtlich übersetzt „Gefahrenanalyse und kritische Kontrollpunkte“.
Im Gegensatz zu GHP/GMP (Gute Herstellungspraxis) und Zertifizierungsstandards (wie ISO, IFS, BRC…) deren Regeln darauf abzielen, sowohl ein gutes Produkt in immer gleicher Qualität aufgrund entsprechender Kontrollmechanismen und Regelmöglichkeiten zu gewährleisten, als auch den Weg und den Umgang des Produkts nachvollziehbar zu dokumentieren, geht es bei HACCP einzig darum, anhand bestimmter „kritischer Kontrollpunkte“ (CCP) sicherzustellen, dass für den Endverbraucher keine Gesundheitsgefährdung bei ordnungsgemäßem Gebrauch des Produkts entsteht.

24.1.1 HACCP – Grundsätze

So unterschiedlich die Betriebe auch sind, sind die Schritte zur Errichtung eines HACCP-Systems immer die gleichen und erfolgen nach denselben Grundsätzen:

- **Analyse** der potenziellen Risiken für Lebensmittel in den Prozessen eines Lebensmittelunternehmens
- **Identifizierung** der Punkte in diesen Prozessen, an denen Risiken für Lebensmittel auftreten können
- **Festlegung**, welche dieser Punkte für die Lebensmittelsicherheit kritisch sind – „kritische Punkte“
- **Feststellung und Durchführung** wirksamer Prüf- und Überwachungsverfahren für diese kritischen Punkte und der Prüf- und Überwachungsverfahren in regelmäßigen Abständen und bei jeder Änderung der Prozesse in dem Lebensmittelunternehmen

Auch wenn dies auf den ersten Blick kompliziert aussehen mag, so muss man sich vor Augen halten, dass viele Sicherheitsmaßnahmen durch das Weingesetz und die entsprechenden Verordnungen ja bereits bestehen.

Einige Beispiele
- Behandlungsmittel müssen zugelassen sein.
- Höchstwerte für Anwendungsmengen und diverse Inhaltsstoffe sind festgelegt und müssen eingehalten werden.
- Die Anwendung bestimmter Verfahren darf nur unter Aufsicht eines Önologen oder Technikers erfolgen.
- Die Bedarfsermittlung und Nachkontrolle z. B. der Blauschönung muss von entsprechend ausgebildeten Personen gemacht werden.

Ein nach den Grundsätzen der rationellen Kellerwirtschaft arbeitender Winzer wendet unbewusst permanent sein vorhandenes HACCP-Konzept an.

Dennoch bleibt die Verpflichtung, den Arbeitsablauf schriftlich festzuhalten und die Kontrollen zu dokumentieren.

Das dazu notwendige Überdenken der eigenen Arbeitsabläufe kann sogar nützlich sein, um mögliche Rationalisierungsmöglichkeiten zu erkennen. So kann trotz des nötigen Arbeitsaufwands sogar Geld gespart werden.

24.1.2 Gefahrenquellen

Mögliche Gefahrenquellen, die im Weinbereich ein gesundheitliches Risiko entstehen lassen, können verschiedene Entstehungsgründe haben:

- **Biologisch: Bakterien, Hefen. Durch Verderbnis könnte ein Produkt als gesundheitsgefährdend eingestuft werden.**
- **Chemisch: Fremdstoffe (Reinigungsmittel-, Behandlungsmittelreste)**
- **Andere: Fremdkörper (Glassplitter), mangelnde Wartung von Anlagen (dadurch z. B. Reinfektionen möglich)**

24.1.3 Mögliche CCPs

Im üblichen Produktionsablauf kann man einen Bedarf für kritische Kontrollpunkte (CCP) bei verschiedenen Arbeitsschritten sehen. Dabei soll man nur einige wenige CCP (2–3) festlegen – die dann auch wirklich eingehalten werden.

- **Traubenmostproduktion:** Wie ist das Traubenmaterial? (Rückstandsbelastung durch Spritzmittel oder Schimmelpilzgifte möglich.)
- **Wein/Jungwein bei Zukauf:** Alle Behandlungen und Werte in Ordnung? Garantiert der Verkäufer (wie?) oder muss man selbst überprüfen?
- **Füllfertiger Wein:** Zulässige Behandlungsmittel, Grenzwerte, Verkehrsfähigkeit?
- **Abfüllung:** Ist die Flasche sauber (frei von Lauge, Fremdkörpern, Glassplittern)? Wie erfolgt die (sterile) Abfüllung? Besteht keine Gefahr für einen Verderb des fertig gefüllten Weines?

24.1.4 Frageschema

Um seine eigenen betrieblichen CCPs festzulegen, kann man nach einem einfachen Frageschema vorgehen. Bei jedem einzelnen Arbeitsschritt wird dieses Schema durchgegangen und damit die Wichtigkeit der Kontrolle beurteilt, je nachdem ob ein Sicherheitsrisiko entsteht, gleich bleibt oder vermindert wird.

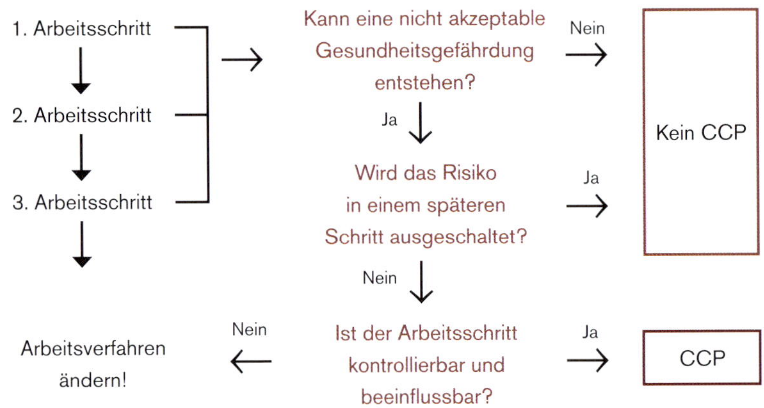

Die durchgeführte Eigen- oder Fremdkontrolle muss notwendigerweise dokumentiert werden.

Eine Schulung der Mitarbeiter ist sehr wichtig. Ohne Verständnis gibt es keine gute Umsetzung!

Betrachtet man die eigenen Ansprüche an den Betriebsablauf, so wird man erkennen, dass die Grundzüge des HACCP-Konzeptes zumeist schon vorhanden sind. Es wird nur notwendig sein, das Grundkonzept auf die eigene Wein- bzw. Betriebssituation abzustimmen.

In Summe kann man die Einführung eines HACCP-Konzeptes als weiteres Hilfsmittel sehen, um konstant qualitativ hochwertigen und reintönigen Wein zu machen.

24.2 Zertifizierung

Als Zertifizierung bezeichnet man ein Verfahren, mit dessen Hilfe das Einhalten bestimmter Anforderungen nachgewiesen wird. Vergeben wird eine Zertifizierung oft zeitlich befristet von unabhängigen Institutionen, die die korrekte Einhaltung danach auch regelmäßig wieder prüfen.

Grundsätzlich soll dadurch besser erreicht werden, dass sowohl die Produktion als auch der Umgang mit den Erzeugnissen in verlässlicher Qualität erfolgt und die Rückverfolgbarkeit gegeben ist. Auch sind die Verfahren zur Problembehandlung geregelt. Je nachdem wie hoch der Zertifizierungsstandard (ISO, IFS, BRC) gewählt wird kann je nach Betriebsgröße einerseits für die Durchführung der Dokumentationsverpflichtungen durchaus eine zusätzliche Arbeitskraft nötig werden. Andererseits sollen die Aufzeichnungen ja gerade kostenaufwendige Probleme wie z. B.

Produktrückholung, im Vorhinein verhindern. Es ist daher vorher zu überlegen was eine Zertifizierung kostet und was sie dem eigenen Betrieb bringt. Vor allem größere Handelsbetriebe verlangen aber heute einen Zertifizierungsnachweis, um sich selbst abzusichern, ansonsten kommt man als Lieferant nicht zum Zuge.

Aufgrund der Komplexität des Themas seien stichwortartig Punkte angeführt, die es im Vorfeld abzuklären gilt.

- Genaue Analyse der Abläufe: kann auch zu wesentlichen Effizienzsteigerungen führen.
- Wartungspläne: Wichtige fachgerechte Wartungen werden nicht mehr vergessen. Wichtige Maschinen und Geräte sind weitgehend von überraschendem Ausfall geschützt.
- Systemgrenzen definieren (Zukauf): Ab welchem Zeitpunkt ist eigener Betrieb verantwortlich? Bis wohin ist Lieferant verantwortlich?

- Verantwortlichkeiten der Mitarbeiter klären: Wer ist wofür verantwortlich, je größer der Betrieb desto wichtiger.
- Arbeitsplatzbeschreibungen: Verantwortlichkeiten und Tätigkeiten schriftlich festhalten.
- Genaue Arbeitsanweisungen für jedes Gerät/jedes Verfahren.
- Maßnahmenblätter sind wichtigster konkreter Teil der Rückverfolgbarkeit: alle Schritte, alle Behandlungen, genaues Datum aller Schritte,
- Chargennummern, wo liegt der Wein aktuell, wie viel ist noch vorhanden.
- Chargennummern der Behandlungsmittel: First in first out? Öffnungsdatum verzeichnet?
- Ablaufdatum? Kann es überschritten werden (z.B. Hefen – Verweis auf Aktivitätsverlust)?
- Prüfmittelliste (Wie wird geprüft, wann wird überprüft, wer kann/darf prüfen, eichen oder kalibrieren? Wann werden die Prüfmittel geprüft?)
- Prüfmittel sind zumeist Refraktometer (o. Ä.) Waage: eventuell geeichte Waage zur Füllmengenkontrolle (Fertigpackungsverordnung), Thermometer, geeichter Messkolben zur Füllmengenkontrolle, pH-Meter, Trübungsmessgerät, diverse Analysengeräte für Wein.

- Rückverfolgbarkeit von der Traube bis zum Konsumentengegeben? Bei Zukauf: Verlässlicher Lieferant? Am besten zertifiziert … Vollständige Rückverfolgbarkeit stichprobenartig selbst intern überprüfen.
- Sicherheitsdatenblätter für alle Mitel vorhanden?
- GMO-Freiheit – Bescheinigungen?
- Unbedenklichkeitszertifikate (Lebensmitteleignung) für alle produktberührenden Materialien (Schläuche etc)?
- Lieferantenbewertung: z. B. A, B oder C. Wenn nur C-Bewertung: = Probleme mit Lieferanten lösen oder Alternative suchen.
- Füllprotokoll.
- Glasbruch: Was ist zu tun?
- Glasliste: Alle Gegenstände aus Glas oder splitterndem Kunststoff in Glasliste aufnehmen.
- Reinigungspläne.
- Reinigungsmittelliste mit Wirkstoffangaben.
- Reklamationslisten – Kundenzufriedenheit, z. B. Korkreklamationen,

- Hygieneschulung, Protokoll mit Unterschriften. Jährlich durchzuführen.
- Mitarbeiterschulung: Dokumentieren und unterschreiben lassen.
- Krisenmanagement Rückholaktionen (schneller/stiller Rückruf möglich?)
- Bei gut strukturierten Kontaktaufzeichnungen entfällt das zeitaufwendige Suchen von Telefonnummern, E-Mail-Adressen, Kontaktpersonen. Notfallnummern und eventuell entsprechende Verträge helfen Probleme rasch wieder zu beseitigen und Produktionsausfälle zu minimieren.
- Abfallentsorgungskonzept.
- Schädlingsbekämpfung.
- Wiederkehrende Prüfungen.
- Etikettenprüfung, Gesetzkonformität.
- Betriebsrundgangsprotokoll.

24.3 Betriebshygiene

Eine Kellerei kann nie zu sauber sein! Die Reintönigkeit der Weine hängt nicht nur von der Qualität des Traubenmaterials ab. So sind neben Reinigungsplänen und Arbeitsanweisungen (in für Mitarbeiter verständlichen Sprachen) auch jährliche Hygieneschulungen wichtig.

LOGO	**Füllprotokoll Weingut Musterfrau**	Erstellt: xy
		Geprüft: xz
Version: x vom 23.05.2016		Freigabe: yx

Allgemeines:		Prüfnummer/Charge:		
Wein:		Sorte:		
Qustufe:		Jahrgang:		
Sonstiges:		Charge Wein/Most:		
Fülltermin:		Tank:		
Füllvorbereitungen:				
Sensorik				
SO_2-Gehalt:		mg/l		
Bentonitbedarf:		g/l	O keiner (stabil)	
Metaweinsäure:		g/hl	Produkt:	
Kältestabilisierung:		°C	Tage:	
bei PiWi-Rotwein:		mg Malvidindiglucosid/L		
Prüfnummer: Antrag abgegeben:		Bescheid erhalten:		
Verschluss:		Charge:		
Filterschichten:		Charge:		
CCP Filterschichten geprüft				
Flasche:		Charge:		
Flasche:		Charge:		
Flasche:		Charge:		
Charge Wein/ Füllung:		Etikett:		siehe Rückseite
Füllanlage:		Verschliesser:		
	Filter und Füller gedämpft und gewässert			O ok
	Füllniveau eingestellt und geprüft			.... ml O ok
	Schraubkopf eingestellt und Drehverschluss überprüft			O ok
Abfüllung:	Füllniveau geprüft [ml]			.... O ok
....	Drehverschluss kontrolliert			O ok
	Druckmaximum am Filterausgang			.... bar
Flaschen abgefüllt:	...............St.	Flaschen gebrochen		...............St.
Abschluss:				
	Füllbehälter und -organe mit heißem Wasser gespült			O ok
	Füllanlage gereinigt			O ok

Abb. 147
Muster eines Füllprotokolls.

Abb. 148
Beispiel Hygienemerkblatt, das von den Mitarbeitern zu unterschreiben ist.

<table>
<tr><td rowspan="4">LOGO</td><td rowspan="4">Hygiene- und Verhaltensregeln im Betrieb</td><td>Erstellt: 26.05.2016, Version 1</td></tr>
<tr><td>Ersetzt:</td></tr>
<tr><td>Erstellt:
Geprüft:
Freigabe:</td></tr>
<tr><td>Dateiname:
MERKBLATT HYGIENE.doc</td></tr>
</table>

Das Weingut XY legt sehr großen Wert auf das Einhalten der Hygienestandards. Jeder Mitarbeiter der Kellerei und externe Firmen (Monteure, Lieferanten, Speditionen, etc.) müssen die im Betrieb geltenden Hygiene- und Verhaltensregeln kennen und einhalten:

- Arbeitskleidung verwenden.
- In der Produktion ist Essen, Trinken und Kaugummikauen verboten.
- Speisen dürfen nur im Sozialraum verzehrt werden.
- In der Produktion gilt ein generelles Rauchverbot.
- Vor dem Betreten der Produktion sind die Hände mit Seife zu waschen und mit Papierhandtücher abzutrocknen.
- Hände nach jedem WC-Besuch mit Seife waschen und mit Papierhandtücher abtrocknen.
- Verbinden von offenen Wunden.
- Krankheiten wie Durchfall, starker Husten, Übelkeit, Parasitenbefall müssen umgehend der Geschäftsleitung gemeldet werden.
- Medikamente dürfen nicht in den Produktions- und Lagerbereich mitgenommen werden. Die Einnahme von Medikamenten ist ausschließlich im Sozialraum erlaubt. Werden Medikamente eingenommen, die die Reaktionsfähigkeit beeinträchtigen, so darf die betreffende Person in dieser Zeit nicht in der Produktion arbeiten bzw. Maschinen, Stapler und Anlagen bedienen.
- Nicht auf Lebensmittel husten, niesen oder spucken.
- Regelmäßige Reinigung der Arbeitsbekleidung gem. den Herstellerempfehlungen (in der Arbeitskleidung eingenäht).
- Kontrolle sämtlicher in den Produktionsbereich eingebrachten Gegenstände (Paletten, Packstoffe, Rohstoffe, etc.) auf Schädlingsbefall.
- Das Beachten der Hinweise in den Sicherheitsdatenblätter.
- Unterweisung von Besuchern und Mitarbeiter von Fremdfirmen bzw. von Saisonpersonal.
- Maschinen sind immer in einem sauberen Zustand zu halten. Das Anbringen von Aufklebern auf den Maschinen ist verboten.
- Abfallbehälter müssen regelmäßig, spätestens am Ende des Arbeitstages entleert werden.
- Türen und Tore sind möglichst geschlossen zu halten.

Das Merkblatt wurde gelesen und der Inhalt verstanden. Ich erkläre mich bereit, die Hygiene- und Verhaltensregeln jederzeit zu beachten und einzuhalten bzw. meine Mitarbeiter darüber in Kenntnis zu setzen.

Seite 1 von 1

25 Betriebswirtschaftliche Überlegungen

- Welche Marktchancen können zur Einkommenssteigerung genützt werden?
- Wie sieht die Marktstruktur in Österreich aus?
- Wie lässt sich der finanzielle Erfolg anhand des Deckungsbeitrags für die eigene Betriebsstruktur kalkulieren?
- Bringt Buschenschank den größten Erfolg?

Durch die Verarbeitung der Trauben im eigenen Betrieb und die Verwertung der Produkte kann ein zusätzliches Einkommen geschaffen werden.
Dies erfordert höhere Investitionen und Kapitaleinsatz, vermehrten Arbeitsaufwand, entsprechendes Wissen und kaufmännische Fähigkeiten.
Der Weinbau ist einer der wenigen landwirtschaftlichen Produktionszweige, der einen hohen Grad an vertikaler Integration besitzt. Das bedeutet, das Ausgangsmaterial kann bis zum fertigen Endprodukt verarbeitet und auch bis hin zum Endverbraucher vermarktet werden. Diese Chance der Einkommenssteigerung sollte genützt werden, wenn es im Rahmen der eigenen Möglichkeiten liegt.

25.1 Der Markt

25.1.1 Marktmechanismen

Für jeden Betriebsleiter ist die Beschäftigung mit Markt- und Absatzfragen ebenso wichtig wie die Produktion. Wie in jeder anderen Wirtschaftssparte kann zu befriedigenden Preisen nur so viel verkauft werden, wie vom Markt aufgenommen wird.

Als Grundsätze gelten:

- Die Menge bestimmt den Preis.
- Überangebot führt zum Preisverfall.

Als Produzent muss man sich daher an den vorhandenen Absatzmöglichkeiten orientieren oder neue Möglichkeiten schaffen, um diesen Grundsätzen zu „entkommen“ und sein Produkt erfolgreich zu verkaufen. Dazu ist auch eine objektive Beurteilung der vorhandenen Situation und der voraussichtlichen Entwicklung notwendig, wobei die durch Marktforschung erhobenen Daten und Auswertungen genützt werden können.

Wenn auch das Mengenangebot den Preis (leider) stärker bestimmt als die Qualität, kann ein zufriedenstellender Absatz langfristig nur durch ein gutes Produkt erreicht werden.
Durch entsprechende qualitative Positionierung des eigenen Betriebes bei den Abnehmern sollte dann dem Angebot-Nachfrage-Mechanismus ausgewichen werden können.

25.1.2 Die Marktstruktur

Folgende Daten der österreichischen Weinwirtschaft (Stand 2000) müssen in die Überlegungen einbezogen werden:

- ca. 45 000 ha ertragsfähige Weingartenfläche
- ca. 20 000 Weinproduzenten
- ca. 2,2 ha durchschnittliche Betriebsgröße
- ca. 2500 Betriebe sind größer als 5 ha
- ca. 4600 Betriebe sind Flaschenfüller
- ca. 2,5 Millionen hl durchschnittliche Erntemenge, stark schwankend
- zu Hause wird ca. 80 % österreichischer Wein getrunken
- Weinabsatz: ca. 40 % Lebensmitteleinzelhandel
ca. 10 % Gastronomie etc.
ca. 50 % Ab-Hof-Verkauf

In den letzten Jahren hat sich die Betriebsstruktur deutlich gewandelt. Einerseits hat sich die Anzahl der Kleinbetriebe bis 10 000 l um ca. 2700 verringert und liegt bei nunmehr ca. 1150 Betrieben, denen ebenso viel Fläche zuzuschreiben ist. Demgegenüber hat die Zahl der Betriebe die von 30 000 bis 100 000 l Wein produzieren, um 450 zugenommen und sind gesamt ca. 1600. Auch wenn die Anzahl der abfüllenden Betriebe weniger geworden ist – von 6500 auf 4300 in den 6 Jahren seit 2009 – hat sich die durchschnittliche Betriebsgröße und die Schlagkraft deutlich erhöht.

Ebenso ist der Ab-Hof-Verkauf deutlich zurückgegangen. Wenn auch Wein zu 39 % zu Hause konsumiert wird, beträgt der Direktkauf im Betrieb nur noch ca. 20 %. Der Großteil des Weins wird im LEH oder im Fachhandel abgesetzt. Immerhin: 56 % des Weins wird in der Gastronomie oder bei Veranstaltungen getrunken.

Jeder Produzent muss sich daher überlegen, welches Produkt er erzeugen und wie er es vermarkten will, da er kaum alle Sparten abdecken können wird. Reine Traubenerzeuger liefern meist an Winzergenossenschaften oder an größere Betriebe. Während der Handel zumeist als Großeinkäufer auch am Fassweinsektor auftritt, die Gastronomie sowohl bei großen Abfüllern wie bei Kleinbetrieben kauft, bietet Direktverkauf nach wie vor verschiedene Gestaltungsmöglichkeiten. Verkehrsgünstige Lage, Stadtnähe und Buschenschank bringen hier Vorteile. Der hohe persönliche Einsatz darf dabei aber nicht vergessen werden.

25.2 Marketing

25.2.1 Marketing, Werbung

Das Marketing umfasst die Gesamtheit aller Maßnahmen auf dem Gebiet des Absatzes. Es erfordert in der Weinwirtschaft:

1. Das zu produzieren, wofür man auch Käufer findet.
2. Das Weinangebot auf die vom Käufer gewünschte Qualität und Form abzustimmen.
3. Veränderungen in den Verbrauchergewohnheiten aufmerksam zu beobachten.
4. Die Erzeugung an die wechselnden Markterfordernisse anzupassen.
5. Das Mengenangebot an der Nachfrage auszurichten.

Der Werbung kommt die Aufgabe zu, bestehende Märkte zu erhalten und neue Verbraucherkreise im In- und Ausland zu finden. Da der Inlandsabsatz über 90 % der Produktion ausmacht, muss sich die Werbung primär mit der Pflege und Ausweitung dieses Marktes befassen. Nur so kann eine wirkungsvolle Verbesserung der Einkommenssituation der österreichischen Weinerzeuger erreicht werden.

Die Werbemöglichkeiten sind vielfältig. Grundsätzlich kann man zwischen Globalwerbung und Individualwerbung unterscheiden. Die Globalwerbung wird von der österreichischen Weinmarketing-Servicegesellschaft wie auch von verschiedenen Messeveranstaltern vorgenommen.
Die Werbung durch Letztere bildet aber schon einen Übergang zur Individualwerbung, die von den Gliedern der Weinwirtschaft spezifisch für ihr Produkt vorgenommen wird.

Letztendlich soll sich der Erfolg der Werbung im Verkauf auswirken.

25.3 Produktionsverfahren und Deckungsbeiträge Verkaufsfähige Weinmenge

25.3.1 Grundsätzliches

Das Produktionsverfahren „Weinvermarktung“ ist betriebsspezifisch, d. h. von der Produktionstechnik abhängig. Jeder Weinbaubetrieb ist durch die Produktionstechnik der Maschinen, Absatzverhältnisse etc. gekennzeichnet. Daher ergeben sich für jeden Betrieb unterschiedliche Geldroherträge und unterschiedliche variable Produktionskosten.
Die Deckungsbeiträge aus der Weinvermarktung sollen zusätzlich zum Deckungsbeitrag aus der Traubenproduktion jene Beiträge liefern, die zur Deckung der Fixkosten und des landwirtschaftlichen Einkommens dienen. Es werden daher nicht

die variablen Produktionskosten, sondern der Rohertrag der Traubenproduktion als variable Kosten in der Deckungsbeitragsrechnung für den Betriebszweig Weinvermarktung herangezogen. Die Deckungsbeiträge sind auch vermarktungsabhängig, da es je nach Verkaufsmöglichkeit Unterschiede im erzielbaren Preis gibt.

Beispiel für die Berechnung des Deckungsbeitrags

Einheit: Wein von 1 ha Hochkultur, ebene Lage
Sorte: Grüner Veltliner
Preisbasis: 2008 (inkl. MWSt – Die Kosten sind gerundet angegeben.)

Ermittlung der verkaufsfähigen Weinmenge
Rohertrag in Liter Qualitätswein/ha:

9000 kg Trauben × 75 % Ausbeute		**6750 l Most**
Minus 7,0 % Geläger	~ 470 l	6280 l
Minus 0,5 % Manipulation	~ 35 l	6245 l
Verkaufsfähige Weinmenge/ha – Fass		**6245 l**
Minus 0,5 % Manipulation Flaschenfüllung	~ 35 l	6210 l
Verkaufsfähige Weinmenge/ha – Flaschenwein		~ **6210 l**

25.3.2 Rohertrag

Der Geldrohertrag wird einerseits von den starken Ernte- und andererseits von den Preisschwankungen bestimmt.
Eine Menge Faktoren bestimmen den Ertrag in Kilogramm (Standort, Sorte usw.) und den Preis (Weinbaugebiet, Sorte, Qualitätsstufe usw.)

25.3.3 Variable Kosten

Die variablen Kosten ergeben sich aus der Summe aller Aufwendungen, die mit der Einführung des Produktionszweiges „Weinvermarktung" entstehen (Preisbasis 2016).

Anreicherung (Lesegutaufbesserung)
Eine allfällige Anreicherung ist vom Mostgewicht in °KMW und von den Bestimmungen des Weingesetzes abhängig.

Beispiel: Anreicherung pro °KMW
pro ° KMW × 1,3 kg Zucker (inkl. Volumenvermehrung) = 1,3 kg Zucker/hl
1,3 kg/hl × 67,5 hl Most = 87,75 kg Zucker
87,75 kg Zucker × 0,684 €/kg (Preis für 50 kg) = € 60,02

Weinbehandlung

Schwefelung
Zugrunde gelegt wird eine zweimalige Schwefelung (1. beim Umziehen, 2. Korrektur des freien SO_2-Gehaltes) insgesamt ~ 80 mg SO_2.
80 mg/l × 6 750 l = 0,54 kg SO_2
1) 0,54 kg SO_2 = 1,08 kg KPS × 3,50 €/kg KPS = 3,80 € € 3,80

Entsäuerung
Eine allfällige Entsäuerung wird in der Kalkulation mit 1 ‰ berechnet.
1 ‰ × 67 g/hl × 62,5 hl = ~ 4,2 kg Entsäuerungskalk
4,2 kg × 3,89 €/kg = € 16,33
(Für eine notwendige Doppelsalzentsäuerung sind für 1 ‰ Entsäuerung die ca. dreifachen Kosten zu veranschlagen).

Schönung
Für die Sorte Grüner Veltliner wird ein durchschnittlicher Bentonitbedarf von 200 g/hl zugrunde gelegt.
200 g/hl × 62,5 hl = 12,5 kg Bentonit
12,5 kg × 1,90 €/kg (Na-Ca-Bentonit) = € 23,70

Weinstabilisierung
Ein durchschnittlicher Metaweinsäurezusatz von 10 g/hl (gesetzliche Höchstgrenze) wird in dieser Kalkulation angenommen.
10 g/hl × 62,5 hl = 0,62 kg
0,62 × 20,04 €/kg = € 12,42

Weinflaschen – Bruch/Schwund
Dem Flaschenweinverkauf ist ein 20-maliger Gebrauch der Flaschen zugrunde gelegt, dies entspricht einem Anteil von 5 % Bruch und Schwund.
2-l-Flaschen
Eine 2-l-Flasche kostet 0, 94 € (inkl. ARA).
3105 Flaschen × 0,94 € = 3440,34 € (5 % davon 172,02) € 77,63
1-l-Flaschen
Eine 1 l-Flasche kostet 0,32 € (inkl. ARA).
6210 Flaschen × 0,32 € = 1987,– € (5 % davon 99,–) € 99,–
0,75 l-Flaschen
6210 l werden in 8280 St. 0,75-l-Flaschen abgefüllt,
eine 0,75-l-Flasche kostet 0,40 € (inkl. ARA).
8280 Flaschen × 0,40 € = 3312,– € (5 % davon 166,–) € 166,–

Flaschenwaschmittel
Der Kalkulation ist ein Laugeneinsatz
im Wert von 35,– € zugrunde gelegt. € 35,–

Filtration (Filter 40 × 40)
Vorfiltrieren: AF-Schichten für Vorfiltration 5 St./10 hl
32 St./62,1 hl × 2,88 € = € 92,16
Weinfiltrieren: AF-Schichten für Flaschenfüllung 5 St./10 hl
32 St./62,1 hl × 3,39 € = € 108,48

Flaschenkorken
Bei 2-l-Flaschen werden zu 50 % Kronenkorke und zu 50 % Presskorke, bei 1-l-Flaschen MCA-Drehverschluss und bei 0,75-l-Flaschen entweder BVS 30/60 Schraubverschluss oder Naturkorke verwendet.

2-l-Flaschen:	3104 Kronenkorken	0,036 €/St. =	€	112,–
1-l-Flaschen:	6210 MCA-Drehverschluss	0,042 €/St. =	€	260,82
0,75-l-Flaschen:	8280 BVS 30/60	0,11 €/St. =	€	910,80
0,75-l-Flaschen:	8280 Naturkorken 45 × 24	0,45 €/St. =	€	3726,–
1,5-l-Magnum Fl.:	4140 Naturkorken 49 × 26	1,14 €/St. =	€	4719,–

Flaschenausstattungsmaterialien

2-l-Flaschen:	3105 St. Halsetiketten	0,04 €/St.	€	124,–
1-l-Flaschen:	610 St. Bauchetiketten	0,047 €/St.	€	287,64
0,75-l-Flaschen:	8280 St. Etiketten (Front & Rück)	0,063 €/St.	€	521,64
	8280 St. Kapseln (entfällt bei BVS)	0,05 €/St.	€	414,–

Weinuntersuchung

Da viele Beratungslabors heute mit Schnellanalysegeräten (FTIR) ausgestattet sind hat sich auch das Angebot der Untersuchungen dahingehend geändert dass teilweise günstige Analysenpakete angeboten werden, sodass die Preise sehr unterschiedlich sein können. Bei umfangreicheren Analysen z. B. für den Weinexport oder für amtliche Methoden, sind höhere Kosten zu veranschlagen. Für den üblichen Untersuchungsaufwand mit 2 Säure-, 2 SO_2-, 2 Bentonitbedarfsermittlungen (1× Rückprobe), 1 Fe-Kontrolle, 1 Alkoholuntersuchung wurde daher der bis dato verwendete Preis verwendet.

Bei Export sind höhere Untersuchungskosten zu berechnen. € 53,–

Variable Maschinenkosten und Strom

Zur Ermittlung der Maschinenkosten werden die ÖKL-Richtwerte für Maschinenselbstkosten herangezogen.

Die Maschinenselbstkosten sind vorwiegend vom Durchschnittsertrag und vom Produktionsverfahren (intensive bzw. extensive Produktion) abhängig.

Fassweinproduktion:	6245 l × 0,15 €/l	€	937,–
2-l-Flaschen:	6210 l × 0,19 €/l	€	180,–
1-l-Flaschen:	6210 l × 0,18 €/l	€	119,–
0,75-l-Flaschen:	6210 l × 0,17 €/l	€	056,–
Buschenschank:	6210 l × 0,16 €/l	€	994,–

Vermarktungssituation – Vermarktungskosten

Fasswein:	Wird an Wiederverkäufer ab Keller verkauft. Es fallen daher keine Vertriebskosten an.		
2-l-Flaschen:	80 % der 2-l-Flaschen werden an Wiederverkäufer zugestellt. Die Belastung der Zustellkosten hängt vom Transportfahrzeug, von der Auslastung des Transportfahrzeugs und von der Entfernung des Wiederverkäufers ab. Eine durchschnittliche Belastung von 0,25 €/l ist der Kalkulation zugrunde gelegt.		
	80 % von 6210 l = 4968 l × 0,25 €/l	€	1242,–
1-l-Flaschen:	50 % der 1-l-Flaschen wird zugestellt.		
	50 % von 6210 l = 3105 l × 0,25 €/l	€	776,–
0,75-l-Flaschen:	30 % der 0,75-l-Flaschen wird zugestellt.		
	30 % von 6210 l = 1863 l × 0,25 €/l	€	466,–

25.3.4 Beispiel für die Berechnung des Deckungsbeitrages – Fasswein

Einheit:	1 ha Traubenproduktion: 9000 kg = 6245 l verkaufsfähiger Fasswein		
Sorte:	Grüner Veltliner		
Preisbasis:	2008 inkl. Mehrwertsteuer		
Rohertrag:	245 l à 0,51 €/l =	€	**3185,–**

Variable Spezialkosten:

Rohertrag der Traubenproduktion (0,30/kg)	€	2700,–
Lesegutanreicherung (wenn notwendig für 1° KMW 89,–)	€	89,–
Weinbehandlung	€	3,80
Maschinenselbstkosten	€	937,–
	€	**3792,–**

Deckungsbeitrag: € 3 185,– – € 3 709,50 = € **– 607,–**

25.3.5 Flaschenweinvermarktung in 2-l-Gebinden

Einheit:	1 ha Traubenproduktion: 9000 kg = 6210 l verkaufsfähiger Flaschenwein 80% Zustellung		
Sorte:	Grüner Veltliner		
Preisbasis:	2016 inkl. Mehrwertsteuer		
Rohertrag:	4968 l à 1,45 € = 7203,60 € 1242 l à 1,45 € = 1800,90 €	€	**9004,50**

Variable Spezialkosten:

Rohertrag der Traubenproduktion (0,30/kg)	€	2700,–
Lesegutanreicherung (wenn notwendig für 1° KMW 89,–)	€	89,–
Weinbehandlung	€	56,25
Weinuntersuchung	€	53,–
Weinflaschen (Bruch/Schwund)	€	77,63
Flaschenwaschmittel	€	35,–
Filterschichten	€	200,64
Flaschenkorken	€	112,–
Flaschenausstattung	€	124,–
Maschinenselbstkosten	€	1180,–
Vermarktungskosten	€	1242,–
AMA-Beitrag	€	136,62
Getränkesteuer (80 % Zustellung)	€	**1620,81**
Verkostung (0,5 % vom Rohertrag)	€	45,–
Werbung (2 % vom Rohertrag)	€	180,–
Mehrkosten für Abgabe land- und forstwirtschaftlicher Betriebe und Sozialversicherung	€	970,–
	€	**7201,14**

Deckungsbeitrag: 9004,50 € – 7201,14 € = **€ 1803,36**

25.3.6 Flaschenweinvermarktung in 1 l-Gebinden

Einheit:	1 ha Traubenproduktion: 9000 kg = 6210 l verkaufsfähiger Flaschenwein 50 % Zustellung, 50 % Ab-Hof-Verkauf	
Sorte:	Grüner Veltliner	
Preisbasis:	2016 inkl. Mehrwertsteuer	
Rohertrag:	6210 l à 1,95 € =	**€ 12 109,50**

Variable Spezialkosten:

Rohertrag der Traubenproduktion (0,30/kg)	€	2700,–
Lesegutanreicherung 89,– (wenn notwendig für 1° KMW 69,–)	€	56,25
Weinbehandlung	€	47,90
Weinuntersuchung	€	53,–
Weinflaschen (Bruch/Schwund)	€	99,–
Flaschenwaschmittel	€	35,–
Filterschichten	€	200,64
Schraubverschlüsse MCA	€	260,82
Flaschenausstattung	€	290,63
Maschinenselbstkosten	€	1119,–
Vermarktungskosten	€	776,–
AMA-Beitrag	€	1236,62
Getränkesteuer (50% Zustellung)	€	1536,98
Verkostung (0,5 % vom Rohertrag)	€	51,–
Werbung (2 % vom Rohertrag)	€	205,–
Mehrkosten für Abgabe land- und forstwirtschaftlicher Betriebe und Sozialversicherung	€	970,–
	€	**7516,59**

Deckungsbeitrag: 12 109,50 € – 7516,59 € = **€4 592,91**

25.3.7 Flaschenweinvermarktung in 0,75 l-Gebinden

Einheit:	1 ha Traubenproduktion: 9000 kg = 6210 l verkaufsfähiger Flaschenwein 30 % Zustellung, 70 % Ab-Hof-Verkauf	
Sorte:	Grüner Veltliner	
Preisbasis:	2008 inkl. Mehrwertsteuer	
Rohertrag:	6210 l à 4,– € =	**€ 24 840,–**

Variable Spezialkosten:

Rohertrag der Traubenproduktion (0,30/kg)	€ 2700,–
Lesegutanreicherung (wenn notwendig für 1° KMW 89,–)	€ 89,–
Weinbehandlung	€ 56,25
Weinuntersuchung	€ 53,–
Weinflaschen (Bruch/Schwund)	€ 166,–
Flaschenwaschmittel	€ 35,–
Filterschichten	€ 200,64
Flaschenverschlüsse BVS 30/60	€ 3064,–
Flaschenausstattung	€ 469,48
Maschinenselbstkosten	€ 1056,–
Vermarktungskosten	€ 466,–
AMA-Beitrag	€ 102,46
Getränkesteuer (30% Zustellung)	€ **2421,90**
Verkostung (0,5 % vom Rohertrag)	€ 124,20
Werbung (2 % vom Rohertrag)	€ 496,80
Mehrkosten für Abgabe land- und forstwirtschaftlicher Betriebe und Sozialversicherung	€ 970,–
	€ 8489,49

Deckungsbeitrag: 24 840,– € – 8 489,49 € = **€16 350,51**

25.3.8 Buschenschank

Die Buschenschank ist die intensivste Vermarktungsstufe in der Kellerwirtschaft. Voraussetzung ist, dass der Betrieb in einem Gebiet liegt, wo der Weinabsatz in dieser Form möglich ist.

Einheit:	1 ha Traubenproduktion: 9000 kg = 6210 l verkaufsfähiger Wein in der Buschenschank	
Sorte:	Grüner Veltliner	
Preisbasis:	2016 inkl. Mehrwertsteuer	
Rohertrag:	Weinverkauf 6210 l à 8,– € =	€ 49 680,–
	Buffet: Speisen € 27 945 (3/4 des Weinverkaufes)	
	Alkoholfreie Getränke € 9315,–(1/4 des Weinverkaufes)	
		€ 86 940,–

Variable Spezialkosten:

Rohertrag der Traubenproduktion	€ 2700,–
Spezialkosten der Flaschenfüllung	€ 994,–
Buffetaufwand (1/4 des Rohertrages)	€ 18 630,–
↓	↓

↓		↓	
Kosten an Personal, Heizung, Strom, Wasser, Verbrauchsmaterialien, Lokal- und Einrichtungserhaltung und Werbung	€	10 900,–	
Getränkesteuer (10% für Wein)	€	3 726,–	
Getränkesteuer (5% für alkoholfreie Getränke)	€		465,75
Mehrwertsteuer	€	3 105,–	
AMA-Beitrag	€	55,–	
Mehrkosten für Abgabe land- und forstwirtschaftlicher Betriebe und Sozialversicherung	€	970,–	
	€	**37 353,25**	
Deckungsbeitrag: 86 940,– € – 37 353,25 € =			**€ 49 586,75**

25.3.9 Zusammenfassung

Deckungsbeitrag Fasswein	**€**	**607,–**
Deckungsbeitrag 2 l-Flaschenverkauf	**€**	**182,55**
Deckungsbeitrag 1 l-Flaschenverkauf	**€**	**3824,42**
Deckungsbeitrag 0,75 l-Flaschenverkauf	**€**	**15 978,02**
Deckungsbeitrag Buschenschank	**€**	**32 974,25**

Die angeführten Deckungsbeiträge sind exemplarische Richtwerte und stellen einen Größenvergleich zwischen den einzelnen Produktionszweigen dar. Die Deckungsbeiträge sind natürlich vom tatsächlichen Hektarertrag genauso abhängig wie z. B. der Flaschenausstattung – kann doch allein die Verschlusswahl einen Unterschied von ca. 1 € pro Flasche verursachen. Jeder Weinvermarkter sollte nach den vorgezeigten Modellen die Deckungsbeiträge in seinem eigenen Betrieb ermitteln, um objektiv die verschiedenen Produktionszweige im Hinblick auf die Vermarktung in ihrer Wirtschaftlichkeit zu vergleichen. Das Ziel ist sicherlich, einen hohen Deckungsbeitrag zu erzielen, jedoch ist es eine Herausforderung, dass hoch gesteckte Ziele in der Realität auch wirklich erreicht werden können.

26 Tabellen

26.1 Tabelle zur Ermittlung des natürlichen Alkoholgehaltes in Volumprozent aus den Graden Klosterneuburger Mostwaage (° KMW)

° KMW	Vol.-% Alk	° KMW	Vol.-% Alk	° KMW	Vol.-% Alk	° KMW	Vol.-% Alk	° KMW	Vol.-% Alk
8,5	4,4	17,2	11,3	25,3	18,1	32,9	24,4	40,0	30,4
8,7	4,5	17,3	11,4	25,4	18,3	33,0	24,6	40,2	30,6
8,9	4,7	17,5	11,6	25,6	18,4	33,2	24,7	40,4	30,7
9,1	4,8	17,7	11,7	25,8	18,6	33,4	24,9	40,5	30,8
9,3	5,0	17,9	11,9	26,0	18,8	33,5	25,0	40,7	31,0
9,5	5,2	18,1	12,0	26,1	18,9	33,7	25,1	40,8	31,1
9,7	5,3	18,3	12,2	26,3	19,1	33,8	25,3	41,0	31,2
9,9	5,5	18,5	12,4	26,5	19,2	34,0	25,4	41,1	31,4
10,1	5,6	18,7	12,5	26,7	19,4	34,2	25,6	41,3	31,5
10,3	5,8	18,9	12,7	26,8	19,5	34,3	25,7	41,5	31,6
10,5	5,9	19,0	12,8	27,0	19,7	34,5	25,8	41,6	31,7
10,7	6,1	19,2	13,0	27,2	19,8	34,7	26,0	41,8	31,9
10,9	6,3	19,4	13,1	27,4	20,0	34,9	26,1	41,9	32,0
11,1	6,4	19,6	13,3	27,5	20,2	35,0	26,2	42,1	32,1
11,3	6,6	19,8	13,4	27,7	20,3	35,2	26,4	42,2	32,3
11,5	6,7	20,0	13,6	27,9	20,5	35,3	26,5	42,4	32,4
11,7	6,9	20,2	13,8	28,1	20,6	35,5	26,7	42,5	32,5
11,9	7,0	20,4	13,9	28,2	20,8	35,7	26,8	42,7	32,7
12,1	7,2	20,5	14,1	28,4	20,9	35,8	26,9	42,8	32,8
12,3	7,3	20,7	14,2	28,6	21,1	36,0	27,1	43,0	32,9
12,5	7,5	20,9	14,4	28,8	21,3	36,2	27,2	43,2	33,0
12,7	7,7	21,1	14,5	28,9	21,4	36,3	27,3	43,3	33,2
12,9	7,8	21,3	14,7	29,1	21,5	36,5	27,5	43,5	33,3
13,1	8,0	21,5	14,8	29,3	21,5	36,6	27,6	43,6	33,4
13,3	8,1	21,6	15,0	29,5	21,6	36,8	27,7	43,8	33,5
13,5	8,3	21,8	15,2	29,6	21,8	37,0	27,9	43,9	33,7
13,7	8,4	22,0	15,3	29,8	21,9	37,1	28,0	44,1	33,8
13,9	8,6	22,2	15,5	30,0	22,0	37,3	28,1	44,2	33,9
14,1	8,8	22,4	15,6	30,1	22,2	37,5	28,3	44,4	34,1
14,3	8,9	22,6	15,8	30,3	22,3	37,7	28,5	44,5	34,2
14,5	9,1	22,7	15,9	30,5	22,5	37,8	28,6	44,7	34,3
14,7	9,2	22,9	16,1	30,7	22,6	38,0	28,7	44,8	34,4
14,9	9,4	23,1	16,3	30,8	22,8	38,1	28,9	45,0	34,6
15,0	9,5	23,3	16,4	31,0	22,9	38,3	29,0	45,1	34,7
15,2	9,7	23,5	16,6	31,2	23,0	38,5	29,1	45,3	34,8
15,4	9,8	23,6	16,7	31,3	23,2	38,6	29,3	45,4	34,9
15,6	10,0	23,8	16,9	31,5	23,3	38,8	29,4	45,6	35,1
15,8	10,2	24,0	17,0	31,7	23,5	38,9	29,5	45,7	35,2
16,0	10,3	24,2	17,2	31,8	23,6	39,1	29,7	45,9	35,3
16,2	10,5	24,4	17,3	32,0	23,7	39,3	29,8	46,0	35,4
16,4	10,6	24,5	17,5	32,2	23,9	39,4	29,9		
16,6	10,8	24,7	17,7	32,2	24,0	39,6	30,1		
16,8	10,9	24,9	17,8	32,5	24,2	39,7	30,2		
17,0	11,1	25,1	18,0	32,7	24,3	39,9	30,3		

26.2 Umrechnungstabelle von ° KMW auf ° Oe

Gew.% Saccharose in wässriger Lösung	° KMW (neudefiniert) 17/20 × Gew.% Saccharose	° Oe (20 °C/20 °C)	Gew.% Saccharose in wässriger Lösung	° KMW (neudefiniert) 17/20 × Gew.% Saccharose	° Oe (20 °C/20 °C)
13,54	11,5	55	23,73	20,2	100
13,78	11,7	56	23,95	20,4	101
14,01	11,9	57	24,16	20,5	102
14,25	12,1	58	24,38	20,7	103
14,48	12,3	59	24,60	20,9	104
14,71	12,5	60	24,81	21,1	105
14,95	12,7	61	25,03	21,3	106
15,18	12,9	62	25,25	21,5	107
15,41	13,1	63	25,46	21,6	108
15,64	13,3	64	25,68	21,8	109
15,88	13,5	65	25,89	22,0	110
16,11	13,7	66	26,11	22,2	111
16,34	13,9	67	26,32	22,4	112
16,57	14,1	68	26,54	22,6	113
16,80	14,3	69	26,75	22,7	114
17,03	14,5	70	26,97	22,9	115
17,26	14,7	71	27,18	23,1	116
17,48	14,9	72	27,39	23,3	117
17,70	15,0	73	27,60	23,5	118
17,93	15,2	74	27,82	23,6	119
18,16	15,4	75	28,03	23,8	120
18,39	15,6	76	28,24	24,0	121
18,61	15,8	77	28,45	24,2	122
18,84	16,0	78	28,67	24,4	123
19,07	16,2	79	28,88	24,5	124
19,30	16,4	80	29,08	24,7	125
19,52	16,6	81	29,29	24,9	126
19,74	16,8	82	29,50	25,1	127
19,97	17,0	83	29,71	25,3	128
20,19	17,2	84	29,91	25,4	129
20,41	17,3	85	30,12	25,6	130
20,63	17,5	86	30,33	25,8	131
20,86	17,7	87	30,54	26,0	132
21,09	17,9	88	30,75	26,1	133
21,31	18,1	89	30,96	26,3	134
21,53	18,3	90	31,16	26,5	135
21,75	18,5	91	31,37	26,7	136
21,97	18,7	92	31,58	26,8	137
22,19	18,9	93	31,79	27,0	138
22,41	19,0	94	31,99	27,2	139
22,63	19,2	95	32,20	27,4	140
22,85	19,4	96	32,41	27,5	141
23,07	19,6	97	32,61	27,7	142
23,29	19,8	98	32,82	27,9	143
23,51	20,0	99	33,02	28,1	144

27 Glossar

Anaerober Vorgang	Vorgang, der ohne Sauerstoff abläuft
Coupage	Sektgrundweinverschnitt
Dephlegmator	Rückflusskühler
Dosage	Zusatz von Likör und/oder SO_2 zum fertigen Sekt
Fermentation	Vergärung
Fermentieren	enzymatischer (Pektin-)Abbau z. B. während der Maischestandzeit
GHP	gute Herstellungspraxis
GMP	Good Manufacturing Practice
hydrophob	Wasser abstoßend
intrazellulär	Vorgang innerhalb einer Zelle
Ionisierung	Versetzung von Atomen oder Molekülen in einen elektrisch geladenen Zustand
Kaltgärung	Gärung im Bereich von 10–15 °C
KBE	koloniebildende Einheiten; mikrobiologische Definition der aktiven Zellzahl, englische Abkürzung: CFU.
Killerfaktor	Hefen können Hemmstoffe ausscheiden, um andere (darauf empfindliche) Mikroorganismen zu unterdrücken
Kondensation	chemische Reaktion, bei der sich zwei Moleküle unter Austritt eines chemisch einfachen Stoffes (z. B. Wasser) zu einem größeren Molekül vereinigen
Mannoprotein	Zucker-Eiweißverbindung, meist aus der Hefe stammend
Molekül	kleinster Teil eines Stoffes, in welchen dieser ohne Änderung seiner Eigenschaften zerlegt werden kann
Monomer	aus einzelnen, gleichartigen Molekülen bestehend
Monosaccharid	Einfachzucker, aus einem Molekül bestehend
Polymerisation	chemisches Verfahren, bei dem viele gleiche oder gleichartige Moleküle verbunden werden
Protogerbstoffe	sind Vorläufer der echten Gerbstoffe; in erster Linie reaktionsfreudige Flavane wie Procyanidine oder Catechine
Remontage	Umpumpen des gärenden Mostes über Luft
Remouage	Abrütteln der Sekthefe bei Flaschengärung
Thermolabil	Temperaturempfindlich, z. B. fällt Eiweiß bei Erwärmung aus
Tirage	Zusatz von Zucker (Likör) und Hefe für die Sektgärung
Toastung	Ausbrennen der Fassinnenwand zur Aromabildung
Toxin	organischer Giftstoff von Pflanzen, Mikroorganismen oder Tieren

28 Chemische Grundbegriffe

Säuren – Basen – Begriff

Nach Arrhenius ist eine Säure ein Stoff, der in wässriger Lösung Hydroniumionen (H^+) und eine Base (= Lauge) ein Stoff der Hydroxidionen (OH^-) bildet.

Starke/schwache Säuren und Basen

Die Stärke einer Säure/Base kennzeichnet ihre Neigung H^+- bzw. OH^--Ionen zu bilden. Dies ist eine Funktion der Struktur der Säure und des vorhandenen Lösungsmittels.
Starke Säuren zerfallen im jeweiligen Medium vollständig in H^+-Ionen und Säurerest, schwache hingegen nur teilweise.
Die im Wein vorkommenden Säuren sind schwache Säuren.

Ein- und mehrwertige Säuren/Basen

Die Wertigkeit gibt an, wie viele H^+- bzw. OH^--Ionen pro Molekül Säure/Base gebildet werden können.
Äpfel- und Weinsäure sind zweiwertige Säuren, Milchsäure hingegen ist einwertig, daraus ergibt sich die Verringerung der Gesamtsäure beim biologischen Säureabbau.

Carbonsäuren

Dies sind organische Säuren, die ihr H^+-Ion von einer COOH-Gruppe abspalten, Di- und Tricarbonsäuren haben dementsprechend 2 bzw. 3 solcher Gruppen.
Die im Wein natürlich vorkommenden Säuren gehören zu dieser Gruppe der Carbonsäuren.

Salze

Salze entstehen bei Neutralisation – d. h. wenn man Säuren und Basen mischt. Aus den H^+- und OH^--Ionen entsteht Wasser (H_2O), aus dem jeweiligen Säure- bzw. Basenrest bildet sich das Salz.
Weinsteinkristalle sind Salze.

Neutralisation

Wie bereits bei den Salzen erwähnt, versteht man unter Neutralisation die Zugabe von Säure zu einer Base oder umgekehrt. Dabei wird der ursprünglich vorhandene Reaktionspartner solange verbraucht, bis der Neutralpunkt erreicht ist (z. B. pH 7), wird weiter zugegeben, ist nur mehr der zugesetzte Reaktionspartner vorhanden.
Die Zugaben von Blaulauge (= Kalilauge + Indikator) zum Wein ist eine Neutralisation.

pH-Wert

Der pH-Wert ist eine Maßzahl dafür, wie stark sauer oder basisch eine Lösung ist, dabei entspricht 0–6 dem sauren Bereich, 7 dem Neutralpunkt und ein Wert von 8–14 dem basischen Bereich.
Definition: Der pH-Wert ist der negative dekadische Logarithmus der Wasserstoff-Ionen-Konzentration und beträgt für reines Wasser 7.

Puffer
Puffer zeichnen sich dadurch aus, dass sich bei Zugabe von Säure oder Base (in beschränktem Ausmaß) der pH-Wert nicht oder nur sehr gering ändert.
Puffer enthalten eine relativ hohe Konzentration einer schwachen Säure und ihrer entsprechenden Base, während starke Säuren schlechte Puffersubstanzen sind.

Indikatoren
Dabei handelt es sich um organische Farbstoffe, die in wässriger Lösung in Abhängigkeit vom pH-Wert ihre Farbe verändern. Diesen Umstand macht man sich bei Titrationen (z. B. Einsatz der Blaulauge) zu Nutze, um das Erreichen eines bestimmten pH-Wertes (z. B. pH 7 = Neutralpunkt) einfach zu erkennen.

Oxidation/Reduktion
Ursprünglich wurde der Begriff Oxidation für die Verbindung von Sauerstoff mit anderen Substanzen verwendet, unter Reduktion versteht man den gegenteiligen Vorgang, d. h. wenn eine Substanz Sauerstoff abgibt.
Heute spricht man allgemeiner von Oxidation wenn einem Atom Elektronen entzogen werden, dementsprechend bedeutet eine Reduktion die Zufuhr von Elektronen an ein Atom.
Oxidations- und Reduktionsvorgänge spielen in allen biologischen Systemen eine Rolle, d. h. auch bei der Weinbereitung. Übermäßige Oxidation kann dem Wein schaden (deshalb heutzutage reduktive Arbeitsweise unter größtmöglichem Ausschluss von Luftsauerstoff).

NAD^+/NADH
Nicotin-**A**denin-**D**inucleotid gehört zur Gruppe der Coenzyme. Coenzyme sind abspaltbare und nicht eiweißartige Bestandteile von Enzymen, die sich dadurch auszeichnen, dass sie Stoffwechselvorgänge in der Zelle katalysieren, indem sie Atome oder Atomgruppen übertragen. NAD^+ überträgt Hydroniumionen (H^+).
$NADH.H^+$ wird bei der Produktion von Ethanol aus Pyruvat zu NAD^+ verbraucht.

29 Literaturverzeichnis

Jochen Hamatschek: **Technologie des Weines.** Handbuch der Lebensmitteltechnologie, Verlag Eugen Ulmer KG, 2015

Helmut Hans Dittrich, Manfred Großmann: **Mikrobiologie des Weines.** Handbuch der Lebensmitteltechnologie, Verlag Eugen Ulmer KG, 2005

G. Würdig, R. Woller: **Chemie des Weines.** Verlag Eugen Ulmer KG, 1989

Eva Derndorfer: Weinsensorik. avBUCH, 2009

Bach/Troost/Rhein: **Sekt, Schaumwein, Perlwein.** Handbuch der Lebensmitteltechnologie, Verlag Eugen Ulmer KG, 2009

Mraz/Schroll: **Weingesetz mit Kommentar.** Verordnungen und EU-Recht. Juridica-Praxiskommentar, 2016

Mitteilungen Klosterneuburg. Hrsg. HBLABA Klosterneuburg, ISBN 0007 5922

Monatsschriften: **Der Winzer** (Österreichischer Agrarverlag); **Der Deutsche Weinbau** (Meininger Verlag GmbH)

Bezeichnungsvorschriften und Gesetze: www.bundeskellereiinspektion.at

30 Sachregister